The Quest for Machine Learning

百面机器学习

算法工程师带你去面试

100+ Interview Questions for Algorithm Engineer

诸葛越 主编

葫芦娃 著

人民邮电出版社

北京

图书在版编目（C I P）数据

百面机器学习 ：算法工程师带你去面试 / 诸葛越主编 ；葫芦娃著. -- 北京 ：人民邮电出版社，2018.8（2023.4重印）
ISBN 978-7-115-48736-0

Ⅰ. ①百… Ⅱ. ①诸… ②葫… Ⅲ. ①机器学习－算法 Ⅳ. ①TP181

中国版本图书馆CIP数据核字(2018)第154485号

内 容 提 要

人工智能领域正在以超乎人们想象的速度发展，本书赶在人工智能彻底“占领”世界之前完成编写，实属万幸。

书中收录了超过 100 道机器学习算法工程师的面试题目和解答，其中大部分源于 Hulu 算法研究岗位的真实场景。本书从日常工作、生活中各种有趣的现象出发，不仅囊括了机器学习的基本知识，而且还包含了成为优秀算法工程师的相关技能，更重要的是凝聚了笔者对人工智能领域的一颗热忱之心，旨在培养读者发现问题、解决问题、扩展问题的能力，建立对机器学习的热爱，共绘人工智能世界的宏伟蓝图。

“不积跬步，无以至千里”，本书将从特征工程、模型评估、降维等经典机器学习领域出发，构建一个算法工程师必备的知识体系；见神经网络、强化学习、生成对抗网络等最新科研进展之微，知机器学习领域胜败兴衰之著；“博观而约取，厚积而薄发”，在最后一章为读者展示生活中各种引领时代的人工智能应用。

◆ 主　　编　诸葛越
　著　　　　葫芦娃
　责任编辑　俞　彬
　责任印制　马振武
◆ 人民邮电出版社出版发行　　北京市丰台区成寿寺路 11 号
　邮编　100164　　电子邮件　315@ptpress.com.cn
　网址　http://www.ptpress.com.cn
　北京瑞禾彩色印刷有限公司印刷
◆ 开本：720×960　1/16　　插页：1
　印张：26.5　　2018 年 8 月第 1 版
　字数：480 千字　　2023 年 4 月北京第 22 次印刷

定价：109.00 元

读者服务热线：(010)81055410　印装质量热线：(010)81055316
反盗版热线：(010)81055315
广告经营许可证：京东市监广登字 20170147 号

推荐序

很荣幸有机会推荐清华大学计算机系 1991 级校友诸葛越和她的团队写的新书《百面机器学习：算法工程师带你去面试》。

毋庸置疑，人工智能现在正在蓬勃兴起，就像生机勃发的春天，就其热度而言，说它处在夏天也十分贴切，但我更愿意把它比作收获的金秋。目前席卷全球的人工智能大潮，实际上是机器学习二三十年来理论和算法研究厚积薄发的结果（当然，还要加上与大数据和强大计算能力的风云际会），其本质属于“弱人工智能”范畴。这一波大潮恣肆到极致后一旦消退，我们期望的下一波大潮必然将是“强人工智能”所催发的，但由于其理论探索的高度困难性，尚难以设想下一波大潮什么时候才会再次奔涌而至。所以当下的我们，一定要把握住这难得的机遇，抓紧收获“弱人工智能”慷慨馈赠的足够丰硕的“果实”。可以想象，形形色色的人工智能应用将在近一两年走进千家万户，会像互联网一样，给人们的生活，给社会和经济带来深远的影响。

然而，收获并不是唾手可得的，只有有能耐摘取“果实”的人才能尽享丰收的喜悦——这就是在一线从事人工智能和机器学习工作的人们（通常也被称作算法工程师）。正是这些人，针对不同的实际应用，在不断地尝试新的方法，不断地实现新的算法。他们了解需求、收集数据、设计算法、反复实验并持续优化。他们是人工智能新一代技术的“弄潮儿”和推动者。

那么，你是否想成为他们中的一员呢？你又如何能快速成为他们中的一员呢？

也许这本书可以帮你前进一步。在人工智能技术如火如荼的时代，大批优秀的研究员和程序员正辛勤致力于解决人工智能和机器学习的实际应用问题，市场上急需这方面的技术实操书。而本书刚好填补了这方面的空白。它的内容由简至繁依次展开，涵盖了机器学习各个实用领域，并采取了举例和问答的形式，生动活泼，使每个读者既能了解人工智能从业者所需要的技能，又能学会掌握这些技能。

我从事人工智能研究已有三十余年了，研究兴趣比较广泛，涵盖了自然语言理解、机器学习、社会人文计算等，与这个领域相知相行。我认识诸葛越多年，她是我们系有名的“学霸”，曾经获得美国计算机学会数据库专业委员会十年最佳论文奖（*ACM SIGMOD Test of Time Award*）。回国后她也常常来系里参加活动。我了解到她的团队中的每一位成员都有非常优秀的背景。本书是工业界每天从事机器学习工作的数据科学家一起撰写的著作，它一定不会让你失望。

希望更多的朋友通过读这本书，成为更好的算法工程师、数据科学家和人工智能的实践者。我带领的研究小组最近研制了一个“九歌”古诗自动写作系统，2017 年登录央视大型科学挑战类节目《机智过人》，它在节目中的表现初步达到了与人类诗人难分伯仲的程度，而其基本框架正是得益于本书讲述了的长短期记忆网络和 Seq2Seq 模型。这里我姑且借用“九歌”写作的一首五绝集句诗，祝本书的所有读者都能在这个激动人心的技术新时代更上一层楼：

更上一层楼《登鹳雀楼》唐・王之涣

蝉声满树头《闲二首》唐・元稹

春光无限好《感皇恩・春水满池塘》宋・叶景山

月涌大江流《旅夜书怀》唐・杜甫

孙茂松

清华大学计算机系教授，博导，前系主任，前党委书记

2018 年 6 月 2 日于清华园

人工智能的三次浪潮

2018 年年初，招聘季正如火如荼地进行，而“数据科学家”和“算法工程师”绝对算得上热门职业。

“人工智能”“机器学习”“深度学习”“建模”“卷积神经网络”等关键词，不仅仅是人们茶余饭后的谈资，而且更会像“数据结构”“排序”和“链表”一样，成为软件工程师的必备技能。

人工智能技术正在对社会结构、职场、教育等带来革命性的变化。未来几年是人工智能技术全面普及化的时期，也是该技术的相关人才最为稀缺的时期。所以，我们希望能够通过这本书，帮助对人工智能和机器学习感兴趣的朋友更加深入地了解这个领域的基本技能，帮助已经有计算机技术基础的同行们，成为驾驭人工智能和机器学习的高手。

写在书的前面，我先简单介绍一下我了解的人工智能和机器学习的背景和历史，解释为什么现在是学习机器学习算法的大好时机。

我与人工智能

我的本科专业是人工智能。当年我上大学时，清华大学的计算机系每个年级有 6 个班，入学的时候就把每个班的专业分好。我们三班的专业是人工智能。所以在本科的时候，我就接触到许多当时人工智能领域的前沿技术。我的人工智能入门课的导师是可亲可敬的林尧瑞教授，也是《人工智能导论》的作者。这门课被我们戏谑为“猴子摘香蕉”，因为最开始的问题就是一只智能的猴子，如何自己组合积木去拿到天花板上挂着的香蕉。

当时清华大学的本科是 5 年制，正要开始改革，有少部分学生可以在四年级的时候开始接触研究生的一些活动，6 年可以拿到硕士学位。我有幸被选为这几个学生之一，在本科四年级的时候，我进入了清华大学的人工智能实验室，师从张钹老师，做一些简单的研究。从张老师和高年级的同学们那里，我学到人工智能领域不少当时国际先进的知识。

刚刚进入斯坦福的时候，去听一个小型的午餐讲座 (Brown Bag)，也就是一二十个人吧。那位同学讲到一半，教室门突然被打开，大胡子的约翰·麦卡锡 (John McCarthy) 教授走了进来，大声地问："听说这里有不要钱的午饭？" 然后他走到房间的前面，抓了两个三明治，大摇大摆地走出去了。主持讲座的老师愣了一下，说："欢迎大家来到斯坦福——世界上最著名的科学家会走进你们的教室来抢你们食物的地方！"

或许你不知道，"人工智能"(Artificial Intelligence) 这个词，就来自约翰·麦卡锡。

因为本科是人工智能专业，所以我对人工智能一直比较感兴趣，在斯坦福又去学了一次人工智能课 CS140。当时教这个课的是尼尔斯·尼尔森（Nils Nilsson）教授。他是另外一位人工智能的学科创始人和世界级专家，写作了被广泛引用的经典之作——《对人工智能的探索》(*The Quest for Artificial Intelligence*)。尼尔森教授的课非常有趣，我还跟他做了一个小的项目，规划一个扫地机器人的路径。至今，我还保留了这门课的笔记。

说实话，我年轻的时候每天做作业、做课题，没有意识到，能和这些顶级科学家同堂是多么幸运的事，也未必知道自己正在见证某个技术领域的世界前沿。最顶尖的技术，开始都是只有小众才能理解和欣赏的。

然而，我的博士论文并没有专攻人工智能，反而做的是大数据方向，做了最早的数据仓库和数据挖掘工作。现在看来，我这几次和人工智能以及人工智能大咖的偶遇，刚好和人工智能的三次浪潮有关。第一次人工智能的浪潮就是约翰·麦卡锡那一代人。他们从 20 世纪 50 年代开始，打下了计算机学科和人工智能的理论基础。 第二次是我在清华大学期间，研究者们看到了一些人工智能应用的可能性，比如机械手、机器人、专家系统。最近，基于大数据、机器学习的人工智能再次兴起，可以称为人工智能的第三次浪潮 。

人工智能的三次浪潮

我来简单定义和解释一下本书用到的概念。

人工智能泛指让机器具有人的智力的技术。这项技术的目的是使机器像人一样感知、思考、做事、解决问题 。人工智能是一个宽泛的技术领域，包括自然语言理解、计算机视觉、机器人、逻辑和规划等，它可以被看作计算机专业的子领域，除了和计算机相关，它还和心理学、认知科学、社会学等有不少交叉。

机器学习指计算机通过观察环境，与环境交互，在吸取信息中学习、自我更新和进步。 大家都了解计算机程序是怎么回事，一个程序是计算机可以执行的一系列的指令，比如打印一张图。那么机器学习跟我们熟知的程序的本质区别是什么呢？你可以想象，某个程序是机器写的，而不是一个程序员写的。那么机器怎么知道如何写这个程序呢？这个机器就是从大量的数据当中学到的。

简单地说，大多数机器学习算法可以分成**训练（training）**和**测试（testing）**两个步骤，这两个步骤可以重叠进行。训练，一般需要训练数据，就是告诉机器前人的经验，比如什么是猫、什么是狗、看到什么该停车。训练学习的结果，可以认为是机器写的程序或者存储的数据，叫**模型（model）**。总体上来说，训练包括**有监督（supervised learning）**和**无监督（unsupervised learning）**两类。有监督好比有老师告诉你正确答案；无监督仅靠观察自学，机器自己在数据里找模式和特征。深度学习（deep learning）是机器学习的一种方法，它基于神经元网络，适用于音频、视频、语言理解等多个方面。

我们先来短暂地回顾一下人工智能的三次浪潮。它们有什么特点？又有什么不同？它们又是怎样互相联系，如何在前一次的基础之上建立的？

第一次人工智能浪潮大约在 20 世纪 50 年代。1956 年，在达特茅斯的人工智能研讨会上，约翰·麦卡锡正式提出“人工智能”这个概念，被公认是现代人工智能学科的起始。麦卡锡与麻省理工学院的马文·明斯基（Marvin Minsky）被誉为“人工智能之父”。

在计算机被发明的早期，许多计算机科学家们就认真地思考和讨论这个人类发明出来的机器，和人类有什么根本区别。图灵机和图灵测试，就是这个思考的一个最典型结果。最初的那批思考人工智能的专家，从思想和理论上走得非常前沿，内行的专家很早就看到了计算机的潜力。我们现在所问的这些问题，他们其实都问过了。比如，什么叫“推理”(reasoning)，机器如何推理；什么叫“懂得”(understanding)，机器如何懂得；什么叫知识 (knowledge)，机器如何获取和表达知识；什么时候，我们无法分辨出机器和人。这个阶段产生了许多基础理论，不仅是人工智能的基础理论，也是计算机专业的基石。

从技术上来说，第一次人工智能的大发展，主要是基于逻辑的。 1958 年麦卡锡提出了逻辑语言 LISP。从 20 世纪 50 年代到 20 世纪 80 年代，研究者们证明了计算机可以玩游戏，可以进行一定程度上的自然语言理解。 在实验室里，机器人可以进行逻辑判断、搭积木；机器老鼠可以针对不同的路径和障碍做出决定；小车可以在有限的环境下自己驾驶。研究者们发明了神经网络，可以做简单的语言理解和物体识别。

然而，在人工智能的前二三十年里，它虽然是一个硕果累累的科研领域，人们实际生活中的用处却几乎没有。20 世纪 80 年代初，人工智能因为缺乏应用而进入“冬季”。到 80 年代末和 90 年代初，在我刚入大学的那段时间里，人工智能科学家们决定另辟蹊径，**从解决大的普适智能问题，转向解决某些领域的单一问题**。“专家系统”这个概念被提了出来，它让这些研究成果找到了第一个可能的商业出路。

计算机技术经过了 30 年左右的发展，数据存储和应用有了一定的基础。研究者们看到人工智能和数据结合的可能性，而结合得最好的应用就是“专家系统”。如果我们能把某一个行业的数据，比如说关于心脏病的所有数据，都告诉一个机器，再给它一些逻辑，那这个机器岂不是就成了“心脏病专家”，如果我们要看病，是否就可以问它?

看病、预报天气等各行各业的专家系统，听起来非常有希望、有意义，也确实有实际的应用场景，所以当时学术界对人工智能又掀起了一阵热潮。然而，比较有意思的是，当我们想要用这些专家系统来做一些聪明的诊断的时候，我们发现遇到的问题并不是如何诊断，而是大部分的数据在当时还不是数字化的。病人的诊断历史还停留在看不懂的医生手写处方上。有些信息就算是已经开始数字化，也都是在一些表格里面，或者是在一些不互相连接的机器里面，拿不到，用不了。

于是，我们这一批想去做自动诊断的人，反而去做了一些基础的工作。这个基础的工作用一句话说，就是把世界上所有的信息数字化。

在一批人致力于把世界上每一本书、每一张图、每一个处方都变成电子版的时候，互联网的广泛应用，又把这些信息相互联接了起来，成了真正的大数据。同时，摩尔定律（Moore's law）预测的计算性能增加一直在起作用。随着计算能力的指数增长，那些只能在实验室里或有限场景下实现的应用，离现实生活越来越近了。1997 年，"深蓝"打败当时的世界象棋冠军 Garry Kasparov，和 2017 年 AlphaGo 围棋打败李世石一样，被公认是一个里程碑 。其实，随着计算能力的提高，在这些单一的、有确定目标的事情上机器打败人，都只是个时间问题。

第三次的人工智能浪潮就是基于另外两个技术领域的大发展，一个是巨大的计算能力，一个是海量的数据。巨大的计算能力来自于硬件、分布式系统、云计算技术的发展。最近，专门为神经网络制作的硬件系统（neural-network-based computing）又一次推动了人工智能软硬件结合的大进步。海量的数据来源于前几十年的数据积累和互联网技术的发展。比如，2001 年上市的 GPS 系统，带来前所未有的大量出行数据；智能手机带来了前所未有的人们生活习性的数据，等等。计算能力和数据的结合，促进、催化了机器学习算法的飞跃成长。

这次的人工智能浪潮起始于近 10 年。技术的飞跃发展，带来了应用前所未有的可能性。**最近这次人工智能浪潮和前两次最基本的不同是它的普遍应用和对普通人生活的影响。也就是说，人工智能离开了学术实验室，真正走进大众的视野。**

人工智能全面逼近人类能力？

为什么这次人工智能浪潮如此凶猛？人工智能真的全面逼近了人类的能力吗？人工智能技术现在发展到什么阶段？我们先来看 3 个简单的事实。

首先，历史上第一次，计算机在很多复杂任务的执行上超过人类或者即将超过人类，比如图像识别、视频理解、机器翻译、汽车驾驶、下围棋，等等。这些都是人们容易理解的，一直由人类完成的任务。所以，人工智能取代人类的话题开始出现在各种头条。

其实，在单一技术方面，许多计算相关的技术早已超过人类的能力，而且被广泛应用，比如导航、搜索、搜图、股票交易。不少人已经习惯于用语音给简单指令操作。但是，这些相对单纯的技术主要是“完成一个任务”，计算机没有过多地涉猎人的感知、思考、复杂判断，甚至于情感。

然而，近几年来机器完成的任务，从复杂性和形式越来越逼近人类。比如，基于机器学习的自动驾驶技术已经趋于成熟，这项技术不仅会对人们的出行方式有革命性的影响，而且会影响到城市建设、个人消费、生活方式。人们也许再也不需要拥有汽车，再也不需要会开车。大家对这类新技术的快速到来既兴奋又恐惧，一方面享受技术带来的便利，另一方面又对太快的变化有些手足无措。

另外，计算机的自学习能力不断增强。现代机器学习算法，尤其深度学习类机器学习算法的发展，使机器的行为不再是相对可预测的“程序”或者“逻辑”，而更像“黑盒思考”，有了近乎人类的难以解释的思考能力。

然而，仔细看来，虽然在不少特殊领域中，人工智能有了突飞猛进的发展，但是距离人工智能的鼻祖们在第一次浪潮时研究的通用智能（general purpose intelligence）其实还相差非常远。这是第二个事实。机器还是被放在特定情况下完成特定任务，只不过任务更复杂了。机器还是缺少一些最基本的人的智能，比如常识。人工智能仍然无法理解哪怕是简单的情感，比如害怕。对两三岁的孩子来说非常简单的帮忙、合作，机器都是做不到的。好比有人开玩笑说：“它们还是不会炒鸡蛋。”

第三个事实，是这次人工智能和机器学习的应用场景非常宽广。近几年人工智能和机器学习应用的大发展，这个曾经是学术研究领域的概念一时间进入大众视野，成为和未来相关的必谈话题。计算机视觉、深度学习、机器人技术、自然语言理解，都被提到应用层。算法类的应用走出学术界，深入社会的各个角落，渗入人们生活的方方面面。大家熟知的有人脸识别、自动驾驶、医疗诊断、机器助手、智慧城市、新媒体、游戏、教育等，还有并不常被谈论的比如农业生产的自动化、老人和儿童的护理、危险情景的操作、交通调度，等等。我们很难想象社会的哪一个方面，不会被这次浪潮所波及。

向前看十年，人工智能和机器学习的大发展，在于这些技术的普及和应用。大批的新应用将会被开发，人工智能基础设施会迅速完善，原有的传统软件和应用需要被迁移使用新的算法。所以，**现在是成为一个人工智能和机器学习专家的良机。**

这本书是如何写成的

无论海内海外，媒体行业一直都走在人工智能应用的最前沿，因为媒体往往接触上千万甚至上亿的用户；有千变万化的用户每天离不开的内容，比如新闻、体育、电影；有丰富多彩的内容与用户的结合场景；还有丰厚的有创意的商机。

Hulu 是一家国际领先的视频媒体公司，提供优质电影、电视剧点播和直播节目。Hulu 技术架构最为先进的一点是人工智能和机器学习算法的广泛应用，用在个性化内容推荐、搜索、视频内容理解、视频传输和播放、 广告预测和定向、安全检测、决策支持，甚至视频编辑和客服系统。机器学习算法的背后是专门打造的大规模数据处理系统。“算法无处不在”是 Hulu 当今和未来技术架构的定位。 可以说，Hulu 是未来的互联网技术公司，全面“算法化”的一家带头公司。

为了支持各类的人工智能算法应用，Hulu 在北京的创新实验室集合了大批人工智能和机器学习的顶尖人才。Hulu 的数据科学家、算法工程师和软件工程师都工作在同一个团队，每天解决用户的实际问题，积累了大量实用的经验。Hulu 北京的学习气氛也相当浓厚。除了定期的机器学习专题研讨和大数据及机器学习公开课，Hulu 也在内部开设了深度学习课程。

2017 年年底，人民邮电出版社的俞彬编辑问我能否写一本关于人工智能和机器学习算法实操的书。目前市场上有关人工智能的书可以分为两类，一类是非常系统的教科书，还有一类是关于人工智能和人类未来的社科类图书。我们能否写一本实操类的书，介绍一个真正的计算机从业人员需要掌握的技能呢?

抱着试一试的心理，我让公司里的同事自愿报名参加这个集体项目。一共有 15 位资深研究员和算法工程师参与了这本书的内容创作，这是个成功的合作案例。我们先学习了一下现有的相关书籍，然后头脑风暴了一番，觉得我们可以做一个问答集，以比较有趣的问答形式，集中当前算法工程师和研究员感兴趣的话题，用问答引出这个行业的基本概念。

在互联网行业，敏捷开发都是以最快的速度，做一个“最小化产品”，让用户的反馈来带领产品的方向。我们写这本书也是如此。为了让大家能够落笔写出没有错误、通俗易懂的问答，为了收集读者的反馈，也为了不把写一本大部头书列为第一天的目标，我们先在 Hulu 的微信公众号上，以每周发两个问答的形式，从 2017 年 11 月到 2018 年 3 月期间，一共发出了 30 篇“机器学习问答”系列文章。这些文章受到了业界好评，也收到各种问题和反馈，成了我们这本书的核心内容。

关于书的章节组织，我们也进行过仔细的讨论。人工智能和机器学习算法范围很大，我们的理念是要涵盖该领域最基本的内容，介绍基本概念，同时，跟上算法发展的最新步伐。所以本书介绍了传统机器学习算法，比如逻辑回归、决策树等，同时花了比较大的篇幅介绍近几年流行的最新算法，包括各种神经网络（深度学习）、强化学习、集成学习等，还会涉猎学术界正在讨论中的新领域和新算法。同时，本书强调了实现一个企业里真正实用的算法系统所需要的技能，比如采样、特征工程、模型评估。因为机器学习算法往往需要比较深的背景知识，所以在每个问题和解答之前，会对该领域做简单的背景介绍。每个问答有不同的难度，以供读者自我衡量。

在核心的机器学习算法问答内容之外，我们增加了两个部分，一是“机器学习算法工程师的自我修养”，介绍业界典型的算法工程师的工作内容和要求。这些实例可以帮助广大的读者了解掌握机器学习技能以后的工作和去向。二是“人工智能热门应用”，相信不少读者都听说过这些应用的故事，比如无人驾驶车、AlphaGo 等。我们希望从内行人的角度，解释一下这些超级应用背后的原理是什么。当你读完本书，掌握了机器学习技能以后，你也可以在幕后操作这些热门的智能应用了。

本书信息量很大，涉猎人工智能和机器学习的各个子领域。每个公司、每个业务、每个职位，不一定会用到全部的技能。所以关于阅读这本书，我有以下几个建议。

（1）顺读法：从头至尾阅读。如果你能读懂全部内容，所有的题目都会解答，欢迎你到 Hulu 来申请工作吧！

（2）由简至难法： 每道题的旁边都标明了难度。一星最简单，五星最难。在本书中，还提供了一个题目的列表。一颗星的题目，主要是介绍基本概念，或者是为什么要做某一件事，比如 “什么是 ROC 曲线？” “为什么需要对数值类型的特征做归一化？” 。如果你是机器学习的入门学习者，可以从背景知识和简单的题目出发，循序渐进。

（3）目标工作法：不是所有的公司、所有的职位都需要懂得各类算法。如果你目前的工作或者想去的工作在某个领域，它们可能会用到某几类算法。如果你对某个新的领域很感兴趣，比如循环神经网络，那你可以专攻这些章节。不过无论用哪类算法，特征工程、模型评估等基本技能都是很重要的。

（4）互联网阅读法：一本书很难把广泛的领域讲得面面俱到，尤其是题目和解答，可以举一反三有很多花样。所以，我们在很多章节后都有总结和扩展。对某个领域感兴趣的朋友们，可以以这本书为起点，深入到扩展阅读，成为这一方面的专家。

（5）老板读书法：如果你是一个技术管理者，你需要解决的问题是算法可能对你现有的技术体系有什么帮助，和怎么找到合适的人，帮你做出智能的产品。建议你可以粗略地浏览一下本书，了解机器学习的各个技术领域，找到合适的解决方案。然后，你就可以用本书作面试宝典了。

出版这本书的目的，是让更多的人练习和掌握机器学习相关的知识，帮助计算机行业人员了解算法工程师需要的实际技能，帮助软件工程师成为出色的数据科学家，帮助公司的管理者了解人工智能系统需要的人才和技能，帮助所有对人工智能和机器学习感兴趣的朋友们走在技术和时代的前沿。

人工智能和机器学习的算法还在日新月异地发展中，这本书也会不断更新，不断地出新版本。希望得到读者朋友们的悉心指正，让我们一起跟上这个技术领域的进步步伐。

2018 年 4 月 10 日

机器学习算法工程师的自我修养

通往机器学习算法工程师的进阶之路是崎岖险阻的。《线性代数》《统计学习方法》《机器学习》《模式识别》《深度学习》，以及《颈椎病康复指南》，这些书籍将长久地伴随着你的工作生涯。

除了拥有全面、有条理的知识储备，我认为，想成为一名优秀的算法工程师，更重要的是对算法模型有着发自心底的热忱，对研究工作有一种匠心精神。这种匠心精神，直白来讲，可以概括为：发现问题的眼光、解决问题的探索精神，以及对问题究原竟委的执着追求。这里，我想给大家分享一个小故事，也是发生在本书作者身边真实的情景。

在微信红包占领家家户户年夜饭的那个时代，我们的小伙伴也没有例外。一群心有猛虎、细嗅蔷薇的算法研究员深切意识到自己不仅手速慢，运气也可谓糟糕。在埋头疯点手机屏幕的间隙，他们查阅了抢红包策略的相关文献，发现国内外对这一理论框架的探究极度匮乏。知识拯救命运，他们决定将红包机制的公平性提升到理论高度。通过大量的模拟实验，统计在不同顺位领到红包的大小。数据分析显示，越后面领到红包的人，虽然红包金额的期望（均值）和前面的人相同，但方差会更大，这也意味着他们更容易获得一些大额红包。从此，掌握这一规律的研究员们在各个群中“屡试不爽”，再也没有抢到过红包，留下的只有“手慢了，红包派完了”几个大字。

新年钟声敲响的时分临近，Boss 级别的人物往往会在群里发一些超级大额的红包。最夸张的一次有一位幸运儿在 10 人红包中领到 2 角钱，还没来得及在心中完成“老板真抠门”的碎碎念，抬头定睛一看，最佳手气 500 多元。判若云泥的手气虽没有埋下同事关系间的芥蒂，却让这帮算法工程师们产生了新的思考——如果把大额红包分成多份给大家抢，会减小“人品”因素带来的“贫富差距”吗？理论结合实际，他们不仅通过数学推导确认这一结论，还设计了一系列实验证明了多个红包的确会缩小不同人领到红包金额之间的差异性（方差）。从此，他们组的 Leader 在发大红包的时候都会刻意平均分成几份，既增加了大家抢红包的乐趣，又避免了有人因运气不佳而扼腕兴叹的愤懑。

当然，故事不止于此。他们还利用红包的特性编写了一系列面试题，筛选着一批又一批的机器学习算法工程师，例如，“用红包产生随机数”“用红包随机选出 n 个候选人”，诸如此类源自生活的小问题在本书后续章节中亦不难寻其踪迹。

这种探究问题的匠心精神充斥着他们生活的各个角落。每天下楼吃饭等电梯的时候，因担心上厕所错过电梯，他们建立多个模型分析不同时段电梯平均等待时间对应厕所时机的最优选择；在夕阳的余晖下欣赏湖光塔影时，他们会思考为何粼粼波光成了图像编码中的棘手难题；打开购物 APP 看着目不暇接的喜欢抑或不喜欢的商品，他们反思自己搭建的推荐系统是否也会让用户有着相同的无奈或是欣喜。每一件小事，因为对研究有了热爱，都可以成为工作的一部分，成为开启机器学习大门的钥匙。

工作中的算法工程师，很多时候，会将生活中转瞬即逝的灵感，付诸产品化。组里的一位同事在看某国产剧的时候，发现可以非常方便地跳过片头和片尾。从消费者的角度出发，这的确是一个大有裨益的产品特征，于是他仔细统计了我们自己平台的视频源数据，发现只有一部分视频含有片头、片尾的时间点信息，而且都是人为标记的。试想，对于一家具有百万量级内容源的视频公司，在所有的剧集上人为标记片头、片尾信息有如天方夜谭。通过广泛的背景调研、方法尝试，攫取前人工作之精华，不断加以创新，依据自己的数据特点量体裁衣，他们的团队设计出了一种基于深度神经网络与浅层特征融合的片尾自动检测模型。经过反复的迭代与充分的实验，得到了令人满意的结果。这一工作也申请了美国发明专利，并一步步走向产品化。

将算法研究应用到工作中，与纯粹的学术研究有着一点最大的不同，即需要从用户的角度思考问题。很多时候，你需要明确设计的产品特征、提升的数据指标，是不是能真正迎合用户的需求，这便要求算法工程师能在多个模型间选择出最合适的那个，然后通过快速迭代达到一个可以走向产品化的结果。这种创新精神与尝试精神便是“匠心”一词在工作中的体现。

当然，匠心精神诚可贵，知识储备作为成功的根底亦必不可少，这也是我们写作这本书的初衷。扎实的数学基础、完整的算法体系、深入的模型理解，是我们想传达给读者的精华之所在。本书前几章内容，如特征工程、模型评估、经典模型等，是机器学习领域的基石，是每个算法工程师应该融会贯通，内化于自己知识体系中的。而想成为一个研究专业或是应用领域的专家，则需要在技能树中的某几个分支不断生长发展。或许大家都听过啤酒与尿布的小故事，但搭建一个成熟、稳定的推荐系统，不仅需要通晓降维（第4章）、优化算法（第7章），更要对神经网络（第9章、第10章）、强化学习（第11章）等新生代模型不断钻研、深入理解，将学术前沿与产品形态紧密结合。例如，若是在技能树中专攻马尔可夫模型、主题模型（第6章），建立完整的概率图模型知识网络，并将循环神经网络（第10章）的理论体系融会贯通，形成自己独到的理解和感悟，便可以在机器翻译、语音聊天助手等自然语言处理的应用场景中驾轻就熟，游刃有余。

成为机器学习算法工程师的道路固然崎岖，却充满着旖旎和壮阔。你需要做的只是，想清自己真正想成为的那个角色，踏踏实实地在本书中汲取足够多的养分，然后，静静合上书页，在生活中体会种种细节，感受机器学习的璀璨多姿。

葫芦娃

2018年4月

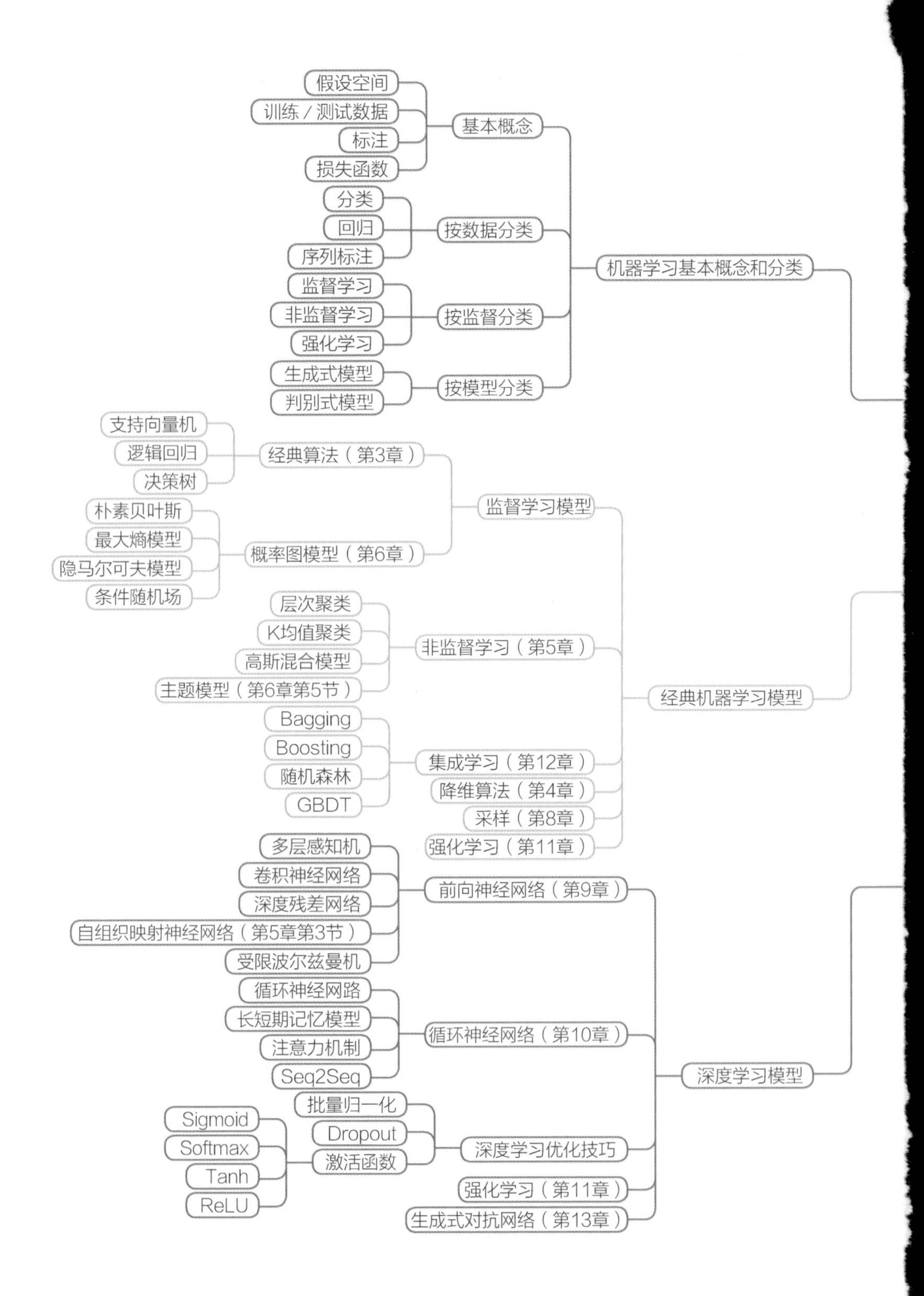

机器学习基本概念和分类
基本概念
假设空间
训练／测试数据
标注
损失函数
按数据分类
分类
回归
序列标注
按监督分类
监督学习
非监督学习
强化学习
按模型分类
生成式模型
判别式模型
经典机器学习模型
监督学习模型
经典算法（第3章）
支持向量机
逻辑回归
决策树
概率图模型（第6章）
朴素贝叶斯
最大熵模型
隐马尔可夫模型
条件随机场
非监督学习（第5章）
层次聚类
K均值聚类
高斯混合模型
主题模型（第6章第5节）
集成学习（第12章）
Bagging
Boosting
随机森林
GBDT
降维算法（第4章）
采样（第8章）
强化学习（第11章）
深度学习模型
前向神经网络（第9章）
多层感知机
卷积神经网络
深度残差网络
自组织映射神经网络（第5章第3节）
受限波尔兹曼机
循环神经网络（第10章）
循环神经网路
长短期记忆模型
注意力机制
Seq2Seq
深度学习优化技巧
批量归一化
Dropout
激活函数
Sigmoid
Softmax
Tanh
ReLU
强化学习（第11章）
生成式对抗网络（第13章）

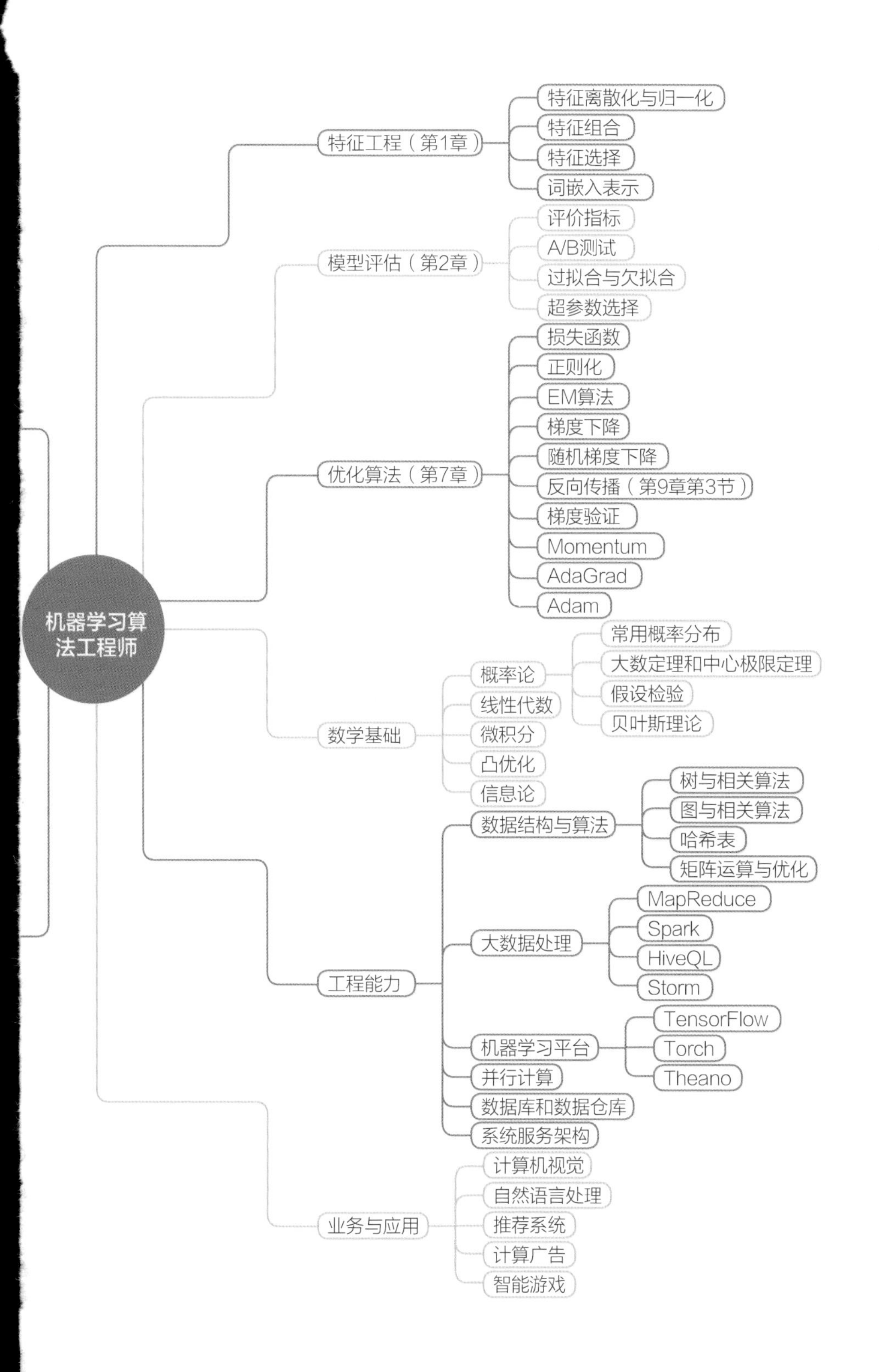

机器学习算法工程师
特征工程（第1章）
特征离散化与归一化
特征组合
特征选择
词嵌入表示
模型评估（第2章）
评价指标
A/B测试
过拟合与欠拟合
超参数选择
优化算法（第7章）
损失函数
正则化
EM算法
梯度下降
随机梯度下降
反向传播（第9章第3节）
梯度验证
Momentum
AdaGrad
Adam
数学基础
概率论
常用概率分布
大数定理和中心极限定理
假设检验
贝叶斯理论
线性代数
微积分
凸优化
信息论
工程能力
数据结构与算法
树与相关算法
图与相关算法
哈希表
矩阵运算与优化
大数据处理
MapReduce
Spark
HiveQL
Storm
机器学习平台
TensorFlow
Torch
Theano
并行计算
数据库和数据仓库
系统服务架构
业务与应用
计算机视觉
自然语言处理
推荐系统
计算广告
智能游戏

目 录
CONTENTS

目 录
CONTENTS

问题索引
INDEX

问题	页码	难度级	笔记
线性可分的两类点在 SVM 分类超平面上的投影仍然线性可分吗？	051	★★★☆☆	
证明存在一组参数使得高斯核 SVM 的训练误差为 0。	054	★★★☆☆	
加入松弛变量的 SVM 的训练误差可以为 0 吗？	056	★★★☆☆	
用逻辑回归处理多标签分类任务的一些相关问题。	059	★★★☆☆	
如何对决策树进行剪枝？	067	★★★☆☆	
训练误差为 0 的 SVM 分类器一定存在吗？	055	★★★★☆	

第 4 章　降维

问题	页码	难度级	笔记
从最大方差的角度定义 PCA 的目标函数并给出求解方法。	074	★★☆☆☆	
从回归的角度定义 PCA 的目标函数并给出对应的求解方法。	078	★★☆☆☆	
线性判别分析的目标函数以及求解方法。	083	★★☆☆☆	
线性判别分析与主成分分析的区别与联系	086	★★☆☆☆	

第 5 章　非监督学习

问题	页码	难度级	笔记
K 均值聚类算法的步骤是什么？	093	★★☆☆☆	
高斯混合模型的核心思想是什么？它是如何迭代计算的？	103	★★☆☆☆	
K 均值聚类的优缺点是什么？如何对其进行调优？	094	★★★☆☆	
针对 K 均值聚类的缺点，有哪些改进的模型？	097	★★★☆☆	
自组织映射神经网络是如何工作的？它与 K 均值算法有何区别？	106	★★★☆☆	
怎样设计自组织映射神经网络并设定网络训练参数？	109	★★★☆☆	
以聚类算法为例，如何区分两个非监督学习算法的优劣？	111	★★★☆☆	
证明 K 均值聚类算法的收敛性。	099	★★★★☆	

第 6 章　概率图模型

问题	页码	难度级	笔记
写出图 6.1（a）中贝叶斯网络的联合概率分布。	118	★☆☆☆☆	
写出图 6.1（b）中马尔可夫网络的联合概率分布。	119	★☆☆☆☆	
解释朴素贝叶斯模型的原理，并给出概率图模型表示。	121	★★☆☆☆	
解释最大熵模型的原理，并给出概率图模型表示。	122	★★☆☆☆	
常见的主题模型有哪些？试介绍其原理。	133	★★☆☆☆	
如何确定 LDA 模型中的主题个数？	136	★★☆☆☆	
常见的概率图模型中，哪些是生成式的，哪些是判别式的？	125	★★★☆☆	
如何对中文分词问题用隐马尔可夫模型进行建模和训练？	128	★★★☆☆	

第 1 章

特征工程

俗话说，“巧妇难为无米之炊”。在机器学习中，数据和特征便是“米”，模型和算法则是“巧妇”。没有充足的数据、合适的特征，再强大的模型结构也无法得到满意的输出。正如一句业界经典的话所说，“Garbage in，garbage out”。对于一个机器学习问题，数据和特征往往决定了结果的上限，而模型、算法的选择及优化则是在逐步接近这个上限。

特征工程，顾名思义，是对原始数据进行一系列工程处理，将其提炼为特征，作为输入供算法和模型使用。从本质上来讲，特征工程是一个表示和展现数据的过程。在实际工作中，特征工程旨在去除原始数据中的杂质和冗余，设计更高效的特征以刻画求解的问题与预测模型之间的关系。

本章主要讨论以下两种常用的数据类型。

（1）结构化数据。结构化数据类型可以看作关系型数据库的一张表，每列都有清晰的定义，包含了数值型、类别型两种基本类型；每一行数据表示一个样本的信息。

（2）非结构化数据。非结构化数据主要包括文本、图像、音频、视频数据，其包含的信息无法用一个简单的数值表示，也没有清晰的类别定义，并且每条数据的大小各不相同。

01 特征归一化

场景描述

为了消除数据特征之间的量纲影响，我们需要对特征进行归一化处理，使得不同指标之间具有可比性。例如，分析一个人的身高和体重对健康的影响，如果使用米（m）和千克（kg）作为单位，那么身高特征会在 1.6 ~ 1.8m 的数值范围内，体重特征会在 50 ~ 100kg 的范围内，分析出来的结果显然会倾向于数值差别比较大的体重特征。想要得到更为准确的结果，就需要进行特征归一化（Normalization）处理，使各指标处于同一数值量级，以便进行分析。

知识点

特征归一化

问题 为什么需要对数值类型的特征做归一化？

难度：★☆☆☆☆

分析与解答

对数值类型的特征做归一化可以将所有的特征都统一到一个大致相同的数值区间内。最常用的方法主要有以下两种。

（1）线性函数归一化（Min-Max Scaling）。它对原始数据进行线性变换，使结果映射到 [0, 1] 的范围，实现对原始数据的等比缩放。归一化公式如下

$$X_{\text{norm}} = \frac{X - X_{\min}}{X_{\max} - X_{\min}}, \tag{1.1}$$

其中 X 为原始数据，$X_{\max}$、$X_{\min}$ 分别为数据最大值和最小值。

（2）零均值归一化（Z-Score Normalization）。它会将原始数

据映射到均值为 0、标准差为 1 的分布上。具体来说，假设原始特征的均值为 μ、标准差为 σ，那么归一化公式定义为

$$z=\frac{x-\mu}{\sigma}. \tag{1.2}$$

为什么需要对数值型特征做归一化呢？我们不妨借助随机梯度下降的实例来说明归一化的重要性。假设有两种数值型特征，x_1 的取值范围为 [0, 10]，x_2 的取值范围为 [0, 3]，于是可以构造一个目标函数符合图 1.1（a）中的等值图。

在学习速率相同的情况下，x_1 的更新速度会大于 x_2，需要较多的迭代才能找到最优解。如果将 x_1 和 x_2 归一化到相同的数值区间后，优化目标的等值图会变成图 1.1（b）中的圆形，x_1 和 x_2 的更新速度变得更为一致，容易更快地通过梯度下降找到最优解。

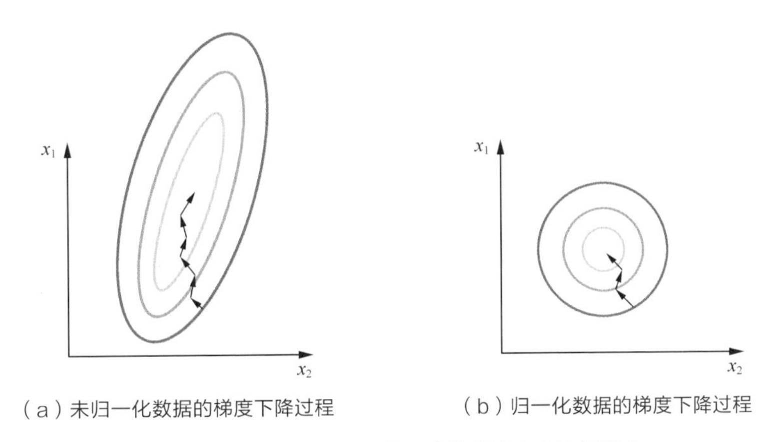

（a）未归一化数据的梯度下降过程　（b）归一化数据的梯度下降过程

图 1.1　数据归一化对梯度下降收敛速度产生的影响

当然，数据归一化并不是万能的。在实际应用中，通过梯度下降法求解的模型通常是需要归一化的，包括线性回归、逻辑回归、支持向量机、神经网络等模型。但对于决策树模型则并不适用，以 C4.5 为例，决策树在进行节点分裂时主要依据数据集 D 关于特征 x 的信息增益比（详见第 3 章第 3 节），而信息增益比跟特征是否经过归一化是无关的，因为归一化并不会改变样本在特征 x 上的信息增益。

类别型特征

场景描述

类别型特征（Categorical Feature）主要是指性别（男、女）、血型（A、B、AB、O）等只在有限选项内取值的特征。类别型特征原始输入通常是字符串形式，除了决策树等少数模型能直接处理字符串形式的输入，对于逻辑回归、支持向量机等模型来说，类别型特征必须经过处理转换成数值型特征才能正确工作。

知识点

序号编码（Ordinal Encoding）、独热编码（One-hot Encoding）、二进制编码（Binary Encoding）

问题　**在对数据进行预处理时，应该怎样处理类别型特征？**　**难度：★★☆☆☆**

分析与解答

■ 序号编码

序号编码通常用于处理类别间具有大小关系的数据。例如成绩，可以分为低、中、高三档，并且存在“高 > 中 > 低”的排序关系。序号编码会按照大小关系对类别型特征赋予一个数值 ID，例如高表示为 3、中表示为 2、低表示为 1，转换后依然保留了大小关系。

■ 独热编码

独热编码通常用于处理类别间不具有大小关系的特征。例如血型，一共有 4 个取值（A 型血、B 型血、AB 型血、O 型血），独热编码会把血型变成一个 4 维稀疏向量，A 型血表示为（1, 0, 0, 0），B 型血表示为（0, 1, 0, 0），AB型表示为（0, 0, 1, 0），O型血表示为（0, 0, 0, 1）。对于类别取值较多的情况下使用独热编码需要注意以下问题。

（1）使用稀疏向量来节省空间。在独热编码下，特征向量只有某一维取值为1，其他位置取值均为0。因此可以利用向量的稀疏表示有效地节省空间，并且目前大部分的算法均接受稀疏向量形式的输入。

（2）配合特征选择来降低维度。高维度特征会带来几方面的问题。一是在K近邻算法中，高维空间下两点之间的距离很难得到有效的衡量；二是在逻辑回归模型中，参数的数量会随着维度的增高而增加，容易引起过拟合问题；三是通常只有部分维度是对分类、预测有帮助，因此可以考虑配合特征选择来降低维度。

二进制编码

二进制编码主要分为两步，先用序号编码给每个类别赋予一个类别ID，然后将类别ID对应的二进制编码作为结果。以A、B、AB、O血型为例，表1.1是二进制编码的过程。A型血的ID为1，二进制表示为001；B型血的ID为2，二进制表示为010；以此类推可以得到AB型血和O型血的二进制表示。可以看出，二进制编码本质上是利用二进制对ID进行哈希映射，最终得到0/1特征向量，且维数少于独热编码，节省了存储空间。

表1.1 二进制编码和独热编码

血型	类别ID	二进制表示			独热编码			
A	1	0	0	1	1	0	0	0
B	2	0	1	0	0	1	0	0
AB	3	0	1	1	0	0	1	0
O	4	1	0	0	0	0	0	1

除了本章介绍的编码方法外，有兴趣的读者还可以进一步了解其他的编码方式，比如Helmert Contrast、Sum Contrast、Polynomial Contrast、Backward Difference Contrast等。

高维组合特征的处理

知识点

组合特征

问题 **什么是组合特征？如何处理高维组合特征？** **难度：★★☆☆☆**

分析与解答

为了提高复杂关系的拟合能力，在特征工程中经常会把一阶离散特征两两组合，构成高阶组合特征。以广告点击预估问题为例，原始数据有语言和类型两种离散特征，表 1.2 是语言和类型对点击的影响。为了提高拟合能力，语言和类型可以组成二阶特征，表 1.3 是语言和类型的组合特征对点击的影响。

表 1.2 语言和类型对点击的影响

是否点击	语言	类型
0	中文	电影
1	英文	电影
1	中文	电视剧
0	英文	电视剧

表 1.3 语言和类型的组合特征对点击的影响

是否 点击	语言 = 中文 类型 = 电影	语言 = 英文 类型 = 电影	语言 = 中文 类型 = 电视剧	语言 = 英文 类型 = 电视剧
0	1	0	0	0
1	0	1	0	0
1	0	0	1	0
0	0	0	0	1

以逻辑回归为例，假设数据的特征向量为 $X=(x_1,x_2,\ldots,x_k)$，则有，

$$Y = \text{sigmoid}\left(\sum_i \sum_j w_{ij} < x_i, x_j >\right), \tag{1.3}$$

其中 $<x_i, x_j>$ 表示 x_i 和 x_j 的组合特征，w_{ij} 的维度等于 $|x_i| \cdot |x_j|$，$|x_i|$ 和 $|x_j|$ 分别代表第 i 个特征和第 j 个特征不同取值的个数。在表 1.3 的广告点击预测问题中，w 的维度是 2×2=4（语言取值为中文或英文两种、类型的取值为电影或电视剧两种）。这种特征组合看起来是没有任何问题的，但当引入 ID 类型的特征时，问题就出现了。以推荐问题为例，表 1.4 是用户 ID 和物品 ID 对点击的影响，表 1.5 是用户 ID 和物品 ID 的组合特征对点击的影响。

表 1.4 用户 ID 和物品 ID 对点击的影响

是否点击	用户 ID	物品 ID
0	1	1
1	2	1
…	…	…
1	m	1
1	1	2
0	2	2
…	…	…
1	m	n

表 1.5 用户 ID 和物品 ID 的组合特征对点击的影响

是否点击	用户ID=1 物品ID=1	用户ID=2 物品ID=1	…	用户ID=m 物品ID=1	用户ID=1 物品ID=2	用户ID=2 物品ID=2	…	用户ID=m 物品ID=n
0	1	0	…	0	0	0	…	0
1	0	1	…	0	0	0	…	0
…	…	…	…	…	…	…	…	0
1	0	0	…	1	0	0	…	0
1	0	0	…	0	1	0	…	0
0	0	0	…	0	0	1	…	0
…	…	…	…	…	…	…	…	…
1	0	0	…	0	0	0	…	1

若用户的数量为 m、物品的数量为 n，那么需要学习的参数的规模为 $m\times n$。在互联网环境下，用户数量和物品数量都可以达到千万量级，几乎无法学习 $m\times n$ 规模的参数。在这种情况下，一种行之有效的方法是将用户和物品分别用 k 维的低维向量表示（$k \ll m, k \ll n$），

$$Y = \mathrm{sigmoid}(\sum_i \sum_j w_{ij} < x_i, x_j >) , \tag{1.4}$$

其中$w_{ij} = x_i' \cdot x_j'$，x_i'和x_j'分别表示 x_i 和 x_j 对应的低维向量。在表 1.5 的推荐问题中，需要学习的参数的规模变为 $m\times k+n\times k$。熟悉推荐算法的同学很快可以看出来，这其实等价于矩阵分解。所以，这里也提供了另一个理解推荐系统中矩阵分解的思路。

组合特征

场景描述

上一节介绍了如何利用降维方法来减少两个高维特征组合后需要学习的参数。但是在很多实际问题中，我们常常需要面对多种高维特征。如果简单地两两组合，依然容易存在参数过多、过拟合等问题，而且并不是所有的特征组合都是有意义的。因此，需要一种有效的方法来帮助我们找到应该对哪些特征进行组合。

知识点

组合特征

问题 怎样有效地找到组合特征？

难度：★★☆☆☆

分析与解答

本节介绍一种基于决策树的特征组合寻找方法 [1]（关于决策树的详细内容可见第 3 章第 3 节）。以点击预测问题为例，假设原始输入特征包含年龄、性别、用户类型（试用期、付费）、物品类型（护肤、食品等）4 个方面的信息，并且根据原始输入和标签（点击 / 未点击）构造出了决策树，如图 1.2 所示。

于是，每一条从根节点到叶节点的路径都可以看成一种特征组合的方式。具体来说，就有以下 4 种特征组合的方式。

（1）“年龄 <=35”且“性别 = 女”。

（2）“年龄 <=35”且“物品类别 = 护肤”。

（3）“用户类型 = 付费”且“物品类型 = 食品”。

（4）“用户类型 = 付费”且“年龄 <=40”。

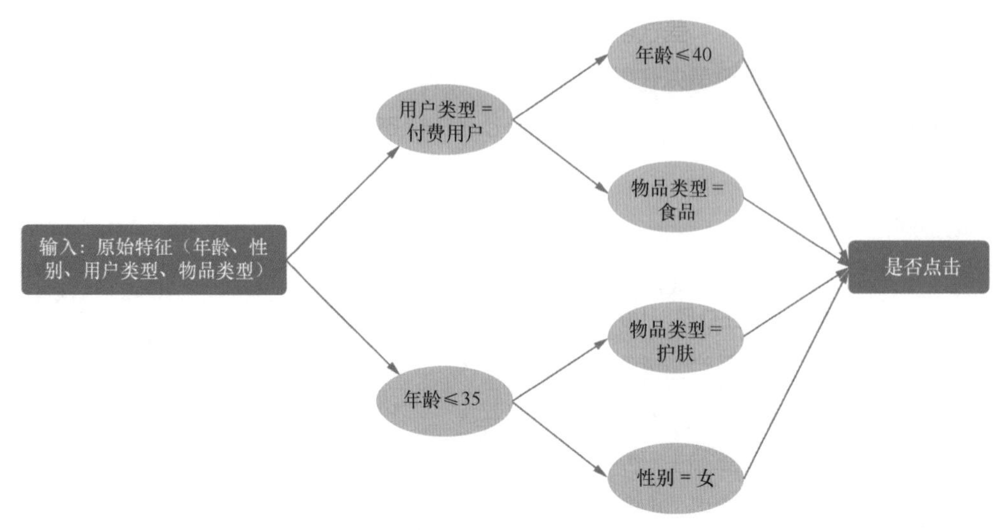

图 1.2　基于决策树的特征组合方法

表 1.6 是两个样本信息，那么第 1 个样本按照上述 4 个特征组合就可以编码为（1, 1, 0, 0），因为同时满足（1）（2），但不满足（3）（4）。同理，第 2 个样本可以编码为（0, 0, 1, 1），因为它同时满足（3）（4），但不满足（1）（2）。

表 1.6　两个不同样本对应的原始输入特征

是否点击	年龄	性别	用户类型	物品类型
是	28	女	免费	护肤
否	36	男	付费	食品

给定原始输入该如何有效地构造决策树呢？可以采用梯度提升决策树，该方法的思想是每次都在之前构建的决策树的残差上构建下一棵决策树。对梯度提升决策树感兴趣的读者可以参考第 12 章的具体内容，也可以阅读参考文献 [2]。

文本表示模型

场景描述

文本是一类非常重要的非结构化数据，如何表示文本数据一直是机器学习领域的一个重要研究方向。

知识点

词袋模型（Bag of Words），TF-IDF（Term Frequency-Inverse Document Frequency），**主题模型**（Topic Model），**词嵌入模型**（Word Embedding）

问题 有哪些文本表示模型？它们各有什么优缺点？

难度：★★☆☆☆

分析与解答

■ 词袋模型和N-gram模型

最基础的文本表示模型是词袋模型。顾名思义，就是将每篇文章看成一袋子词，并忽略每个词出现的顺序。具体地说，就是将整段文本以词为单位切分开，然后每篇文章可以表示成一个长向量，向量中的每一维代表一个单词，而该维对应的权重则反映了这个词在原文章中的重要程度。常用TF-IDF来计算权重，公式为

$$\text{TF-IDF}(t,d)=\text{TF}(t,d)\times\text{IDF}(t), \tag{1.5}$$

其中 $\text{TF}(t,d)$ 为单词 t 在文档 d 中出现的频率，$\text{IDF}(t)$ 是逆文档频率，用来衡量单词 t 对表达语义所起的重要性，表示为

$$\text{IDF}(t)=\log\frac{\text{文章总数}}{\text{包含单词}t\text{的文章总数}+1}. \tag{1.6}$$

直观的解释是，如果一个单词在非常多的文章里面都出现，那么它可能是一个比较通用的词汇，对于区分某篇文章特殊语义的贡献较小，因此对权重做一定惩罚。

将文章进行单词级别的划分有时候并不是一种好的做法，比如英文中的natural language processing（自然语言处理）一词，如果将natural，language，processing这3个词拆分开来，所表达的含义与三个词连续出现时大相径庭。通常，可以将连续出现的n个词（$n \leqslant N$）组成的词组（N-gram）也作为一个单独的特征放到向量表示中去，构成N-gram模型。另外，同一个词可能有多种词性变化，却具有相似的含义。在实际应用中，一般会对单词进行词干抽取（Word Stemming）处理，即将不同词性的单词统一成为同一词干的形式。

主题模型

主题模型用于从文本库中发现有代表性的主题（得到每个主题上面词的分布特性），并且能够计算出每篇文章的主题分布，具体细节参见第6章第5节。

词嵌入与深度学习模型

词嵌入是一类将词向量化的模型的统称，核心思想是将每个词都映射成低维空间（通常K=50～300维）上的一个稠密向量（Dense Vector）。K维空间的每一维也可以看作一个隐含的主题，只不过不像主题模型中的主题那样直观。

由于词嵌入将每个词映射成一个K维的向量，如果一篇文档有N个词，就可以用一个$N \times K$维的矩阵来表示这篇文档，但是这样的表示过于底层。在实际应用中，如果仅仅把这个矩阵作为原文本的表示特征输入到机器学习模型中，通常很难得到令人满意的结果。因此，还需要在此基础之上加工出更高层的特征。在传统的浅层机器学习模型中，一个好的特征工程往往可以带来算法效果的显著提升。而深度学习模型正好为我们提供了一种自动地进行特征工程的方式，模型中的每个隐层都可以认为对应着不同抽象层次的特征。从这个角度来讲，深度学习模型能够打败浅层模型也就顺理成章了。卷积神经网络和循环神经网络的结构在文本表示中取得了很好的效果，主要是由于它们能够更好地对文本进行建模，抽取出一些高层的语义特征。与全连接的网络结构相比，卷积神经网络和循环神经网络一方面很好地抓住了文本的特性，另一方面又减少了网络中待学习的参数，提高了训练速度，并且降低了过拟合的风险。

06 Word2Vec

场景描述

谷歌 2013 年提出的 Word2Vec 是目前最常用的词嵌入模型之一。Word2Vec 实际是一种浅层的神经网络模型，它有两种网络结构，分别是 CBOW（Continues Bag of Words）和 Skip-gram。

知识点

Word2Vec，隐狄利克雷模型（LDA），CBOW，Skip-gram

问题 Word2Vec 是如何工作的？它和 LDA 有什么区别与联系？

难度：★★★☆☆

分析与解答

CBOW 的目标是根据上下文出现的词语来预测当前词的生成概率，如图 1.3（a）所示；而 Skip-gram 是根据当前词来预测上下文中各词的生成概率，如图 1.3（b）所示。

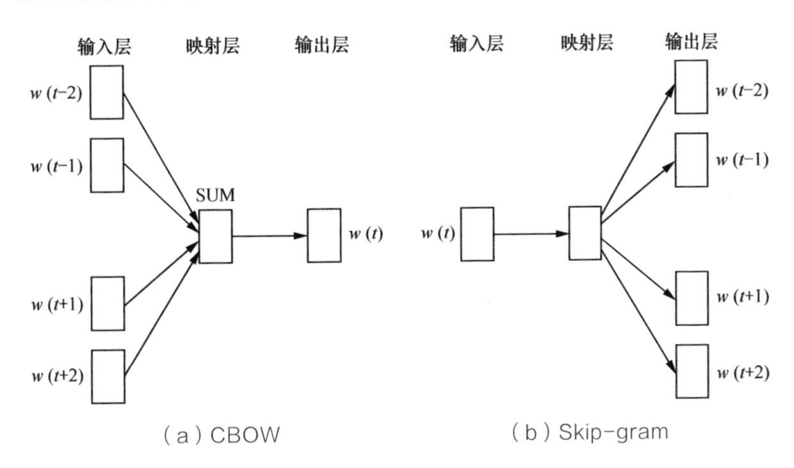

图 1.3 Word2Vec 的两种网络结构

其中 $w(t)$ 是当前所关注的词，$w(t-2)$、$w(t-1)$、$w(t+1)$、$w(t+2)$ 是上下文中出现的词。这里前后滑动窗口大小均设为 2。

CBOW 和 Skip-gram 都可以表示成由输入层（Input）、映射层（Projection）和输出层（Output）组成的神经网络。

输入层中的每个词由独热编码方式表示，即所有词均表示成一个 N 维向量，其中 N 为词汇表中单词的总数。在向量中，每个词都将与之对应的维度置为 1，其余维度的值均设为 0。

在映射层（又称隐含层）中，K 个隐含单元（Hidden Units）的取值可以由 N 维输入向量以及连接输入和隐含单元之间的 $N\times K$ 维权重矩阵计算得到。在 CBOW 中，还需要将各个输入词所计算出的隐含单元求和。

同理，输出层向量的值可以通过隐含层向量（K 维），以及连接隐含层和输出层之间的 $K\times N$ 维权重矩阵计算得到。输出层也是一个 N 维向量，每维与词汇表中的一个单词相对应。最后，对输出层向量应用 Softmax 激活函数，可以计算出每个单词的生成概率。Softmax 激活函数的定义为

$$P(y=w_n|x)=\frac{\mathrm{e}^{x_n}}{\sum_{k=1}^{N}\mathrm{e}^{x_k}}, \tag{1.7}$$

其中 x 代表 N 维的原始输出向量，x_n 为在原始输出向量中，与单词 w_n 所对应维度的取值。

接下来的任务就是训练神经网络的权重，使得语料库中所有单词的整体生成概率最大化。从输入层到隐含层需要一个维度为 $N\times K$ 的权重矩阵，从隐含层到输出层又需要一个维度为 $K\times N$ 的权重矩阵，学习权重可以用反向传播算法实现，每次迭代时将权重沿梯度更优的方向进行一小步更新。但是由于 Softmax 激活函数中存在归一化项的缘故，推导出来的迭代公式需要对词汇表中的所有单词进行遍历，使得每次迭代过程非常缓慢，由此产生了 Hierarchical Softmax 和 Negative Sampling 两种改进方法，有兴趣的读者可以参考 Word2Vec 的原论文 [3]。训练得到维度为 $N\times K$ 和 $K\times N$ 的两个权重矩阵之后，可以选择其中一个作为 N 个词的 K 维向量表示。

谈到 Word2Vec 与 LDA 的区别和联系，首先，LDA 是利用文档中单词的共现关系来对单词按主题聚类，也可以理解为对“文档 - 单词”矩阵进行分解，得到“文档 - 主题”和“主题 - 单词”两个概率分布。而 Word2Vec 其实是对“上下文 - 单词”矩阵进行学习，其中上下文由周围的几个单词组成，由此得到的词向量表示更多地融入了上下文共现的特征。也就是说，如果两个单词所对应的 Word2Vec 向量相似度较高，那么它们很可能经常在同样的上下文中出现。需要说明的是，上述分析的是 LDA 与 Word2Vec 的不同，不应该作为主题模型和词嵌入两类方法的主要差异。主题模型通过一定的结构调整可以基于“上下文 - 单词”矩阵进行主题推理。同样地，词嵌入方法也可以根据“文档 - 单词”矩阵学习出词的隐含向量表示。主题模型和词嵌入两类方法最大的不同其实在于模型本身，主题模型是一种基于概率图模型的生成式模型，其似然函数可以写成若干条件概率连乘的形式，其中包括需要推测的隐含变量（即主题）；而词嵌入模型一般表达为神经网络的形式，似然函数定义在网络的输出之上，需要通过学习网络的权重以得到单词的稠密向量表示。

图像数据不足时的处理方法

场景描述

在机器学习中，绝大部分模型都需要大量的数据进行训练和学习（包括有监督学习和无监督学习），然而在实际应用中经常会遇到训练数据不足的问题。比如图像分类，作为计算机视觉最基本的任务之一，其目标是将每幅图像划分到指定类别集合中的一个或多个类别中。当训练一个图像分类模型时，如果训练样本比较少，该如何处理呢？

知识点

迁移学习（Transfer Learning），生成对抗网络，图像处理，上采样技术，数据扩充

问题 **在图像分类任务中，训练数据不足会带来什么问题？如何缓解数据量不足带来的问题？** 难度：★★☆☆☆

分析与解答

一个模型所能提供的信息一般来源于两个方面，一是训练数据中蕴含的信息；二是在模型的形成过程中（包括构造、学习、推理等），人们提供的先验信息。当训练数据不足时，说明模型从原始数据中获取的信息比较少，这种情况下要想保证模型的效果，就需要更多先验信息。先验信息可以作用在模型上，例如让模型采用特定的内在结构、条件假设或添加其他一些约束条件；先验信息也可以直接施加在数据集上，即根据特定的先验假设去调整、变换或扩展训练数据，让其展现出更多的、更有用的信息，以利于后续模型的训练和学习。

具体到图像分类任务上，训练数据不足带来的问题主要表现在过拟合方面，即模型在训练样本上的效果可能不错，但在测试集上的泛化效果不佳。根据上述讨论，对应的处理方法大致也可以分两类，一是基于模型的方法，主要是采用降低过拟合风险的措施，包括简化模型（如将非线性模型简化为线性模型）、添加约束项以缩小假设空间（如 L1/L2 正则项）、集成学习、Dropout 超参数等；二是基于数据的方法，主要通过数据扩充（Data Augmentation），即根据一些先验知识，在保持特定信息的前提下，对原始数据进行适当变换以达到扩充数据集的效果。具体到图像分类任务中，在保持图像类别不变的前提下，可以对训练集中的每幅图像进行以下变换。

（1）一定程度内的随机旋转、平移、缩放、裁剪、填充、左右翻转等，这些变换对应着同一个目标在不同角度的观察结果。

（2）对图像中的像素添加噪声扰动，比如椒盐噪声、高斯白噪声等。

（3）颜色变换。例如，在图像的 RGB 颜色空间上进行主成分分析，得到 3 个主成分的特征向量 p_1,p_2,p_3 及其对应的特征值 $\lambda_1,\lambda_2,\lambda_3$，然后在每个像素的 RGB 值上添加增量 $[p_1,p_2,p_3]\cdot[\alpha_1\lambda_1,\alpha_2\lambda_2,\alpha_3\lambda_3]^{\mathrm{T}}$，其中 $\alpha_1,\alpha_2,\alpha_3$ 是均值为 0、方差较小的高斯分布随机数。

（4）改变图像的亮度、清晰度、对比度、锐度等。

图 1.4 展示了一些图像扩充的具体样例。

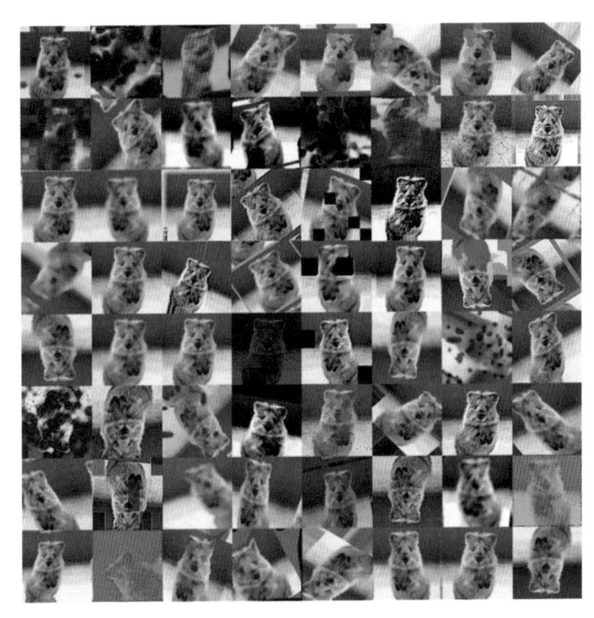

图 1.4　图像数据扩充样例

除了直接在图像空间进行变换，还可以先对图像进行特征提取，然后在图像的特征空间内进行变换，利用一些通用的数据扩充或上采样技术，例如SMOTE（Synthetic Minority Over-sampling Technique）算法。抛开上述这些启发式的变换方法，使用生成模型也可以合成一些新样本，例如当今非常流行的生成式对抗网络模型。

此外，借助已有的其他模型或数据来进行迁移学习在深度学习中也十分常见。例如，对于大部分图像分类任务，并不需要从头开始训练模型，而是借用一个在大规模数据集上预训练好的通用模型，并在针对目标任务的小数据集上进行微调（fine-tune），这种微调操作就可以看成是一种简单的迁移学习。

第2章

模型评估

“没有测量，就没有科学。”这是科学家门捷列夫的名言。在计算机科学特别是机器学习领域中，对模型的评估同样至关重要。只有选择与问题相匹配的评估方法，才能快速地发现模型选择或训练过程中出现的问题，迭代地对模型进行优化。模型评估主要分为离线评估和在线评估两个阶段。针对分类、排序、回归、序列预测等不同类型的机器学习问题，评估指标的选择也有所不同。知道每种评估指标的精确定义、有针对性地选择合适的评估指标、根据评估指标的反馈进行模型调整，这些都是机器学习在模型评估阶段的关键问题，也是一名合格的算法工程师应当具备的基本功。

评估指标的局限性

场景描述

在模型评估过程中，分类问题、排序问题、回归问题往往需要使用不同的指标进行评估。在诸多的评估指标中，大部分指标只能片面地反映模型的一部分性能。如果不能合理地运用评估指标，不仅不能发现模型本身的问题，而且会得出错误的结论。下面以 Hulu 的业务为背景，假想几个模型评估场景，看看大家能否触类旁通，发现模型评估指标的局限性。

知识点

准确率（Accuracy），**精确率**（Precision），**召回率**（Recall），**均方根误差**（Root Mean Square Error，RMSE）

问题1 准确率的局限性。

难度：★☆☆☆☆

Hulu 的奢侈品广告主们希望把广告定向投放给奢侈品用户。Hulu 通过第三方的数据管理平台（Data Management Platform，DMP）拿到了一部分奢侈品用户的数据，并以此为训练集和测试集，训练和测试奢侈品用户的分类模型。该模型的分类准确率超过了 95%，但在实际广告投放过程中，该模型还是把大部分广告投给了非奢侈品用户，这可能是什么原因造成的？

分析与解答

在解答该问题之前，我们先回顾一下分类准确率的定义。准确率是指分类正确的样本占总样本个数的比例，即

$$Accuracy = \frac{n_{\text{correct}}}{n_{\text{total}}}, \tag{2.1}$$

其中 n_{correct} 为被正确分类的样本个数，n_{total} 为总样本的个数。

准确率是分类问题中最简单也是最直观的评价指标，但存在明显的缺陷。比如，当负样本占 99% 时，分类器把所有样本都预测为负样本

也可以获得 99% 的准确率。所以，当不同类别的样本比例非常不均衡时，占比大的类别往往成为影响准确率的最主要因素。

明确了这一点，这个问题也就迎刃而解了。显然，奢侈品用户只占 Hulu 全体用户的一小部分，虽然模型的整体分类准确率高，但是不代表对奢侈品用户的分类准确率也很高。在线上投放过程中，我们只会对模型判定的“奢侈品用户”进行投放，因此，对“奢侈品用户”判定的准确率不够高的问题就被放大了。为了解决这个问题，可以使用更为有效的平均准确率（每个类别下的样本准确率的算术平均）作为模型评估的指标。

事实上，这是一道比较开放的问题，面试者可以根据遇到的问题一步步地排查原因。标准答案其实也不限于指标的选择，即使评估指标选择对了，仍会存在模型过拟合或欠拟合、测试集和训练集划分不合理、线下评估与线上测试的样本分布存在差异等一系列问题，但评估指标的选择是最容易被发现，也是最可能影响评估结果的因素。

问题 2 精确率与召回率的权衡。

难度：★☆☆☆☆

Hulu 提供视频的模糊搜索功能，搜索排序模型返回的 Top 5 的精确率非常高，但在实际使用过程中，用户还是经常找不到想要的视频，特别是一些比较冷门的剧集，这可能是哪个环节出了问题呢？

分析与解答

要回答这个问题，首先要明确两个概念，精确率和召回率。精确率是指分类正确的正样本个数占分类器判定为正样本的样本个数的比例。召回率是指分类正确的正样本个数占真正的正样本个数的比例。

在排序问题中，通常没有一个确定的阈值把得到的结果直接判定为正样本或负样本，而是采用 Top N 返回结果的 Precision 值和 Recall 值来衡量排序模型的性能，即认为模型返回的 Top N 的结果就是模型判定的正样本，然后计算前 N 个位置上的准确率 Precision@N 和前 N 个位置上的召回率 Recall@N。

Precision 值和 Recall 值是既矛盾又统一的两个指标，为了提高

Precision 值，分类器需要尽量在“更有把握”时才把样本预测为正样本，但此时往往会因为过于保守而漏掉很多“没有把握”的正样本，导致 Recall 值降低。

回到问题中来，模型返回的 Precision@5 的结果非常好，也就是说排序模型 Top 5 的返回值的质量是很高的。但在实际应用过程中，用户为了找一些冷门的视频，往往会寻找排在较靠后位置的结果，甚至翻页去查找目标视频。但根据题目描述，用户经常找不到想要的视频，这说明模型没有把相关的视频都找出来呈现给用户。显然，问题出在召回率上。如果相关结果有 100 个，即使 Precision@5 达到了 100%，Recall@5 也仅仅是 5%。在模型评估时，我们是否应该同时关注 Precision 值和 Recall 值？进一步而言，是否应该选取不同的 Top N 的结果进行观察呢？是否应该选取更高阶的评估指标来更全面地反映模型在 Precision 值和 Recall 值两方面的表现？

答案都是肯定的，为了综合评估一个排序模型的好坏，不仅要看模型在不同 Top N 下的 Precision@N 和 Recall@N，而且最好绘制出模型的 P-R（Precision-Recall）曲线。这里简单介绍一下 P-R 曲线的绘制方法。

P-R 曲线的横轴是召回率，纵轴是精确率。对于一个排序模型来说，其 P-R 曲线上的一个点代表着，在某一阈值下，模型将大于该阈值的结果判定为正样本，小于该阈值的结果判定为负样本，此时返回结果对应的召回率和精确率。整条 P-R 曲线是通过将阈值从高到低移动而生成的。图 2.1 是 P-R 曲线样例图，其中实线代表模型 A 的 P-R 曲线，虚线代表模型 B 的 P-R 曲线。原点附近代表当阈值最大时模型的精确率和召回率。

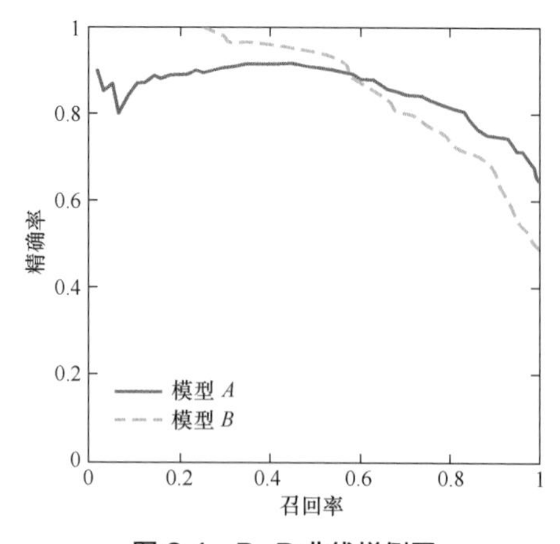

图 2.1　P-R 曲线样例图

由图可见，当召回率接近于 0 时，模型 A 的精确率为 0.9，模型 B 的精确率是 1，这说明模型 B 得分前几位的样本全部是真正的正样本，而模型 A 即使得分最高的几个样本也存在预测错误的情况。并且，随着召回率的增加，精确率整体呈下降趋势。但是，当召回率为 1 时，模型 A 的精确率反而超过了模型 B。这充分说明，只用某个点对应的精确率和召回率是不能全面地衡量模型的性能，只有通过 P-R 曲线的整体表现，才能够对模型进行更为全面的评估。

除此之外，F1 score 和 ROC 曲线也能综合地反映一个排序模型的性能。F1 score 是精准率和召回率的调和平均值，它定义为

$$\mathrm{F1}=\frac{2\times precision\times recall}{precision+recall}. \tag{2.2}$$

ROC 曲线会在后面的小节中单独讨论，这里不再赘述。

问题 3 平方根误差的“意外”。 难度：★☆☆☆☆

Hulu 作为一家流媒体公司，拥有众多的美剧资源，预测每部美剧的流量趋势对于广告投放、用户增长都非常重要。我们希望构建一个回归模型来预测某部美剧的流量趋势，但无论采用哪种回归模型，得到的 RMSE 指标都非常高。然而事实是，模型在 95% 的时间区间内的预测误差都小于 1%，取得了相当不错的预测结果。那么，造成 RMSE 指标居高不下的最可能的原因是什么？

分析与解答

RMSE 经常被用来衡量回归模型的好坏，但按照题目的叙述，RMSE 这个指标却失效了。先看一下 RMSE 的计算公式为

$$RMSE=\sqrt{\frac{\sum_{i=1}^{n}(y_i-\hat{y}_i)^2}{n}}, \tag{2.3}$$

其中，y_i 是第 i 个样本点的真实值，$\hat{y}_i$是第 i 个样本点的预测值，n 是样本点的个数。

一般情况下，RMSE 能够很好地反映回归模型预测值与真实值的

偏离程度。但在实际问题中，如果存在个别偏离程度非常大的离群点（Outlier）时，即使离群点数量非常少，也会让 RMSE 指标变得很差。

回到问题中来，模型在 95% 的时间区间内的预测误差都小于 1%，这说明，在大部分时间区间内，模型的预测效果都是非常优秀的。然而，RMSE 却一直很差，这很可能是由于在其他的 5% 时间区间内存在非常严重的离群点。事实上，在流量预估这个问题中，噪声点确实是很容易产生的，比如流量特别小的美剧、刚上映的美剧或者刚获奖的美剧，甚至一些相关社交媒体突发事件带来的流量，都可能会造成离群点。

针对这个问题，有什么解决方案呢？可以从三个角度来思考。第一，如果我们认定这些离群点是“噪声点”的话，就需要在数据预处理的阶段把这些噪声点过滤掉。第二，如果不认为这些离群点是“噪声点”的话，就需要进一步提高模型的预测能力，将离群点产生的机制建模进去（这是一个宏大的话题，这里就不展开讨论了）。第三，可以找一个更合适的指标来评估该模型。关于评估指标，其实是存在比 RMSE 的鲁棒性更好的指标，比如平均绝对百分比误差（Mean Absolute Percent Error，MAPE），它定义为

$$MAPE = \sum_{i=1}^{n} \left| \frac{y_i - \hat{y}_i}{y_i} \right| \times \frac{100}{n}. \tag{2.4}$$

相比 RMSE，MAPE 相当于把每个点的误差进行了归一化，降低了个别离群点带来的绝对误差的影响。

· 总结与扩展 ·

本小节基于三个假想的 Hulu 应用场景和对应的问题，说明了选择合适的评估指标的重要性。每个评估指标都有其价值，但如果只从单一的评估指标出发去评估模型，往往会得出片面甚至错误的结论；只有通过一组互补的指标去评估模型，才能更好地发现并解决模型存在的问题，从而更好地解决实际业务场景中遇到的问题。

ROC 曲线

场景描述

二值分类器（Binary Classifier）是机器学习领域中最常见也是应用最广泛的分类器。评价二值分类器的指标很多，比如 precision、recall、F1 score、P-R 曲线等。上一小节已对这些指标做了一定的介绍，但也发现这些指标或多或少只能反映模型在某一方面的性能。相比而言，ROC 曲线则有很多优点，经常作为评估二值分类器最重要的指标之一。下面我们来详细了解一下 ROC 曲线的绘制方法和特点。

知识点

ROC 曲线，曲线下的面积（Area Under Curve，AUC），P-R 曲线

问题 1 什么是 ROC 曲线？

难度： ★☆☆☆☆

分析与解答

ROC 曲线是 Receiver Operating Characteristic Curve 的简称，中文名为“受试者工作特征曲线”。ROC 曲线源于军事领域，而后在医学领域应用甚广，“受试者工作特征曲线”这一名称也正是来自于医学领域。

ROC 曲线的横坐标为假阳性率（False Positive Rate，FPR）；纵坐标为真阳性率（True Positive Rate，TPR）。FPR 和 TPR 的计算方法分别为

$$FPR=\frac{FP}{N}, \tag{2.5}$$

$$TPR=\frac{TP}{P}. \tag{2.6}$$

上式中，P 是真实的正样本的数量，N 是真实的负样本的数量，TP 是 P 个正样本中被分类器预测为正样本的个数，FP 是 N 个负样本中被分类器预测为正样本的个数。

只看定义确实有点绕，为了更直观地说明这个问题，我们举一个医院诊断病人的例子。假设有 10 位疑似癌症患者，其中有 3 位很不幸确实患了癌症（P=3），另外 7 位不是癌症患者（N=7）。医院对这 10 位疑似患者做了诊断，诊断出 3 位癌症患者，其中有 2 位确实是真正的患者（TP=2）。那么真阳性率 $TPR=TP/P=2/3$。对于 7 位非癌症患者来说，有一位很不幸被误诊为癌症患者（FP=1），那么假阳性率 $FPR=FP/N=1/7$。对于“该医院”这个分类器来说，这组分类结果就对应 ROC 曲线上的一个点（1/7，2/3）。

问题 2 如何绘制 ROC 曲线？

难度：★★☆☆☆

分析与解答

事实上，ROC 曲线是通过不断移动分类器的“截断点”来生成曲线上的一组关键点的，通过下面的例子进一步来解释“截断点”的概念。

在二值分类问题中，模型的输出一般都是预测样本为正例的概率。假设测试集中有 20 个样本，表 2.1 是模型的输出结果。样本按照预测概率从高到低排序。在输出最终的正例、负例之前，我们需要指定一个阈值，预测概率大于该阈值的样本会被判为正例，小于该阈值的样本则会被判为负例。比如，指定阈值为 0.9，那么只有第一个样本会被预测为正例，其他全部都是负例。上面所说的“截断点”指的就是区分正负预测结果的阈值。

通过动态地调整截断点，从最高的得分开始（实际上是从正无穷开始，对应着 ROC 曲线的零点），逐渐调整到最低得分，每一个截断点都会对应一个 FPR 和 TPR，在 ROC 图上绘制出每个截断点对应的位置，再连接所有点就得到最终的 ROC 曲线。

表 2.1 二值分类模型的输出结果样例

样本序号	真实标签	模型输出概率	样本序号	真实标签	模型输出概率
1	p	0.9	11	p	0.4
2	p	0.8	12	n	0.39
3	n	0.7	13	p	0.38
4	p	0.6	14	n	0.37
5	p	0.55	15	n	0.36
6	p	0.54	16	n	0.35
7	n	0.53	17	p	0.34
8	n	0.52	18	n	0.33
9	p	0.51	19	p	0.30
10	n	0.505	20	n	0.1

就本例来说，当截断点选择为正无穷时，模型把全部样本预测为负例，那么 FP 和 TP 必然都为 0，FPR 和 TPR 也都为 0，因此曲线的第一个点的坐标就是（0,0）。当把截断点调整为 0.9 时，模型预测 1 号样本为正样本，并且该样本确实是正样本，因此，TP=1，20 个样本中，所有正例数量为 P=10，故 $TPR=TP/P$=1/10；这里没有预测错的正样本，即 FP=0，负样本总数 N=10，故 $FPR=FP/N$=0/10=0，对应 ROC 曲线上的点（0,0.1）。依次调整截断点，直到画出全部的关键点，再连接关键点即得到最终的 ROC 曲线，如图 2.2 所示。

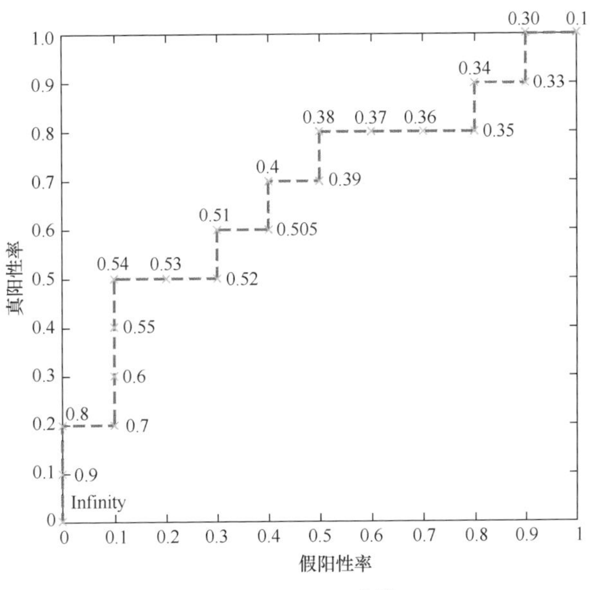

图 2.2 ROC 曲线

其实，还有一种更直观地绘制 ROC 曲线的方法。首先，根据样本标签统计出正负样本的数量，假设正样本数量为 P，负样本数量为 N；接下来，把横轴的刻度间隔设置为 $1/N$，纵轴的刻度间隔设置为 $1/P$；再根据模型输出的预测概率对样本进行排序（从高到低）；依次遍历样本，同时从零点开始绘制 ROC 曲线，每遇到一个正样本就沿纵轴方向绘制一个刻度间隔的曲线，每遇到一个负样本就沿横轴方向绘制一个刻度间隔的曲线，直到遍历完所有样本，曲线最终停在（1,1）这个点，整个 ROC 曲线绘制完成。

问题3 如何计算 AUC？ 难度：★★☆☆☆

分析与解答

顾名思义，AUC 指的是 ROC 曲线下的面积大小，该值能够量化地反映基于 ROC 曲线衡量出的模型性能。计算 AUC 值只需要沿着 ROC 横轴做积分就可以了。由于 ROC 曲线一般都处于 $y=x$ 这条直线的上方（如果不是的话，只要把模型预测的概率反转成 $1-p$ 就可以得到一个更好的分类器），所以 AUC 的取值一般在 0.5 ~ 1 之间。AUC 越大，说明分类器越可能把真正的正样本排在前面，分类性能越好。

问题4 ROC 曲线相比 P-R 曲线有什么特点？ 难度：★★★☆☆

分析与解答

本章第一小节曾介绍过同样被经常用来评估分类和排序模型的 P-R 曲线。相比 P-R 曲线，ROC 曲线有一个特点，当正负样本的分布发生变化时，ROC 曲线的形状能够基本保持不变，而 P-R 曲线的形状一般会发生较剧烈的变化。

举例来说，图 2.3 是 ROC 曲线和 P-R 曲线的对比图，其中图 2.3（a）

和图 2.3（c）是 ROC 曲线，图 2.3（b）和图 2.3（d）是 P-R 曲线，图 2.3（c）和图 2.3（d）则是将测试集中的负样本数量增加 10 倍后的曲线图。

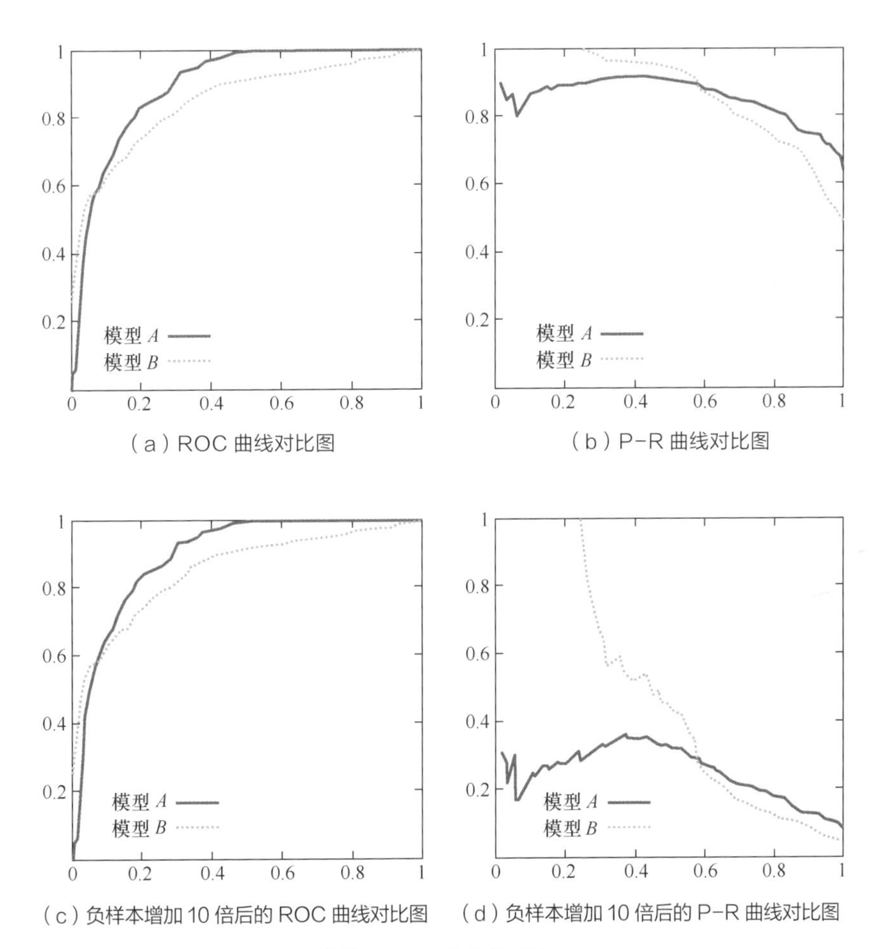

（a）ROC 曲线对比图　（b）P-R 曲线对比图

（c）负样本增加 10 倍后的 ROC 曲线对比图　（d）负样本增加 10 倍后的 P-R 曲线对比图

图 2.3　ROC 曲线和 P-R 曲线的对比

可以看出，P-R 曲线发生了明显的变化，而 ROC 曲线形状基本不变。这个特点让 ROC 曲线能够尽量降低不同测试集带来的干扰，更加客观地衡量模型本身的性能。这有什么实际意义呢？在很多实际问题中，正负样本数量往往很不均衡。比如，计算广告领域经常涉及转化率模型，正样本的数量往往是负样本数量的 1/1000 甚至 1/10000。若选择不同的测试集，P-R 曲线的变化就会非常大，而 ROC 曲线则能够更加稳定地反映模型本身的好坏。所以，ROC 曲线的适用场景更多，被广泛用于排序、推荐、广告等领域。但需要注意的是，选择 P-R 曲线还是 ROC 曲线是因实际问题而异的，如果研究者希望更多地看到模型在特定数据集上的表现，P-R 曲线则能够更直观地反映其性能。

逸闻趣事

ROC 曲线的由来

ROC 曲线最早是运用在军事上的，后来逐渐运用到医学领域，并于 20 世纪 80 年代后期被引入机器学习领域。相传在第二次世界大战期间，雷达兵的任务之一就是死死地盯住雷达显示器，观察是否有敌机来袭。理论上讲，只要有敌机来袭，雷达屏幕上就会出现相应的信号。但是实际上，如果飞鸟出现在雷达扫描区域时，雷达屏幕上有时也会出现信号。这种情况令雷达兵烦恼不已，如果过于谨慎，凡是有信号就确定为敌机来袭，显然会增加误报风险；如果过于大胆，凡是信号都认为是飞鸟，又会增加漏报的风险。每个雷达兵都竭尽所能地研究飞鸟信号和飞机信号之间的区别，以便增加预报的准确性。但问题在于，每个雷达兵都有自己的判别标准，有的雷达兵比较谨慎，容易出现误报；有的雷达兵则比较胆大，容易出现漏报。

为了研究每个雷达兵预报的准确性，雷达兵的管理者汇总了所有雷达兵的预报特点，特别是他们漏报和误报的概率，并将这些概率画到一个二维坐标系里。这个二维坐标的纵坐标为敏感性（真阳性率），即在所有敌机来袭的事件中，每个雷达兵准确预报的概率。而横坐标则为 1- 特异性（假阳性率），表示在所有非敌机来袭信号中，雷达兵预报错误的概率。由于每个雷达兵的预报标准不同，且得到的敏感性和特异性的组合也不同。将这些雷达兵的预报性能进行汇总后，雷达兵管理员发现他们刚好在一条曲线上，这条曲线就是后来被广泛应用在医疗和机器学习领域的 ROC 曲线。

余弦距离的应用

场景描述

本章的主题是模型评估，但其实在模型训练过程中，我们也在不断地评估着样本间的距离，如何评估样本距离也是定义优化目标和训练方法的基础。

在机器学习问题中，通常将特征表示为向量的形式，所以在分析两个特征向量之间的相似性时，常使用余弦相似度来表示。余弦相似度的取值范围是 $[-1,1]$，相同的两个向量之间的相似度为 1。如果希望得到类似于距离的表示，将 1 减去余弦相似度即为余弦距离。因此，余弦距离的取值范围为 $[0,2]$，相同的两个向量余弦距离为 0。

知识点

余弦相似度，余弦距离，欧氏距离，距离的定义

问题 1 结合你的学习和研究经历，探讨为什么在一些场景中要使用余弦相似度而不是欧氏距离？

难度：★★☆☆☆

分析与解答

对于两个向量 A 和 B，其余弦相似度定义为$\cos(A,B)=\dfrac{A \cdot B}{\|A\|_2\|B\|_2}$，即两个向量夹角的余弦，关注的是向量之间的角度关系，并不关心它们的绝对大小，其取值范围是 $[-1,1]$。当一对文本相似度的长度差距很大、但内容相近时，如果使用词频或词向量作为特征，它们在特征空间中的的欧氏距离通常很大；而如果使用余弦相似度的话，它们之间的夹角可能很小，因而相似度高。此外，在文本、图像、视频等领域，研究的对象的特征维度往往很高，余弦相似度在高维情况下依然保持“相同时为 1，正交时为 0，相反时为 -1”的性质，而欧氏距离的数值则受维度的

影响，范围不固定，并且含义也比较模糊。

在一些场景，例如 Word2Vec 中，其向量的模长是经过归一化的，此时欧氏距离与余弦距离有着单调的关系，即

$$\| A-B \|_2=\sqrt{2(1-\cos(A,B))}\ ,\tag{2.7}$$

其中 $\| A-B \|_2$ 表示欧氏距离，$\cos(A,B)$ 表示余弦相似度，$(1-\cos(A,B))$ 表示余弦距离。在此场景下，如果选择距离最小（相似度最大）的近邻，那么使用余弦相似度和欧氏距离的结果是相同的。

总体来说，欧氏距离体现数值上的绝对差异，而余弦距离体现方向上的相对差异。例如，统计两部剧的用户观看行为，用户 A 的观看向量为 (0,1)，用户 B 为 (1,0)；此时二者的余弦距离很大，而欧氏距离很小；我们分析两个用户对于不同视频的偏好，更关注相对差异，显然应当使用余弦距离。而当我们分析用户活跃度，以登陆次数 (单位：次) 和平均观看时长 (单位：分钟) 作为特征时，余弦距离会认为 (1,10)、(10,100) 两个用户距离很近；但显然这两个用户活跃度是有着极大差异的，此时我们更关注数值绝对差异，应当使用欧氏距离。

特定的度量方法适用于什么样的问题，需要在学习和研究中多总结和思考，这样不仅仅对面试有帮助，在遇到新的问题时也可以活学活用。

问题 2 余弦距离是否是一个严格定义的距离？

难度：★★★☆☆

分析与解答

该题主要考察面试者对距离的定义的理解，以及简单的反证和推导。首先看距离的定义：在一个集合中，如果每一对元素均可唯一确定一个实数，使得三条距离公理（正定性，对称性，三角不等式）成立，则该实数可称为这对元素之间的距离。

余弦距离满足正定性和对称性，但是不满足三角不等式，因此它并不是严格定义的距离。具体来说，对于向量 A 和 B，三条距离公理的证明过程如下。

- 正定性

根据余弦距离的定义，有

$$\mathrm{dist}(A,B)=1-\cos\theta=\frac{\|A\|_2\|B\|_2-AB}{\|A\|_2\|B\|_2}. \quad (2.8)$$

考虑到$\|A\|_2\|B\|_2-AB\geqslant 0$，因此有 $\mathrm{dist}(A,B)\geqslant 0$恒成立。特别地，有

$$\mathrm{dist}(A,B)=0 \Leftrightarrow \|A\|_2\|B\|_2=AB \Leftrightarrow A=B. \quad (2.9)$$

因此余弦距离满足正定性。

- 对称性

根据余弦距离的定义，有

$$\begin{aligned}\mathrm{dist}(A,B)&=\frac{\|A\|_2\|B\|_2-AB}{\|A\|_2\|B\|_2}=\frac{\|B\|_2\|A\|_2-AB}{\|B\|_2\|A\|_2}\\&=\mathrm{dist}(B,A).\end{aligned} \quad (2.10)$$

因此余弦距离满足对称性。

- 三角不等式

该性质并不成立，下面给出一个反例。给定 A=(1,0)，B=(1,1)，C=(0,1)，则有

$$\mathrm{dist}(A,B)=1-\frac{\sqrt{2}}{2}, \quad (2.11)$$

$$\mathrm{dist}(B,C)=1-\frac{\sqrt{2}}{2}, \quad (2.12)$$

$$\mathrm{dist}(A,C)=1, \quad (2.13)$$

因此有

$$\mathrm{dist}(A,B)+\mathrm{dist}(B,C)=2-\sqrt{2}<1=\mathrm{dist}(A,C). \quad (2.14)$$

假如面试时候紧张，一时想不到反例，该怎么办呢？此时可以思考余弦距离和欧氏距离的关系。从问题 1 中，我们知道单位圆上欧氏距离和余弦距离满足

$$\|A-B\|=\sqrt{2(1-\cos(A,B))}=\sqrt{2\mathrm{dist}(A,B)}, \quad (2.15)$$

即有如下关系

$$\mathrm{dist}(A,B)=\frac{1}{2}\|A-B\|^2. \quad (2.16)$$

显然在单位圆上，余弦距离和欧氏距离的范围都是 [0,2]。我们已知欧

氏距离是一个合法的距离，而余弦距离与欧氏距离有二次关系，自然不满足三角不等式。具体来说，可以假设A与B、B与C非常近，其欧氏距离为极小量u；此时A、B、C虽然在圆弧上，但近似在一条直线上，所以A与C的欧氏距离接近于$2u$。因此，A与B、B与C的余弦距离为$u^2/2$；A与C的余弦距离接近于$2u^2$，大于A与B、B与C的余弦距离之和。

面试者在碰到这类基础证明类的问题时，往往会遇到一些困难。比如对面试官考察的重点“距离”的定义就不一定清晰地记得。这个时候，就需要跟面试官多沟通，在距离的定义上达成一致（要知道，面试考察的不仅是知识的掌握程度，还有面试者沟通和分析问题的能力）。要想给出一个完美的解答，就需要清晰的逻辑、严谨的思维。比如在正定性和对称性的证明过程中，只是给出含糊的表述诸如“显然满足”是不好的，应该给出一些推导。最后，三角不等式的证明 / 证伪中，不应表述为“我觉得满足 / 不满足”，而是应该积极分析给定三个点时的三角关系，或者推导其和欧氏距离的关系，这样哪怕一时找不到反例而误认为其是合法距离，也比“觉得不满足”这样蒙对正确答案要好。

笔者首次注意到余弦距离不符合三角不等式是在研究电视剧的标签时，发现在通过影视语料库训练出的词向量中，comedy 和 funny、funny 和 happy 的余弦距离都很近，小于 0.3，然而 comedy 和 happy 的余弦距离却高达 0.7。这一现象明显不符合距离的定义，引起了我们的注意和讨论，经过思考和推导，得出了上述结论。

在机器学习领域，被俗称为距离，却不满足三条距离公理的不仅仅有余弦距离，还有 KL 距离（Kullback-Leibler Divergence），也叫作相对熵，它常用于计算两个分布之间的差异，但不满足对称性和三角不等式。

A/B 测试的陷阱

场景描述

在互联网公司中，A/B 测试是验证新模块、新功能、新产品是否有效，新算法、新模型的效果是否有提升，新设计是否受到用户欢迎，新更改是否影响用户体验的主要测试方法。在机器学习领域中，A/B 测试是验证模型最终效果的主要手段。

知识点

A/B 测试，实验组，对照组

问题 1 在对模型进行过充分的离线评估之后，为什么还要进行在线 A/B 测试？

难度： ★☆☆☆☆

分析与解答

需要进行在线 A/B 测试的原因如下。

（1）离线评估无法完全消除模型过拟合的影响，因此，得出的离线评估结果无法完全替代线上评估结果。

（2）离线评估无法完全还原线上的工程环境。一般来讲，离线评估往往不会考虑线上环境的延迟、数据丢失、标签数据缺失等情况。因此，离线评估的结果是理想工程环境下的结果。

（3）线上系统的某些商业指标在离线评估中无法计算。离线评估一般是针对模型本身进行评估，而与模型相关的其他指标，特别是商业指标，往往无法直接获得。比如，上线了新的推荐算法，离线评估往往关注的是 ROC 曲线、P-R 曲线等的改进，而线上评估可以全面了解该推荐算法带来的用户点击率、留存时长、PV 访问量等的变化。这些都要由 A/B 测试来进行全面的评估。

问题2 如何进行线上A/B测试？

难度：★☆☆☆☆

分析与解答

进行 A/B 测试的主要手段是进行用户分桶，即将用户分成实验组和对照组，对实验组的用户施以新模型，对对照组的用户施以旧模型。在分桶的过程中，要注意样本的独立性和采样方式的无偏性，确保同一个用户每次只能分到同一个桶中，在分桶过程中所选取的 user_id 需要是一个随机数，这样才能保证桶中的样本是无偏的。

问题3 如何划分实验组和对照组？

难度：★★☆☆☆

H 公司的算法工程师们最近针对系统中的“美国用户”研发了一套全新的视频推荐模型 A，而目前正在使用的针对全体用户的推荐模型是 B。在正式上线之前，工程师们希望通过 A/B 测试来验证新推荐模型的效果。下面有三种实验组和对照组的划分方法，请指出哪种划分方法是正确的？

（1）根据 user_id（user_id 完全随机生成）个位数的奇偶性将用户划分为实验组和对照组，对实验组施以推荐模型 A，对照组施以推荐模型 B;

（2）将 user_id 个位数为奇数且为美国用户的作为实验组，其余用户为对照组;

（3）将 user_id 个位数为奇数且为美国用户的作为实验组，user_id 个位数为偶数的用户作为对照组。

分析与解答

上述 3 种 A/B 测试的划分方法都不正确。我们用包含关系图来说明三种划分方法，如图 2.4 所示。方法 1（见图 2.4（a））没有区分是否为美国用户，实验组和对照组的实验结果均有稀释；方法 2（见

图 2.4（b））的实验组选取无误，并将其余所有用户划分为对照组，导致对照组的结果被稀释；方法 3（见图 2.4（c））的对照组存在偏差。正确的做法是将所有美国用户根据 user_id 个位数划分为试验组合对照组（见图 2.4（d）），分别施以模型 A 和 B，才能够验证模型 A 的效果。

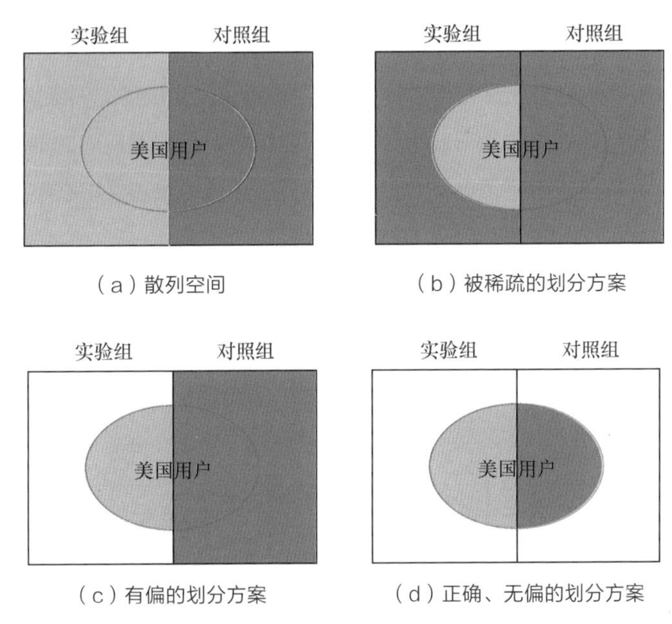

图 2.4 A/B 测试中的划分方法（黄色为实验组，棕色前对照组）

模型评估的方法

场景描述

在机器学习中，我们通常把样本分为训练集和测试集，训练集用于训练模型，测试集用于评估模型。在样本划分和模型验证的过程中，存在着不同的抽样方法和验证方法。本小节主要考察面试者是否熟知这些方法及其优缺点、是否能够在不同问题中挑选合适的评估方法。

知识点

Holdout 检验，交叉验证，自助法（Bootstrap），微积分

问题1 在模型评估过程中，有哪些主要的验证方法，它们的优缺点是什么？

难度：★★☆☆☆

分析与解答

Holdout 检验

Holdout 检验是最简单也是最直接的验证方法，它将原始的样本集合随机划分成训练集和验证集两部分。比方说，对于一个点击率预测模型，我们把样本按照 70% ～ 30% 的比例分成两部分，70% 的样本用于模型训练；30% 的样本用于模型验证，包括绘制 ROC 曲线、计算精确率和召回率等指标来评估模型性能。

Holdout 检验的缺点很明显，即在验证集上计算出来的最后评估指标与原始分组有很大关系。为了消除随机性，研究者们引入了“交叉检验”的思想。

交叉检验

k-fold 交叉验证：首先将全部样本划分成 k 个大小相等的样本子集；依次遍历这 k 个子集，每次把当前子集作为验证集，其余所有子集作为训练集，进行模型的训练和评估；最后把 k 次评估指标的平均值作为最终的评估指标。在实际实验中，k 经常取 10。

留一验证：每次留下 1 个样本作为验证集，其余所有样本作为测试集。样本总数为 n，依次对 n 个样本进行遍历，进行 n 次验证，再将评估指标求平均值得到最终的评估指标。在样本总数较多的情况下，留一验证法的时间开销极大。事实上，留一验证是留 p 验证的特例。留 p 验证是每次留下 p 个样本作为验证集，而从 n 个元素中选择 p 个元素有 C_n^p 种可能，因此它的时间开销更是远远高于留一验证，故而很少在实际工程中被应用。

自助法

不管是 Holdout 检验还是交叉检验，都是基于划分训练集和测试集的方法进行模型评估的。然而，当样本规模比较小时，将样本集进行划分会让训练集进一步减小，这可能会影响模型训练效果。有没有能维持训练集样本规模的验证方法呢？自助法可以比较好地解决这个问题。

自助法是基于自助采样法的检验方法。对于总数为 n 的样本集合，进行 n 次有放回的随机抽样，得到大小为 n 的训练集。n 次采样过程中，有的样本会被重复采样，有的样本没有被抽出过，将这些没有被抽出的样本作为验证集，进行模型验证，这就是自助法的验证过程。

问题 2 在自助法的采样过程中，对 n 个样本进行 n 次自助抽样，当 n 趋于无穷大时，最终有多少数据从未被选择过？

难度：★★★☆☆

分析与解答

一个样本在一次抽样过程中未被抽中的概率为 $\left(1-\frac{1}{n}\right)$，$n$ 次抽样均未抽中的概率为$\left(1-\frac{1}{n}\right)^n$。当$n$趋于无穷大时，概率为$\lim_{n\to\infty}\left(1-\frac{1}{n}\right)^n$。根据重要极限，$\lim_{n\to\infty}\left(1+\frac{1}{n}\right)^n=\mathrm{e}$，所以有

$$\begin{aligned}\lim_{n\to\infty}\left(1-\frac{1}{n}\right)^n&=\lim_{n\to\infty}\frac{1}{\left(1+\frac{1}{n-1}\right)^n}\\&=\frac{1}{\lim\limits_{n\to\infty}\left(1+\frac{1}{n-1}\right)^{n-1}}\cdot\frac{1}{\lim\limits_{n\to\infty}\left(1+\frac{1}{n-1}\right)}\\&=\frac{1}{\mathrm{e}}\approx 0.368.\end{aligned}\tag{2.17}$$

因此，当样本数很大时，大约有 36.8% 的样本从未被选择过，可作为验证集。

超参数调优

场景描述

对于很多算法工程师来说，超参数调优是件非常头疼的事。除了根据经验设定所谓的“合理值”之外，一般很难找到合理的方法去寻找超参数的最优取值。而与此同时，超参数对于模型效果的影响又至关重要。有没有一些可行的办法去进行超参数的调优呢？

问题 超参数有哪些调优方法？

难度：★★★☆☆

分析与解答

为了进行超参数调优，我们一般会采用网格搜索、随机搜索、贝叶斯优化等算法。在具体介绍算法之前，需要明确超参数搜索算法一般包括哪几个要素。一是目标函数，即算法需要最大化/最小化的目标；二是搜索范围，一般通过上限和下限来确定；三是算法的其他参数，如搜索步长。

■ 网格搜索

网格搜索可能是最简单、应用最广泛的超参数搜索算法，它通过查找搜索范围内的所有的点来确定最优值。如果采用较大的搜索范围以及较小的步长，网格搜索有很大概率找到全局最优值。然而，这种搜索方案十分消耗计算资源和时间，特别是需要调优的超参数比较多的时候。因此，在实际应用中，网格搜索法一般会先使用较广的搜索范围和较大的步长，来寻找全局最优值可能的位置；然后会逐渐缩小搜索范围和步长，来寻找更精确的最优值。这种操作方案可以降低所需的时间和计算量，但由于目标函数一般是非凸的，所以很可能会错过全局最优值。

■ 随机搜索

随机搜索的思想与网格搜索比较相似，只是不再测试上界和下界之间的所有值，而是在搜索范围中随机选取样本点。它的理论依据是，如果样本点集足够大，那么通过随机采样也能大概率地找到全局最优值，或其近似值。随机搜索一般会比网格搜索要快一些，但是和网格搜索的快速版一样，它的结果也是没法保证的。

■ **贝叶斯优化算法**

贝叶斯优化算法在寻找最优最值参数时，采用了与网格搜索、随机搜索完全不同的方法。网格搜索和随机搜索在测试一个新点时，会忽略前一个点的信息；而贝叶斯优化算法则充分利用了之前的信息。贝叶斯优化算法通过对目标函数形状进行学习，找到使目标函数向全局最优值提升的参数。具体来说，它学习目标函数形状的方法是，首先根据先验分布，假设一个搜集函数；然后，每一次使用新的采样点来测试目标函数时，利用这个信息来更新目标函数的先验分布；最后，算法测试由后验分布给出的全局最值最可能出现的位置的点。对于贝叶斯优化算法，有一个需要注意的地方，一旦找到了一个局部最优值，它会在该区域不断采样，所以很容易陷入局部最优值。为了弥补这个缺陷，贝叶斯优化算法会在探索和利用之间找到一个平衡点，“探索”就是在还未取样的区域获取采样点；而“利用”则是根据后验分布在最可能出现全局最值的区域进行采样。

逸闻趣事

Google使用一套超参数调优算法来烘焙更美味的饼干

“超参数调优”和“烘焙饼干”这两件事情，乍一听感觉风马牛不相及，但细想一下，似乎又有一定的相似之处——“黑盒优化”。结构复杂的深度学习模型某种程度上就是一个黑盒，为实现更好的优化目标，我们不断进行“超参数调优”来优化这个黑盒。烘焙饼干似乎也是类似的过程，为了烘焙出更好吃的饼干，厨师们往往需要调节诸如醒面时间、烘焙温度、烘焙时长等超参数，而最后到底是哪些因素让饼干更好吃谁也说不清楚，这不也是“黑盒优化”嘛。

之前大公司解决超参数调优问题的最好方法被戏称为“博士生下降法”（即让博士生人工调整梯度下降法的参数）。后来，Google为了解决公司内部大量机器学习模型的调优问题，开发了一套超参数调优系统，被称作Google Vizier。Google Vizier采用迁移学习的思想，主要是从之前调参的经验中学习，为新算法提出最佳超参数。在搭建好Google Vizier后，Google的工程师们为了测试他们的算法，向Google食堂制作饼干的承包商提供了饼干食谱和烘焙方法，并不断对结果进行了口味测试。在经过几轮测试和烘焙方法调优之后，饼干确实更好吃了……继AlphaGo击败了围棋选手之后，全世界的厨师们也许已经在Google Vizier面前瑟瑟发抖。

过拟合与欠拟合

场景描述

在模型评估与调整的过程中，我们往往会遇到“过拟合”或“欠拟合”的情况。如何有效地识别“过拟合”和“欠拟合”现象，并有针对性地进行模型调整，是不断改进机器学习模型的关键。特别是在实际项目中，采用多种方法、从多个角度降低“过拟合”和“欠拟合”的风险是算法工程师应当具备的领域知识。

知识点

过拟合，欠拟合

问题 1　在模型评估过程中，过拟合和欠拟合具体是指什么现象？

难度：★☆☆☆☆

分析与解答

过拟合是指模型对于训练数据拟合呈过当的情况，反映到评估指标上，就是模型在训练集上的表现很好，但在测试集和新数据上的表现较差。欠拟合指的是模型在训练和预测时表现都不好的情况。图 2.5 形象地描述了过拟合和欠拟合的区别。

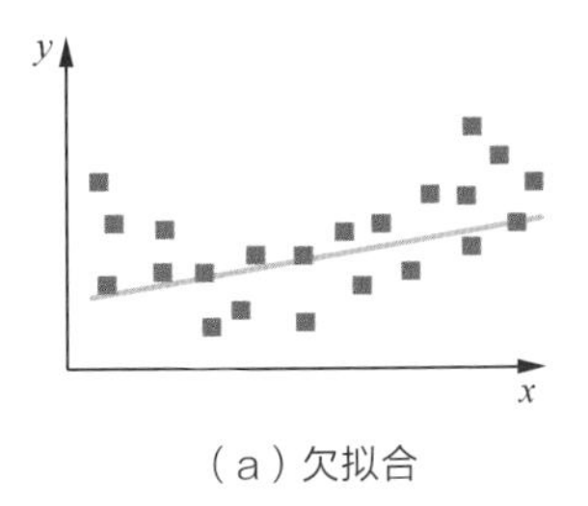

（a）欠拟合

（b）正常模型

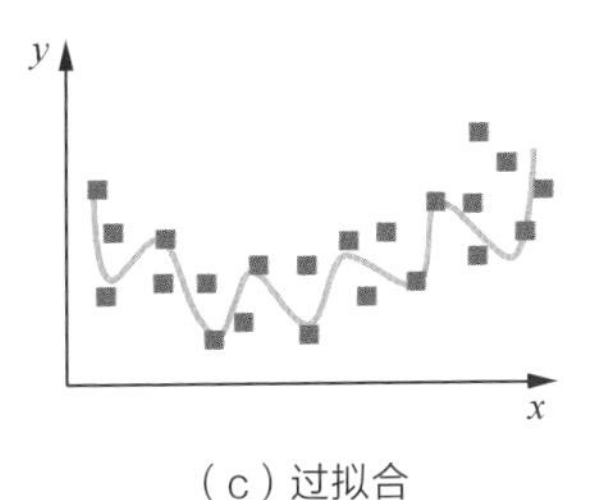

（c）过拟合

图 2.5　欠拟合与过拟合

可以看出，图 2.5（a）是欠拟合的情况，拟合的黄线没有很好地捕捉到数据的特征，不能够很好地拟合数据。图 2.5（c）则是过拟合的情况，模型过于复杂，把噪声数据的特征也学习到模型中，导致模型泛化能力下降，在后期应用过程中很容易输出错误的预测结果。

问题2 能否说出几种降低过拟合和欠拟合风险的方法？

难度：★★☆☆☆

分析与解答

■ 降低“过拟合”风险的方法

（1）从数据入手，获得更多的训练数据。使用更多的训练数据是解决过拟合问题最有效的手段，因为更多的样本能够让模型学习到更多更有效的特征，减小噪声的影响。当然，直接增加实验数据一般是很困难的，但是可以通过一定的规则来扩充训练数据。比如，在图像分类的问题上，可以通过图像的平移、旋转、缩放等方式扩充数据；更进一步地，可以使用生成式对抗网络来合成大量的新训练数据。

（2）降低模型复杂度。在数据较少时，模型过于复杂是产生过拟合的主要因素，适当降低模型复杂度可以避免模型拟合过多的采样噪声。例如，在神经网络模型中减少网络层数、神经元个数等；在决策树模型中降低树的深度、进行剪枝等。

（3）正则化方法。给模型的参数加上一定的正则约束，比如将权值的大小加入到损失函数中。以 L2 正则化为例：

$$C = C_0 + \frac{\lambda}{2n} \cdot \sum_i w_i^2 \tag{2.18}$$

这样，在优化原来的目标函数 C_0 的同时，也能避免权值过大带来的过拟合风险。

（4）集成学习方法。集成学习是把多个模型集成在一起，来降低单一模型的过拟合风险，如 Bagging 方法。

降低“欠拟合”风险的方法

（1）添加新特征。当特征不足或者现有特征与样本标签的相关性不强时，模型容易出现欠拟合。通过挖掘“上下文特征”“ID 类特征”“组合特征”等新的特征，往往能够取得更好的效果。在深度学习潮流中，有很多模型可以帮助完成特征工程，如因子分解机、梯度提升决策树、Deep-crossing 等都可以成为丰富特征的方法。

（2）增加模型复杂度。简单模型的学习能力较差，通过增加模型的复杂度可以使模型拥有更强的拟合能力。例如，在线性模型中添加高次项，在神经网络模型中增加网络层数或神经元个数等。

（3）减小正则化系数。正则化是用来防止过拟合的，但当模型出现欠拟合现象时，则需要有针对性地减小正则化系数。

第 3 章

经典算法

不忘初心，方得始终。何谓“初心”？初心便是在深度学习、人工智能呼风唤雨的时代，对数据和结论之间那条朴素之路的永恒探寻，是集前人之大智，真诚质朴求法向道的心中夙愿。

没有最好的分类器，只有最合适的分类器。随着神经网络模型日趋火热，深度学习大有一统江湖之势，传统机器学习算法似乎已经彻底被深度学习的光环所笼罩。然而，深度学习是数据驱动的，失去了数据，再精密的深度网络结构也是画饼充饥，无的放矢。在很多实际问题中，我们很难得到海量且带有精确标注的数据，这时深度学习也就没有大显身手的余地，反而许多传统方法可以灵活巧妙地进行处理。

本章将介绍有监督学习中的几种经典分类算法，从数学原理到实例分析，再到扩展应用，深入浅出地为读者解读分类问题历史长河中的胜败兴衰。掌握机器学习的基本模型，不仅是学好深度学习、成为优秀数据工程师的基础，更可以将很多数学模型、统计理论学以致用，探寻人工智能时代数据海洋中的规律与本源。

01 支持向量机

场景描述

支持向量机（Support Vector Machine，SVM）是众多监督学习方法中十分出色的一种，几乎所有讲述经典机器学习方法的教材都会介绍。关于SVM，流传着一个关于天使与魔鬼的故事。

传说魔鬼和天使玩了一个游戏，魔鬼在桌上放了两种颜色的球，如图3.1所示。魔鬼让天使用一根木棍将它们分开。这对天使来说，似乎太容易了。天使不假思索地一摆，便完成了任务，如图3.2所示。魔鬼又加入了更多的球。随着球的增多，似乎有的球不能再被原来的木棍正确分开，如图3.3所示。

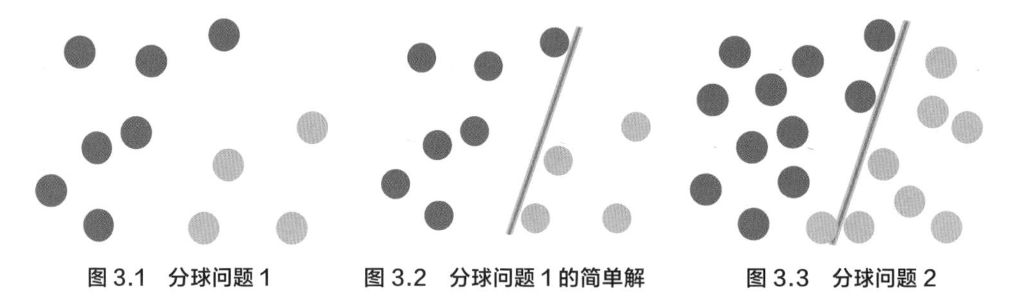

图3.1　分球问题1　　图3.2　分球问题1的简单解　　图3.3　分球问题2

SVM实际上是在为天使找到木棒的最佳放置位置，使得两边的球都离分隔它们的木棒足够远，如图3.4所示。依照SVM为天使选择的木棒位置，魔鬼即使按刚才的方式继续加入新球，木棒也能很好地将两类不同的球分开，如图3.5所示。

图3.4　分球问题1的优化解

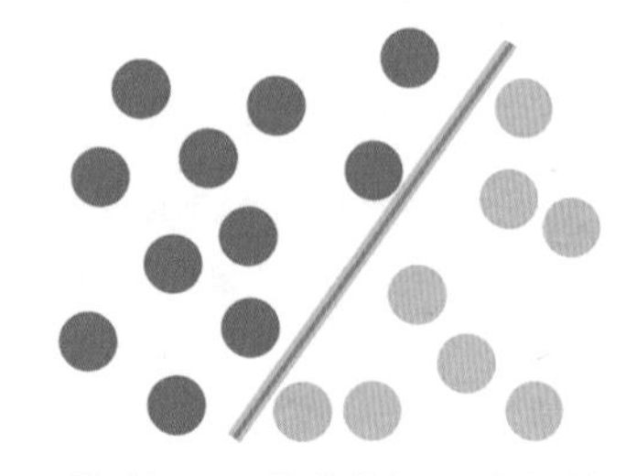

图3.5　分球问题1的优化解面对分球问题2

看到天使已经很好地解决了用木棒线性分球的问题，魔鬼又给了天使一个新的挑战，如图3.6所示。按照这种球的摆法，世界上貌似没有一根木棒可以将它们完美分开。但天使毕竟有法力，他一拍桌子，便让这些球飞到了空中，然后凭借念力抓起一张纸片，插在了两类球的中间，如图 3.7 所示。从魔鬼的角度看这些球，则像是被一条曲线完美的切开了，如图 3.8 所示。

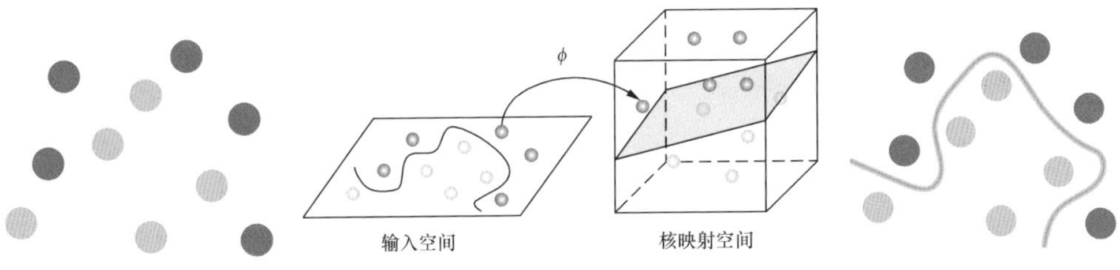

图 3.6 分球问题 3　　图 3.7 高维空间中分球问题 3 的解　　图 3.8 魔鬼视角下分球问题 3 的解

后来，“无聊”的科学家们把这些球称为“数据”，把木棍称为“分类面”，找到最大间隔的木棒位置的过程称为“优化”，拍桌子让球飞到空中的念力叫“核映射”，在空中分隔球的纸片称为“分类超平面”。这便是 SVM 的童话故事。

在现实世界的机器学习领域，SVM 涵盖了各个方面的知识，也是面试题目中常见的基础模型。本节的第 1 个问题考察 SVM 模型推导的基础知识；第 2 题 ~ 第 4 题则会侧重对核函数（Kernel Function）的理解。

知识点

SVM 模型推导，核函数，SMO（Sequential Minimal Optimization）算法

问题 1 在空间上线性可分的两类点，分别向 SVM 分类的超平面上做投影，这些点在超平面上的投影仍然是线性可分的吗？

难度：★★★☆☆

分析与解答

首先明确下题目中的概念，线性可分的两类点，即通过一个超平面可以将两类点完全分开，如图 3.9 所示。假设绿色的超平面（对于二维空间来说，分类超平面退化为一维直线）为 SVM 算法计算得出的分类面，那么两类点就被完全分开。我们想探讨的是：将这两类点向绿色平面上做投影，在分类直线上得到的黄棕两类投影点是否仍然线性可分，如图 3.10 所示。

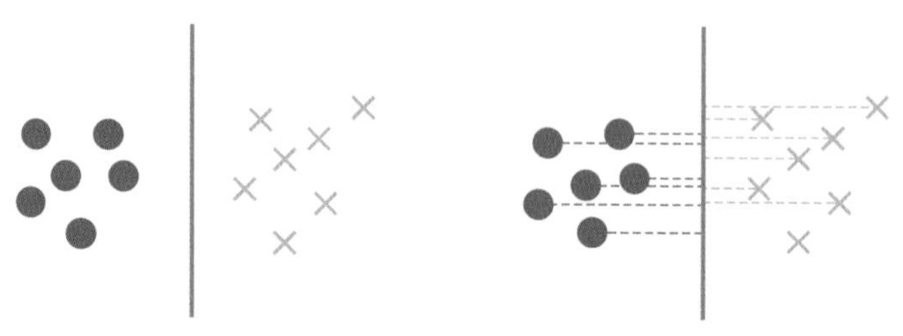

图 3.9　支持向量机分类面　　图 3.10　样本点在分类面上投影

显然一眼望去，这些点在分类超平面（绿色直线）上相互间隔，并不是线性可分的。考虑一个更简单的反例，设想二维空间中只有两个样本点，每个点各属于一类的分类任务，此时 SVM 的分类超平面（直线）就是两个样本点连线的中垂线，两个点在分类面（直线）上的投影会落到这条直线上的同一个点，自然不是线性可分的。

但实际上，对于任意线性可分的两组点，它们在 SVM 分类的超平面上的投影都是线性不可分的。这听上去有些不可思议，我们不妨从二维情况进行讨论，再推广到高维空间中。

由于 SVM 的分类超平面仅由支持向量决定（之后会证明这一结论），我们可以考虑一个只含支持向量 SVM 模型场景。使用反证法来证明。假设存在一个 SVM 分类超平面使所有支持向量在该超平面上的投影依然线性可分，如图 3.11 所示。根据简单的初等几何知识不难发现，图中 AB 两点连线的中垂线所组成的超平面（绿色虚线）是相较于绿色实线超平面更优的解，这与之前假设绿色实线超平面为最优的解相矛盾。考虑最优解对应的绿色虚线，两组点经过投影后，并不是线性可分的。

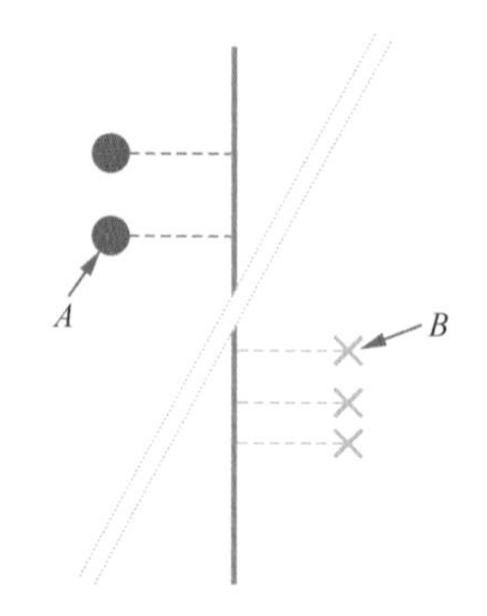

图 3.11　更优的分类超平面

我们的证明目前还有不严谨之处，即我们假设了仅有支持向量的情况，会不会在超平面的变换过程中支持向量发生了改变，原先的非支持向量和支持向量发生了转化呢？下面我们证明 SVM 的分类结果仅依赖于支持向量。考虑 SVM 推导中的 KKT 条件要求

$$\nabla_{\omega}L(\omega^*,\beta^*,\alpha^*)=\omega^*-\sum_{i=1}^{N}\alpha_i^* y_i x_i=0 , \tag{3.1}$$

$$\nabla_{\beta}L(\omega^*,\beta^*,\alpha^*)=-\sum_{i=1}^{N}\alpha_i^* y_i=0 , \tag{3.2}$$

$$\alpha_i^* g_i(\omega^*)=0,\quad i=1,\dots,N , \tag{3.3}$$

$$g_i(\omega^*)\leqslant 0, i=1,\dots,N , \tag{3.4}$$

$$\alpha_i^*\geqslant 0,\quad i=1,\dots,N . \tag{3.5}$$

结合式（3.3）和式（3.4）两个条件不难发现，当$g_i(\omega^*)<0$时，必有$\alpha_i^*=0$，将这一结果与拉格朗日对偶优化问题的公式相比较

$$L(\omega^*,\alpha^*,\beta^*)=\frac{1}{2}\omega^{*2}+\sum_{i=1}^{N}\alpha_i^* g_i(\omega^*) , \tag{3.6}$$

其中，

$$g_i(\omega^*)=-y_i(\omega^*\bullet x_i+\beta^*)+1 . \tag{3.7}$$

可以看到，除支持向量外，其他系数均为 0，因此 SVM 的分类结果与仅使用支持向量的分类结果一致，说明 SVM 的分类结果仅依赖于支持向量，这也是 SVM 拥有极高运行效率的关键之一。于是，我们证明了对于任意线性可分的两组点，它们在 SVM 分类的超平面上的投影都是线性不可分的。

实际上，该问题也可以通过凸优化理论中的超平面分离定理（Separating Hyperplane Theorem，SHT）更加轻巧地解决。该定理描述的是，对于不相交的两个凸集，存在一个超平面，将两个凸集分离。对于二维的情况，两个凸集间距离最短两点连线的中垂线就是一个将它们分离的超平面。

借助这个定理，我们可以先对线性可分的这两组点求各自的凸包。不难发现，SVM 求得的超平面就是两个凸包上距离最短的两点连线的中垂线，也就是 SHT 定理二维情况中所阐释的分类超平面。根据凸包的性质容易知道，凸包上的点要么是样本点，要么处于两个样本点的连线上。因此，两个凸包间距离最短的两个点可以分为三种情况：两边的

点均为样本点，如图 3.12（a）所示；两边的点均在样本点的连线上，如图 3.12（b）所示；一边的点为样本点，另一边的点在样本点的连线上，如图 3.12（c）所示。从几何上分析即可知道，无论哪种情况两类点的投影均是线性不可分的。

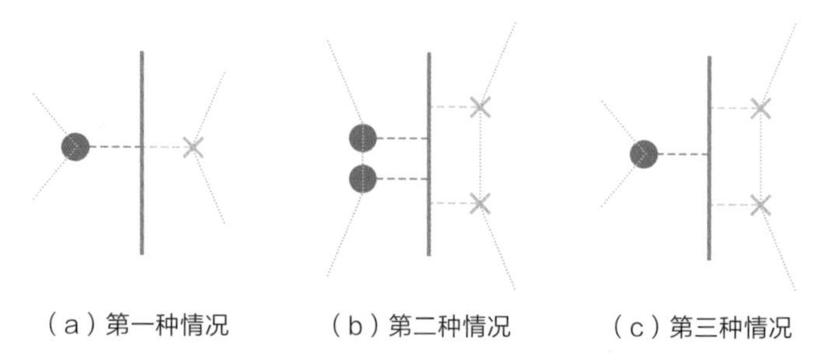

（a）第一种情况　（b）第二种情况　（c）第三种情况

图 3.12　两个凸包上距离最短的两个点对应的三种情况

至此，我们从 SVM 直观推导和凸优化理论两个角度揭示了题目的真相。其实，在机器学习中还有很多这样看上去显而易见，细究起来却不可思议的结论。面对每一个小问题，我们都应该从数学原理出发，细致耐心地推导，对一些看似显而易见的结论抱有一颗怀疑的心，才能不断探索，不断前进，一步步攀登机器学习的高峰。

问题 2　是否存在一组参数使 SVM 训练误差为 0？

难度：★★★☆☆

一个使用高斯核（$K(x,z)=\mathrm{e}^{-\|x-z\|^2/\gamma^2}$）训练的 SVM 中，试证明若给定训练集中不存在两个点在同一位置，则存在一组参数 $\{\alpha_1,\ldots,\alpha_m,b\}$ 以及参数 γ 使得该 SVM 的训练误差为 0。

分析与解答

根据 SVM 的原理，我们可以将 SVM 的预测公式可写为

$$f(x)=\sum_{i=1}^{m}\alpha_i y^{(i)}K(x^{(i)},x)+b\ ,\tag{3.8}$$

其中$\{(x^{(1)},y^{(1)}),\ldots,(x^{(m)},y^{(m)})\}$为训练样本，而 $\{\alpha_1,\ldots,\alpha_m,b\}$ 以及高斯核参数 γ 为训练样本的参数。由于不存在两个点在同一位置，因此对于

任意的 $i \neq j$，有 $\| x^{(i)} - x^{(j)} \| \geqslant \varepsilon$。我们可以对任意 i，固定 $\alpha_i=1$ 以及 $b=0$，只保留参数 γ，则有

$$\begin{aligned} f(x) &= \sum_{i=1}^{m} \alpha_i y^{(i)} K(x^{(i)}, x) + b \\ &= \sum_{i=1}^{m} y^{(i)} K(x^{(i)}, x) \\ &= \sum_{i=1}^{m} y^{(i)} \mathrm{e}^{-\|x-x^{(i)}\|^2/\gamma^2}. \end{aligned} \tag{3.9}$$

将任意 $x^{(j)}$ 代入式（3.9）则有

$$f(x^{(j)}) = \sum_{i=1}^{m} y^{(i)} \mathrm{e}^{-\|x^{(j)}-x^{(i)}\|^2/\gamma^2}, \tag{3.10}$$

$$f(x^{(j)}) - y^{(j)} = \sum_{i=1, i\neq j}^{m} y^{(i)} \mathrm{e}^{-\|x^{(j)}-x^{(i)}\|^2/\gamma^2}, \tag{3.11}$$

$$\| f(x^{(j)}) - y^{(j)} \| \leqslant \sum_{i=1, i\neq j}^{m} \mathrm{e}^{-\|x^{(j)}-x^{(i)}\|^2/\gamma^2}. \tag{3.12}$$

由题意知 $\| x^{(i)} - x^{(j)} \| \geqslant \varepsilon$，取 $\gamma = \varepsilon / \sqrt{\log m}$，可将式（3.12）重写为

$$\begin{aligned} \| f(x^{(j)}) - y^{(j)} \| &\leqslant \| \sum_{i=1, i\neq j}^{m} \mathrm{e}^{-\|x^{(j)}-x^{(i)}\|^2/\gamma^2} \| \\ &\leqslant \| \sum_{i=1, i\neq j}^{m} \mathrm{e}^{-\log m} \| = \frac{m-1}{m} < 1. \end{aligned} \tag{3.13}$$

所以，对于任意 $x^{(j)}$，预测结果 $f(x^{(j)})$ 与样本真实标签 $y^{(j)}$ 的距离小于 1。注意到，$y^{(j)} \in \{1,-1\}$，当训练样本为正例，即 $y^{(j)}=1$ 时，预测结果 $f(x^{(j)}) > 0$，样本被预测为正例；而当训练样本为负例，即 $y^{(j)}=-1$ 时，预测结果 $f(x^{(j)}) < 0$，样本被预测为负例。因此所有样本的类别都被正确预测，训练误差为 0。

问题 3 训练误差为 0 的 SVM 分类器一定存在吗？

难度： ★★★★☆

虽然在问题 2 中我们找到了一组参数 $\{\alpha_1,\ldots,\alpha_m,b\}$ 以及 γ 使得 SVM 的训练误差为 0，但这组参数不一定是满足 SVM 条件的一个解。

在实际训练一个不加入松弛变量的 SVM 模型时，是否能保证得到的 SVM 分类器满足训练误差为 0 呢？

分析与解答

问题 2 找到了一组参数使得 SVM 分类器的训练误差为 0。本问旨在找到一组参数满足训练误差为 0，且是 SVM 模型的一个解。

考虑 SVM 模型中解的限制条件 $y^{(j)}f(x^{(j)})\geqslant 1$。我们已经得到了一组参数使得当 $y^{(j)}=1$ 时，$f(x^{(j)})>0$；而当 $y^{(j)}=-1$ 时，$f(x^{(j)})<0$，因此 $y^{(j)}\cdot f(x^{(j)})>0$。现在需要找到一组参数满足更强的条件，即 $y^{(j)}\cdot f(x^{(j)})\geqslant 1$。

仍然固定 b=0，于是预测公式 $f(x)=\sum_{i=1}^{m}\alpha_i y^{(i)}K(x^{(i)},x)$，将 $y^{(j)}f(x^{(j)})$ 展开，有

$$\begin{aligned} y^{(j)}f(x^{(j)}) &= y^{(j)}\sum_{i=1}^{m}\alpha_i y^{(i)}K(x^{(i)},x^{(j)}) \\ &= \alpha_j y^{(j)}y^{(j)}K(x^{(j)},x^{(j)})+\sum_{i=1,i\neq j}^{m}\alpha_i y^{(i)}y^{(j)}K(x^{(i)},x^{(j)}) \\ &= \alpha_j+\sum_{i=1,i\neq j}^{m}\alpha_i y^{(i)}y^{(j)}K(x^{(i)},x^{(j)}). \end{aligned} \tag{3.14}$$

观察式（3.14），可以把每个 α_j 都选择一个很大的值，同时取一个非常小的 γ，使得核映射项 $K(x^{(i)},x^{(j)})$ 非常小，于是 α_j 在上式中占据绝对主导地位。这样就保证对任意 j 有 $y^{(j)}f(x^{(j)})>1$，满足 SVM 解的条件。因此 SVM 最优解也满足上述条件，同时一定使模型分类误差为 0。

问题 4 加入松弛变量的 SVM 的训练误差可以为 0 吗？

难度：★★★☆☆

在实际应用中，如果使用 SMO 算法来训练一个加入松弛变量的线性 SVM 模型，并且惩罚因子 C 为任一未知常数，我们是否能得到训练误差为 0 的模型呢？

分析与解答

使用SMO算法训练的线性分类器并不一定能得到训练误差为0的模型。这是由于我们的优化目标改变了，并不再是使训练误差最小。考虑带松弛变量的SVM模型优化的目标函数所包含的两项：$C\sum_{i=1}^{m}\xi_i$和$\frac{1}{2}\|w\|^2$，当我们的参数C选取较小的值时，后一项（正则项）将占据优化的较大比重。这样，一个带有训练误差，但是参数较小的点将成为更优的结果。一个简单的特例是，当C取0时，w也取0即可达到优化目标，但是显然此时我们的训练误差不一定能达到0。

逸闻趣事 SVM理论的创始人Vladimir Vapnik和他的牛人同事

“物以类聚，人以群分”，星光闪闪的牛人也往往扎堆出现。1995年，当统计学家Vladimir Vapnik和他的同事提出SVM理论时，他所在的贝尔实验室还聚集了一大批机器学习领域大名鼎鼎的牛人们，其中就包括被誉为“人工智能领域三驾马车”中的两位——Yann LeCun和Yoshua Bengio，还有随机梯度下降法的创始人Leon Bottou。无论是在传统的机器学习领域，还是当今如火如荼的深度学习领域，这几个人的名字都如雷贯耳。而SVM创始人Vapnik的生平也带有一丝传奇色彩。

1936年，Vladimir Vapnik出生于苏联。

1958年，他在乌兹别克大学完成硕士学业。

1964年，他于莫斯科的控制科学学院获得博士学位。毕业后，他一直在校工作到1990年。在此期间，他成了该校计算机科学与研究系的系主任。

1995年，他被伦敦大学聘为计算机与统计科学专业的教授。

1991至2001年间，他工作于AT&T贝尔实验室，并和他的同事们一起提出了支持向量机理论。他们为机器学习的许多方法奠定了理论基础。

2002年，他工作于新泽西州普林斯顿的NEC实验室，同时是哥伦比亚大学的特聘教授。

2006年，他成为美国国家工程院院士。

2014年，他加入了Facebook人工智能实验室。

02 逻辑回归

场景描述

逻辑回归（Logistic Regression）可以说是机器学习领域最基础也是最常用的模型，逻辑回归的原理推导以及扩展应用几乎是算法工程师的必备技能。医生病理诊断、银行个人信用评估、邮箱分类垃圾邮件等，无不体现逻辑回归精巧而广泛的应用。本小节将从模型与原理出发，涵盖扩展与应用，一探逻辑回归的真谛。

知识点

逻辑回归，线性回归，多标签分类，Softmax

问题1 逻辑回归相比于线性回归，有何异同？

难度：★★☆☆☆

分析与解答

逻辑回归，乍一听名字似乎和数学中的线性回归问题异派同源，但其本质却是大相径庭。

首先，逻辑回归处理的是分类问题，线性回归处理的是回归问题，这是两者的最本质的区别。逻辑回归中，因变量取值是一个二元分布，模型学习得出的是$E[y|x;\theta]$，即给定自变量和超参数后，得到因变量的期望，并基于此期望来处理预测分类问题。而线性回归中实际上求解的是$y'=\theta^{\mathrm{T}}x$，是对我们假设的真实关系$y=\theta^{\mathrm{T}}x+\epsilon$的一个近似，其中$\epsilon$代表误差项，我们使用这个近似项来处理回归问题。

分类和回归是如今机器学习中两个不同的任务，而属于分类算法的逻辑回归，其命名有一定的历史原因。这个方法最早由统计学家 David Cox 在他 1958 年的论文《二元序列中的回归分析》（*The regression analysis of binary sequences*）中提出，当时人们对于回归与分类的定义

与今天有一定区别，只是将“回归”这一名字沿用了。实际上，将逻辑回归的公式进行整理，我们可以得到$\log\frac{p}{1-p}=\theta^{\mathrm{T}}x$，其中$p=P(y=1|x)$，也就是将给定输入$x$预测为正样本的概率。如果把一个事件的几率（odds）定义为该事件发生的概率与该事件不发生的概率的比值$\frac{p}{1-p}$，那么逻辑回归可以看作是对于“$y=1|x$”这一事件的对数几率的线性回归，于是“逻辑回归”这一称谓也就延续了下来。

在关于逻辑回归的讨论中，我们均认为y是因变量，而非$\frac{p}{1-p}$，这便引出逻辑回归与线性回归最大的区别，即逻辑回归中的因变量为离散的，而线性回归中的因变量是连续的。并且在自变量x与超参数θ确定的情况下，逻辑回归可以看作广义线性模型（Generalized Linear Models）在因变量y服从二元分布时的一个特殊情况；而使用最小二乘法求解线性回归时，我们认为因变量y服从正态分布。

当然逻辑回归和线性回归也不乏相同之处，首先我们可以认为二者都使用了极大似然估计来对训练样本进行建模。线性回归使用最小二乘法，实际上就是在自变量x与超参数θ确定，因变量y服从正态分布的假设下，使用极大似然估计的一个化简；而逻辑回归中通过对似然函数$L(\theta)=\prod_{i=1}^{N}P(y_i|x_i;\theta)=\prod_{i=1}^{N}(\pi(x_i))^{y_i}(1-\pi(x_i))^{1-y_i}$的学习，得到最佳参数$\theta$。另外，二者在求解超参数的过程中，都可以使用梯度下降的方法，这也是监督学习中一个常见的相似之处。

问题2 当使用逻辑回归处理多标签的分类问题时，有哪些常见做法，分别应用于哪些场景，它们之间又有怎样的关系？

难度：★★★☆☆

分析与解答

使用哪一种办法来处理多分类的问题取决于具体问题的定义。首先，如果一个样本只对应于一个标签，我们可以假设每个样本属于不同标签的概率服从于几何分布，使用多项逻辑回归（Softmax Regression）来进行分类

$$h_\theta(x)=\begin{bmatrix}p(y=1\mid x;\theta)\\p(y=2\mid x;\theta)\\\vdots\\p(y=k\mid x;\theta)\end{bmatrix}=\frac{1}{\sum_{j=1}^{k}\mathrm{e}^{\theta_j^{\mathrm{T}}x}}\begin{bmatrix}\mathrm{e}^{\theta_1^{\mathrm{T}}x}\\\mathrm{e}^{\theta_2^{\mathrm{T}}x}\\\vdots\\\mathrm{e}^{\theta_k^{\mathrm{T}}x}\end{bmatrix},\tag{3.15}$$

其中$\theta_1,\theta_2,\ldots,\theta_k\in\mathbb{R}^n$为模型的参数，而$\frac{1}{\sum_{j=1}^{k}\mathrm{e}^{\theta_j^{\mathrm{T}}x}}$可以看作是对概率的归一化。为了方便起见，我们将$\{\theta_1,\theta_2,\ldots,\theta_k\}$这 k 个列向量按顺序排列形成 $n\times k$ 维矩阵，写作 θ，表示整个参数集。一般来说，多项逻辑回归具有参数冗余的特点，即将$\theta_1,\theta_2,\ldots,\theta_k$同时加减一个向量后预测结果不变。特别地，当类别数为 2 时，

$$h_\theta(x)=\frac{1}{\mathrm{e}^{\theta_1^{\mathrm{T}}x}+\mathrm{e}^{\theta_2^{\mathrm{T}}x}}\begin{bmatrix}\mathrm{e}^{\theta_1^{\mathrm{T}}x}\\\mathrm{e}^{\theta_2^{\mathrm{T}}x}\end{bmatrix}.\tag{3.16}$$

利用参数冗余的特点，我们将所有参数减去 θ_1，式（3.16）变为

$$\begin{aligned}h_\theta(x)&=\frac{1}{\mathrm{e}^{0\cdot x}+\mathrm{e}^{(\theta_2^{\mathrm{T}}-\theta_1^{\mathrm{T}})x}}\begin{bmatrix}\mathrm{e}^{0\cdot x}\\\mathrm{e}^{(\theta_2^{\mathrm{T}}-\theta_1^{\mathrm{T}})x}\end{bmatrix}\\&=\begin{bmatrix}\frac{1}{1+\mathrm{e}^{\theta^{\mathrm{T}}x}}\\1-\frac{1}{1+\mathrm{e}^{\theta^{\mathrm{T}}x}}\end{bmatrix},\end{aligned}\tag{3.17}$$

其中$\theta=\theta_2-\theta_1$。而整理后的式子与逻辑回归一致。因此，多项逻辑回归实际上是二分类逻辑回归在多标签分类下的一种拓展。

当存在样本可能属于多个标签的情况时，我们可以训练 k 个二分类的逻辑回归分类器。第 i 个分类器用以区分每个样本是否可以归为第 i 类，训练该分类器时，需要把标签重新整理为“第 i 类标签”与“非第 i 类标签”两类。通过这样的办法，我们就解决了每个样本可能拥有多个标签的情况。

03 决策树

场景描述

时间：早上八点，地点：婚介所。

“闺女，我又给你找了个合适的对象，今天要不要见一面？”

“多大？”“26 岁。”

“长得帅吗？”“还可以，不算太帅。”

“工资高么？”“略高于平均水平。”

“会写代码吗？”“人家是程序员，代码写得棒着呢！”

“好，那把他联系方式发来吧，我抽空见一面。”

这便是中国特色相亲故事，故事中的女孩做决定的过程就是一个典型的决策树分类，如图 3.13 所示。通过年龄、长相、工资、是否会编程等属性对男生进行了两个类别的分类：见或不见。

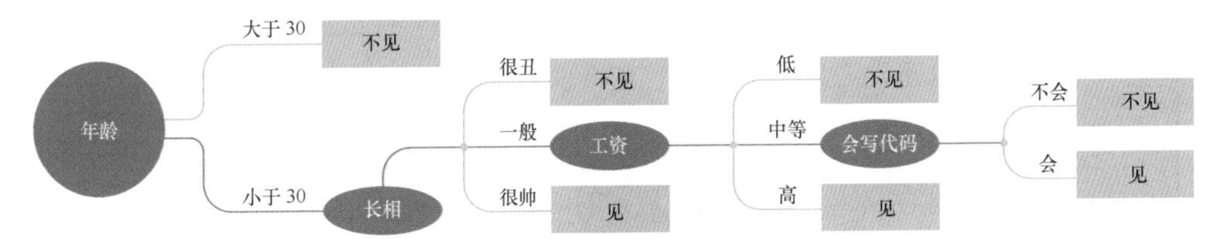

图 3.13 女孩的分类决策过程

决策树是一种自上而下，对样本数据进行树形分类的过程，由结点和有向边组成。结点分为内部结点和叶结点，其中每个内部结点表示一个特征或属性，叶结点表示类别。从顶部根结点开始，所有样本聚在一起。经过根结点的划分，样本被分到不同的子结点中。再根据子结点的特征进一步划分，直至所有样本都被归到某一个类别（即叶结点）中。

决策树作为最基础、最常见的有监督学习模型，常被用于分类问题和回归问题，在市场营销和生物医药等领域尤其受欢迎，主要因为树形结构与销售、诊断等场景下的决策过程十分相似。将决策树应用集成学习的思想可以得到随机森林、梯度提升决策树等模型，这些将在第 12 章中详细介绍。完全生长的决策树模型具有简单直观、解释性强的特点，值得读者认真理解，这也是为融会贯通集成学习相关内容所做的铺垫。

一般而言，决策树的生成包含了特征选择、树的构造、树的剪枝三个过程，本节将在第一个问题中对几种常用的决策树进行对比，在第二个问题中探讨决策树不同剪枝方法之间的区别与联系。

知识点

信息论，树形数据结构，优化理论

问题1 决策树有哪些常用的启发函数？ 难度：★★☆☆☆

我们知道，决策树的目标是从一组样本数据中，根据不同的特征和属性，建立一棵树形的分类结构。我们既希望它能拟合训练数据，达到良好的分类效果，同时又希望控制其复杂度，使得模型具有一定的泛化能力。对于一个特定的问题，决策树的选择可能有很多种。比如，在场景描述中，如果女孩把会写代码这一属性放在根结点考虑，可能只需要很简单的一个树结构就能完成分类，如图 3.14 所示。

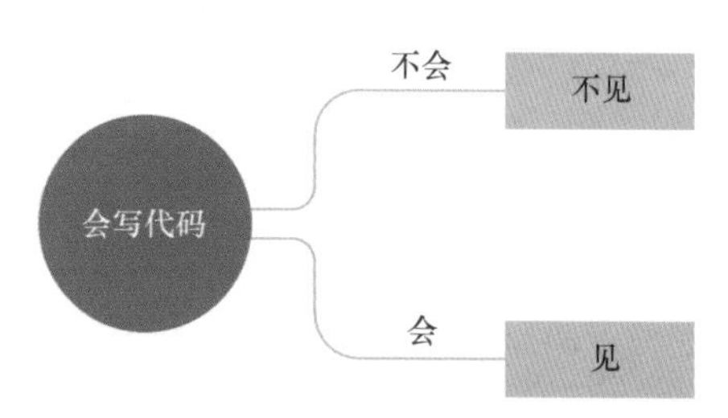

图 3.14　以写代码为根节点属性的决策过程

从若干不同的决策树中选取最优的决策树是一个 NP 完全问题，在实际中我们通常会采用启发式学习的方法去构建一棵满足启发式条件的决策树。

常用的决策树算法有 ID3、C4.5、CART，它们构建树所使用的启发式函数各是什么？除了构建准则之外，它们之间的区别与联系是什么？

分析与解答

首先，我们回顾一下这几种决策树构造时使用的准则。

ID3—— 最大信息增益

对于样本集合 D，类别数为 K，数据集 D 的经验熵表示为

$$H(D)=-\sum_{k=1}^{K}\frac{|C_k|}{|D|}\log_2\frac{|C_k|}{|D|}, \tag{3.18}$$

其中 C_k 是样本集合 D 中属于第 k 类的样本子集，$|C_k|$ 表示该子集的元素个数，$|D|$ 表示样本集合的元素个数。

然后计算某个特征 A 对于数据集 D 的经验条件熵 $H(D|A)$ 为

$$H(D\mid A)=\sum_{i=1}^{n}\frac{|D_i|}{|D|}H(D_i)=\sum_{i=1}^{n}\frac{|D_i|}{|D|}\left(-\sum_{k=1}^{k}\frac{|D_{ik}|}{|D_i|}\log_2\frac{|D_{ik}|}{|D_i|}\right), \tag{3.19}$$

其中，D_i 表示 D 中特征 A 取第 i 个值的样本子集，D_{ik} 表示 D_i 中属于第 k 类的样本子集。

于是信息增益 $g(D,A)$ 可以表示为二者之差，可得

$$g(D,A)=H(D)-H(D\mid A). \tag{3.20}$$

这些定义听起来有点像绕口令，不妨我们用一个例子来简单说明下计算过程。假设共有 5 个人追求场景中的女孩，年龄有两个属性（老，年轻），长相有三个属性（帅，一般，丑），工资有三个属性（高，中等，低），会写代码有两个属性（会，不会），最终分类结果有两类（见，不见）。我们根据女孩有监督的主观意愿可以得到表 3.1。

表 3.1　5 个候选对象的属性以及女孩对应的主观意愿

	年龄	长相	工资	写代码	类别
小 A	老	帅	高	不会	不见
小 B	年轻	一般	中等	会	见
小 C	年轻	丑	高	不会	不见
小 D	年轻	一般	高	会	见
小 L	年轻	一般	低	不会	不见

在这个问题中，

$$H(D)=-\frac{3}{5}\log_2\frac{3}{5}-\frac{2}{5}\log_2\frac{2}{5}=0.971,$$

根据式（3.19）可计算出 4 个分支结点的信息熵为

$$H(D\,|\,\text{年龄})=\frac{1}{5}H(\text{老})+\frac{4}{5}H(\text{年轻})$$
$$=\frac{1}{5}(-0)+\frac{4}{5}\left(-\frac{2}{4}\log_2\frac{2}{4}-\frac{2}{4}\log_2\frac{2}{4}\right)=0.8,$$
$$H(D\,|\,\text{长相})=\frac{1}{5}H(\text{帅})+\frac{3}{5}H(\text{一般})+\frac{1}{5}H(\text{丑})$$
$$=0+\frac{3}{5}\left(-\frac{2}{3}\log_2\frac{2}{3}-\frac{1}{3}\log_2\frac{1}{3}\right)+0=0.551,$$
$$H(D\,|\,\text{工资})=\frac{3}{5}H(\text{高})+\frac{1}{5}H(\text{中等})+\frac{1}{5}H(\text{低})$$
$$=\frac{3}{5}\left(-\frac{2}{3}\log_2\frac{2}{3}-\frac{1}{3}\log_2\frac{1}{3}\right)+0+0=0.551,$$
$$H(D\,|\,\text{写代码})=\frac{3}{5}H(\text{不会})+\frac{2}{5}H(\text{会})$$
$$=\frac{3}{5}(0)+\frac{2}{5}(0)=0.$$

于是，根据式（3.20）可计算出各个特征的信息增益为

$$g(D,\text{年龄})=0.171,\ g(D,\text{长相})=0.42,$$
$$g(D,\text{工资})=0.42,\ \ g(D,\text{写代码})=0.971.$$

显然，特征“写代码”的信息增益最大，所有的样本根据此特征，可以直接被分到叶结点（即见或不见）中，完成决策树生长。当然，在实际应用中，决策树往往不能通过一个特征就完成构建，需要在经验熵非 0 的类别中继续生长。

C4.5—— 最大信息增益比

特征 A 对于数据集 D 的信息增益比定义为

$$g_R(D,A)=\frac{g(D,A)}{H_A(D)}, \tag{3.21}$$

其中

$$H_A(D)=-\sum_{i=1}^{n}\frac{|D_i|}{|D|}\log_2\frac{|D_i|}{|D|}, \tag{3.22}$$

称为数据集 D 关于 A 的取值熵。针对上述问题，我们可以根据式（3.22）求出数据集关于每个特征的取值熵为

$$H_{\text{年龄}}(D)=-\frac{1}{5}\log_2\frac{1}{5}-\frac{4}{5}\log_2\frac{4}{5}=0.722,$$

$$H_{长相}(D) = -\frac{1}{5}\log_2\frac{1}{5} - \frac{3}{5}\log_2\frac{3}{5} - \frac{1}{5}\log_2\frac{1}{5} = 1.371,$$

$$H_{工资}(D) = -\frac{3}{5}\log_2\frac{3}{5} - \frac{1}{5}\log_2\frac{1}{5} - \frac{1}{5}\log_2\frac{1}{5} = 1.371,$$

$$H_{写代码}(D) = -\frac{3}{5}\log_2\frac{3}{5} - \frac{2}{5}\log_2\frac{2}{5} = 0.971 .$$

于是，根据式（3.21）可计算出各个特征的信息增益比为

$$g_R(D,年龄) = 0.236,\ g_R(D,长相) = 0.402,$$
$$g_R(D,工资) = 0.402,\ g_R(D,写代码) = 1.$$

信息增益比最大的仍是特征“写代码”，但通过信息增益比，特征“年龄”对应的指标上升了，而特征“长相”和特征“工资”却有所下降。

CART——最大基尼指数（Gini）

Gini 描述的是数据的纯度，与信息熵含义类似。

$$\mathrm{Gini}(D) = 1 - \sum_{k=1}^{n}\left(\frac{|C_k|}{|D|}\right)^2 . \tag{3.23}$$

CART 在每一次迭代中选择基尼指数最小的特征及其对应的切分点进行分类。但与 ID3、C4.5 不同的是，CART 是一颗二叉树，采用二元切割法，每一步将数据按特征 A 的取值切成两份，分别进入左右子树。特征 A 的 Gini 指数定义为

$$\mathrm{Gini}(D\,|\,A) = \sum_{i=1}^{n}\frac{|D_i|}{|D|}\mathrm{Gini}(D_i). \tag{3.24}$$

还是考虑上述的例子，应用 CART 分类准则，根据式（3.24）可计算出各个特征的 Gini 指数为

Gini(D| 年龄 = 老)=0.4，　Gini(D| 年龄 = 年轻)=0.4，

Gini(D| 长相 = 帅)=0.4，　Gini(D| 长相 = 丑)=0.4，

Gini(D| 写代码 = 会)=0，　Gini(D| 写代码 = 不会)=0，

Gini(D| 工资 = 高)=0.47，Gini(D| 工资 = 中等)=0.3，

Gini(D| 工资 = 低)=0.4.

在“年龄”“长相”“工资”“写代码”四个特征中，我们可以很快地发现特征“写代码”的 Gini 指数最小为 0，因此选择特征“写代码”作为最优特征，“写代码 = 会”为最优切分点。按照这种切分，从根结

点会直接产生两个叶结点，基尼指数降为 0，完成决策树生长。

通过对比三种决策树的构造准则，以及在同一例子上的不同表现，我们不难总结三者之间的差异。

首先，ID3 是采用信息增益作为评价标准，除了“会写代码”这一逆天特征外，会倾向于取值较多的特征。因为，信息增益反映的是给定条件以后不确定性减少的程度，特征取值越多就意味着确定性更高，也就是条件熵越小，信息增益越大。这在实际应用中是一个缺陷。比如，我们引入特征“DNA”，每个人的 DNA 都不同，如果 ID3 按照“DNA”特征进行划分一定是最优的（条件熵为 0），但这种分类的泛化能力是非常弱的。因此，C4.5 实际上是对 ID3 进行优化，通过引入信息增益比，一定程度上对取值比较多的特征进行惩罚，避免 ID3 出现过拟合的特性，提升决策树的泛化能力。

其次，从样本类型的角度，ID3 只能处理离散型变量，而 C4.5 和 CART 都可以处理连续型变量。C4.5 处理连续型变量时，通过对数据排序之后找到类别不同的分割线作为切分点，根据切分点把连续属性转换为布尔型，从而将连续型变量转换多个取值区间的离散型变量。而对于 CART，由于其构建时每次都会对特征进行二值划分，因此可以很好地适用于连续性变量。

从应用角度，ID3 和 C4.5 只能用于分类任务，而 CART（Classification and Regression Tree，分类回归树）从名字就可以看出其不仅可以用于分类，也可以应用于回归任务（回归树使用最小平方误差准则）。

此外，从实现细节、优化过程等角度，这三种决策树还有一些不同。比如，ID3 对样本特征缺失值比较敏感，而 C4.5 和 CART 可以对缺失值进行不同方式的处理；ID3 和 C4.5 可以在每个结点上产生出多叉分支，且每个特征在层级之间不会复用，而 CART 每个结点只会产生两个分支，因此最后会形成一颗二叉树，且每个特征可以被重复使用；ID3 和 C4.5 通过剪枝来权衡树的准确性与泛化能力，而 CART 直接利用全部数据发现所有可能的树结构进行对比。

至此，我们从构造、应用、实现等角度对比了 ID3、C4.5、CART 这三种经典的决策树模型。这些区别与联系总结起来容易，但在实际应用中还需要读者慢慢体会，针对不同场景灵活变通。

问题2 如何对决策树进行剪枝？

难度：★★★☆☆

一棵完全生长的决策树会面临一个很严重的问题，即过拟合。假设我们真的需要考虑 DNA 特征，由于每个人的 DNA 都不同，完全生长的决策树所对应的每个叶结点中只会包含一个样本，这就导致决策树是过拟合的。用它进行预测时，在测试集上的效果将会很差。因此我们需要对决策树进行剪枝，剪掉一些枝叶，提升模型的泛化能力。

决策树的剪枝通常有两种方法，预剪枝（Pre-Pruning）和后剪枝（Post-Pruning）。那么这两种方法是如何进行的呢？它们又各有什么优缺点？

分析与解答

预剪枝，即在生成决策树的过程中提前停止树的增长。而后剪枝，是在已生成的过拟合决策树上进行剪枝，得到简化版的剪枝决策树。

预剪枝

预剪枝的核心思想是在树中结点进行扩展之前，先计算当前的划分是否能带来模型泛化能力的提升，如果不能，则不再继续生长子树。此时可能存在不同类别的样本同时存于结点中，按照多数投票的原则判断该结点所属类别。预剪枝对于何时停止决策树的生长有以下几种方法。

（1）当树到达一定深度的时候，停止树的生长。

（2）当到达当前结点的样本数量小于某个阈值的时候，停止树的生长。

（3）计算每次分裂对测试集的准确度提升，当小于某个阈值的时候，不再继续扩展。

预剪枝具有思想直接、算法简单、效率高等特点，适合解决大规模问题。但如何准确地估计何时停止树的生长（即上述方法中的深度或阈值），针对不同问题会有很大差别，需要一定经验判断。且预剪枝存在一定局限性，有欠拟合的风险，虽然当前的划分会导致测试集准确率降低，但在之后的划分中，准确率可能会有显著上升。

后剪枝

后剪枝的核心思想是让算法生成一棵完全生长的决策树，然后从最底层向上计算是否剪枝。剪枝过程将子树删除，用一个叶子结点替代，该结点的类别同样按照多数投票的原则进行判断。同样地，后剪枝也可以通过在测试集上的准确率进行判断，如果剪枝过后准确率有所提升，则进行剪枝。相比于预剪枝，后剪枝方法通常可以得到泛化能力更强的决策树，但时间开销会更大。

常见的后剪枝方法包括错误率降低剪枝（Reduced Error Pruning，REP）、悲观剪枝（Pessimistic Error Pruning，PEP）、代价复杂度剪枝（Cost Complexity Pruning，CCP）、最小误差剪枝（Minimum Error Pruning，MEP）、CVP（Critical Value Pruning）、OPP（Optimal Pruning）等方法，这些剪枝方法各有利弊，关注不同的优化角度，本文选取著名的 CART 剪枝方法 CCP 进行介绍。

代价复杂剪枝主要包含以下两个步骤。

（1）从完整决策树 T_0 开始，生成一个子树序列 $\{T_0,T_1,T_2,\ldots,T_n\}$，其中 T_{i+1} 由 T_i 生成，T_n 为树的根结点。

（2）在子树序列中，根据真实误差选择最佳的决策树。

步骤（1）从 T_0 开始，裁剪 T_i 中关于训练数据集合误差增加最小的分支以得到 T_{i+1}。具体地，当一棵树 T 在结点 t 处剪枝时，它的误差增加可以用 $R(t)-R(T_t)$ 表示，其中 $R(t)$ 表示进行剪枝之后的该结点误差，$R(T_t)$ 表示未进行剪枝时子树 T_t 的误差。考虑到树的复杂性因素，我们用 $|L(T_t)|$ 表示子树 T_t 的叶子结点个数，则树在结点 t 处剪枝后的误差增加率为

$$\alpha=\frac{R(t)-R(T_t)}{|L(T_t)|-1}. \tag{3.25}$$

在得到 T_i 后，我们每步选择 α 最小的结点进行相应剪枝。

用一个例子简单地介绍生成子树序列的方法。假设把场景中的问题进行一定扩展，女孩需要对 80 个人进行见或不见的分类。假设根据某种规则，已经得到了一棵 CART 决策树 T_0，如图 3.15 所示。

此时共 5 个内部结点可供考虑，其中

$$\alpha(t_0)=\frac{25-5}{6-1}=4\,,$$

$$\alpha(t_1)=\frac{10-(1+2+0+0)}{4-1}=2.33\,,$$

$$\alpha(t_2)=\frac{5-(1+1)}{2-1}=3\,,$$

$$\alpha(t_3)=\frac{4-(1+2)}{2-1}=1\,,$$

$$\alpha(t_4)=\frac{4-0}{2-1}=4\,.$$

可见 $\alpha(t_3)$ 最小，因此对 t_3 进行剪枝，得到新的子树 T_1，如图 3.16 所示。

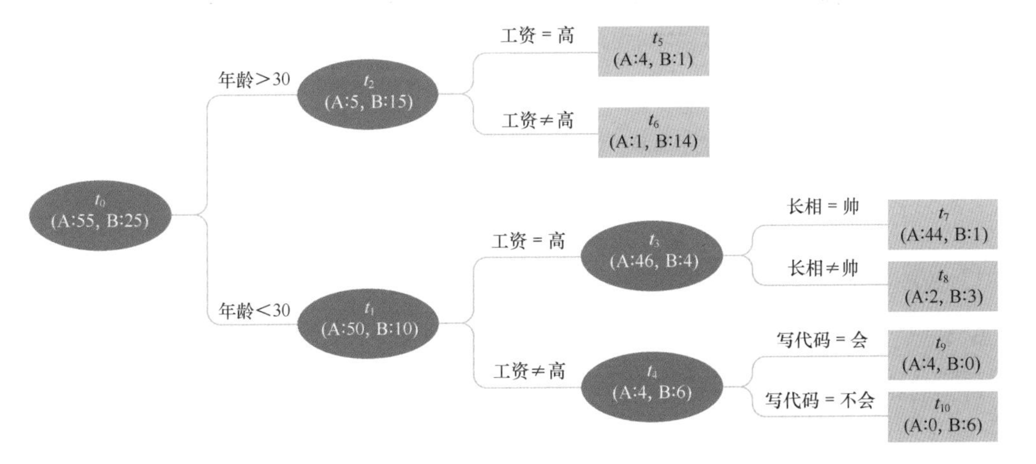

图 3.15　初始决策树 T_0

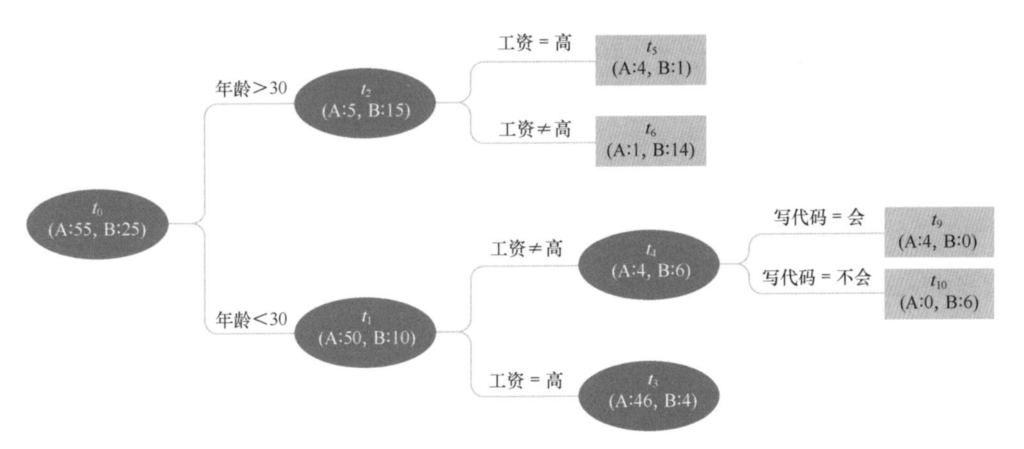

图 3.16　对初始决策树 T_0 的 t_3 结点剪枝得到新的子树 T_1

而后继续计算所有结点对应的误差增加率，分别为 $\alpha(t_1)=3$，$\alpha(t_2)=3$，$\alpha(t_4)=4$。因此对 t_1 进行剪枝，得到 T_2，如图 3.17 所示。此时 $\alpha(t_0)=6.5$，$\alpha(t_2)=3$，选择 t_2 进行剪枝，得到 T_3。于是只剩下一个内部结点，即根结点，得到 T_4。

在步骤（2）中，我们需要从子树序列中选出真实误差最小的决策树。CCP 给出了两种常用的方法：一种是基于独立剪枝数据集，该方法与 REP 类似，但由于其只能从子树序列 $\{T_0,T_1,T_2,...,T_n\}$ 中选择最佳决策树，而非像 REP 能在所有可能的子树中寻找最优解，因此性能上会有一定不足。另一种是基于 k 折交叉验证，将数据集分成 k 份，前 $k-1$ 份用于生成决策树，最后一份用于选择最优的剪枝树。重复进行 N 次，再从这 N 个子树中选择最优的子树。

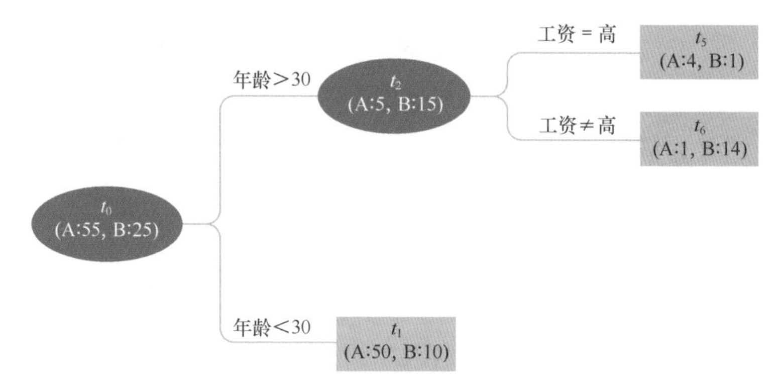

图 3.17　对 T_1 中 t_1 结点剪枝得到新的子树 T_2

代价复杂度剪枝使用交叉验证策略时，不需要测试数据集，精度与 REP 差不多，但形成的树复杂度小。而从算法复杂度角度，由于生成子树序列的时间复杂度与原始决策树的非叶结点个数呈二次关系，导致算法相比 REP、PEP、MEP 等线性复杂度的后剪枝方法，运行时间开销更大。

剪枝过程在决策树模型中占据着极其重要的地位。有很多研究表明，剪枝比树的生成过程更为关键。对于不同划分标准生成的过拟合决策树，在经过剪枝之后都能保留最重要的属性划分，因此最终的性能差距并不大。理解剪枝方法的理论，在实际应用中根据不同的数据类型、规模，决定使用何种决策树以及对应的剪枝策略，灵活变通，找到最优选择，是本节想要传达给读者的思想。

逸闻趣事 奥卡姆剃刀定律（Occam's Razor，Ockham's Razor）

14 世纪，逻辑学家、圣方济各会修士奥卡姆威廉（William of Occam）提出奥卡姆剃刀定律。这个原理最简单的描述是“如无必要，勿增实体”，即“简单有效原理”。

很多人误解了奥卡姆剃刀定律，认为简单就一定有效，但奥卡姆剃刀定律从来没有说“简单”的理论就是“正确”的理论，通常表述为“当两个假说具有完全相同的解释力和预测力时，我们以那个较为简单的假说作为讨论依据”。

奥卡姆剃刀的思想其实与机器学习消除过拟合的思想是一致的。特别是在决策树剪枝的过程中，我们正是希望在预测力不减的同时，用一个简单的模型去替代原来复杂的模型。而在 ID3 决策树算法提出的过程中，模型的创建者 Ross Quinlan 也确实参照了奥卡姆剃刀的思想。类似的思想还同样存在于神经网络的 Dropout 的方法中，我们降低模型复杂度，为的是提高模型的泛化能力。

严格讲，奥卡姆剃刀定律不是一个定理，而是一种思考问题的方式。我们面对任何工作的时候，如果有一个简单的方法和一个复杂的方法能够达到同样的效果，我们应该选择简单的那个。因为简单的选择是巧合的几率更小，更有可能反应事物的内在规律。

第4章

降维

宇宙，是时间和空间的总和。时间是一维的，而空间的维度，众说纷纭，至今没有定论。弦理论说是9维，霍金所认同的M理论则认为是10维。它们解释说人类所能感知的三维以外的维度都被卷曲在了很小的空间尺度内。当然，谈及这些并不是为了推荐《三体》系列读物，更不是引导读者探索宇宙真谛，甚至怀疑人生本质，而是为了引出本章的主题——降维。

机器学习中的数据维数与现实世界的空间维度本同末离。在机器学习中，数据通常需要被表示成向量形式以输入模型进行训练。但众所周知，对向量进行处理和分析时，会极大地消耗系统资源，甚至产生维度灾难。因此，进行降维，即用一个低维度的向量表示原始高维度的特征就显得尤为重要。常见的降维方法有主成分分析、线性判别分析、等距映射、局部线性嵌入、拉普拉斯特征映射、局部保留投影等。本章将选取比较经典的主成分分析和线性判别分析进行介绍和对比，以便读者更深入地理解降维的基本思想。

PCA 最大方差理论

场景描述

在机器学习领域中，我们对原始数据进行特征提取，有时会得到比较高维的特征向量。在这些向量所处的高维空间中，包含很多的冗余和噪声。我们希望通过降维的方式来寻找数据内部的特性，从而提升特征表达能力，降低训练复杂度。主成分分析（Principal Components Analysis，PCA）作为降维中最经典的方法，至今已有 100 多年的历史，它属于一种线性、非监督、全局的降维算法，是面试中经常被问到的问题。

知识点

PCA，线性代数

问题 **如何定义主成分？从这种定义出发，如何设计目标函数使得降维达到提取主成分的目的？针对这个目标函数，如何对 PCA 问题进行求解？**

难度：★★☆☆☆

分析与解答

PCA 旨在找到数据中的主成分，并利用这些主成分表征原始数据，从而达到降维的目的。举一个简单的例子，在三维空间中有一系列数据点，这些点分布在一个过原点的平面上。如果我们用自然坐标系 x,y,z 三个轴来表示数据，就需要使用三个维度。而实际上，这些点只出现在一个二维平面上，如果我们通过坐标系旋转变换使得数据所在平面与 x,y 平面重合，那么我们就可以通过 x',y' 两个维度表达原始数据，并且没有任何损失，这样就完成了数据的降维。而 x',y' 两个轴所包含的信息就是我们要找到的主成分。

但在高维空间中，我们往往不能像刚才这样直观地想象出数据的分布形式，也就更难精确地找到主成分对应的轴是哪些。不妨，我们先从最简单的二维数据来看看 PCA 究竟是如何工作的，如图 4.1 所示。

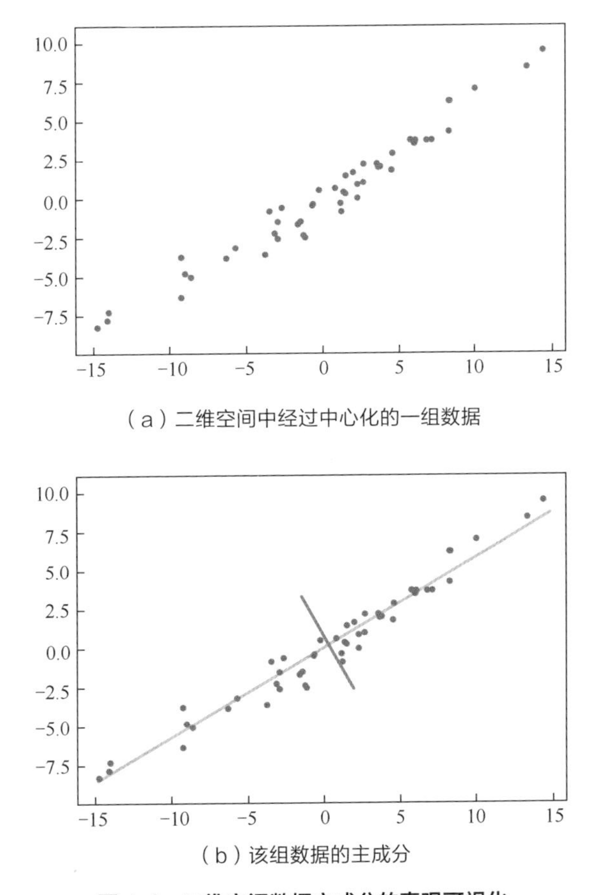

（a）二维空间中经过中心化的一组数据

（b）该组数据的主成分

图 4.1　二维空间数据主成分的直观可视化

图 4.1（a）是二维空间中经过中心化的一组数据，我们很容易看出主成分所在的轴（以下称为主轴）的大致方向，即图 4.1（b）中黄线所处的轴。因为在黄线所处的轴上，数据分布得更为分散，这也意味着数据在这个方向上方差更大。在信号处理领域，我们认为信号具有较大方差，噪声具有较小方差，信号与噪声之比称为信噪比。信噪比越大意味着数据的质量越好，反之，信噪比越小意味着数据的质量越差。由此

我们不难引出 PCA 的目标，即最大化投影方差，也就是让数据在主轴上投影的方差最大。

对于给定的一组数据点 $\{\boldsymbol{v}_1,\boldsymbol{v}_2,\ldots,\boldsymbol{v}_n\}$，其中所有向量均为列向量，中心化后的表示为 $\{\boldsymbol{x}_1,\boldsymbol{x}_2,\ldots,\boldsymbol{x}_n\}=\{\boldsymbol{v}_1-\boldsymbol{\mu},\boldsymbol{v}_2-\boldsymbol{\mu},\ldots,\boldsymbol{v}_n-\boldsymbol{\mu}\}$，其中 $\boldsymbol{\mu}=\frac{1}{n}\sum_{i=1}^{n}\boldsymbol{v}_i$。我们知道，向量内积在几何上表示为第一个向量投影到第二个向量上的长度，因此向量 $\boldsymbol{x}_i$ 在 $\boldsymbol{\omega}$（单位方向向量）上的投影坐标可以表示为 $(\boldsymbol{x}_i,\boldsymbol{\omega})=\boldsymbol{x}_i^{\mathrm{T}}\boldsymbol{\omega}$。所以目标是找到一个投影方向 $\boldsymbol{\omega}$，使得 $\boldsymbol{x}_1,\boldsymbol{x}_2,\ldots,\boldsymbol{x}_n$ 在 $\boldsymbol{\omega}$ 上的投影方差尽可能大。易知，投影之后均值为 $\mathbf{0}$（因为 $\boldsymbol{\mu}'=\frac{1}{n}\sum_{i=1}^{n}\boldsymbol{x}_i^{\mathrm{T}}\boldsymbol{\omega}=\left(\frac{1}{n}\sum_{i=1}^{n}\boldsymbol{x}_i^{\mathrm{T}}\right)\boldsymbol{\omega}=0$，这也是我们进行中心化的意义），因此投影后的方差可以表示为

$$
\begin{aligned}
D(\boldsymbol{x})&=\frac{1}{n}\sum_{i=1}^{n}(\boldsymbol{x}_i^{\mathrm{T}}\boldsymbol{\omega})^2=\frac{1}{n}\sum_{i=1}^{n}(\boldsymbol{x}_i^{\mathrm{T}}\boldsymbol{\omega})^{\mathrm{T}}(\boldsymbol{x}_i^{\mathrm{T}}\boldsymbol{\omega})\\
&=\frac{1}{n}\sum_{i=1}^{n}\boldsymbol{\omega}^{\mathrm{T}}\boldsymbol{x}_i\boldsymbol{x}_i^{\mathrm{T}}\boldsymbol{\omega}\\
&=\boldsymbol{\omega}^{\mathrm{T}}\left(\frac{1}{n}\sum_{i=1}^{n}\boldsymbol{x}_i\boldsymbol{x}_i^{\mathrm{T}}\right)\boldsymbol{\omega}. \qquad (4.1)
\end{aligned}
$$

仔细一看，$\left(\frac{1}{n}\sum_{i=1}^{n}\boldsymbol{\omega}^{\mathrm{T}}\boldsymbol{x}_i\boldsymbol{x}_i^{\mathrm{T}}\boldsymbol{\omega}\right)$ 其实就是样本协方差矩阵，我们将其写作 Σ。另外，由于 $\boldsymbol{\omega}$ 是单位方向向量，即有 $\boldsymbol{\omega}^{\mathrm{T}}\boldsymbol{\omega}=\mathbf{1}$。因此我们要求解一个最大化问题，可表示为

$$
\begin{cases}\max\{\boldsymbol{\omega}^{\mathrm{T}}\Sigma\boldsymbol{\omega}\},\\ s.t.\quad \boldsymbol{\omega}^{\mathrm{T}}\boldsymbol{\omega}=1.\end{cases} \qquad (4.2)
$$

引入拉格朗日乘子，并对 $\boldsymbol{\omega}$ 求导令其等于 $\mathbf{0}$，便可以推出 $\Sigma\boldsymbol{\omega}=\lambda\boldsymbol{\omega}$，此时

$$
D(\boldsymbol{x})=\boldsymbol{\omega}^{\mathrm{T}}\Sigma\boldsymbol{\omega}=\lambda\boldsymbol{\omega}^{\mathrm{T}}\boldsymbol{\omega}=\lambda. \qquad (4.3)
$$

熟悉线性代数的读者马上就会发现，原来，x 投影后的方差就是协方差矩阵的特征值。我们要找到最大的方差也就是协方差矩阵最大的特征值，最佳投影方向就是最大特征值所对应的特征向量。次佳投影方向位于最佳投影方向的正交空间中，是第二大特征值对应的特征向量，以此类推。至此，我们得到以下几种 PCA 的求解方法。

（1）对样本数据进行中心化处理。

（2）求样本协方差矩阵。

（3）对协方差矩阵进行特征值分解，将特征值从大到小排列。

（4）取特征值前 d 大对应的特征向量 $\boldsymbol{\omega}_1,\boldsymbol{\omega}_2,\ldots,\boldsymbol{\omega}_d$，通过以下映射将 n 维样本映射到 d 维

$$\boldsymbol{x}_i' = \begin{bmatrix} \boldsymbol{\omega}_1^{\mathrm{T}} \boldsymbol{x}_i \\ \boldsymbol{\omega}_2^{\mathrm{T}} \boldsymbol{x}_i \\ \vdots \\ \boldsymbol{\omega}_d^{\mathrm{T}} \boldsymbol{x}_i \end{bmatrix}. \tag{4.4}$$

新的 x_i' 的第 d 维就是 x_i 在第 d 个主成分 $\boldsymbol{\omega}_d$ 方向上的投影，通过选取最大的 d 个特征值对应的特征向量，我们将方差较小的特征（噪声）抛弃，使得每个 n 维列向量 x_i 被映射为 d 维列向量 x_i'，定义降维后的信息占比为

$$\eta = \sqrt{\frac{\sum_{i=1}^{d} \lambda_i^2}{\sum_{i=1}^{n} \lambda_i^2}}. \tag{4.5}$$

·总结与扩展·

至此，我们从最大化投影方差的角度解释了 PCA 的原理、目标函数和求解方法。其实，PCA 还可以用其他思路进行分析，比如从最小回归误差的角度得到新的目标函数。但最终我们会发现其对应的原理和求解方法与本文中的是等价的。另外，由于 PCA 是一种线性降维方法，虽然经典，但具有一定的局限性。我们可以通过核映射对 PCA 进行扩展得到核主成分分析（KPCA），也可以通过流形映射的降维方法，比如等距映射、局部线性嵌入、拉普拉斯特征映射等，对一些 PCA 效果不好的复杂数据集进行非线性降维操作。

PCA 最小平方误差理论

场景描述

上一节介绍了从最大方差的角度解释 PCA 的原理、目标函数和求解方法。本节将通过最小平方误差的思路对 PCA 进行推导。

知识点

线性代数，最小平方误差

问题 **PCA 求解的其实是最佳投影方向，即一条直线，这与数学中线性回归问题的目标不谋而合，能否从回归的角度定义 PCA 的目标并相应地求解问题呢？** **难度：★★☆☆☆**

分析与解答

我们还是考虑二维空间中的样本点，如图 4.2 所示。上一节求解得到一条直线使得样本点投影到该直线上的方差最大。从求解直线的思路出发，很容易联想到数学中的线性回归问题，其目标也是求解一个线性函数使得对应直线能够更好地拟合样本点集合。如果我们从这个角度定义 PCA 的目标，那么问题就会转化为一个回归问题。

顺着这个思路，在高维空间中，我们实际上是要找到一个 d 维超平面，使得数据点到这个超平面的距离平方和最小。以 d=1 为例，超平面退化为直线，即把样本点投影到最佳直线，最小化的就是所有点到直线的距离平方之和，如图 4.3 所示。

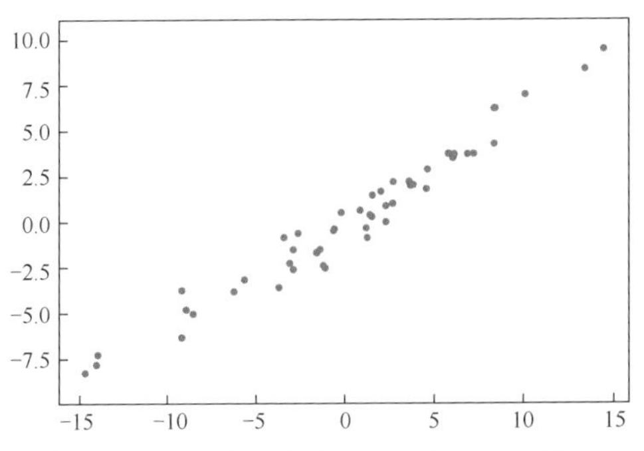

图 4.2　二维空间中经过中心化的一组数据

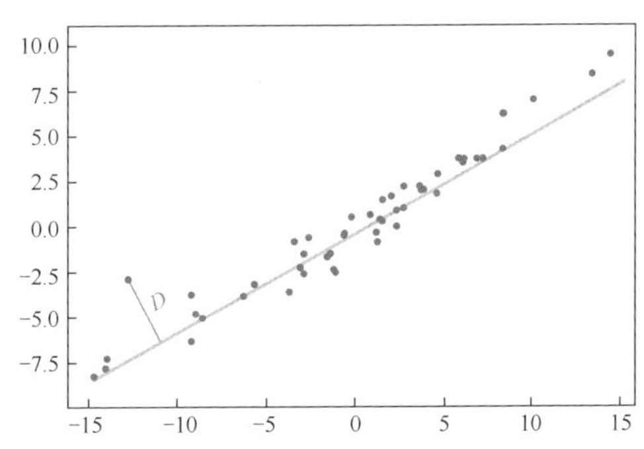

图 4.3　最小化样本点到直线的距离平方之和

数据集中每个点$\boldsymbol{x}_k$到d维超平面$\boldsymbol{D}$的距离为

$$\text{distance}(\boldsymbol{x}_k,\boldsymbol{D}) = \|\boldsymbol{x}_k - \widetilde{\boldsymbol{x}_k}\|_2 , \tag{4.6}$$

其中$\widetilde{\boldsymbol{x}_k}$表示$\boldsymbol{x}_k$在超平面$\boldsymbol{D}$上的投影向量。如果该超平面由$d$个标准正交基$\boldsymbol{W} = \{\boldsymbol{\omega}_1,\boldsymbol{\omega}_2,\ldots,\boldsymbol{\omega}_d\}$构成，根据线性代数理论$\widetilde{\boldsymbol{x}_k}$可以由这组基线性表示

$$\widetilde{\boldsymbol{x}_k} = \sum_{i=1}^{d}(\boldsymbol{\omega}_i^{\mathrm{T}}\boldsymbol{x}_k)\boldsymbol{\omega}_i , \tag{4.7}$$

其中$\boldsymbol{\omega}_i^{\mathrm{T}}\boldsymbol{x}_k$表示$\boldsymbol{x}_k$在$\boldsymbol{\omega}_i$方向上投影的长度。因此，$\widetilde{\boldsymbol{x}_k}$实际上就是$\boldsymbol{x}_k$在$\boldsymbol{W}$这组标准正交基下的坐标。而PCA要优化的目标为

$$\begin{cases} \underset{\boldsymbol{\omega}_1,\ldots,\boldsymbol{\omega}_d}{\arg\min} \sum_{k=1}^{n} \|\boldsymbol{x}_k - \widetilde{\boldsymbol{x}_k}\|_2^2 , \\ s.t. \quad \underset{\forall i,j}{\boldsymbol{\omega}_i^{\mathrm{T}}\boldsymbol{\omega}_j} = \delta_{ij} = \begin{cases} 1, i = j ; \\ 0, i \neq j . \end{cases} \end{cases} \tag{4.8}$$

由向量内积的性质，我们知道$\boldsymbol{x}_k^{\mathrm{T}}\widetilde{\boldsymbol{x}_k} = \widetilde{\boldsymbol{x}_k}^{\mathrm{T}}\boldsymbol{x}_k$，于是将式（4.8）中的每一个距离展开

$$\begin{aligned} \|\boldsymbol{x}_k - \widetilde{\boldsymbol{x}_k}\|_2^2 &= (\boldsymbol{x}_k - \widetilde{\boldsymbol{x}_k})^{\mathrm{T}}(\boldsymbol{x}_k - \widetilde{\boldsymbol{x}_k}) \\ &= \boldsymbol{x}_k^{\mathrm{T}}\boldsymbol{x}_k - \boldsymbol{x}_k^{\mathrm{T}}\widetilde{\boldsymbol{x}_k} - \widetilde{\boldsymbol{x}_k}^{\mathrm{T}}\boldsymbol{x}_k + \widetilde{\boldsymbol{x}_k}^{\mathrm{T}}\widetilde{\boldsymbol{x}_k} \\ &= \boldsymbol{x}_k^{\mathrm{T}}\boldsymbol{x}_k - 2\boldsymbol{x}_k^{\mathrm{T}}\widetilde{\boldsymbol{x}_k} + \widetilde{\boldsymbol{x}_k}^{\mathrm{T}}\widetilde{\boldsymbol{x}_k} . \end{aligned} \tag{4.9}$$

其中第一项$\boldsymbol{x}_k^{\mathrm{T}}\boldsymbol{x}_k$与选取的$\boldsymbol{W}$无关，是个常数。将式（4.7）代入式（4.9）的第二项和第三项可得到

$$\boldsymbol{x}_k^{\mathrm{T}}\widetilde{\boldsymbol{x}_k} = \boldsymbol{x}_k^{\mathrm{T}}\sum_{i=1}^{d}(\boldsymbol{\omega}_i^{\mathrm{T}}\boldsymbol{x}_k)\boldsymbol{\omega}_i$$

$$=\sum_{i=1}^{d}(\boldsymbol{\omega}_i^{\mathrm{T}}\boldsymbol{x}_k)\boldsymbol{x}_k^{\mathrm{T}}\boldsymbol{\omega}_i$$

$$=\sum_{i=1}^{d}\boldsymbol{\omega}_i^{\mathrm{T}}\boldsymbol{x}_k\boldsymbol{x}_k^{\mathrm{T}}\boldsymbol{\omega}_i\ , \tag{4.10}$$

$$\widetilde{\boldsymbol{x}_k}^{\mathrm{T}}\widetilde{\boldsymbol{x}_k}=\left(\sum_{i=1}^{d}(\boldsymbol{\omega}_i^{\mathrm{T}}\boldsymbol{x}_k)\boldsymbol{\omega}_i\right)^{\mathrm{T}}\left(\sum_{j=1}^{d}(\boldsymbol{\omega}_j^{\mathrm{T}}\boldsymbol{x}_k)\boldsymbol{\omega}_j\right)$$

$$=\sum_{i=1}^{d}\sum_{j=1}^{d}((\boldsymbol{\omega}_i^{\mathrm{T}}\boldsymbol{x}_k)\boldsymbol{\omega}_i)^{\mathrm{T}}((\boldsymbol{\omega}_j^{\mathrm{T}}\boldsymbol{x}_k)\boldsymbol{\omega}_j)\ . \tag{4.11}$$

注意到，其中$\boldsymbol{\omega}_i^{\mathrm{T}}\boldsymbol{x}_k$和$\boldsymbol{\omega}_j^{\mathrm{T}}\boldsymbol{x}_k$表示投影长度，都是数字。且当 $i\neq j$ 时，$\boldsymbol{\omega}_i^{\mathrm{T}}\boldsymbol{\omega}_j=0$，因此式（4.11）的交叉项中只剩下 d 项

$$\widetilde{\boldsymbol{x}_k}^{\mathrm{T}}\widetilde{\boldsymbol{x}_k}=\sum_{i=1}^{d}((\boldsymbol{\omega}_i^{\mathrm{T}}\boldsymbol{x}_k)\boldsymbol{\omega}_i)^{\mathrm{T}}((\boldsymbol{\omega}_i^{\mathrm{T}}\boldsymbol{x}_k)\boldsymbol{\omega}_i)=\sum_{i=1}^{d}(\boldsymbol{\omega}_i^{\mathrm{T}}\boldsymbol{x}_k)(\boldsymbol{\omega}_i^{\mathrm{T}}\boldsymbol{x}_k)$$

$$=\sum_{i=1}^{d}(\boldsymbol{\omega}_i^{\mathrm{T}}\boldsymbol{x}_k)(\boldsymbol{x}_k^{\mathrm{T}}\boldsymbol{\omega}_i)=\sum_{i=1}^{d}\boldsymbol{\omega}_i^{\mathrm{T}}\boldsymbol{x}_k\boldsymbol{x}_k^{\mathrm{T}}\boldsymbol{\omega}_i\ . \tag{4.12}$$

注意到，$\sum_{i=1}^{d}\boldsymbol{\omega}_i^{\mathrm{T}}\boldsymbol{x}_k\boldsymbol{x}_k^{\mathrm{T}}\boldsymbol{\omega}_i$ 实际上就是矩阵 $\boldsymbol{W}^{\mathrm{T}}\boldsymbol{x}_k\boldsymbol{x}_k^{\mathrm{T}}\boldsymbol{W}$ 的迹（对角线元素之和），于是可以将式（4.9）继续化简

$$\|\boldsymbol{x}_k-\widetilde{\boldsymbol{x}_k}\|_2^2=-\sum_{i=1}^{d}\boldsymbol{\omega}_i^{\mathrm{T}}\boldsymbol{x}_k\boldsymbol{x}_k^{\mathrm{T}}\boldsymbol{\omega}_i+\boldsymbol{x}_k^{\mathrm{T}}\boldsymbol{x}_k$$

$$=-tr(\boldsymbol{W}^{\mathrm{T}}\boldsymbol{x}_k\boldsymbol{x}_k^{\mathrm{T}}\boldsymbol{W})+\boldsymbol{x}_k^{\mathrm{T}}\boldsymbol{x}_k\ . \tag{4.13}$$

因此式（4.8）可以写成

$$\arg\min_{\boldsymbol{W}}\sum_{k=1}^{n}\|\boldsymbol{x}_k-\widetilde{\boldsymbol{x}_k}\|_2^2=\sum_{k=1}^{n}(-tr(\boldsymbol{W}^{\mathrm{T}}\boldsymbol{x}_k\boldsymbol{x}_k^{\mathrm{T}}\boldsymbol{W})+\boldsymbol{x}_k^{\mathrm{T}}\boldsymbol{x}_k)$$

$$=-\sum_{k=1}^{n}tr(\boldsymbol{W}^{\mathrm{T}}\boldsymbol{x}_k\boldsymbol{x}_k^{\mathrm{T}}\boldsymbol{W})+C\ . \tag{4.14}$$

根据矩阵乘法的性质 $\sum_k\boldsymbol{x}_k\boldsymbol{x}_k^{\mathrm{T}}=\boldsymbol{X}\boldsymbol{X}^{\mathrm{T}}$，因此优化问题可以转化为 $\arg\max_{\boldsymbol{W}}\sum_{k=1}^{n}tr(\boldsymbol{W}^{\mathrm{T}}\boldsymbol{x}_k\boldsymbol{x}_k^{\mathrm{T}}\boldsymbol{W})$，这等价于求解带约束的优化问题

$$\begin{cases}\arg\max\limits_{\boldsymbol{W}}\ tr(\boldsymbol{W}^{\mathrm{T}}\boldsymbol{X}\boldsymbol{X}^{\mathrm{T}}\boldsymbol{W})\ ,\\ s.t.\quad \boldsymbol{W}^{\mathrm{T}}\boldsymbol{W}=I\ .\end{cases} \tag{4.15}$$

如果我们对 $\boldsymbol{W}$ 中的 d 个基$\boldsymbol{\omega}_1,\boldsymbol{\omega}_2,\ldots,\boldsymbol{\omega}_d$依次求解，就会发现和最大方差理论的方法完全等价。比如当 d=1 时，我们实际求解的问题是

$$\begin{cases}\arg\max\limits_{\boldsymbol{\omega}} \boldsymbol{\omega}^{\mathrm{T}} \boldsymbol{X}\boldsymbol{X}^{\mathrm{T}} \boldsymbol{\omega}, \\ s.t. \quad \boldsymbol{\omega}^{\mathrm{T}}\boldsymbol{\omega} = 1. \end{cases} \tag{4.16}$$

最佳直线 ω 与最大方差法求解的最佳投影方向一致，即协方差矩阵的最大特征值所对应的特征向量，差别仅是协方差矩阵 Σ 的一个倍数，以及常数 $\sum_{k=1}^{n}\boldsymbol{x}_k{}^{\mathrm{T}}\boldsymbol{x}_k$ 偏差，但这并不影响我们对最大值的优化。

·总结与扩展·

至此，我们从最小平方误差的角度解释了 PCA 的原理、目标函数和求解方法。不难发现，这与最大方差角度殊途同归，从不同的目标函数出发，得到了相同的求解方法。

03 线性判别分析

场景描述

线性判别分析（Linear Discriminant Analysis，LDA）是一种有监督学习算法，同时经常被用来对数据进行降维。它是Ronald Fisher在1936年发明的，有些资料上也称之为Fisher LDA（Fisher's Linear Discriminant Analysis）。LDA是目前机器学习、数据挖掘领域中经典且热门的一种算法。

相比于PCA，LDA可以作为一种有监督的降维算法。在PCA中，算法没有考虑数据的标签（类别），只是把原数据映射到一些方差比较大的方向上而已。

假设用不同的颜色标注 C_1、C_2 两个不同类别的数据，如图4.4所示。根据PCA算法，数据应该映射到方差最大的那个方向，亦即 y 轴方向。但是，C_1，C_2 两个不同类别的数据就会完全混合在一起，很难区分开。所以，使用PCA算法进行降维后再进行分类的效果会非常差。但是，如果使用LDA算法，数据会映射到 x 轴方向。那么，LDA算法究竟是如何做到这一点的呢？

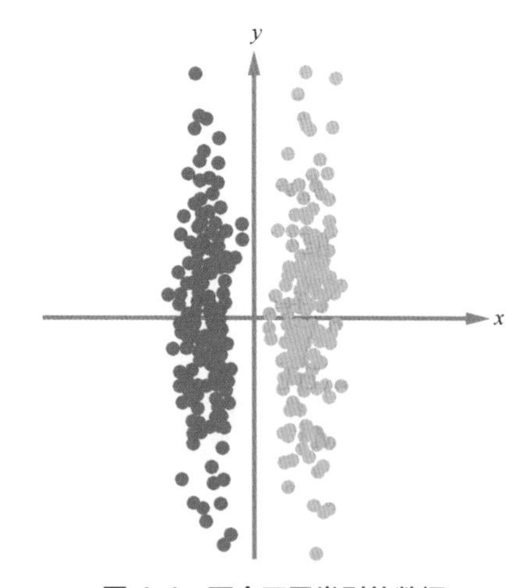

图4.4 两个不同类别的数据

知识点

线性代数，LDA

问题 对于具有类别标签的数据，应当如何设计目标函数使得降维的过程中不损失类别信息？在这种目标下，应当如何进行求解？

难度：★★☆☆☆

分析与解答

LDA 首先是为了分类服务的，因此只要找到一个投影方向 $\boldsymbol{\omega}$，使得投影后的样本尽可能按照原始类别分开。我们不妨从一个简单的二分类问题出发，有 C_1、C_2 两个类别的样本，两类的均值分别为 $\boldsymbol{\mu}_1=\frac{1}{N_1}\sum_{x\in C_1}\boldsymbol{x}$，$\boldsymbol{\mu}_2=\frac{1}{N_2}\sum_{x\in C_2}\boldsymbol{x}$。我们希望投影之后两类之间的距离尽可能大，距离表示为

$$D(C_1,C_2)=\|\widetilde{\boldsymbol{\mu}_1}-\widetilde{\boldsymbol{\mu}_2}\|_2^2 \tag{4.17}$$

其中 $\widetilde{\boldsymbol{\mu}_1}$，$\widetilde{\boldsymbol{\mu}_2}$ 表示两类的中心在 $\boldsymbol{\omega}$ 方向上的投影向量，$\widetilde{\boldsymbol{\mu}_1}=\boldsymbol{\omega}^{\mathrm{T}}\boldsymbol{\mu}_1$，$\widetilde{\boldsymbol{\mu}_2}=\boldsymbol{\omega}^{\mathrm{T}}\boldsymbol{\mu}_2$，因此需要优化的问题为

$$\begin{cases}\max\limits_{\boldsymbol{\omega}}\|\boldsymbol{\omega}^{\mathrm{T}}(\boldsymbol{\mu}_1-\boldsymbol{\mu}_2)\|_2^2, \\ s.t. \quad \boldsymbol{\omega}^{\mathrm{T}}\boldsymbol{\omega}=1.\end{cases} \tag{4.18}$$

容易发现，当 $\boldsymbol{\omega}$ 方向与（$\boldsymbol{\mu}_1-\boldsymbol{\mu}_2$）一致的时候，该距离达到最大值，例如对图 4.5（a）的黄棕两种类别的样本点进行降维时，若按照最大化两类投影中心距离的准则，会将样本点投影到下方的黑线上。但是原本可以被线性划分的两类样本，经过投影后有了一定程度的重叠，这显然不能使我们满意。

我们希望得到的投影结果如图 4.5（b）所示，虽然两类的中心在投影之后的距离有所减小，但却使投影之后样本的可区分性提高了。

仔细观察两种投影方式的区别，可以发现，在图 4.5（b）中，投影后的样本点似乎在每一类中分布得更为集中了，用数学化的语言描述就是每类内部的方差比左图中更小。这就引出了 LDA 的中心思想——最大化类间距离和最小化类内距离。

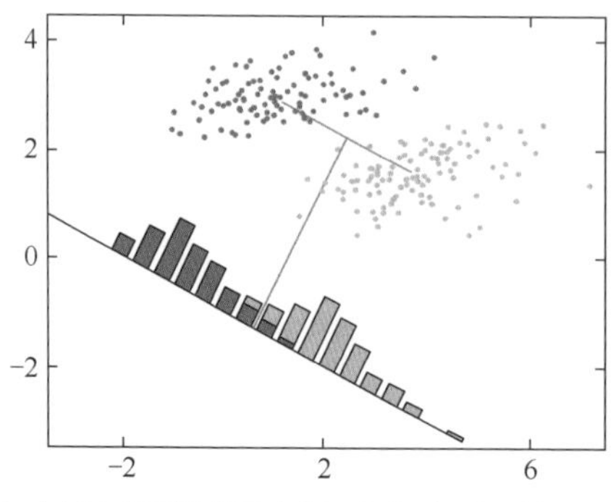

（a）最大化两类投影中心距离准则下得到的分类结果

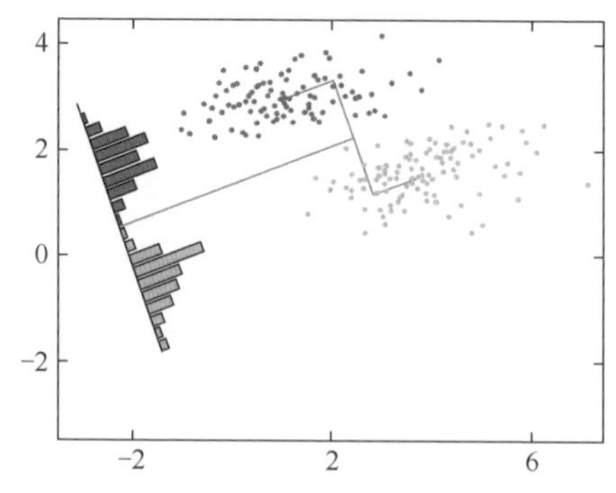

（b）使得投影后样本区分性更高的投影方式

图 4.5　两种不同的投影方向与投影后的分类结果

在前文中我们已经找到了使得类间距离尽可能大的投影方式，现在只需要同时优化类内方差，使其尽可能小。我们将整个数据集的类内方差定义为各个类分别的方差之和，将目标函数定义为类间距离和类内距离的比值，于是引出我们需要最大化的目标

$$\max_{\boldsymbol{\omega}} J(\boldsymbol{\omega})=\frac{\|\boldsymbol{\omega}^{\mathrm{T}}(\boldsymbol{\mu}_1-\boldsymbol{\mu}_2)\|_2^2}{D_1+D_2}, \tag{4.19}$$

其中 $\boldsymbol{\omega}$ 为单位向量，D_1，D_2 分别表示两类投影后的方差

$$D_1=\sum_{\boldsymbol{x}\in \boldsymbol{C}_1}(\boldsymbol{\omega}^{\mathrm{T}}\boldsymbol{x}-\boldsymbol{\omega}^{\mathrm{T}}\boldsymbol{\mu}_1)^2=\sum_{\boldsymbol{x}\in \boldsymbol{C}_1}\boldsymbol{\omega}^{\mathrm{T}}(\boldsymbol{x}-\boldsymbol{\mu}_1)(\boldsymbol{x}-\boldsymbol{\mu}_1)^{\mathrm{T}}\boldsymbol{\omega}, \tag{4.20}$$

$$D_2=\sum_{\boldsymbol{x}\in \boldsymbol{C}_2}\boldsymbol{\omega}^{\mathrm{T}}(\boldsymbol{x}-\boldsymbol{\mu}_2)(\boldsymbol{x}-\boldsymbol{\mu}_2)^{\mathrm{T}}\boldsymbol{\omega}, \tag{4.21}$$

因此 $J(\boldsymbol{\omega})$ 可以写成

$$J(\boldsymbol{\omega})=\frac{\boldsymbol{\omega}^{\mathrm{T}}(\boldsymbol{\mu}_1-\boldsymbol{\mu}_2)(\boldsymbol{\mu}_1-\boldsymbol{\mu}_2)^{\mathrm{T}}\boldsymbol{\omega}}{\sum_{\boldsymbol{x}\in \boldsymbol{C}_i}\boldsymbol{\omega}^{\mathrm{T}}(\boldsymbol{x}-\boldsymbol{\mu}_i)(\boldsymbol{x}-\boldsymbol{\mu}_i)^{\mathrm{T}}\boldsymbol{\omega}}. \tag{4.22}$$

定义类间散度矩阵 $\boldsymbol{S}_B=(\boldsymbol{\mu}_1-\boldsymbol{\mu}_2)(\boldsymbol{\mu}_1-\boldsymbol{\mu}_2)^{\mathrm{T}}$，类内散度矩阵 $\boldsymbol{S}_w=\sum_{\boldsymbol{x}\in \boldsymbol{C}_i}(\boldsymbol{x}-\boldsymbol{\mu}_i)(\boldsymbol{x}-\boldsymbol{\mu}_i)^{\mathrm{T}}$。则式（4.22）可以写为

$$J(\boldsymbol{\omega})=\frac{\boldsymbol{\omega}^{\mathrm{T}}\boldsymbol{S}_B\boldsymbol{\omega}}{\boldsymbol{\omega}^{\mathrm{T}}\boldsymbol{S}_w\boldsymbol{\omega}} \tag{4.23}$$

我们要最大化 $J(\boldsymbol{\omega})$，只需对 $\boldsymbol{\omega}$ 求偏导，并令导数等于零

$$\frac{\partial J(\boldsymbol{\omega})}{\partial \boldsymbol{\omega}}=\frac{\left(\dfrac{\partial \boldsymbol{\omega}^{\mathrm{T}}\boldsymbol{S}_B\boldsymbol{\omega}}{\partial \boldsymbol{\omega}}\boldsymbol{\omega}^{\mathrm{T}}\boldsymbol{S}_w\boldsymbol{\omega}-\dfrac{\partial \boldsymbol{\omega}^{\mathrm{T}}\boldsymbol{S}_w\boldsymbol{\omega}}{\partial \boldsymbol{\omega}}\boldsymbol{\omega}^{\mathrm{T}}\boldsymbol{S}_B\boldsymbol{\omega}\right)}{(\boldsymbol{\omega}^{\mathrm{T}}\boldsymbol{S}_w\boldsymbol{\omega})^2}=0 \tag{4.24}$$

于是得出，

$$(\boldsymbol{\omega}^{\mathrm{T}}\boldsymbol{S}_w\boldsymbol{\omega})\boldsymbol{S}_B\boldsymbol{\omega}=(\boldsymbol{\omega}^{\mathrm{T}}\boldsymbol{S}_B\boldsymbol{\omega})\boldsymbol{S}_w\boldsymbol{\omega} \tag{4.25}$$

由于在简化的二分类问题中 $\boldsymbol{\omega}^{\mathrm{T}}\boldsymbol{S}_w\boldsymbol{\omega}$ 和 $\boldsymbol{\omega}^{\mathrm{T}}\boldsymbol{S}_B\boldsymbol{\omega}$ 是两个数，我们令 $\lambda=J(\boldsymbol{\omega})=\dfrac{\boldsymbol{\omega}^{\mathrm{T}}\boldsymbol{S}_B\boldsymbol{\omega}}{\boldsymbol{\omega}^{\mathrm{T}}\boldsymbol{S}_w\boldsymbol{\omega}}$，于是可以把式（4.25）写成如下形式：

$$\boldsymbol{S}_B\boldsymbol{\omega}=\lambda\boldsymbol{S}_w\boldsymbol{\omega} \tag{4.26}$$

整理得，

$$\boldsymbol{S}_w^{-1}\boldsymbol{S}_B\boldsymbol{\omega}=\lambda\boldsymbol{\omega} \tag{4.27}$$

从这里我们可以看出，我们最大化的目标对应了一个矩阵的特征值，于是 LDA 降维变成了一个求矩阵特征向量的问题。$J(\boldsymbol{\omega})$ 就对应了矩阵 $\boldsymbol{S}_w^{-1}\boldsymbol{S}_B$ 最大的特征值，而投影方向就是这个特征值对应的特征向量。

对于二分类这一问题，由于 $\boldsymbol{S}_B=(\boldsymbol{\mu}_1-\boldsymbol{\mu}_2)(\boldsymbol{\mu}_1-\boldsymbol{\mu}_2)^{\mathrm{T}}$，因此 $\boldsymbol{S}_B\boldsymbol{\omega}$ 的方向始终与（$\boldsymbol{\mu}_1-\boldsymbol{\mu}_2$）一致，如果只考虑 $\boldsymbol{\omega}$ 的方向，不考虑其长度，可以得到 $\boldsymbol{\omega}=\boldsymbol{S}_w^{-1}(\boldsymbol{\mu}_1-\boldsymbol{\mu}_2)$。换句话说，我们只需要求样本的均值和类内方差，就可以马上得出最佳的投影方向 $\boldsymbol{\omega}$。这便是 Fisher 在 1936 年提出的线性判别分析。

· 总结与扩展 ·

至此，我们从最大化类间距离、最小化类内距离的思想出发，推导出了 LDA 的优化目标以及求解方法。Fisher LDA 相比 PCA 更善于对有类别信息的数据进行降维处理，但它对数据的分布做了一些很强的假设，例如，每个类数据都是高斯分布、各个类的协方差相等。尽管这些假设在实际中并不一定完全满足，但 LDA 已被证明是非常有效的一种降维方法。主要是因为线性模型对于噪声的鲁棒性比较好，但由于模型简单，表达能力有一定局限性，我们可以通过引入核函数扩展 LDA 方法以处理分布较为复杂的数据。

线性判别分析与主成分分析

场景描述

同样作为线性降维方法，PCA是非监督的降维算法，而LDA是有监督的降维算法。虽然在原理或应用方面二者有一定的区别，但是从这两种方法的数学本质出发，我们不难发现二者有很多共通的特性。

知识点

线性代数，PCA，LDA

问题 LDA和PCA作为经典的降维算法，如何从应用的角度分析其原理的异同？从数学推导的角度，两种降维算法在目标函数上有何区别与联系？

难度：★★☆☆☆

分析与解答

首先将LDA扩展到多类高维的情况，以和问题1中PCA的求解对应。假设有N个类别，并需要最终将特征降维至d维。因此，我们要找到一个d维投影超平面$\boldsymbol{W}=\{\boldsymbol{\omega}_1,\boldsymbol{\omega}_2,\dots,\boldsymbol{\omega}_d\}$，使得投影后的样本点满足LDA的目标——最大化类间距离和最小化类内距离。

回顾两个散度矩阵，类内散度矩阵$\boldsymbol{S}_w=\sum_{\boldsymbol{x}\in C_i}(\boldsymbol{x}-\boldsymbol{\mu}_i)(\boldsymbol{x}-\boldsymbol{\mu}_i)^{\mathrm{T}}$在类别增加至$N$时仍满足定义，而之前两类问题的类间散度矩阵$\boldsymbol{S}_b=(\boldsymbol{\mu}_1-\boldsymbol{\mu}_2)(\boldsymbol{\mu}_1-\boldsymbol{\mu}_2)^{\mathrm{T}}$在类别增加后就无法按照原始定义。图4.6是三类样本的分布情况，其中$\boldsymbol{\mu}_1,\boldsymbol{\mu}_2,\boldsymbol{\mu}_3$分别表示棕绿黄三类样本的中心，

$\boldsymbol{\mu}$ 表示这三个中心的均值（也即全部样本的中心），$\boldsymbol{S}_{wi}$ 表示第 i 类的类内散度。我们可以定义一个新的矩阵 $\boldsymbol{S}_t$，来表示全局整体的散度，称为全局散度矩阵

$$\boldsymbol{S}_t = \sum_{i=1}^{n}(\boldsymbol{x}_i - \boldsymbol{\mu})(\boldsymbol{x}_i - \boldsymbol{\mu})^{\mathrm{T}}. \tag{4.28}$$

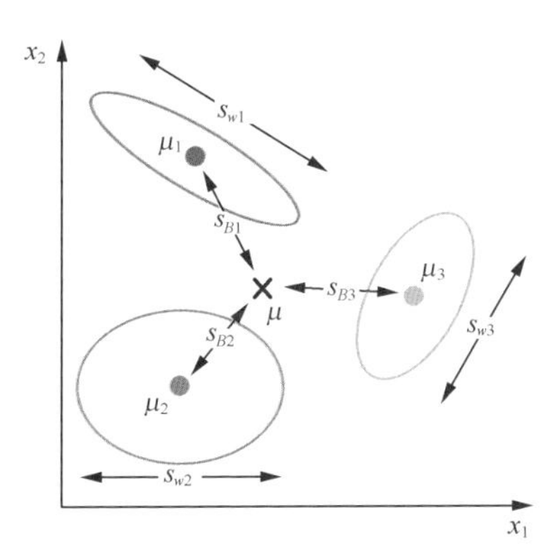

图 4.6　三类样本的分布情况

如果把全局散度定义为类内散度与类间散度之和，即 $\boldsymbol{S}_t=\boldsymbol{S}_b+\boldsymbol{S}_w$，那么类间散度矩阵可表示为

$$\begin{aligned}
\boldsymbol{S}_b &= \boldsymbol{S}_t - \boldsymbol{S}_w \\
&= \sum_{i=1}^{n}(\boldsymbol{x}_i - \boldsymbol{\mu})(\boldsymbol{x}_i - \boldsymbol{\mu})^{\mathrm{T}} - \sum_{\boldsymbol{x}\in \boldsymbol{C}_i}(\boldsymbol{x} - \boldsymbol{\mu}_i)(\boldsymbol{x} - \boldsymbol{\mu}_i)^{\mathrm{T}} \\
&= \sum_{j=1}^{N}\left(\sum_{\boldsymbol{x}\in \boldsymbol{C}_j}(\boldsymbol{x} - \boldsymbol{\mu})(\boldsymbol{x} - \boldsymbol{\mu})^{\mathrm{T}} - \sum_{\boldsymbol{x}\in \boldsymbol{C}_j}(\boldsymbol{x} - \boldsymbol{\mu}_j)(\boldsymbol{x} - \boldsymbol{\mu}_j)^{\mathrm{T}}\right) \\
&= \sum_{j=1}^{N}\boldsymbol{m}_j(\boldsymbol{\mu}_j - \boldsymbol{\mu})(\boldsymbol{\mu}_j - \boldsymbol{\mu})^{\mathrm{T}},
\end{aligned} \tag{4.29}$$

其中 $\boldsymbol{m}_j$ 是第 j 个类别中的样本个数，N 是总的类别个数。从式（4.29）可以看出，类间散度表示的就是每个类别中心到全局中心的一种加权距离。我们最大化类间散度实际上优化的是每个类别的中心经过投影后离全局中心的投影足够远。

根据 LDA 的原理，可以将最大化的目标定义为

$$J(\boldsymbol{W}) = \frac{tr(\boldsymbol{W}^{\mathrm{T}}\boldsymbol{S}_b\boldsymbol{W})}{tr(\boldsymbol{W}^{\mathrm{T}}\boldsymbol{S}_w\boldsymbol{W})}, \tag{4.30}$$

其中 $\boldsymbol{W}$ 是需要求解的投影超平面，$\boldsymbol{W}^{\mathrm{T}}\boldsymbol{W}=\boldsymbol{I}$，根据问题 2 和问题 3 中的部

分结论，我们可以推导出最大化 $J(\boldsymbol{W})$ 对应了以下广义特征值求解的问题

$$\boldsymbol{S}_b\boldsymbol{\omega} = \lambda \boldsymbol{S}_w\boldsymbol{\omega} . \tag{4.31}$$

求解最佳投影平面 $\boldsymbol{W} = \{\boldsymbol{\omega}_1, \boldsymbol{\omega}_2, \ldots, \boldsymbol{\omega}_d\}$ 即求解 $\boldsymbol{S}_w^{-1}\boldsymbol{S}_b$ 矩阵特征值前 d 大对应的特征向量组成的矩阵，这就将原始的特征空间投影到了新的 d 维空间中。至此我们得到了与 PCA 步骤类似，但具有多个类别标签高维数据的 LDA 求解方法。

（1）计算数据集中每个类别样本的均值向量 $\boldsymbol{\mu}_j$，及总体均值向量 $\boldsymbol{\mu}$。

（2）计算类内散度矩阵 $\boldsymbol{S}_w$，全局散度矩阵 $\boldsymbol{S}_t$，并得到类间散度矩阵 $\boldsymbol{S}_b = \boldsymbol{S}_t - \boldsymbol{S}_w$。

（3）对矩阵 $\boldsymbol{S}_w^{-1}\boldsymbol{S}_b$ 进行特征值分解，将特征值从大到小排列。

（4）取特征值前 d 大的对应的特征向量 $\boldsymbol{\omega}_1, \boldsymbol{\omega}_2, \ldots, \boldsymbol{\omega}_d$，通过以下映射将 n 维样本映射到 d 维

$$\boldsymbol{x}_i' = \begin{bmatrix} \boldsymbol{\omega}_1^{\mathrm{T}}\boldsymbol{x}_i \\ \boldsymbol{\omega}_2^{\mathrm{T}}\boldsymbol{x}_i \\ \vdots \\ \boldsymbol{\omega}_d^{\mathrm{T}}\boldsymbol{x}_i \end{bmatrix} . \tag{4.32}$$

从 PCA 和 LDA 两种降维方法的求解过程来看，它们确实有着很大的相似性，但对应的原理却有所区别。

首先从目标出发，PCA 选择的是投影后数据方差最大的方向。由于它是无监督的，因此 PCA 假设方差越大，信息量越多，用主成分来表示原始数据可以去除冗余的维度，达到降维。而 LDA 选择的是投影后类内方差小、类间方差大的方向。其用到了类别标签信息，为了找到数据中具有判别性的维度，使得原始数据在这些方向上投影后，不同类别尽可能区分开。

举一个简单的例子，在语音识别中，我们想从一段音频中提取出人的语音信号，这时可以使用 PCA 先进行降维，过滤掉一些固定频率（方差较小）的背景噪声。但如果我们的需求是从这段音频中区分出声音属于哪个人，那么我们应该使用 LDA 对数据进行降维，使每个人的语音信号具有区分性。

另外，在人脸识别领域中，PCA 和 LDA 都会被频繁使用。基于 PCA 的人脸识别方法也称为特征脸（Eigenface）方法，该方法将人脸图像按行展开形成一个高维向量，对多个人脸特征的协方差矩阵做特征

值分解，其中较大特征值对应的特征向量具有与人脸相似的形状，故称为特征脸。Eigenface for Recognition 一文中将人脸用7个特征脸表示（见图4.7），于是可以把原始65536维的图像特征瞬间降到7维，人脸识别在降维后的空间上进行。然而由于其利用PCA进行降维，一般情况下保留的是最佳描述特征（主成分），而非分类特征。如果我们想要达到更好的人脸识别效果，应该用LDA方法对数据集进行降维，使得不同人脸在投影后的特征具有一定区分性。

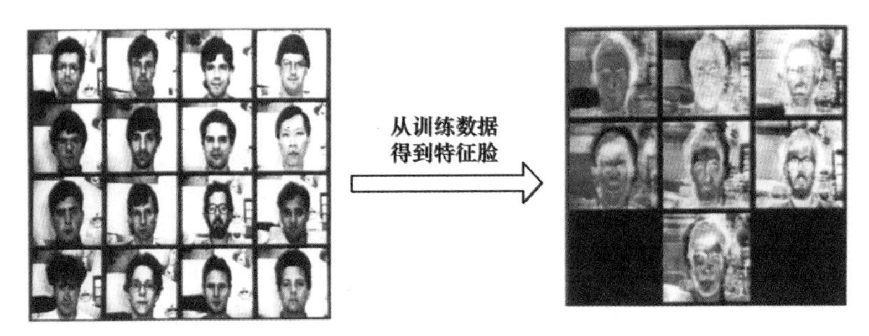

图4.7 基于PCA的降维方法，得到7个特征脸

从应用的角度，我们可以掌握一个基本的原则——对无监督的任务使用PCA进行降维，对有监督的则应用LDA。

· 总结与扩展 ·

至此，我们从数学原理、优化目标以及应用场景的角度对比了PCA和LDA这两种经典的线性降维方法，对于非线性数据，可以通过核映射等方法对二者分别进行扩展以得到更好的降维效果。关于特征脸这一降维应用，有兴趣的读者可以拜读最经典的Eigenface论文[4]，更好地理解降维算法的实际应用。

第5章

非监督学习

在实际工作中，我们经常会遇到这样一类问题：给机器输入大量的特征数据，并期望机器通过学习找到数据中存在的某种共性特征或者结构，抑或是数据之间存在的某种关联。例如，视频网站根据用户的观看行为对用户进行分组从而建立不同的推荐策略，或是寻找视频播放是否流畅与用户是否退订之间的关系等。这类问题被称作“非监督学习”问题，它并不是像监督学习那样希望预测某种输出结果。相比于监督学习，非监督学习的输入数据没有标签信息，需要通过算法模型来挖掘数据内在的结构和模式。非监督学习主要包含两大类学习方法：数据聚类和特征变量关联。其中，聚类算法往往是通过多次迭代来找到数据的最优分割，而特征变量关联则是利用各种相关性分析方法来找到变量之间的关系。

01 K 均值聚类

场景描述

支持向量机、逻辑回归、决策树等经典的机器学习算法主要用于分类问题，即根据一些已给定类别的样本，训练某种分类器，使得它能够对类别未知的样本进行分类。与分类问题不同，聚类是在事先并不知道任何样本类别标签的情况下，通过数据之间的内在关系把样本划分为若干类别，使得同类别样本之间的相似度高，不同类别之间的样本相似度低。图 5.1 是一个二维空间中样本聚类的示意图，图 5.1（a）展示了所有样本在空间中的分布，图 5.1（b）展示了聚类的结果（不同颜色代表不同类别）。

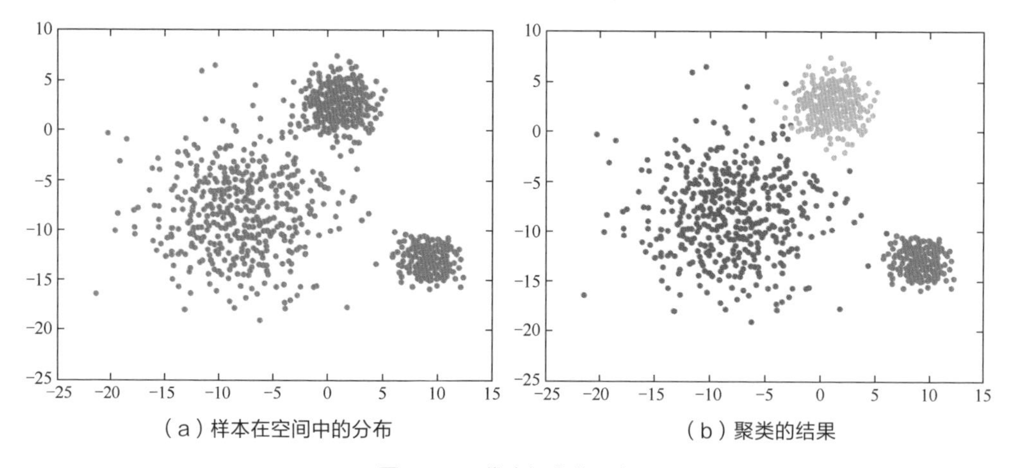

（a）样本在空间中的分布　　（b）聚类的结果

图 5.1　二维空间中的聚类

分类问题属于监督学习的范畴，而聚类则是非监督学习。K 均值聚类（K-Means Clustering）是最基础和最常用的聚类算法。它的基本思想是，通过迭代方式寻找 K 个簇（Cluster）的一种划分方案，使得聚类结果对应的代价函数最小。特别地，代价函数可以定义为各个样本距离所属簇中心点的误差平方和

$$J(c,\mu)=\sum_{i=1}^{M}\|x_i-\mu_{c_i}\|^2, \tag{5.1}$$

其中 x_i 代表第 i 个样本，c_i 是 x_i 所属于的簇，μ_{c_i} 代表簇对应的中心点，M 是样本总数。

知识点

K 均值聚类算法，ISODATA 算法，EM 算法（Expectation-Maximization Algorithm，最大期望算法）

问题 1 简述 K 均值算法的具体步骤。

难度：★★☆☆☆

分析与解答

K 均值聚类的核心目标是将给定的数据集划分成 K 个簇，并给出每个数据对应的簇中心点。算法的具体步骤描述如下：

（1）数据预处理，如归一化、离群点处理等。

（2）随机选取 K 个簇中心，记为 $\mu_1^{(0)}, \mu_2^{(0)}, \ldots, \mu_K^{(0)}$。

（3）定义代价函数：$J(c,\mu) = \min\limits_{\mu} \min\limits_{c} \sum\limits_{i=1}^{M} \| x_i - \mu_{c_i} \|^2$。

（4）令 t=0,1,2,... 为迭代步数，重复下面过程直到 J 收敛：

- 对于每一个样本 x_i，将其分配到距离最近的簇

$$c_i^{(t)} \leftarrow \underset{k}{\operatorname{argmin}} \| x_i - \mu_k^{(t)} \|^2; \tag{5.2}$$

- 对于每一个类簇 k，重新计算该类簇的中心

$$\mu_k^{(t+1)} \leftarrow \underset{\mu}{\operatorname{argmin}} \sum_{i:c_i^{(t)}=k} \| x_i - \mu \|^2. \tag{5.3}$$

K 均值算法在迭代时，假设当前 J 没有达到最小值，那么首先固定簇中心 $\{\mu_k\}$，调整每个样例 x_i 所属的类别 c_i 来让 J 函数减少；然后固定 $\{c_i\}$，调整簇中心 $\{\mu_k\}$ 使 J 减小。这两个过程交替循环，J 单调递减：当 J 递减到最小值时，$\{\mu_k\}$ 和 $\{c_i\}$ 也同时收敛。

图 5.2 是 K-means 算法的一个迭代过程示意图。首先，给定二维空间上的一些样本点（见图 5.2（a）），直观上这些点可以被分成两类；接下来，初始化两个中心点（图 5.2（b）的棕色和黄色叉子代表中心点），并根据中心点的位置计算每个样本所属的簇（图 5.2（c）用不同颜色表示）；然后根据每个簇中的所有点的平均值计算新的中心点位置（见

图 5.2（d））；图 5.2（e）和图 5.2（f）展示了新一轮的迭代结果；在经过两轮的迭代之后，算法基本收敛。

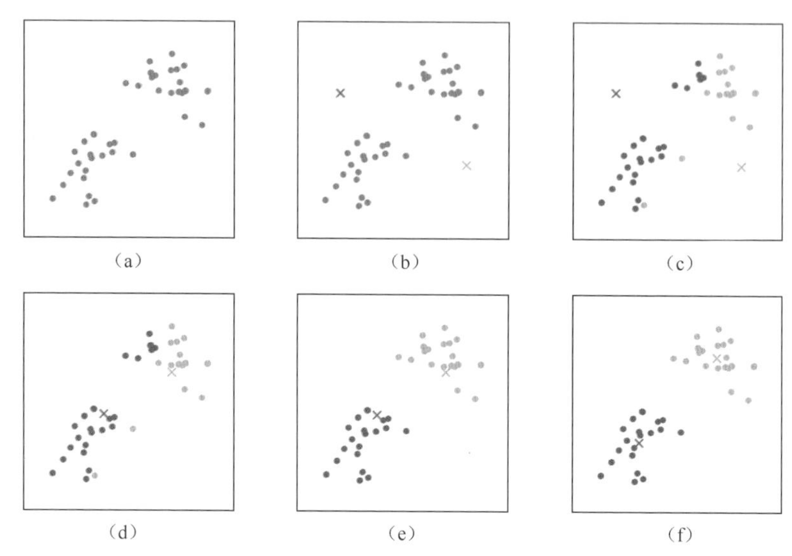

图 5.2　K 均值聚类算法的迭代过程示意图

问题 2　K 均值算法的优缺点是什么？如何对其进行调优？

难度：★★★☆☆

分析与解答

K 均值算法有一些缺点，例如受初值和离群点的影响每次的结果不稳定、结果通常不是全局最优而是局部最优解、无法很好地解决数据簇分布差别比较大的情况（比如一类是另一类样本数量的 100 倍）、不太适用于离散分类等。但是瑕不掩瑜，K 均值聚类的优点也是很明显和突出的，主要体现在：对于大数据集，K 均值聚类算法相对是可伸缩和高效的，它的计算复杂度是 $O(NKt)$ 接近于线性，其中 N 是数据对象的数目，K 是聚类的簇数，t 是迭代的轮数。尽管算法经常以局部最优结束，但一般情况下达到的局部最优已经可以满足聚类的需求。

K 均值算法的调优一般可以从以下几个角度出发。

（1）数据归一化和离群点处理。

K 均值聚类本质上是一种基于欧式距离度量的数据划分方法，均值和方差大的维度将对数据的聚类结果产生决定性的影响，所以未做归一化处理和统一单位的数据是无法直接参与运算和比较的。同时，离群点或者少量的噪声数据就会对均值产生较大的影响，导致中心偏移，因此使用 K 均值聚类算法之前通常需要对数据做预处理。

（2）合理选择 K 值。

K 值的选择是 K 均值聚类最大的问题之一，这也是 K 均值聚类算法的主要缺点。实际上，我们希望能够找到一些可行的办法来弥补这一缺点，或者说找到 K 值的合理估计方法。但是，K 值的选择一般基于经验和多次实验结果。例如采用手肘法，我们可以尝试不同的 K 值，并将不同 K 值所对应的损失函数画成折线，横轴为 K 的取值，纵轴为误差平方和所定义的损失函数，如图 5.3 所示。

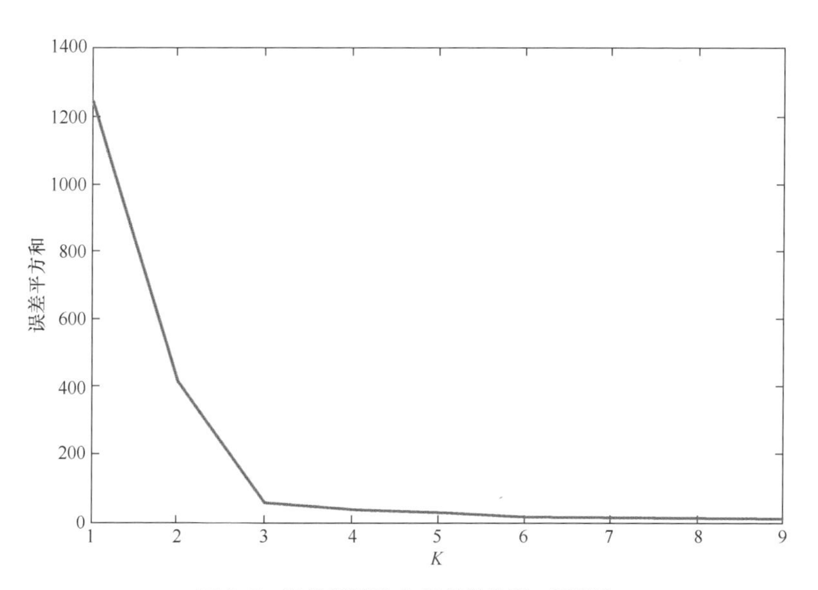

图 5.3　K 均值算法中 K 值的选取：手肘法

由图可见，K 值越大，距离和越小；并且，当 K=3 时，存在一个拐点，就像人的肘部一样；当 $K\in(1,3)$ 时，曲线急速下降；当 K>3 时，曲线趋于平稳。手肘法认为拐点就是 K 的最佳值。

手肘法是一个经验方法，缺点就是不够自动化，因此研究员们又提出了一些更先进的方法，其中包括比较有名的 Gap Statistic 方法 [5]。Gap Statistic 方法的优点是，不再需要肉眼判断，而只需要找到最大的 Gap statistic 所对应的 K 即可，因此该方法也适用于批量化作业。在这里我们继续使用上面的损失函数，当分为 K 簇时，对应的损失函数记为 D_k。Gap Statistic 定义为

$$\mathrm{Gap}(K)=E(\log D_k)-\log D_k , \tag{5.4}$$

其中 $E(\log D_k)$ 是 $\log D_k$ 的期望，一般通过蒙特卡洛模拟产生。我们在样本所在的区域内按照均匀分布随机地产生和原始样本数一样多的随机样本，并对这个随机样本做 K 均值，得到一个 D_k；重复多次就可以计算出 $E(\log D_k)$ 的近似值。那么 $\mathrm{Gap}(K)$ 有什么物理含义呢？它可以视为随机样本的损失与实际样本的损失之差。试想实际样本对应的最佳簇数为 K，那么实际样本的损失应该相对较小，随机样本损失与实际样本损失之差也相应地达到最小值，从而 $\mathrm{Gap}(K)$ 取得最大值所对应的 K 值就是最佳的簇数。根据式（5.4）计算 $K=1,2,\ldots,9$ 所对应的 Gap Statistic，如图 5.4 所示。由图可见，当 $K=3$ 时，$\mathrm{Gap}(K)$ 取值最大，所以最佳的簇数是 $K=3$。

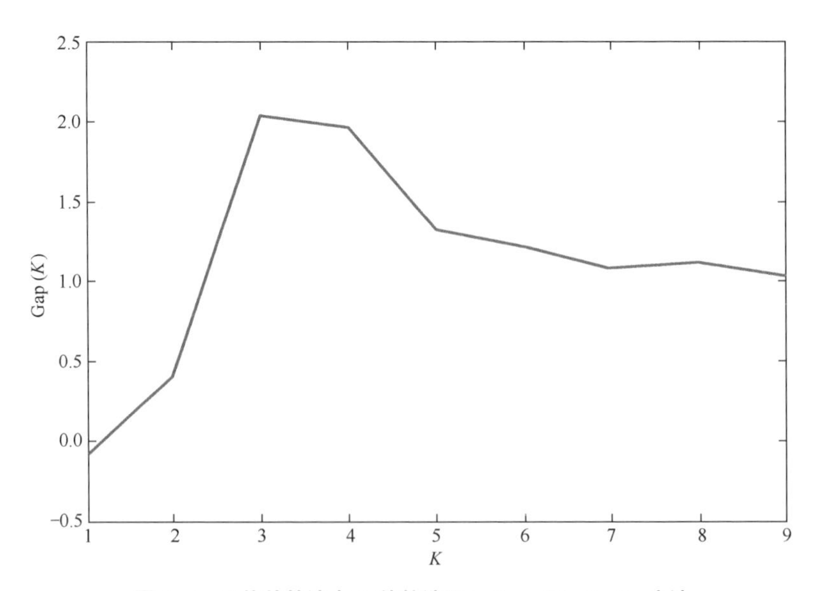

图 5.4　K 均值算法中 K 值的选取：Gap Statistic 方法

（3）采用核函数。

采用核函数是另一种可以尝试的改进方向。传统的欧式距离度量方式，使得 K 均值算法本质上假设了各个数据簇的数据具有一样的先验概率，并呈现球形或者高维球形分布，这种分布在实际生活中并不常见。面对非凸的数据分布形状时，可能需要引入核函数来优化，这时算法又称为核 K 均值算法，是核聚类方法的一种[6]。核聚类方法的主要思想是通过一个非线性映射，将输入空间中的数据点映射到高位的特征空间中，并在新的特征空间中进行聚类。非线性映射增加了数据点线性可分的概率，从而在经典的聚类算法失效的情况下，通过引入核函数可以达到更为准确的聚类结果。

问题 3 针对 K 均值算法的缺点，有哪些改进的模型？

难度：★★★☆☆

分析与解答

K 均值算法的主要缺点如下。

（1）需要人工预先确定初始 K 值，且该值和真实的数据分布未必吻合。

（2）K 均值只能收敛到局部最优，效果受到初始值很大。

（3）易受到噪点的影响。

（4）样本点只能被划分到单一的类中。

K-means++ 算法

K 均值的改进算法中，对初始值选择的改进是很重要的一部分。而这类算法中，最具影响力的当属 K-means++ 算法。原始 K 均值算法最开始随机选取数据集中 K 个点作为聚类中心，而 K-means++ 按照如下的思想选取 K 个聚类中心。假设已经选取了 n 个初始聚类中心（$0<n<K$），则在选取第 $n+1$ 个聚类中心时，距离当前 n 个聚类中心越远的点会有更高的概率被选为第 $n+1$ 个聚类中心。在选取第一个聚类中心（$n=1$）时同样通过随机的方法。可以说这也符合我们的直觉，

聚类中心当然是互相离得越远越好。当选择完初始点后，K-means++后续的执行和经典 K 均值算法相同，这也是对初始值选择进行改进的方法等共同点。

■ ISODATA 算法

当 K 值的大小不确定时，可以使用 ISODATA 算法。ISODATA 的全称是迭代自组织数据分析法。在 K 均值算法中，聚类个数 K 的值需要预先人为地确定，并且在整个算法过程中无法更改。而当遇到高维度、海量的数据集时，人们往往很难准确地估计出 K 的大小。ISODATA 算法就是针对这个问题进行了改进，它的思想也很直观。当属于某个类别的样本数过少时，把该类别去除；当属于某个类别的样本数过多、分散程度较大时，把该类别分为两个子类别。ISODATA 算法在 K 均值算法的基础之上增加了两个操作，一是分裂操作，对应着增加聚类中心数；二是合并操作，对应着减少聚类中心数。ISODATA 算法是一个比较常见的算法，其缺点是需要指定的参数比较多，不仅仅需要一个参考的聚类数量 K_o，还需要制定 3 个阈值。下面介绍 ISODATA 算法的各个输入参数。

（1）预期的聚类中心数目 K_o。在 ISODATA 运行过程中聚类中心数可以变化，K_o 是一个用户指定的参考值，该算法的聚类中心数目变动范围也由其决定。具体地，最终输出的聚类中心数目常见范围是从 K_o 的一半，到两倍 K_o。

（2）每个类所要求的最少样本数目 N_{min}。如果分裂后会导致某个子类别所包含样本数目小于该阈值，就不会对该类别进行分裂操作。

（3）最大方差 Sigma。用于控制某个类别中样本的分散程度。当样本的分散程度超过这个阈值时，且分裂后满足（2），进行分裂操作。

（4）两个聚类中心之间所允许最小距离 D_{min}。如果两个类靠得非常近（即这两个类别对应聚类中心之间的距离非常小），小于该阈值时，则对这两个类进行合并操作。

如果希望样本不划分到单一的类中，可以使用模糊 C 均值或者高斯混合模型，高斯混合模型会在下一节中详细讲述。

问题 4 证明 K 均值算法的收敛性。

难度：★★★★☆

分析与解答

首先，我们需要知道 K 均值聚类的迭代算法实际上是一种最大期望算法（Expectation-Maximization algorithm），简称 EM 算法。EM 算法解决的是在概率模型中含有无法观测的隐含变量情况下的参数估计问题。假设有 m 个观察样本，模型的参数为 θ，最大化对数似然函数可以写成如下形式

$$\theta = \underset{\theta}{\operatorname{argmax}} \sum_{i=1}^{m} \log P(x^{(i)} \mid \theta). \tag{5.5}$$

当概率模型中含有无法被观测的隐含变量时，参数的最大似然估计变为

$$\theta = \underset{\theta}{\operatorname{argmax}} \sum_{i=1}^{m} \log \sum_{z^{(i)}} P(x^{(i)}, z^{(i)} \mid \theta). \tag{5.6}$$

由于 $z^{(i)}$ 是未知的，无法直接通过最大似然估计求解参数，这时就需要利用 EM 算法来求解。假设 $z^{(i)}$ 对应的分布为 $Q_i(z^{(i)})$，并满足 $\sum_{z(i)} Q_i(z^{(i)}) = 1$。利用 Jensen 不等式，可以得到

$$\begin{aligned}\sum_{i=1}^{m} \log \sum_{z^{(i)}} P(x^{(i)}, z^{(i)} \mid \theta) &= \sum_{i=1}^{m} \log \sum_{z^{(i)}} Q_i(z^{(i)}) \frac{P(x^{(i)}, z^{(i)} \mid \theta)}{Q_i(z^{(i)})} \\ &\geqslant \sum_{i=1}^{m} \sum_{z^{(i)}} Q_i(z^{(i)}) \log \frac{P(x^{(i)}, z^{(i)} \mid \theta)}{Q_i(z^{(i)})}.\end{aligned} \tag{5.7}$$

要使上式中的等号成立，需要满足 $\frac{P(x^{(i)}, z^{(i)} \mid \theta)}{Q_i(z^{(i)})} = c$，其中 c 为常数，且满足 $\sum_{z^{(i)}} Q_i(z^{(i)}) = 1$；因此，$Q_i(z^{(i)}) = \frac{P(x^{(i)}, z^{(i)} \mid \theta)}{\sum_{z^{(i)}} P(x^{(i)}, z^{(i)} \mid \theta)} = P(z^{(i)} \mid x^{(i)}, \theta)$，不等式右侧函数记为 $r(x \mid \theta)$。当等式成立时，我们相当于为待优化的函数找到了一个逼近的下界，然后通过最大化这个下界可以使得待优化函数向更好的方向改进。

图 5.5 是一个 θ 为一维的例子，其中棕色的曲线代表我们待优化的

函数，记为$f(\theta)$，优化过程即为找到使得$f(\theta)$取值最大的θ。在当前θ的取值下（即图中绿色的位置），可以计算$Q_i(z^{(i)})=P(z^{(i)}|x^{(i)},\theta)$，此时不等式右侧的函数（记为$r(x|\theta)$）给出了优化函数的一个下界，如图中蓝色曲线所示，其中在θ处两条曲线的取值时相等的。接下来找到使得$r(x|\theta)$最大化的参数θ'，即图中红色的位置，此时$f(\theta')$的取值比$f(\theta)$（绿色的位置处）有所提升。可以证明，$f(\theta') \geqslant r(x|\theta)=f(\theta)$，因此函数是单调的，而且$P(x^{(i)},z^{(i)}\mid\theta)\in(0,1)$从而函数是有界的。根据函数单调有界必收敛的性质，EM 算法的收敛性得证。但是 EM 算法只保证收敛到局部最优解。当函数为非凸时，以图 5.5 为例，如果初始化在左边的区域时，则无法找到右侧的高点。

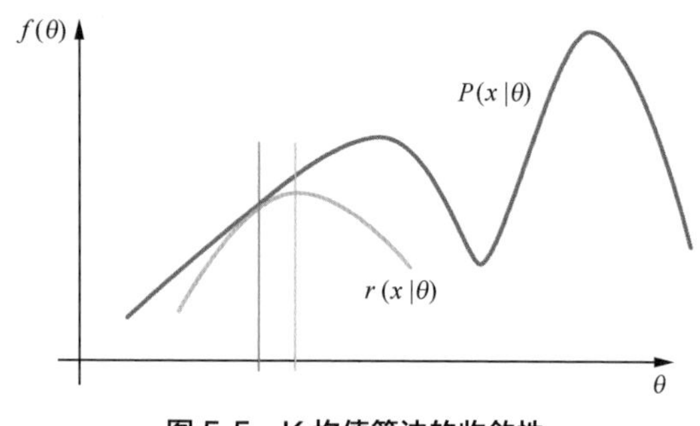

图 5.5　K 均值算法的收敛性

由上面的推导，EM 算法框架可以总结如下，由以下两个步骤交替进行直到收敛。

（1）E 步骤：计算隐变量的期望

$$Q_i(z^{(i)})=P(z^{(i)}|x^{(i)},\theta). \tag{5.8}$$

（2）M 步骤：最大化

$$\theta=\underset{\theta}{\operatorname{argmax}}\sum_{i=1}^{m}\sum_{z^{(i)}}Q_i(z^{(i)})\log\frac{P(x^{(i)},z^{(i)}|\theta)}{Q_i(z^{(i)})}. \tag{5.9}$$

剩下的事情就是说明 K 均值算法与 EM 算法的关系了。K 均值算法等价于用 EM 算法求解以下含隐变量的最大似然问题：

$$P(x,z\mid\mu_1,\mu_2,\ldots,\mu_k)\propto\begin{cases}\exp(-\|x-\mu_z\|_2^2), \|x-\mu_z\|_2=\min_k\|x-\mu_k\|_2;\\ 0 \qquad\qquad\quad ,\|x-\mu_z\|_2>\min_k\|x-\mu_k\|_2,\end{cases} \tag{5.10}$$

其中$z\in\{1,2,\ldots,k\}$是模型的隐变量。直观地理解，就是当样本x离第k

个簇的中心点 μ_k 距离最近时，概率正比于$\exp(-\|x-\mu_z\|_2^2)$，否则为 0。

在 E 步骤，计算

$$Q_i(z^{(i)})=P(z^{(i)}\mid x^{(i)},\mu_1,\mu_2,\ldots,\mu_k)\propto\begin{cases}1,\|x^{(i)}-\mu_{z^{(i)}}\|_2=\min_k\|x-\mu_k\|_2;\\0,\|x^{(i)}-\mu_{z^{(i)}}\|_2>\min_k\|x-\mu_k\|_2.\end{cases}\quad(5.11)$$

这等同于在 K 均值算法中对于每一个点 $x^{(i)}$ 找到当前最近的簇 $z^{(i)}$。

在 M 步骤，找到最优的参数$\theta=\{\mu_1,\mu_2,\ldots,\mu_k\}$，使得似然函数最大:

$$\theta=\underset{\theta}{\operatorname{argmax}}\sum_{i=1}^{m}\sum_{z^{(i)}}Q_i(z^{(i)})\log\frac{P(x^{(i)},z^{(i)}|\theta)}{Q_i(z^{(i)})}.\quad(5.12)$$

经过推导可得

$$\sum_{i=1}^{m}\sum_{z^{(i)}}Q_i(z^{(i)})\log\frac{P(x^{(i)},z^{(i)}|\theta)}{Q_i(z^{(i)})}=\text{const}-\sum_{i=1}^{m}\|x^{(i)}-\mu_{z^{(i)}}\|^2.\quad(5.13)$$

因此，这一步骤等同于找到最优的中心点$\mu_1,\mu_2,\ldots,\mu_k$，使得损失函数$\sum_{i=1}^{m}\|x^{(i)}-\mu_{z^{(i)}}\|^2$达到最小，此时每个样本 $x^{(i)}$ 对应的簇 $z^{(i)}$ 已确定，因此每个簇 k 对应的最优中心点 μ_k 可以由该簇中所有点的平均计算得到，这与 K 均值算法中根据当前簇的分配更新聚类中心的步骤是等同的。

高斯混合模型

场景描述

高斯混合模型（Gaussian Mixed Model，GMM）也是一种常见的聚类算法，与K均值算法类似，同样使用了EM算法进行迭代计算。高斯混合模型假设每个簇的数据都是符合高斯分布（又叫正态分布）的，当前数据呈现的分布就是各个簇的高斯分布叠加在一起的结果。

图5.6是一个数据分布的样例，如果只用一个高斯分布来拟合图中的数据，图中所示的椭圆即为高斯分布的二倍标准差所对应的椭圆。直观来说，图中的数据明显分为两簇，因此只用一个高斯分布来拟和是不太合理的，需要推广到用多个高斯分布的叠加来对数据进行拟合。图5.7是用两个高斯分布的叠加来拟合得到的结果。这就引出了高斯混合模型，即用多个高斯分布函数的线形组合来对数据分布进行拟合。理论上，高斯混合模型可以拟合出任意类型的分布。

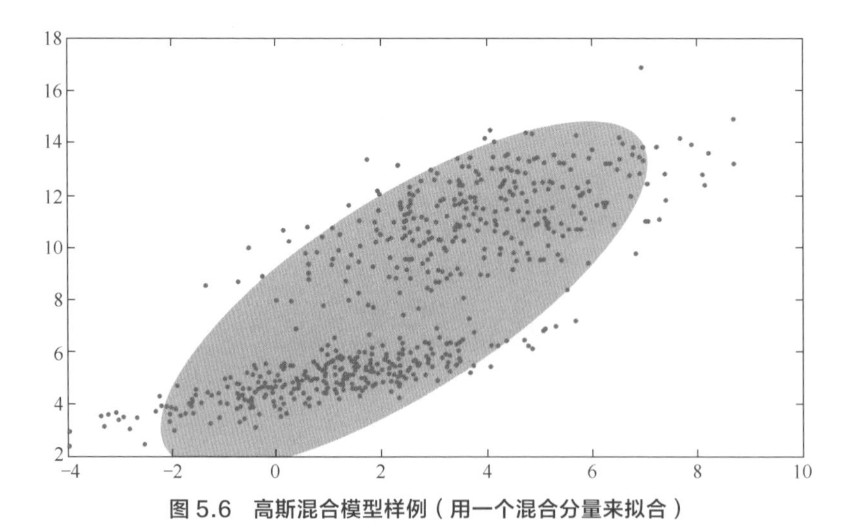

图5.6 高斯混合模型样例（用一个混合分量来拟合）

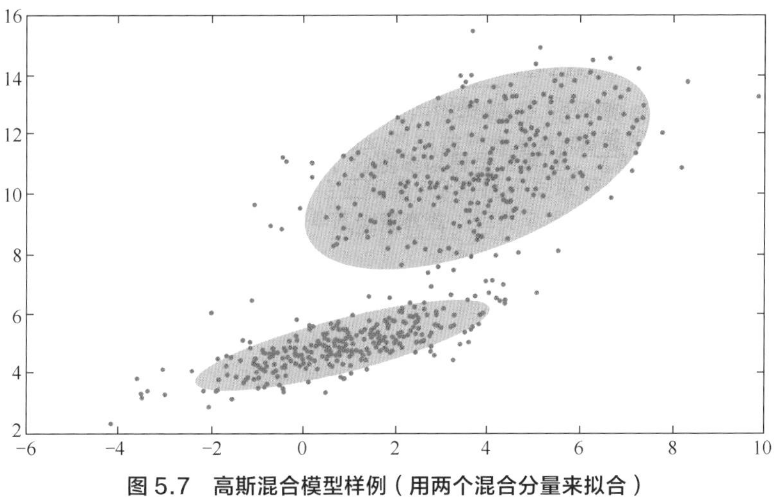

图 5.7　高斯混合模型样例（用两个混合分量来拟合）

知识点

高斯分布，高斯混合模型，EM 算法

问题　高斯混合模型的核心思想是什么？它是如何迭代计算的？

难度：★★☆☆☆

分析与解答

说起高斯分布，大家都不陌生，通常身高、分数等都大致符合高斯分布。因此，当我们研究各类数据时，假设同一类的数据符合高斯分布，也是很简单自然的假设；当数据事实上有多个类，或者我们希望将数据划分为一些簇时，可以假设不同簇中的样本各自服从不同的高斯分布，由此得到的聚类算法称为高斯混合模型。

高斯混合模型的核心思想是，假设数据可以看作从多个高斯分布中生成出来的。在该假设下，每个单独的分模型都是标准高斯模型，其均值 μ_i 和方差 Σ_i 是待估计的参数。此外，每个分模型都还有一个参数 π_i，可以理解为权重或生成数据的概率。高斯混合模型的公式为

$$p(x)=\sum_{i=1}^{K}\pi_i N(x\mid\mu_i,\Sigma_i)\ . \tag{5.14}$$

高斯混合模型是一个生成式模型。可以这样理解数据的生成过程，假设一个最简单的情况，即只有两个一维标准高斯分布的分模型 $N(0,1)$ 和 $N(5,1)$，其权重分别为 0.7 和 0.3。那么，在生成第一个数据点时，先按照权重的比例，随机选择一个分布，比如选择第一个高斯分布，接着从 $N(0,1)$ 中生成一个点，如 −0.5，便是第一个数据点。在生成第二个数据点时，随机选择到第二个高斯分布 $N(5,1)$，生成了第二个点 4.7。如此循环执行，便生成出了所有的数据点。

然而，通常我们并不能直接得到高斯混合模型的参数，而是观察到了一系列数据点，给出一个类别的数量 K 后，希望求得最佳的 K 个高斯分模型。因此，高斯混合模型的计算，便成了最佳的均值 μ，方差 Σ、权重 π 的寻找，这类问题通常通过最大似然估计来求解。遗憾的是，此问题中直接使用最大似然估计，得到的是一个复杂的非凸函数，目标函数是和的对数，难以展开和对其求偏导。

在这种情况下，可以用上一节已经介绍过的 EM 算法框架来求解该优化问题。EM 算法是在最大化目标函数时，先固定一个变量使整体函数变为凸优化函数，求导得到最值，然后利用最优参数更新被固定的变量，进入下一个循环。具体到高斯混合模型的求解，EM 算法的迭代过程如下。

首先，初始随机选择各参数的值。然后，重复下述两步，直到收敛。

（1）E 步骤。根据当前的参数，计算每个点由某个分模型生成的概率。

（2）M 步骤。使用 E 步骤估计出的概率，来改进每个分模型的均值，方差和权重。

也就是说，我们并不知道最佳的 K 个高斯分布的各自 3 个参数，也不知道每个数据点究竟是哪个高斯分布生成的。所以每次循环时，先固定当前的高斯分布不变，获得每个数据点由各个高斯分布生成的概率。然后固定该生成概率不变，根据数据点和生成概率，获得一个组更佳的高斯分布。循环往复，直到参数不再变化，或者变化非常小时，便得到了比较合理的一组高斯分布。

高斯混合模型与 K 均值算法的相同点是，它们都是可用于聚类的算法；都需要指定 K 值；都是使用 EM 算法来求解；都往往只能收敛于局部最优。而它相比于 K 均值算法的优点是，可以给出一个样本属于某类的概率是多少；不仅仅可以用于聚类，还可以用于概率密度的估计；并且可以用于生成新的样本点。

自组织映射神经网络

场景描述

自组织映射神经网络（Self-Organizing Map，SOM）是无监督学习方法中一类重要方法，可以用作聚类、高维可视化、数据压缩、特征提取等多种用途。在深度神经网络大为流行的今天，谈及自组织映射神经网络依然是一件非常有意义的事情，这主要是由于自组织映射神经网络融入了大量人脑神经元的信号处理机制，有着独特的结构特点。该模型由芬兰赫尔辛基大学教授 Teuvo Kohonen 于 1981 年提出，因此也被称为 Kohonen 网络。

知识点

自组织映射神经网络

问题1 自组织映射神经网络是如何工作的？它与 K 均值算法有何区别？

难度：★★★☆☆

分析与解答

生物学研究表明，在人脑的感知通道上，神经元组织是有序排列的；同时，大脑皮层会对外界特定时空信息的输入在特定区域产生兴奋，而且相类似的外界信息输入产生对应兴奋的大脑皮层区域也连续映像的。例如，生物视网膜中有许多特定的细胞对特定的图形比较敏感，当视网膜中有若干个接收单元同时受特定模式刺激时，就使大脑皮层中的特定神经元开始兴奋，且输入模式接近时与之对应的兴奋神经元也接近；在听觉通道上，神经元在结构排列上与频率的关系十分密切，对于某个频率，特定的神经元具有最大的响应，位置相邻的神经元具有相近的频率特征，而远离的神经元具有的频率特征差别也较大。大脑皮层中神经元的这种响应特点不是先天安排好的，而是通过后天的学习自组织形成的。

在生物神经系统中，还存在着一种侧抑制现象，即一个神经细胞兴奋后，会对周围其他神经细胞产生抑制作用。这种抑制作用会使神经细胞之间出现竞争，其结果是某些获胜，而另一些则失败。表现形式是获胜神经细胞兴奋，失败神经细胞抑制。自组织神经网络就是对上述生物神经系统功能的一种人工神经网络模拟。

自组织映射神经网络本质上是一个两层的神经网络，包含输入层和输出层（竞争层）。输入层模拟感知外界输入信息的视网膜，输出层模拟做出响应的大脑皮层。输出层中神经元的个数通常是聚类的个数，代表每一个需要聚成的类。训练时采用“竞争学习”的方式，每个输入的样例在输出层中找到一个和它最匹配的节点，称为激活节点，也叫winning neuron；紧接着用随机梯度下降法更新激活节点的参数；同时，和激活节点临近的点也根据它们距离激活节点的远近而适当地更新参数。这种竞争可以通过神经元之间的横向抑制连接（负反馈路径）来实现。自组织映射神经网络的输出层节点是有拓扑关系的。这个拓扑关系依据需求确定，如果想要一维的模型，那么隐藏节点可以是“一维线阵”；如果想要二维的拓扑关系，那么就行成一个“二维平面阵”，如图 5.8 所示。也有更高维度的拓扑关系的，比如“三维栅格阵”，但并不常见。

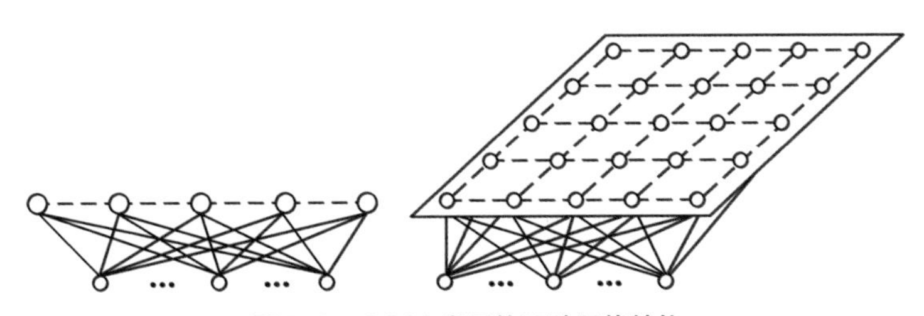

图 5.8　SOM 常见的两种网络结构

假设输入空间是 D 维，输入模式为$x=\{x_i, i=1,\ldots,D\}$，输入单元 i 和神经元 j 之间在计算层的连接权重为$w=\{w_{i,j}, j=1,\ldots,N, i=1,\ldots,D\}$，其中 N 是神经元的总数。自组织映射神经网络的自组织学习过程可以归纳为以下几个子过程。

（1）初始化。所有连接权重都用小的随机值进行初始化。

（2）竞争。神经元计算每一个输入模式各自的判别函数值，并宣布具有最小判别函数值的特定神经元为胜利者，其中每个神经元 j 的判别函数为 $d_j(x)=\sum_{i=1}^{D}(x_i-w_{i,j})^2$。

（3）合作。获胜神经元 $I(x)$ 决定了兴奋神经元拓扑邻域的空间位置。确定激活结点 $I(x)$ 之后，我们也希望更新和它临近的节点。更新程度计算如下：$T_{j,I(x)}(t)=\exp\left(-\frac{S_{j,I(x)}^2}{2\sigma(t)^2}\right)$，其中 S_{ij} 表示竞争层神经元 i 和 j 之间的距离，$\sigma(t)=\sigma_0\exp\left(-\frac{t}{\tau_\sigma}\right)$随时间衰减；简单地说，临近的节点距离越远，更新的程度要打更大折扣。

（4）适应。适当调整相关兴奋神经元的连接权重，使得获胜的神经元对相似输入模式的后续应用的响应增强：$\Delta w_{ji}=\eta(t)\cdot T_{j,I(x)}(t)\cdot(x_i-w_{ji})$，其中依赖于时间的学习率定义为：$\eta(t)=\eta_0\exp\left(-\frac{t}{\tau_\eta}\right)$。

（5）迭代。继续回到步骤（2），直到特征映射趋于稳定。

在迭代结束之后，每个样本所激活的神经元就是它对应的类别。

自组织映射神经网络具有保序映射的特点，可以将任意维输入模式在输出层映射为一维或者二维图形，并保持拓扑结构不变。这种拓扑映射使得“输出层神经元的空间位置对应于输入空间的特定域或特征”。由其学习过程可以看出，每个学习权重更新的效果等同于将获胜的神经元及其邻近的权向量 w_i 向输入向量 x 移动，同时对该过程的迭代进行会使得网络的拓扑有序。

在自组织映射神经网络中，获胜的神经元将使得相关的各权重向更加有利于它竞争的方向调整，即以获胜神经元为中心，对近邻的神经元表现出兴奋性侧反馈，而对远邻的神经元表现出抑制性侧反馈，近邻者互相激励，远邻者相互抑制。近邻和远邻均有一定的范围，对更远邻的神经元则表现弱激励的作用。这种交互作用的方式以曲线可视化则类似于“墨西哥帽”，如图 5.9 所示。

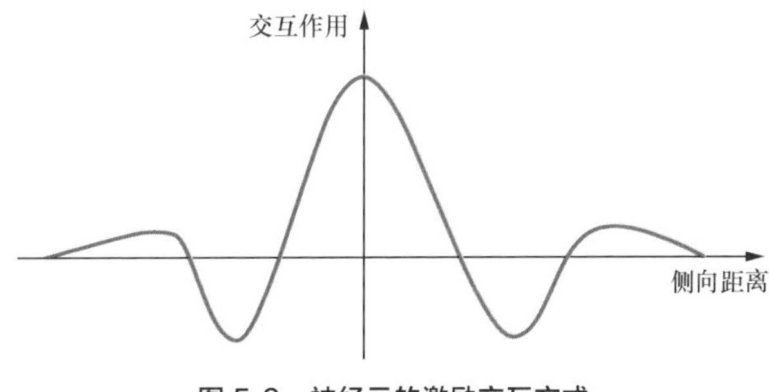

图 5.9　神经元的激励交互方式

自组织映射神经网络与 K 均值算法的区别如下。

（1）K 均值算法需要事先定下类的个数，也就是 K 的值。而自组织映射神经网络则不用，隐藏层中的某些节点可以没有任何输入数据属于它，因此聚类结果的实际簇数可能会小于神经元的个数。而 K 均值算法受 K 值设定的影响要更大一些。

（2）K 均值算法为每个输入数据找到一个最相似的类后，只更新这个类的参数；自组织映射神经网络则会更新临近的节点。所以，K 均值算法受 noise data 的影响比较大，而自组织映射神经网络的准确性可能会比 K 均值算法低（因为也更新了临近节点）。

（3）相比较而言，自组织映射神经网络的可视化比较好，而且具有优雅的拓扑关系图。

问题 2　怎样设计自组织映射神经网络并设定网络训练参数？

难度：★★★☆☆

分析与解答

■ 设定输出层神经元的数量

输出层神经元的数量和训练集样本的类别数相关。若不清楚类别数，则尽可能地设定较多的节点数，以便较好地映射样本的拓扑结构，如果分类过细再酌情减少输出节点。这样可能会带来少量从未更新过权值的“死节点”，但一般可通过重新初始化权值来解决。

设计输出层节点的排列

输出层的节点排列成哪种形式取决于实际应用的需要，排列形式应尽量直观地反映出实际问题的物理意义。例如，对于一般的分类问题，一个输出节点能代表一个模式类，用一维线阵既结构简单又意义明确；对于颜色空间或者旅行路径类的问题，二维平面则比较直观。

初始化权值

可以随机初始化，但尽量使权值的初始位置与输入样本的大概分布区域充分重合，避免出现大量的初始“死节点”。一种简单易行的方法是从训练集中随机抽取 m 个输入样本作为初始权值。

设计拓扑领域

拓扑领域的设计原则是使领域不断缩小，这样输出平面上相邻神经元对应的权向量之间既有区别又有相当的相似性，从而保证当获胜节点对某一类模式产生最大响应时，其领域节点也能产生较大响应。领域的形状可以是正方形、六边形或者菱形。优势领域的大小用领域的半径表示，通常凭借经验来选择。

设计学习率

学习率是一个递减的函数，可以结合拓扑邻域的更新一起考虑，也可分开考虑。在训练开始时，学习率可以选取较大的值，之后以较快的速度下降，这样有利于很快地捕捉到输入向量的大致结构，然后学习率在较小的值上缓降至 0 值，这样可以精细地调整权值使之符合输入空间的样本分布结构。

聚类算法的评估

场景描述

人具有很强的归纳思考能力，善于从一大堆碎片化的事实或者数据中寻找普遍规律，并得到具有逻辑性的结论。以用户观看视频的行为为例，可以存在多种直观的归纳方式，比如从喜欢观看内容的角度，可以分为动画片、偶像剧、科幻片等；从常使用的设备角度，可以分为台式电脑、手机、平板便携式设备、电视等；从使用时间段上看，有傍晚、中午、每天、只在周末观看的用户，等等。对所有用户进行有效的分组对于理解用户并推荐给用户合适的内容是很重要的。通常这类问题没有观测数据的标签或者分组信息，需要通过算法模型来寻求数据内在的结构和模式。

知识点

数据簇，聚类算法评估指标

问题 **以聚类问题为例，假设没有外部标签数据，如何评估两个聚类算法的优劣？**

难度：★★★☆☆

分析与解答

场景描述中的例子就是一个典型的聚类问题，从中可以看出，数据的聚类依赖于实际需求，同时也依赖于数据的特征度量以及评估数据相似性的方法。相比于监督学习，非监督学习通常没有标注数据，模型、算法的设计直接影响最终的输出和模型的性能。为了评估不同聚类算法的性能优劣，我们需要了解常见的数据簇的特点。

- 以中心定义的数据簇：这类数据集合倾向于球形分布，通常中心被定义为质心，即此数据簇中所有点的平均值。集合中的数据到中心的距离相比到其他簇中心的距离更近。

- 以密度定义的数据簇：这类数据集合呈现和周围数据簇明显不同的密度，或稠密或稀疏。当数据簇不规则或互相盘绕，并且有噪声和离群点时，常常使用基于密度的簇定义。
- 以连通定义的数据簇：这类数据集合中的数据点和数据点之间有连接关系，整个数据簇表现为图结构。该定义对不规则形状或者缠绕的数据簇有效。
- 以概念定义的数据簇：这类数据集合中的所有数据点具有某种共同性质。

由于数据以及需求的多样性，没有一种算法能够适用于所有的数据类型、数据簇或应用场景，似乎每种情况都可能需要一种不同的评估方法或度量标准。例如，K 均值聚类可以用误差平方和来评估，但是基于密度的数据簇可能不是球形，误差平方和则会失效。在许多情况下，判断聚类算法结果的好坏强烈依赖于主观解释。尽管如此，聚类算法的评估还是必需的，它是聚类分析中十分重要的部分之一。

聚类评估的任务是估计在数据集上进行聚类的可行性，以及聚类方法产生结果的质量。这一过程又分为三个子任务。

（1）估计聚类趋势。

这一步骤是检测数据分布中是否存在非随机的簇结构。如果数据是基本随机的，那么聚类的结果也是毫无意义的。我们可以观察聚类误差是否随聚类类别数量的增加而单调变化，如果数据是基本随机的，即不存在非随机簇结构，那么聚类误差随聚类类别数量增加而变化的幅度应该较不显著，并且也找不到一个合适的 K 对应数据的真实簇数。

另外，我们也可以应用霍普金斯统计量（Hopkins Statistic）来判断数据在空间上的随机性[7]。首先，从所有样本中随机找 n 个点，记为 $p_1,p_2,\ldots,p_n$，对其中的每一个点 p_i，都在样本空间中找到一个离它最近的点并计算它们之间的距离 x_i，从而得到距离向量 $x_1,x_2,\ldots,x_n$；然后，从样本的可能取值范围内随机生成 n 个点，记为 $q_1,q_2,\ldots,q_n$，对每个随机生成的点，找到一个离它最近的样本点并计算它们之间的距离，得到 $y_1, y_2, \ldots, y_n$。霍普金斯统计量 H 可以表示为：

$$H = \frac{\sum_{i=1}^{n} y_i}{\sum_{i=1}^{n} x_i + \sum_{i=1}^{n} y_i} . \tag{5.15}$$

如果样本接近随机分布，那么 $\sum_{i=1}^{n} x_i$ 和 $\sum_{i=1}^{n} y_i$ 的取值应该比较接近，即 H 的值接近于 0.5；如果聚类趋势明显，则随机生成的样本点距离应该远大于实际样本点的距离，即 $\sum_{i=1}^{n} y_i \gg \sum_{i=1}^{n} x_i$，$H$ 的值接近于 1。

（2）判定数据簇数。

确定聚类趋势之后，我们需要找到与真实数据分布最为吻合的簇数，据此判定聚类结果的质量。数据簇数的判定方法有很多，例如手肘法和 Gap Statistic 方法。需要说明的是，用于评估的最佳数据簇数可能与程序输出的簇数是不同的。例如，有些聚类算法可以自动地确定数据的簇数，但可能与我们通过其他方法确定的最优数据簇数有所差别。

（3）测定聚类质量。

给定预设的簇数，不同的聚类算法将输出不同的结果，如何判定哪个聚类结果的质量更高呢？在无监督的情况下，我们可以通过考察簇的分离情况和簇的紧凑情况来评估聚类的效果。定义评估指标可以展现面试者实际解决和分析问题的能力。事实上测量指标可以有很多种，以下列出了几种常用的度量指标，更多的指标可以阅读相关文献 [8]。

- 轮廓系数：给定一个点 p，该点的轮廓系数定义为

$$s(p) = \frac{b(p) - a(p)}{\max\{a(p), b(p)\}} , \tag{5.16}$$

  其中 $a(p)$ 是点 p 与同一簇中的其他点 p' 之间的平均距离；$b(p)$ 是点 p 与另一个不同簇中的点之间的最小平均距离（如果有 n 个其他簇，则只计算和点 p 最接近的一簇中的点与该点的平均距离）。$a(p)$ 反映的是 p 所属簇中数据的紧凑程度，$b(p)$ 反映的是该簇与其他临近簇的分离程度。显然，$b(p)$ 越大，$a(p)$ 越小，对应的聚类质量越好，因此我们将所有点对应的轮廓系数 $s(p)$ 求平

均值来度量聚类结果的质量。

- 均方根标准偏差（Root-mean-square standard deviation，RMSSTD）：用来衡量聚结果的同质性，即紧凑程度，定义为

$$RMSSTD=\left\{\frac{\sum_{i}\sum_{x\in C_i}\|x-c_i\|^2}{P\sum_{i}(n_i-1)}\right\}^{\frac{1}{2}},\tag{5.17}$$

其中 C_i 代表第 i 个簇，c_i 是该簇的中心，$x\in C_i$ 代表属于第 i 个簇的一个样本点，n_i 为第 i 个簇的样本数量，P 为样本点对应的向量维数。可以看出，分母对点的维度 P 做了惩罚，维度越高，则整体的平方距离度量值越大。$\sum_{i}(n_i-1)=n-NC$，其中 n 为样本点的总数，NC 为聚类簇的个数，通常 $NC\ll n$，因此$\sum_{i}(n_i-1)$的值接近点的总数，为一个常数。综上，$RMSSTD$ 可以看作是经过归一化的标准差。

- R 方（R-Square）：可以用来衡量聚类的差异度，定义为

$$RS=\frac{\sum_{x\in D}\|x-c\|^2-\sum_{i}\sum_{x\in C_i}\|x-c_i\|^2}{\sum_{x\in D}\|x-c\|^2},\tag{5.18}$$

其中 D 代表整个数据集，c 代表数据集 D 的中心点，从而$\sum_{x\in D}\|x-c\|^2$代表将数据集 D 看作单一簇时的平方误差和。与上一指标 $RMSSTD$ 中的定义相同，$\sum_{i}\sum_{x\in C_i}\|x-c_i\|^2$代表将数据集聚类之后的平方误差和，所以 RS 代表了聚类之后的结果与聚类之前相比，对应的平方误差和指标的改进幅度。

- 改进的 HubertΓ 统计：通过数据对的不一致性来评估聚类的差异，定义为

$$\Gamma=\frac{2}{n(n-1)}\sum_{x\in D}\sum_{y\in D}d(x,y)d_{x\in C_i,y\in C_j}(c_i,c_j),\tag{5.19}$$

其中$d(x,y)$表示点 x 到点 y 之间的距离，$d_{x\in C_i,y\in C_j}(c_i,c_j)$代表点 x 所在的簇中心 c_i 与点 y 所在的簇中心 c_j 之间的距离，$\frac{n(n-1)}{2}$

为所有 (x,y) 点对的个数，因此指标相当于对每个点对的和做了归一化处理。理想情况下，对于每个点对 (x,y)，如果 $d(x,y)$ 越小，对应的 $d_{x\in C_i,y\in C_j}(c_i,c_j)$ 也应该越小（特别地，当它们属于同一个聚类簇时，$d_{x\in C_i,y\in C_j}(c_i,c_j)=0$）；当 $d(x,y)$ 越大时，$d_{x\in C_i,y\in C_j}(c_i,c_j)$ 的取值也应当越大，所以 Γ 值越大说明聚类的结果与样本的原始距离越吻合，也就是聚类质量越高。

此外，为了更加合理地评估不同聚类算法的性能，通常还需要人为地构造不同类型的数据集，以观察聚类算法在这些数据集上的效果，几个常见的例子如图 5.10 ~图 5.14 所示。

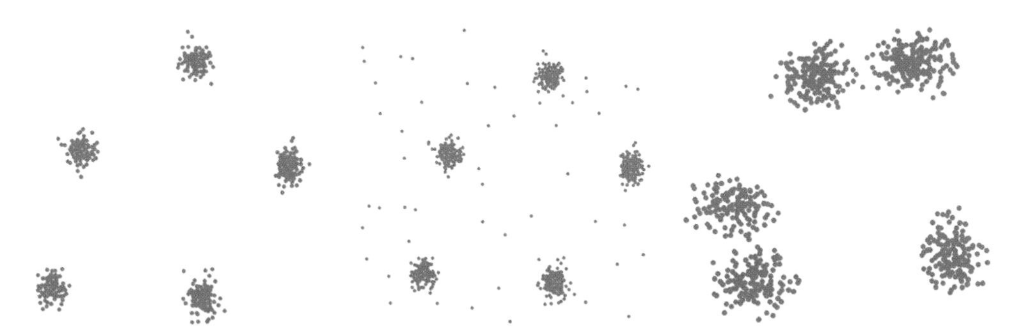

图 5.10　观察聚类误差是否随聚类类别数量的增加而单调变化

图 5.11　观察聚类误差对实际聚类结果的影响

图 5.12　观察近邻数据簇的聚类准确性

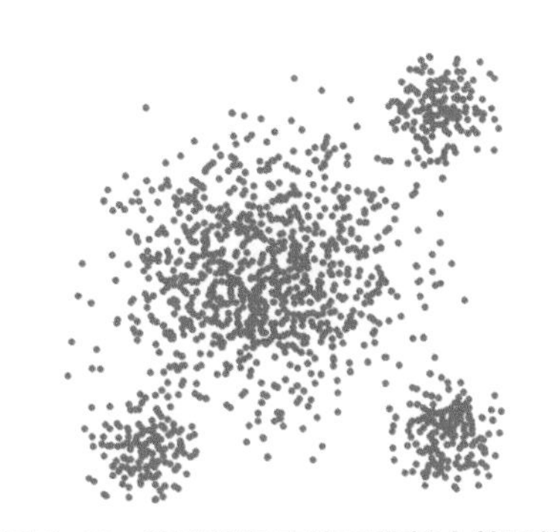

图 5.13　观察数据密度具有较大差异的数据簇的聚类效果

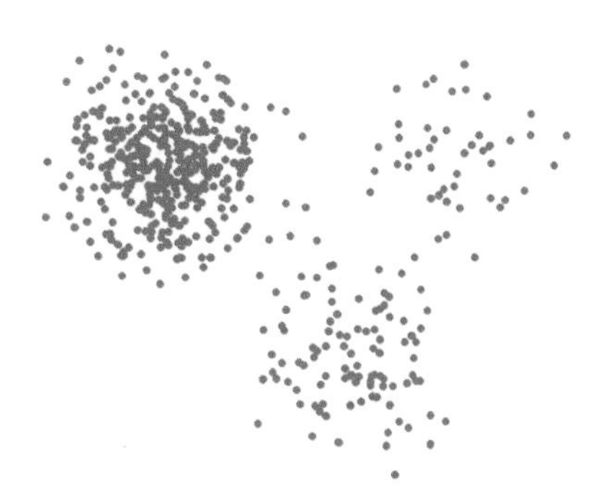

图 5.14　样本数量具有较大差异的数据簇的聚类效果

第6章

概率图模型

如果用一个词来形容概率图模型（Probabilistic Graphical Model）的话，那就是“优雅”。对于一个实际问题，我们希望能够挖掘隐含在数据中的知识。概率图模型构建了这样一幅图，用观测结点表示观测到的数据，用隐含结点表示潜在的知识，用边来描述知识与数据的相互关系，最后基于这样的关系图获得一个概率分布，非常“优雅”地解决了问题。

概率图中的节点分为隐含节点和观测节点，边分为有向边和无向边。从概率论的角度，节点对应于随机变量，边对应于随机变量的依赖或相关关系，其中有向边表示单向的依赖，无向边表示相互依赖关系。

概率图模型分为贝叶斯网络（Bayesian Network）和马尔可夫网络（Markov Network）两大类。贝叶斯网络可以用一个有向图结构表示，马尔可夫网络可以表示成一个无向图的网络结构。更详细地说，概率图模型包括了朴素贝叶斯模型、最大熵模型、隐马尔可夫模型、条件随机场、主题模型等，在机器学习的诸多场景中都有着广泛的应用。

概率图模型的联合概率分布

场景描述

概率图模型最为“精彩”的部分就是能够用简洁清晰的图示形式表达概率生成的关系。而通过概率图还原其概率分布不仅是概率图模型最重要的功能，也是掌握概率图模型最重要的标准。本节考查面试者能否根据贝叶斯网络和马尔可夫网络的概率图还原其联合概率分布。

知识点

概率图，贝叶斯网络，马尔可夫网络

问题1 能否写出图 6.1（a）中贝叶斯网络的联合概率分布？

难度：★☆☆☆☆

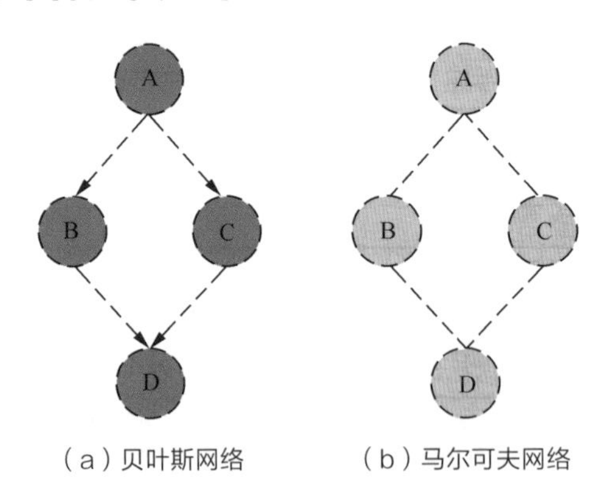

图 6.1　概率图模型

分析与解答

由图可见，在给定 A 的条件下 B 和 C 是条件独立的，基于条件概率的定义可得

$$P(C \mid A,B)=\frac{P(B,C \mid A)}{P(B|A)}=\frac{P(B|A)P(C|A)}{P(B|A)} \\ =P(C \mid A). \tag{6.1}$$

同理，在给定 B 和 C 的条件下 A 和 D 是条件独立的，可得

$$P(D|A,B,C)=\frac{P(A,D|B,C)}{P(A|B,C)}=\frac{P(A|B,C)P(D|B,C)}{P(A|B,C)} \\ =P(D \mid B,C). \tag{6.2}$$

由式（6.1）和式（6.2）可得联合概率

$$P(A,B,C,D)=P(A)P(B|A)P(C|A,B)P(D|A,B,C) \\ =P(A)P(B|A)P(C|A)P(D|B,C). \tag{6.3}$$

问题 2 能否写出图 6.1（b）中马尔可夫网络的联合概率分布？

难度：★☆☆☆☆

分析与解答

在马尔可夫网络中，联合概率分布的定义为

$$P(x)=\frac{1}{Z}\prod_{Q\in C}\varphi_Q(x_Q), \tag{6.4}$$

其中 C 为图中最大团所构成的集合，$Z=\sum_{x}\prod_{Q\in C}\varphi_Q(x_Q)$为归一化因子，用来保证 $P(x)$ 是被正确定义的概率，φ_Q 是与团 Q 对应的势函数。势函数是非负的，并且应该在概率较大的变量上取得较大的值，例如指数函数

$$\varphi_Q(x_Q)=\mathrm{e}^{-H_Q(x_Q)}, \tag{6.5}$$

其中

$$H_Q(x_Q)=\sum_{u,v\in Q,u\neq v}\alpha_{u,v}x_u x_v+\sum_{v\in Q}\beta_v x_v. \tag{6.6}$$

对于图中所有节点 $x=\{x_1,x_2,\ldots,x_n\}$ 所构成的一个子集，如果在这个子集中，任意两点之间都存在边相连，则这个子集中的所有节点构成了一个团。如果在这个子集中加入任意其他节点，都不能构成一个团，则称这样的子集构成了一个最大团。

在图 6.1 所示的网络结构中，可以看到 (A,B)、(A,C)、(B,D)、(C,D)

均构成团，同时也是最大团。因此联合概率分布可以表示为

$$P(A,B,C,D)=\frac{1}{Z}\varphi_1(A,B)\varphi_2(A,C)\varphi_3(B,D)\varphi_4(C,D)\,. \tag{6.7}$$

如果采用式（6.5）定义的指数函数作为势函数，则有

$$H(A,B,C,D)=\alpha_1 AB+\alpha_2 AC+\alpha_3 BD+\alpha_4 CD+\beta_1 A+\beta_2 B+\beta_3 C+\beta_4 D\,. \tag{6.8}$$

于是，

$$P(A,B,C,D)=\frac{1}{Z}\mathrm{e}^{-H(A,B,C,D)}\,. \tag{6.9}$$

概率图表示

场景描述

上一节考查了面试者通过概率图还原模型联合概率分布的能力，本小节反其道而行之，考查面试者能否给出模型的概率图表示。

知识点

朴素贝叶斯模型，概率图，最大熵模型

问题1 解释朴素贝叶斯模型的原理，并给出概率图模型表示。

难度：★★☆☆☆

分析与解答

朴素贝叶斯模型通过预测指定样本属于特定类别的概率 $P(y_i|x)$ 来预测该样本的所属类别，即

$$y=\max_{y_i} P(y_i \mid x). \quad (6.10)$$

$P(y_i|x)$ 可以写成

$$P(y_i|x)=\frac{P(x|y_i)P(y_i)}{P(x)}, \quad (6.11)$$

其中 $x=(x_1,x_2,\ldots,x_n)$ 为样本对应的特征向量，$P(x)$ 为样本的先验概率。对于特定的样本 x 和任意类别 y_i，$P(x)$ 的取值均相同，并不会影响 $P(y_i|x)$ 取值的相对大小，因此在计算中可以被忽略。假设特征 $x_1,x_2,\ldots,x_n$ 相互独立，可以得到：

$$P(y_i|x) \propto P(x|y_i)P(y_i)=P(x_1|y_i)P(x_2|y_i)\cdots P(x_n|y_i)P(y_i), \quad (6.12)$$

其中 $P(x_1|y_i)$，$P(x_2|y_i),\ldots,P(x_n|y_i)$，以及 $P(y_i)$ 可以通过训练样本统计得到。可以看到后验概率 $P(x_j|y_i)$ 的取值决定了分类的结果，并且任意特

征 x_j 都由 y_i 的取值所影响。因此概率图模型可以用图 6.2 表示。

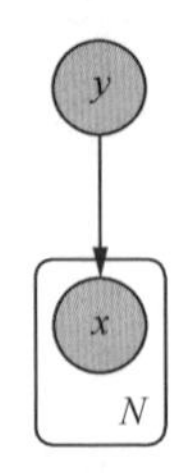

图 6.2　朴素贝叶斯模型的概率图模型

注意，图 6.2 的表示为盘式记法。盘式记法是一种简洁的概率图模型表示方法，如果变量 y 同时对 $x_1,x_2,\ldots,x_N$ 这 N 个变量产生影响，则可以简记成图 6.2 的形式 。

问题 2　解释最大熵模型的原理，并给出概率图模型表示。

难度：★★☆☆☆

分析与解答

信息是指人们对事物理解的不确定性的降低或消除，而熵就是不确定性的度量，熵越大，不确定性也就越大。最大熵原理是概率模型学习的一个准则，指导思想是在满足约束条件的模型集合中选取熵最大的模型，即不确定性最大的模型。在平时生活中，我们也会有意无意地使用最大熵的准则，例如人们常说的鸡蛋不能放在一个篮子里，就是指在事情具有不确定性的时候，我们倾向于尝试它的多种可能性，从而降低结果的风险。同时，在摸清了事情背后的某种规律之后，可以加入一个约束，将不符合规律约束的情况排除，在剩下的可能性中去寻找使得熵最大的决策。

假设离散随机变量 x 的分布是 $P(x)$，则关于分布 P 的熵定义为

$$H(P)=-\sum_{x}P(x)\log P(x) \tag{6.13}$$

可以看出当 x 服从均匀分布时对应的熵最大，也就是不确定性最高。

给定离散随机变量 x 和 y 上的条件概率分布 $P(y|x)$，定义在条件概

率分布上的条件熵为

$$H(P) = -\sum_{x,y} \tilde{P}(x) P(y \mid x) \log P(y \mid x) \text{，} \quad (6.14)$$

其中 $\tilde{P}(x)$ 为样本在训练数据集上的经验分布，即 x 的各个取值在样本中出现的频率统计。

最大熵模型就是要学习到合适的分布 $P(y|x)$，使得条件熵 $H(P)$ 的取值最大。在对训练数据集一无所知的情况下，最大熵模型认为 $P(y|x)$ 是符合均匀分布的。那么当我们有了训练数据集之后呢？我们希望从中找到一些规律，从而消除一些不确定性，这时就需要用到特征函数 $f(x,y)$。特征函数 f 描述了输入 x 和输出 y 之间的一个规律，例如当 $x=y$ 时，$f(x,y)$ 等于一个比较大的正数。为了使学习到的模型 $P(y|x)$ 能够正确捕捉训练数据集中的这一规律（特征），我们加入一个约束，使得特征函数 $f(x,y)$ 关于经验分布 $\tilde{P}(x,y)$ 的期望值与关于模型 $P(y|x)$ 和经验分布 $\tilde{P}(x)$ 的期望值相等，即

$$E_{\tilde{P}}(f) = E_P(f) \text{，} \quad (6.15)$$

其中，特征函数 $f(x,y)$ 关于经验分布 $\tilde{P}(x,y)$ 的期望值计算公式为

$$E_{\tilde{P}}(f) = \sum_{x,y} \tilde{P}(x,y) f(x,y) \text{.} \quad (6.16)$$

$f(x,y)$ 关于模型 $P(y|x)$ 和经验分布 $\tilde{P}(x)$ 的期望值计算公式为

$$E_P(f) = \sum_{x,y} \tilde{P}(x) P(y \mid x) f(x,y) \text{.} \quad (6.17)$$

综上，给定训练数据集 $T = \{(x_1, y_1), (x_2, y_2), \ldots, (x_N, y_N)\}$，以及 M 个特征函数 $\{f_i(x,y), i = 1, 2, \ldots, M\}$，最大熵模型的学习等价于约束最优化问题：

$$\begin{aligned} & \max_P H(P) = -\sum_{x,y} \tilde{P}(x) P(y \mid x) \log P(y \mid x), \\ & s.t.,\ E_{\tilde{P}}(f_i) = E_P(f_i), \forall i = 1, 2, \ldots, M, \\ & \quad \sum_y P(y \mid x) = 1 \text{.} \end{aligned} \quad (6.18)$$

求解之后可以得到最大熵模型的表达形式为

$$P_w(y \mid x) = \frac{1}{Z} \exp\left(\sum_{i=1}^{M} w_i f_i(x,y) \right) \text{.} \quad (6.19)$$

最终，最大熵模型归结为学习最佳的参数 w，使得 $P_w(y|x)$ 最大化。

从概率图模型的角度理解，我们可以看到 $P_w(y|x)$ 的表达形式非常类似于势函数为指数函数的马尔可夫网络，其中变量 x 和 y 构成了一个最大团，如图 6.3 所示。

图 6.3　最大熵模型的概率图模型

生成式模型与判别式模型

场景描述

生成式模型和判别式模型的区别是机器学习领域非常重要的基础知识，也是经常用来考察面试者的面试题，但能准确区分开二者并不是一件非常容易的事情，本节希望给读者一个正确的认识。

知识点

生成式模型，判别式模型

问题 常见的概率图模型中，哪些是生成式模型，哪些是判别式模型？

难度：★★★☆☆

分析与解答

要想正确回答这个问题首先要弄清楚生成式模型和判别式模型的区别。假设可观测到的变量集合为 X，需要预测的变量集合为 Y，其他的变量集合为 Z。生成式模型是对联合概率分布 $P(X,Y,Z)$ 进行建模，在给定观测集合 X 的条件下，通过计算边缘分布来得到对变量集合 Y 的推断，即

$$P(Y \mid X)=\frac{P(X,Y)}{P(X)}=\frac{\sum_Z P(X,Y,Z)}{\sum_{Y,Z} P(X,Y,Z)}. \tag{6.20}$$

判别式模型是直接对条件概率分布 $P(Y,Z|X)$ 进行建模，然后消掉无关变量 Z 就可以得到对变量集合 Y 的预测，即

$$P(Y \mid X)=\sum_Z P(Y,Z \mid X). \tag{6.21}$$

常见的概率图模型有朴素贝叶斯、最大熵模型、贝叶斯网络、隐马

尔可夫模型、条件随机场、pLSA、LDA 等。基于前面的问题解答，我们知道朴素贝叶斯、贝叶斯网络、pLSA、LDA 等模型都是先对联合概率分布进行建模，然后再通过计算边缘分布得到对变量的预测，所以它们都属于生成式模型；而最大熵模型是直接对条件概率分布进行建模，因此属于判别式模型。隐马尔可夫模型和条件随机场模型是对序列数据进行建模的方法，将在后面的章节中详细介绍，其中隐马尔可夫模型属于生成式模型，条件随机场属于判别式模型。

马尔可夫模型

场景描述

在介绍隐马尔可夫模型之前，先简单了解马尔可夫过程。马尔可夫过程是满足无后效性的随机过程。假设一个随机过程中，t_n 时刻的状态 x_n 的条件分布，仅仅与其前一个状态 x_{n-1} 有关，即 $P(x_n|x_1,x_2\cdots x_{n-1})=P(x_n|x_{n-1})$，则将其称为马尔可夫过程，时间和状态的取值都是离散的马尔可夫过程也称为马尔可夫链，如图 6.4 所示。

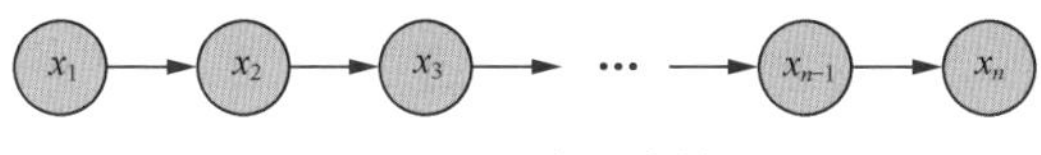

图 6.4　马尔可夫链

隐马尔可夫模型是对含有未知参数（隐状态）的马尔可夫链进行建模的生成模型，概率图模型如图 6.5 所示。在简单的马尔可夫模型中，所有状态对于观测者都是可见的，因此在马尔可夫模型中仅仅包括状态间的转移概率。而在隐马尔可夫模型中，隐状态 x_i 对于观测者而言是不可见的，观测者能观测到的只有每个隐状态 x_i 对应的输出 y_i，而观测状态 y_i 的概率分布仅仅取决于对应的隐状态 x_i。在隐马尔可夫模型中，参数包括了隐状态间的转移概率、隐状态到观测状态的输出概率、隐状态 x 的取值空间、观测状态 y 的取值空间以及初始状态的概率分布。

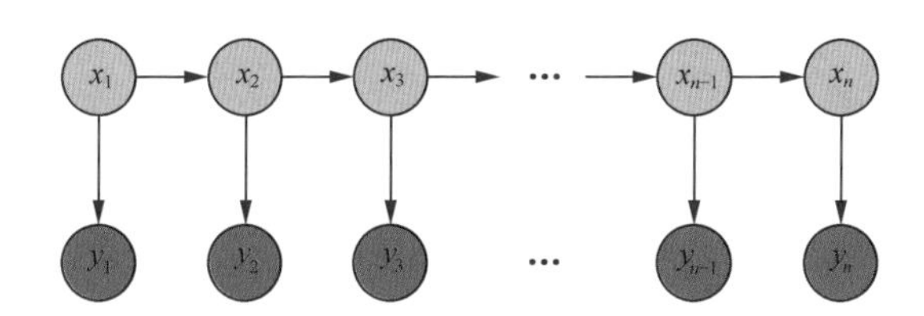

图 6.5　隐马尔可夫模型

知识点

马尔可夫模型，隐马尔可夫模型

问题1 如何对中文分词问题用隐马尔可夫模型进行建模和训练？

难度：★★★☆☆

分析与解答

下面用一个简单的例子来说明隐马尔可夫模型的建模过程。

假设有 3 个不同的葫芦，每个葫芦里有好药和坏药若干，现在从 3 个葫芦中按以下规则倒出药来。

（1）随机挑选一个葫芦。

（2）从葫芦里倒出一颗药，记录是好药还是坏药后将药放回。

（3）从当前葫芦依照一定的概率转移到下一个葫芦。

（4）重复步骤（2）和（3）。

在整个过程中，我们并不知道每次拿到的是哪一个葫芦。用隐马尔可夫模型来描述以上过程，隐状态就是当前是哪一个葫芦，隐状态的取值空间为｛葫芦 1，葫芦 2，葫芦 3｝，观测状态的取值空间为｛好药，坏药｝，初始状态的概率分布就是第（1）步随机挑选葫芦的概率分布，隐状态间的转移概率就是从当前葫芦转移到下一个葫芦的概率，而隐状态到观测状态的输出概率就是每个葫芦里好药和坏药的概率。记录下来的药的顺序就是观测状态的序列，而每次拿到的葫芦的顺序就是隐状态的序列。

隐马尔可夫模型包括概率计算问题、预测问题、学习问题三个基本问题。

（1）概率计算问题：已知模型的所有参数，计算观测序列 Y 出现的概率，可使用前向和后向算法求解。

（2）预测问题：已知模型所有参数和观测序列 Y，计算最可能的隐状态序列 X，可使用经典的动态规划算法——维特比算法来求解最可能的状态序列。

（3）学习问题：已知观测序列 Y，求解使得该观测序列概率最大的模型参数，包括隐状态序列、隐状态之间的转移概率分布以及从隐状态到观测状态的概率分布，可使用 Baum-Welch 算法进行参数的学习，Baum-Welch 算法是最大期望算法的一个特例。

上面提到的问题和算法在此不多做介绍，感兴趣的读者可以查阅相关资料。下面回到开头的问题。隐马尔可夫模型通常用来解决序列标注问题，因此也可以将分词问题转化为一个序列标注问题来进行建模。例如可以对中文句子中的每个字做以下标注，B 表示一个词开头的第一个字，E 表示一个词结尾的最后一个字，M 表示一个词中间的字，S 表示一个单字词，则隐状态的取值空间为 $\{B,E,M,S\}$。同时对隐状态的转移概率可以给出一些先验知识，B 和 M 后面只能是 M 或者 E，S 和 E 后面只能是 B 或者 S。而每个字就是模型中的观测状态，取值空间为语料中的所有中文字。完成建模之后，使用语料进行训练可以分有监督训练和无监督训练。有监督训练即对语料进行标注，相当于根据经验得到了语料的所有隐状态信息，然后就可以用简单的计数法来对模型中的概率分布进行极大似然估计 。无监督训练可以用上文提到的 Baum-Welch 算法，同时优化隐状态序列和模型对应的概率分布。

问题 2 最大熵马尔可夫模型为什么会产生标注偏置问题？如何解决？

难度：★★★★☆

分析与解答

隐马尔可夫模型等用于解决序列标注问题的模型中，常常对标注进行了独立性假设。以隐马尔可夫模型为例介绍标注偏置问题（Label Bias Problem）。

在隐马尔可夫模型中，假设隐状态（即序列标注问题中的标注）x_i 的状态满足马尔可夫过程，t 时刻的状态 x_t 的条件分布，仅仅与其前一个状态 x_{t-1} 有关，即 $P(x_t|x_1,x_2,\ldots,x_{t-1})=P(x_t|x_{t-1})$；同时隐马尔可夫模型假设观测序列中各个状态仅仅取决于它对应的隐状态 $P(y_t|x_1,x_2,\ldots,x_n,y_i,y_2,\ldots,y_{t-1},y_{t+1},\ldots)=P(y_t|x_t)$。隐马尔可夫模型建模时考虑了隐状态间的转移概率和隐状态到观测状态的输出概率。

实际上，在序列标注问题中，隐状态（标注）不仅和单个观测状态相关，还和观察序列的长度、上下文等信息相关。例如词性标注问题中，一个词被标注为动词还是名词，不仅与它本身以及它前一个词的标注有关，还依赖于上下文中的其他词，于是引出了最大熵马尔可夫模型（Maximum Entropy Markov Model，MEMM），如图 6.6 所示。最大熵马尔可夫模型在建模时，去除了隐马尔可夫模型中观测状态相互独立的假设，考虑了整个观测序列，因此获得了更强的表达能力。同时，隐马尔可夫模型是一种对隐状态序列和观测状态序列的联合概率 $P(x,y)$ 进行建模的生成式模型，而最大熵马尔可夫模型是直接对标注的后验概率 $P(y|x)$ 进行建模的判别式模型。

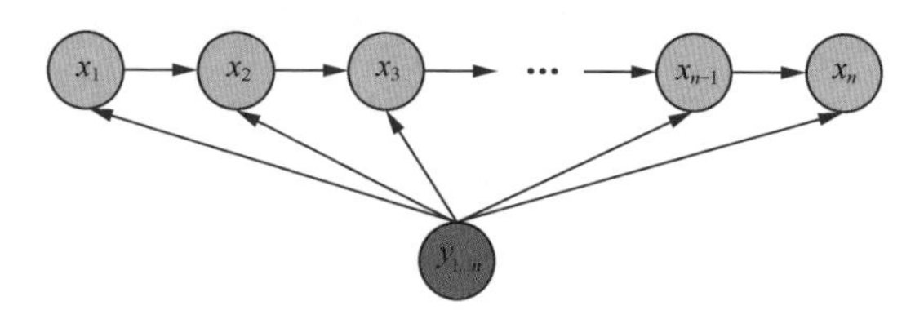

图 6.6　最大熵马尔可夫模型

最大熵马尔可夫模型建模如下

$$p(x_{1\cdots n}|y_{1\cdots n})=\prod_{i=1}^{n}p(x_i\mid x_{i-1},y_{1\cdots n})\,,\tag{6.22}$$

其中 $p(x_i\mid x_{i-1},y_{1\cdots n})$ 会在局部进行归一化，即枚举 x_i 的全部取值进行求和之后计算概率，计算公式为

$$p(x_i|x_{i-1},y_{1\cdots n})=\frac{\exp(F(x_i,x_{i-1},y_{1\cdots n}))}{Z(x_{i-1},y_{1\cdots n})}\,,\tag{6.23}$$

其中 Z 为归一化因子

$$Z(x_{i-1},y_{1\cdots n})=\sum_{x_i}\exp(F(x_i,x_{i-1},y_{1\cdots n}))\,,\tag{6.24}$$

其中 $F(x_i,x_{i-1},y_{1\cdots n})$ 为 $x_i,x_{i-1},y_{1\cdots n}$ 所有特征的线性叠加。

最大熵马尔可夫模型存在标注偏置问题，如图 6.7 所示。可以发现，状态 1 倾向于转移到状态 2，状态 2 倾向于转移到状态 2 本身。但是实际计算得到的最大概率路径是 1->1->1->1，状态 1 并没有转移到状态 2，如图 6.8 所示。这是因为，从状态 2 转移出去可能的状态包括 1、2、3、4、5，概率在可能的状态上分散了，而状态 1 转移出去的可能状态仅仅为状态 1 和 2，概率更加集中。由于局部归一化的影响，隐状态会倾向于转移到那些后续状态可能更少的状态上，以提高整体的后验概率。这就是标注偏置问题。

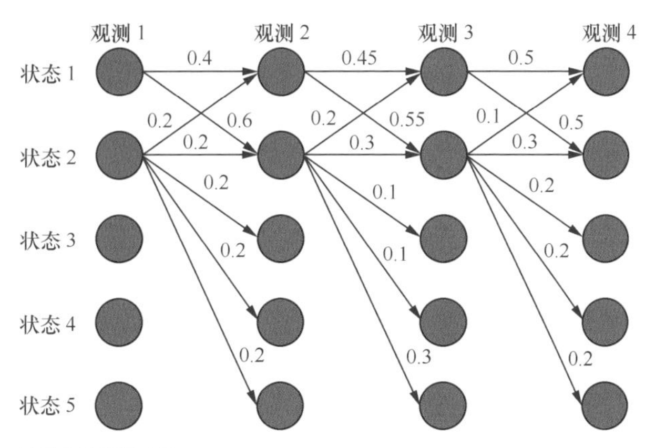

图 6.7　最大熵马尔可夫模型示例

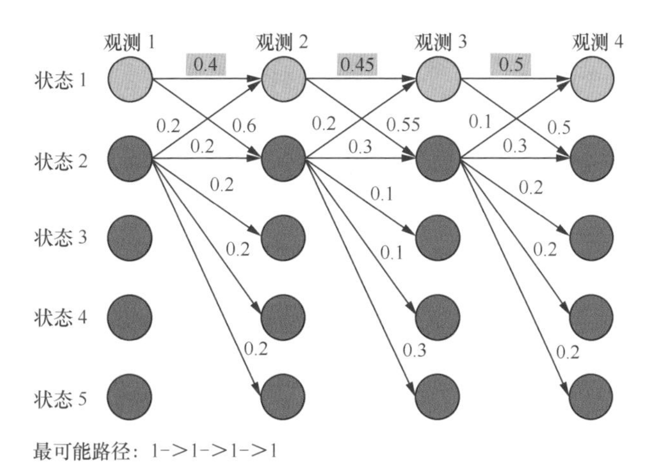

图 6.8　标注偏置

条件随机场（Conditional Random Field，CRF）在最大熵马尔可夫模型的基础上，进行了全局归一化，如图 6.9 所示。

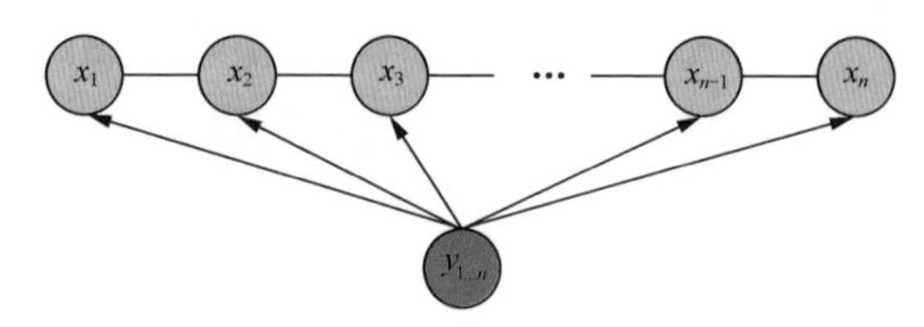

图 6.9　条件随机场

条件随机场建模如下

$$p(x_{1\cdots n}|y_{1\cdots n})=\frac{1}{Z(y_{1\cdots n})}\prod_{i=1}^{n}\exp(F(x_i,x_{i-1},y_{1\cdots n})),\qquad(6.25)$$

其中归一化因子 $Z(y_{1\cdots n})$ 是在全局范围进行归一化，枚举了整个隐状态序列 $x_{1\cdots n}$ 的全部可能，从而解决了局部归一化带来的标注偏置问题。

逸闻趣事　贝叶斯理论与“上帝的存在”

提起贝叶斯学派和频率学派贯穿一个世纪的辩论，统计和机器学习背景的同学不可谓不熟悉，但如果追根溯源，讲起贝叶斯“开宗立派”的初衷，确实还是一个很有意思的故事。因为贝叶斯提出贝叶斯理论，最初竟是为了证明“上帝的存在”。

生活在 18 世纪的贝叶斯本职工作是一位英格兰长老会的牧师，1763 年，贝叶斯发表论文《论有关机遇问题的求解》，奠定了贝叶斯统计理论的基础。在这篇文章中，贝叶斯提出了解决框架，就是用不断增加的信息和经验，可以逐步逼近未知的真相或理解未知，并给出了算法。但贝叶斯关注的原始问题的表述是这样的，人能不能根据凡人世界的经验和现实世界的证据来证明上帝的存在。因为宗教人士的逻辑就是基于上帝存在的主要证据，能够认识机遇的规律，几乎等同于证明上帝的存在。

其实 17 世纪—18 世纪，大量数学家、物理学家、哲学家的研究都与神学有千丝万缕的联系。1687 年，艾萨克·牛顿惊世骇俗的著作《自然哲学的数学原理》一书出版，文中牛顿也花了大量的篇幅总结写这本书的原因，那就是为了找寻到上帝是如何构建世界的真相，或者说上帝是基于哪几个法则来构建世界的。牛顿是个虔诚的新教徒，很多人被一些观点迷惑了，认为牛顿是晚年才相信上帝的，这是错的。牛顿是自幼就信封上帝。他在这本书里尽可能用古典几何学的办法来描述微积分。由此看出，古希腊数学家用数学探索世界，而牛顿是打算像古希腊数学家那样，用数学来探索上帝。

但殊途同归，不管初衷是怎样，贝叶斯和牛顿最终都为所在的领域甚至全人类的发展做出了杰出的贡献。而人类对于“上帝”的认识也更趋理性和全面。

主题模型

场景描述

基于词袋模型或 N-gram 模型的文本表示模型有一个明显的缺陷，就是无法识别出两个不同的词或词组具有相同的主题。因此，需要一种技术能够将具有相同主题的词或词组映射到同一维度上去，于是产生了主题模型。主题模型是一种特殊的概率图模型。想象一下我们如何判定两个不同的词具有相同的主题呢？这两个词可能有更高的概率同时出现在同一篇文档中；换句话说，给定某一主题，这两个词的产生概率都是比较高的，而另一些不太相关的词汇产生的概率则是较低的。假设有 K 个主题，我们就把任意文章表示成一个 K 维的主题向量，其中向量的每一维代表一个主题，权重代表这篇文章属于这个特定主题的概率。主题模型所解决的事情，就是从文本库中发现有代表性的主题（得到每个主题上面词的分布），并且计算出每篇文章对应着哪些主题。

知识点

pLSA（Probabilistic Latent Semantic Analysis），LDA（Latent Dirichlet Allocation）

问题 1 常见的主题模型有哪些？试介绍其原理。

难度：★★☆☆☆

分析与解答

■ pLSA

pLSA 是用一个生成模型来建模文章的生成过程。假设有 K 个主题，M 篇文章；对语料库中的任意文章 d，假设该文章有 N 个词，则对于其中的每一个词，我们首先选择一个主题 z，然后在当前主题的基础上生成一个词 w。图 6.10 是 pLSA 图模型。

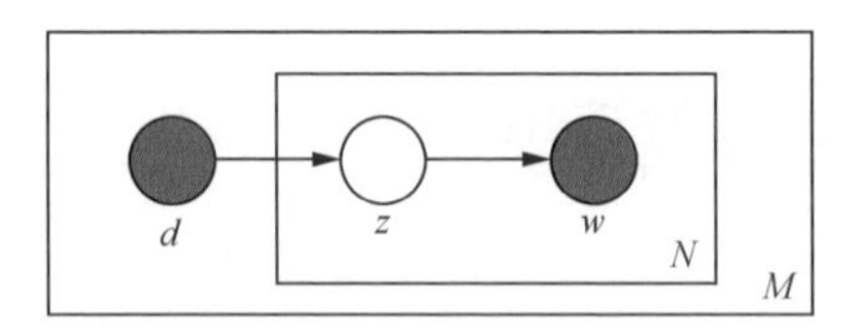

图 6.10　pLSA 图模型

生成主题 z 和词 w 的过程遵照一个确定的概率分布。设在文章 d 中生成主题 z 的概率为 $p(z|d)$，在选定主题的条件下生成词 w 的概率为 $p(w|z)$，则给定文章 d，生成词 w 的概率可以写成：$p(w|d)=\sum_z p(w|z,d)p(z|d)$。在这里我们做一个简化，假设给定主题 z 的条件下，生成词 w 的概率是与特定的文章无关的，则公式可以简化为：$p(w|d)=\sum_z p(w|z)p(z|d)$。整个语料库中的文本生成概率可以用似然函数表示为

$$L=\prod_m^M\prod_n^N p(d_m,w_n)^{c(d_m,w_n)}, \tag{6.26}$$

其中 $p(d_m,w_n)$ 是在第 m 篇文章 d_m 中，出现单词 w_n 的概率，与上文中的 $p(w|d)$ 的含义是相同的，只是换了一种符号表达；$c(d_m,w_n)$ 是在第 m 篇文章 d_m 中，单词 w_n 出现的次数。

于是，Log 似然函数可以写成：

$$\begin{aligned} l&=\sum_m^M\sum_n^N c(d_m,w_n)\log p(d_m,w_n) \\ &=\sum_m^M\sum_n^N c(d_m,w_n)\log\sum_k^K p(d_m)p(z_k|d_m)p(w_n|z_k). \end{aligned} \tag{6.27}$$

在上面的公式中，定义在文章上的主题分布 $p(z_k|d_m)$ 和定义在主题上的词分布 $p(w_n|z_k)$ 是待估计的参数。我们需要找到最优的参数，使得整个语料库的 Log 似然函数最大化。由于参数中包含的 z_k 是隐含变量（即无法直接观测到的变量），因此无法用最大似然估计直接求解，可以利用最大期望算法来解决。

LDA

LDA 可以看作是 pLSA 的贝叶斯版本，其文本生成过程与 pLSA 基本相同，不同的是为主题分布和词分布分别加了两个狄利克雷

（Dirichlet）先验。为什么要加入狄利克雷先验呢？这就要从频率学派和贝叶斯学派的区别说起。pLSA 采用的是频率派思想，将每篇文章对应的主题分布 $p(z_k|d_m)$ 和每个主题对应的词分布 $p(w_n|z_k)$ 看成确定的未知常数，并可以求解出来；而 LDA 采用的是贝叶斯学派的思想，认为待估计的参数（主题分布和词分布）不再是一个固定的常数，而是服从一定分布的随机变量。这个分布符合一定的先验概率分布（即狄利克雷分布），并且在观察到样本信息之后，可以对先验分布进行修正，从而得到后验分布。LDA 之所以选择狄利克雷分布作为先验分布，是因为它为多项式分布的共轭先验概率分布，后验概率依然服从狄利克雷分布，这样做可以为计算带来便利。图 6.11 是 LDA 的图模型，其中 α，β 分别为两个狄利克雷分布的超参数，为人工设定。

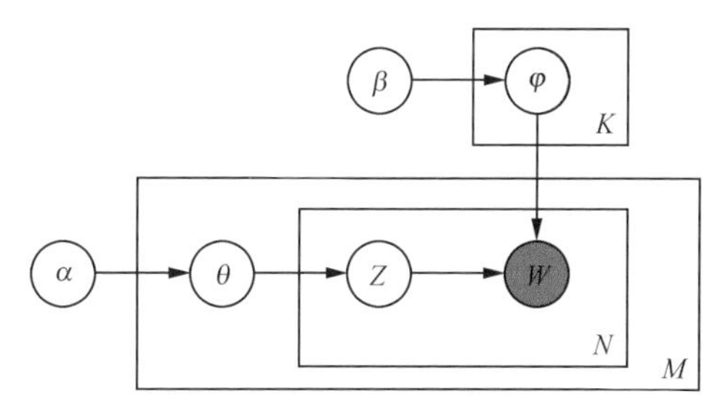

图 6.11　LDA 图模型

语料库的生成过程为：对文本库中的每一篇文档 d_i，采用以下操作

（1）从超参数为 α 的狄利克雷分布中抽样生成文档 d_i 的主题分布 θ_i。

（2）对文档 d_i 中的每一个词进行以下 3 个操作。

- 从代表主题的多项式分布 θ_i 中抽样生成它所对应的主题 z_{ij}。
- 从超参数为 β 的狄利克雷分布中抽样生成主题 z_{ij} 对应的词分布 $\Psi_{z_{ij}}$。
- 从代表词的多项式分布 $\Psi_{z_{ij}}$ 中抽样生成词 w_{ij}。

我们要求解出主题分布 θ_i 以及词分布 $\Psi_{z_{ij}}$ 的期望，可以用吉布斯采样（Gibbs Sampling）的方式实现。首先随机给定每个单词的主题，然后在其他变量固定的情况下，根据转移概率抽样生成每个单词的新主题。对于每个单词来说，转移概率可以理解为：给定文章中的所有单词以及除自身以外其他所有单词的主题，在此条件下该单词对应为各个新主题的概率。最后，经过反复迭代，我们可以根据收敛后的采样结果计算主题分布和词分布的期望。

问题2 如何确定LDA模型中的主题个数？

难度：★★☆☆☆

分析与解答

在LDA中，主题的个数K是一个预先指定的超参数。对于模型超参数的选择，实践中的做法一般是将全部数据集分成训练集、验证集、和测试集3部分，然后利用验证集对超参数进行选择。例如，在确定LDA的主题个数时，我们可以随机选取60%的文档组成训练集，另外20%的文档组成验证集，剩下20%的文档组成测试集。在训练时，尝试多组超参数的取值，并在验证集上检验哪一组超参数所对应的模型取得了最好的效果。最终，在验证集上效果最好的一组超参数和其对应的模型将被选定，并在测试集上进行测试。

为了衡量LDA模型在验证集和测试集上的效果，需要寻找一个合适的评估指标。一个常用的评估指标是困惑度（perplexity）。在文档集合D上，模型的困惑度被定义为

$$\text{perplexity}(D)=\exp\left\{-\frac{\sum_{d=1}^{M}\log p(\boldsymbol{w}_d)}{\sum_{d=1}^{M}N_d}\right\}, \tag{6.28}$$

其中M为文档的总数，w_d为文档d中单词所组成的词袋向量，$p(w_d)$为模型所预测的文档d的生成概率，N_d为文档d中单词的总数。

一开始，随着主题个数的增多，模型在训练集和验证集的困惑度呈下降趋势，但是当主题数目足够大的时候，会出现过拟合，导致困惑度指标在训练集上继续下降但在验证集上反而增长。这时，可以取验证集的困惑度极小值点所对应的主题个数作为超参数。在实践中，困惑度的极小值点可能出现在主题数目非常大的时候，然而实际应用并不能承受如此大的主题数目，这时就需要在实际应用中合理的主题数目范围内进

行选择，比如选择合理范围内困惑度的下降明显变慢（拐点）的时候。

另外一种方法是在 LDA 基础之上融入分层狄利克雷过程（Hierarchical Dirichlet Process，HDP），构成一种非参数主题模型 HDP-LDA。非参数主题模型的好处是不需要预先指定主题的个数，模型可以随着文档数目的变化而自动对主题个数进行调整；它的缺点是在 LDA 基础上融入 HDP 之后使得整个概率图模型更加复杂，训练速度也更加缓慢，因此在实际应用中还是经常采用第一种方法确定合适的主题数目。

问题 3 如何用主题模型解决推荐系统中的冷启动问题？

难度：★★★☆☆

分析与解答

首先对题目做进一步的解释。推荐系统中的冷启动问题是指在没有大量用户数据的情况下如何给用户进行个性化推荐，目的是最优化点击率、转化率或用户体验（用户停留时间、留存率等）。冷启动问题一般分为用户冷启动、物品冷启动和系统冷启动三大类。用户冷启动是指对一个之前没有行为或行为极少的新用户进行推荐；物品冷启动是指为一个新上市的商品或电影（这时没有与之相关的评分或用户行为数据）寻找到具有潜在兴趣的用户；系统冷启动是指如何为一个新开发的网站设计个性化推荐系统。

解决冷启动问题的方法一般是基于内容的推荐。以 Hulu 的场景为例，对于用户冷启动来说，我们希望根据用户的注册信息（如：年龄、性别、爱好等）、搜索关键词或者合法站外得到的其他信息（例如用户使用 Facebook 账号登录，并得到授权，可以得到 Facebook 中的朋友关系和评论内容）来推测用户的兴趣主题。得到用户的兴趣主题之后，我们就可以找到与该用户兴趣主题相同的其他用户，通过他们的历史行为来预测用户感兴趣的电影是什么。同样地，对于物品冷启动问题，我们也可以根据电影的导演、演员、类别、关键词等信息推测该电影所属于的主题，然后基于主题向量找到相似的电影，并将新电影推荐给以往喜欢看这些相似电影的用户。可以使用主题模型（pLSA、LDA 等）得到用户和电影的主题。以用户为例，我们将每个用户看作主题模型中的一篇文档，用户对应的特征作为文档中的单词，这样每个用户可以表示成一袋子特征的形式。通过主题模型学习之后，经常共同出现的特征将会对应同一个主题，同时每个用户也会相应地得到一个主题分布。每个电影的主题分布也可以用类似的方法得到。

那么如何解决系统冷启动问题呢？首先可以得到每个用户和电影对应的主题向量，除此之外，还需要知道用户主题和电影主题之间的偏好程度，也就是哪些主题的用户可能喜欢哪些主题的电影。当系统中没有任何数据时，我们需要一些先验知识来指定，并且由于主题的数目通常比较小，随着系统的上线，收集到少量的数据之后我们就可以对主题之间的偏好程度得到一个比较准确的估计。

第 7 章 优化算法

优化是应用数学的一个分支，也是机器学习的核心组成部分。实际上，机器学习算法 = 模型表征 + 模型评估 + 优化算法。其中，优化算法所做的事情就是在模型表征空间中找到模型评估指标最好的模型。不同的优化算法对应的模型表征和评估指标不尽相同，比如经典的支持向量机对应的模型表征和评估指标分别为线性分类模型和最大间隔，逻辑回归对应的模型表征和评估指标则分别为线性分类模型和交叉熵。

随着大数据和深度学习的迅猛发展，在实际应用中面临的大多是大规模、高度非凸的优化问题，这给传统的基于全量数据、凸优化的优化理论带来了巨大的挑战。如何设计适用于新场景的、高效的、准确的优化算法成为近年来的研究热点。优化虽然是一门古老的学科，但是大部分能够用于训练深度神经网络的优化算法都是近几年才被提出，如 Adam 算法等。

虽然，目前大部分机器学习的工具已经内置了常用的优化算法，实际应用时只需要一行代码即可完成调用。但是，鉴于优化算法在机器学习中的重要作用，了解优化算法的原理也很有必要。

有监督学习的损失函数

场景描述

机器学习算法的关键一环是模型评估，而损失函数定义了模型的评估指标。可以说，没有损失函数就无法求解模型参数。不同的损失函数优化难度不同，最终得到的模型参数也不同，针对具体的问题需要选取合适的损失函数。

知识点

损失函数

问题 有监督学习涉及的损失函数有哪些？请列举并简述它们的特点。

难度：★☆☆☆☆

分析与解答

在有监督学习中，损失函数刻画了模型和训练样本的匹配程度。假设训练样本的形式为 (x_i, y_i)，其中 $x_i \in X$ 表示第 i 个样本点的特征，$y_i \in Y$ 表示该样本点的标签。参数为 θ 的模型可以表示为函数 $f(\cdot,\theta): X \to Y$，模型关于第 i 个样本点的输出为 $f(x_i,\theta)$。为了刻画模型输出与样本标签的匹配程度，定义损失函数 $L(\cdot,\cdot): Y \times Y \to \mathbb{R}_{\geqslant 0}$，$L(f(x_i,\theta), y_i)$ 越小，表明模型在该样本点匹配得越好。

对二分类问题，$Y=\{1,-1\}$，我们希望 $\operatorname{sign} f(x_i,\theta)=y_i$，最自然的损失函数是 0-1 损失，即

$$L_{0-1}(f, y) = 1_{fy \leqslant 0} . \tag{7.1}$$

其中 1_P 是指示函数（Indicator Function），当且仅当 P 为真时取值为 1，否则取值为 0。该损失函数能够直观地刻画分类的错误率，但是由于其非凸、非光滑的特点，使得算法很难直接对该函数进行优化。0-1 损失

的一个代理损失函数是 Hinge 损失函数:

$$L_{\text{hinge}}(f, y) = \max\{0, 1 - fy\}. \tag{7.2}$$

Hinge 损失函数是 0-1 损失函数相对紧的凸上界，且当 $fy \geqslant 1$ 时，该函数不对其做任何惩罚。Hinge 损失在 $fy=1$ 处不可导，因此不能用梯度下降法进行优化，而是用次梯度下降法（Subgradient Descent Method）。0-1 损失的另一个代理损失函数是 Logistic 损失函数:

$$L_{\text{logistic}}(f, y) = \log_2(1 + \exp(-fy)). \tag{7.3}$$

Logistic 损失函数也是 0-1 损失函数的凸上界，且该函数处处光滑，因此可以用梯度下降法进行优化。但是，该损失函数对所有的样本点都有所惩罚，因此对异常值相对更敏感一些。当预测值 $f \in [-1,1]$ 时，另一个常用的代理损失函数是交叉熵（Cross Entropy）损失函数:

$$L_{\text{cross entropy}}(f, y) = -\log_2\left(\frac{1 + fy}{2}\right). \tag{7.4}$$

交叉熵损失函数也是 0-1 损失函数的光滑凸上界。这四种损失函数的曲线如图 7.1 所示。

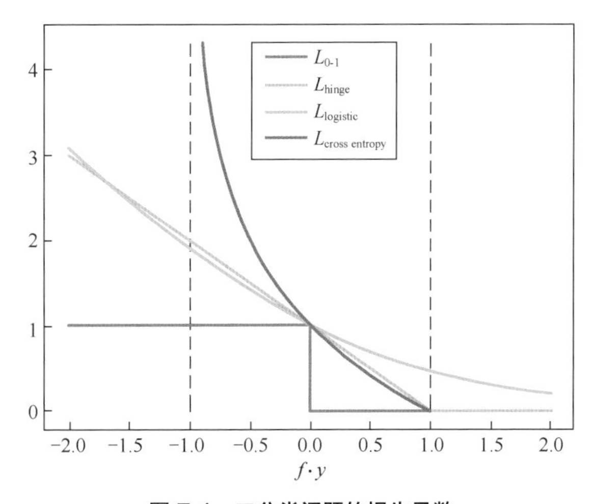

图 7.1 二分类问题的损失函数

对于回归问题，$Y = \mathbb{R}$，我们希望 $f(x_i, \theta) \approx y_i$，最常用的损失函数是平方损失函数

$$L_{\text{square}}(f, y) = (f - y)^2. \tag{7.5}$$

平方损失函数是光滑函数，能够用梯度下降法进行优化。然而，当预测

值距离真实值越远时，平方损失函数的惩罚力度越大，因此它对异常点比较敏感。为了解决该问题，可以采用绝对损失函数

$$L_{\text{absolute}}(f,y)=|f-y|. \tag{7.6}$$

绝对损失函数相当于是在做中值回归，相比做均值回归的平方损失函数，绝对损失函数对异常点更鲁棒一些。但是，绝对损失函数在 $f=y$ 处无法求导数。综合考虑可导性和对异常点的鲁棒性，可以采用 Huber 损失函数

$$L_{\text{Huber}}(f,y)=\begin{cases}(f-y)^2, & |f-y|\leqslant\delta\\ 2\delta|f-y|-\delta^2, & |f-y|>\delta\end{cases} \tag{7.7}$$

Huber 损失函数在 $|f-y|$ 较小时为平方损失，在 $|f-y|$ 较大时为线性损失，处处可导，且对异常点鲁棒。这三种损失函数的曲线如图 7.2 所示。

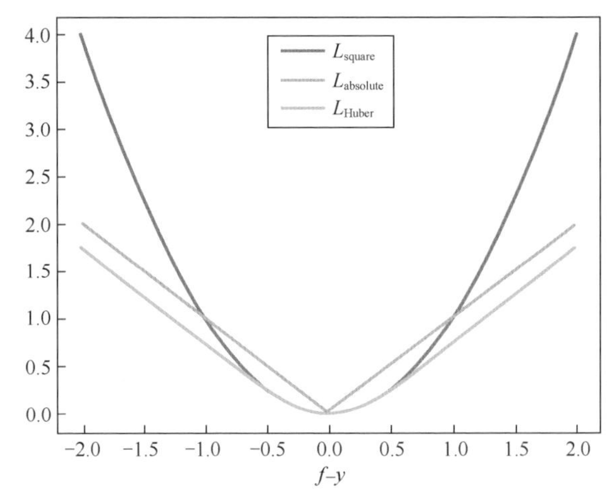

图 7.2　回归问题的损失函数

损失函数还有很多种，这里只是简单介绍几种比较常见的，不再过多赘述。在实际应用中，要针对特定问题和模型，选择合适的损失函数，具体分析它的优缺点。

机器学习中的优化问题

场景描述

大部分机器学习模型的参数估计问题都可以写成优化问题。机器学习模型不同，损失函数不同，对应的优化问题也各不相同。了解优化问题的形式和特点，能帮助我们更有效地求解问题，得到模型参数，从而达到学习的目的。

知识点

凸优化基本概念

问题 机器学习中的优化问题，哪些是凸优化问题，哪些是非凸优化问题？请各举一个例子。

难度：★★☆☆☆

分析与解答

要回答这个问题，需要先弄明白什么是凸函数[9]。它的严格定义为，函数 $L(\cdot)$ 是凸函数当且仅当对定义域中的任意两点 x，y 和任意实数 $\lambda\in[0,1]$ 总有

$$L(\lambda x+(1-\lambda)y)\leqslant \lambda L(x)+(1-\lambda)L(y). \tag{7.8}$$

该不等式的一个直观解释是，凸函数曲面上任意两点连接而成的线段，其上的任意一点都不会处于该函数曲面的下方，如图 7.3 所示。

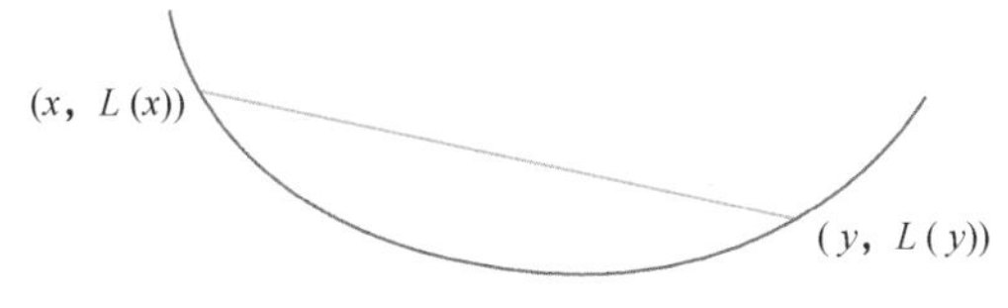

图 7.3　凸函数示意图

一个常用的机器学习模型，逻辑回归，对应的优化问题就是凸优化问题。具体来说，对于二分类问题，$Y=\{1,-1\}$，假设模型参数为 θ，则逻辑回归的优化问题为

$$\min_{\theta} L(\theta)=\sum_{i=1}^{n}\log(1+\exp(-y_i\theta^{\mathrm{T}}x_i)). \tag{7.9}$$

可以通过计算目标函数的二阶 Hessian 矩阵来验证凸性。令

$$L_i(\theta)=\log(1+\exp(-y_i\theta^{\mathrm{T}}x_i)), \tag{7.10}$$

对该函数求一阶导，得到

$$\begin{aligned}\nabla L_i(\theta)&=\frac{1}{1+\exp(-y_i\theta^{\mathrm{T}}x_i)}\exp(-y_i\theta^{\mathrm{T}}x_i)\cdot(-y_ix_i)\\&=\frac{-y_ix_i}{1+\exp(y_i\theta^{\mathrm{T}}x_i)}.\end{aligned} \tag{7.11}$$

继续求导，得到函数的 Hessian 矩阵

$$\begin{aligned}\nabla^2 L_i(\theta)&=\frac{y_ix_i\cdot\exp(y_i\theta^{\mathrm{T}}x_i)\cdot y_ix_i^{\mathrm{T}}}{(1+\exp(y_i\theta^{\mathrm{T}}x_i))^2}\\&=\frac{\exp(y_i\theta^{\mathrm{T}}x_i)}{(1+\exp(y_i\theta^{\mathrm{T}}x_i))^2}x_ix_i^{\mathrm{T}}.\end{aligned} \tag{7.12}$$

该矩阵满足半正定的性质 $\nabla^2L_i(\theta)\succeq 0$，因此 $\nabla^2L(\theta)=\sum_{i=1}^{n}\nabla^2L_i(\theta)\succeq 0$，函数 $L(\cdot)$ 为凸函数[9]。对于凸优化问题，所有的局部极小值都是全局极小值，因此这类问题一般认为是比较容易求解的问题。

另一方面，主成分分析对应的优化问题是非凸优化问题。令 $X=[x_1,\ldots,x_n]$ 为数据中心化后构成的矩阵，则主成分分析的优化问题为

$$\min_{VV^{\mathrm{T}}=I_k} L(V)=\|X-V^{\mathrm{T}}VX\|_{\mathrm{F}}^2. \tag{7.13}$$

通过凸函数的定义可以验证该优化问题的目标函数为非凸函数：令 V^* 为优化问题的全局极小值，则 $-V^*$ 也是该问题的全局极小值，且有

$$\begin{aligned}L\left(\frac{1}{2}V^*+\frac{1}{2}(-V^*)\right)&=L(0)=\|X\|_{\mathrm{F}}^2>\|X-V^{*\mathrm{T}}V^*X\|_{\mathrm{F}}^2\\&=\frac{1}{2}L(V^*)+\frac{1}{2}L(-V^*).\end{aligned} \tag{7.14}$$

这不满足凸函数的定义，因此主成分分析的优化问题为非凸优化问

题。一般来说，非凸优化问题被认为是比较难求解的问题，但主成分分析是一个特例，我们可以借助 SVD 直接得到主成分分析的全局极小值。

· 总结与扩展 ·

除了上面介绍的例子，其他凸优化问题的例子包括支持向量机、线性回归等线性模型，非凸优化问题的例子包括低秩模型（如矩阵分解）、深度神经网络模型等。

03 经典优化算法

场景描述

针对不同的优化问题和应用场景，研究者们提出了多种不同的求解算法，并逐渐发展出了有严格理论支撑的研究领域——凸优化。在这众多的算法中，有几种经典的优化算法是值得被牢记的，了解它们的适用场景有助于我们在面对新的优化问题时有求解思路。

知识点

微积分，线性代数，凸优化

问题 无约束优化问题的优化方法有哪些？

难度：★★☆☆☆

假设有一道无约束优化问题摆在你面前：

$$\min_{\theta} L(\theta),$$

其中目标函数 $L(\cdot)$ 是光滑的。请问求解该问题的优化算法有哪些？它们的适用场景是什么？

分析与解答

经典的优化算法可以分为直接法和迭代法两大类。

直接法，顾名思义，就是能够直接给出优化问题最优解的方法。这个方法听起来非常厉害的样子，但它不是万能的。直接法要求目标函数需要满足两个条件。第一个条件是，$L(\cdot)$ 是凸函数。若 $L(\cdot)$ 是凸函数，那么 θ^* 是最优解的充分必要条件是 $L(\cdot)$ 在 θ^* 处的梯度为 0，即

$$\nabla L(\theta^*) = 0. \tag{7.15}$$

因此，为了能够直接求解出 θ^*，第二个条件是，上式有闭式解。同时满足这两个条件的经典例子是岭回归（Ridge Regression），其目标函数为

$$L(\theta) = \| X\theta - y \|_2^2 + \lambda \| \theta \|_2^2 . \tag{7.16}$$

稍加推导就能得到最优解为（试着自己推导）

$$\theta^* = (X^{\mathrm{T}} X + \lambda I)^{-1} X^{\mathrm{T}} y . \tag{7.17}$$

直接法要满足的这两个条件限制了它的应用范围。因此，在很多实际问题中，会采用迭代法。迭代法就是迭代地修正对最优解的估计。假设当前对最优解的估计值为 θ_t，希望求解优化问题

$$\delta_t = \arg\min_{\delta} L(\theta_t + \delta) , \tag{7.18}$$

来得到更好的估计值$\theta_{t+1} = \theta_t + \delta_t$。迭代法又可以分为一阶法和二阶法两类。

一阶法对函数 $L(\theta_t + \delta)$做一阶泰勒展开，得到近似式

$$L(\theta_t + \delta) \approx L(\theta_t) + \nabla L(\theta_t)^{\mathrm{T}} \delta . \tag{7.19}$$

由于该近似式仅在 δ 较小时才比较准确，因此在求解 δ_t 时一般加上 L_2 正则项

$$\begin{aligned} \delta_t &= \arg\min_{\delta} \left(L(\theta_t) + \nabla L(\theta_t)^{\mathrm{T}} \delta + \frac{1}{2\alpha} \| \delta \|_2^2 \right) \\ &= -\alpha \nabla L(\theta_t) . \end{aligned} \tag{7.20}$$

由此，一阶法的迭代公式表示为

$$\theta_{t+1} = \theta_t - \alpha \nabla L(\theta_t) , \tag{7.21}$$

其中 α 称为学习率。一阶法也称梯度下降法，梯度就是目标函数的一阶信息。

二阶法对函数 $L(\theta_t+\delta)$ 做二阶泰勒展开，得到近似式

$$L(\theta_t + \delta) \approx L(\theta_t) + \nabla L(\theta_t)^{\mathrm{T}} \delta + \frac{1}{2} \delta^{\mathrm{T}} \nabla^2 L(\theta_t) \delta , \tag{7.22}$$

其中 $\nabla^2 L(\theta_t)$ 是函数 L 在 θ_t 处的 Hessian 矩阵。通过求解近似优化问题

$$\begin{aligned} \delta_t &= \arg\min_{\delta} \left(L(\theta_t) + \nabla L(\theta_t)^{\mathrm{T}} \delta + \frac{1}{2} \delta^{\mathrm{T}} \nabla^2 L(\theta_t) \delta \right) \\ &= -\nabla^2 L(\theta_t)^{-1} \nabla L(\theta_t) , \end{aligned} \tag{7.23}$$

可以得到二阶法的迭代公式

$$\theta_{t+1} = \theta_t - \nabla^2 L(\theta_t)^{-1} \nabla L(\theta_t) . \tag{7.24}$$

二阶法也称为牛顿法，Hessian 矩阵就是目标函数的二阶信息。二阶法的收敛速度一般要远快于一阶法，但是在高维情况下，Hessian 矩阵求逆的计算复杂度很大，而且当目标函数非凸时，二阶法有可能会收敛到鞍点（Saddle Point）。

· 总结与扩展 ·

俄罗斯著名数学家 Yurii Nesterov 于 1983 年提出了一阶法的加速算法 [10]，该算法的收敛速率能够达到一阶法收敛速率的理论界。针对二阶法矩阵求逆的计算复杂度过高的问题，Charles George Broyden，Roger Fletcher，Donald Goldfarb 和 David Shanno 于 1970 年独立提出了后来被称为 BFGS 的算法 [11—14]，1989 年扩展为低存储的 L-BFGS 算法 [15]。

逸闻趣事 平方根倒数速算法

20 世纪 90 年代曾出现过一款不可思议的游戏 —— 雷神之锤（Quake series）。除了优秀的情节设定和精美的画面外，这个游戏最让人称道的莫过于它的运行效率。在计算机配置低下的年代，一段小动画都是一个奇迹，但雷神之锤却能流畅运行于各种配置的电脑上。

直到 2005 年 Quake Engine 开源时，雷神之锤系列游戏的秘密才被揭开。在代码库中，人们发现了许多堪称神来之笔的算法。它们以极其变态的高效率，压榨着计算机的性能，进而支撑起了 20 世纪 90 年代 3D 游戏的传奇。其中的某些算法，甚至比系统原生的实现还要快！今天的主角 —— 快速平方根倒数算法（Fast Inverse Square Root）就是其中一个。

在 3D 绘图中，计算平方根倒数$\left(\frac{1}{\sqrt{x}}\right)$是一步重要的运算，因为计算机需要大量求解一个矢量的方向矢量，即

$$\frac{(v_x, v_y, v_z)}{\sqrt{v_x^2+v_y^2+v_z^2}}, \tag{7.25}$$

其中就涉及平方根倒数的计算，这也是最麻烦的一步。如果能在此做一些优化，渲染效率无疑会得到极大提高。先来看雷神之锤中平方根倒数速算法的代码。

```
float Q_rsqrt( float number )
{
    long i;
    float x2, y;
    const float threehalfs = 1.5F;

    x2 = number * 0.5F;
    y   = number;
    i   = * ( long * ) &y;                       // evil floating point bit level hacking
    i   = 0x5f3759df - ( i >> 1 );               // what the fuck?
    y   = * ( float * ) &i;
    y   = y * ( threehalfs - ( x2 * y * y ) );   // 1st iteration
    // y   = y * ( threehalfs - ( x2 * y * y ) ); // 2nd iteration, this can be removed

    return y;
}
```

从代码中可以看出，算法最后有两步相同的操作，像是在对一个数进行某种迭代。而其中的第二步被注释掉了，似乎是因为和性能损耗相比，对结果的二次迭代意义不大，这也说明一次迭代的结果在误差允许范围内。这些特性让人想到了牛顿法。

牛顿法是一种常用的求方程数值解的方法，具体如下：若在某个区间 I 中，$f(x)$ 连续可导，且有唯一零点 x_0，则任取 $x_1 \in I$，定义数列$x_{n+1} = x_n - \dfrac{f(x_n)}{f'(x_n)}$，则有$\lim\limits_{n} x_n \to x_0$。用牛顿法进行迭代，可以完成对解的任意精度的数值逼近。下面尝试写出$\dfrac{1}{\sqrt{a}}$的迭代式，首先令$f(x) = \dfrac{1}{x^2} - a$，则有

$$x_{n+1} = x_n - \frac{f(x_n)}{f'(x_n)} = x_n - \frac{\dfrac{1}{x_n^2} - a}{\dfrac{-2}{x_n^3}}$$

$$= \frac{3}{2}x_n - \frac{a \cdot x_n^3}{2} = x_n\left(1.5 - \frac{a}{2}x_n^2\right), \tag{7.26}$$

将 x_n+1，x_n 替换成 y，将$\dfrac{a}{2}$替换成 x_2，可以发现和算法的最后一步是吻合的。由此可知，雷神之锤中的平方根速算法确实采用了牛顿法。

梯度验证

场景描述

在用梯度下降法求解优化问题时，最重要的操作就是计算目标函数的梯度。对于一些比较复杂的机器学习模型，如深度神经网络，目标函数的梯度公式也非常复杂，很容易写错。因此，在实际应用中，写出计算梯度的代码之后，通常需要验证自己写的代码是否正确。

知识点

微积分，线性代数

问题 如何验证求目标函数梯度功能的正确性？

难度：★★★☆☆

给定优化问题$\min_{\theta\in\mathbb{R}^n} L(\theta)$，假设已经用代码实现了求目标函数值和求目标函数梯度的功能。请问，如何利用求目标函数值的功能来验证求目标函数梯度的功能是否正确？

分析与解答

根据梯度的定义，目标函数的梯度为

$$\nabla L(\theta)=\left[\frac{\partial L(\theta)}{\partial \theta_1},\cdots,\frac{\partial L(\theta)}{\partial \theta_n}\right]^{\mathrm{T}}, \tag{7.27}$$

其中对任意的 i=1,2,$\cdots$,n。梯度的第 i 个元素的定义为

$$\frac{\partial L(\theta)}{\partial \theta_i}=\lim_{h\to 0}\frac{L(\theta+he_i)-L(\theta-he_i)}{2h}, \tag{7.28}$$

其中 e_i 是单位向量，维度与 θ 相同，仅在第 i 个位置取值为 1，其余位置取值为 0。因此，可以取 h 为一个比较小的数（例如 10^{-7}），则有

$$\frac{\partial L(\theta)}{\partial \theta_i} \approx \frac{L(\theta + he_i) - L(\theta - he_i)}{2h}. \tag{7.29}$$

式（7.29）的左边为目标函数梯度的第 i 个分量，右边仅和目标函数值有关，二者应近似相等。

下面利用泰勒展开来计算该近似误差。令单变量函数

$$\tilde{L}(x) = L(\theta + xe_i). \tag{7.30}$$

根据泰勒展开及拉格朗日余项公式，式（7.30）可写为

$$L(\theta + he_i) = \tilde{L}(h) = \tilde{L}(0) + \tilde{L}'(0)h + \frac{1}{2}\tilde{L}''(0)h^2 + \frac{1}{6}\tilde{L}^{(3)}(p_i)h^3, \tag{7.31}$$

其中 $p_i \in (0,h)$。类似地，

$$L(\theta - he_i) = \tilde{L}(-h) = \tilde{L}(0) - \tilde{L}'(0)h + \frac{1}{2}\tilde{L}''(0)h^2 - \frac{1}{6}\tilde{L}^{(3)}(q_i)h^3, \tag{7.32}$$

其中 $q_i \in (-h,0)$。两个式子相减，等号两边同时除以 $2h$，并由于

$$\tilde{L}'(0) = \frac{\partial L(\theta)}{\partial \theta_i}, \tag{7.33}$$

根据式（7.31）~式（7.33）可得

$$\frac{L(\theta + he_i) - L(\theta - he_i)}{2h} = \frac{\partial L(\theta)}{\partial \theta_i} + \frac{1}{12}\left(\tilde{L}^{(3)}(p_i) + \tilde{L}^{(3)}(q_i)\right)h^2. \tag{7.34}$$

当 h 充分小时，p_i 和 q_i 都很接近 0，可以近似认为 h^2 项前面的系数是常数 M，因此近似式的误差为

$$\left|\frac{L(\theta + he_i) - L(\theta - he_i)}{2h} - \frac{\partial L(\theta)}{\partial \theta_i}\right| \approx Mh^2. \tag{7.35}$$

由此可知，当 h 较小时，h 每减小为原来的 10^{-1}，近似误差约减小为原来的 10^{-2}，即近似误差是 h 的高阶无穷小。

在实际应用中，我们随机初始化 θ，取 h 为较小的数（例如 10^{-7}），并对 i=1,2,...,n，依次验证

$$\left|\frac{L(\theta + he_i) - L(\theta - he_i)}{2h} - \frac{\partial L(\theta)}{\partial \theta_i}\right| \leqslant h \tag{7.36}$$

是否成立。如果对于某个下标 i，该不等式不成立，则有以下两种可能。

（1）该下标对应的 M 过大。

（2）该梯度分量计算不正确。

此时可以固定 θ，减小 h 为原来的 10^{-1}，并再次计算下标 i 对应的近似误差，若近似误差约减小为原来的 10^{-2}，则对应于第一种可能，我们应该采用更小的 h 重新做一次梯度验证；否则对应于第二种可能，我们应该检查求梯度的代码是否有错误。

随机梯度下降法

场景描述

经典的优化方法，如梯度下降法，在每次迭代时需要使用所有的训练数据，这给求解大规模数据的优化问题带来了挑战。如何克服这个挑战，对于掌握机器学习，尤其是深度学习至关重要。

知识点

随机梯度下降法，经典优化算法

问题 **当训练数据量特别大时，经典的梯度下降法存在什么问题，需要做如何改进？** 难度：★☆☆☆☆

分析与解答

在机器学习中，优化问题的目标函数通常可以表示成

$$L(\theta)=\mathbb{E}_{(x,y)\sim P_{\text{data}}}L(f(x,\theta),y), \tag{7.37}$$

其中 θ 是待优化的模型参数，x 是模型输入，$f(x,\theta)$ 是模型的实际输出，y 是模型的目标输出，函数 L 刻画了模型在数据 (x,y) 上的损失，P_{data} 表示数据的分布，E 表示期望。因此，$L(\theta)$ 刻画了当参数为 θ 时，模型在所有数据上的平均损失。我们希望能够找到平均损失最小的模型参数，也就是求解优化问题

$$\theta^*=\arg\min L(\theta). \tag{7.38}$$

经典的梯度下降法采用所有训练数据的平均损失来近似目标函数，即

$$L(\theta)=\frac{1}{M}\sum_{i=1}^{M}L(f(x_i,\theta),y_i), \tag{7.39}$$

$$\nabla L(\theta)=\frac{1}{M}\sum_{i=1}^{M}\nabla L(f(x_i,\theta),y_i)\,, \tag{7.40}$$

其中 M 是训练样本的个数。模型参数的更新公式为

$$\theta_{t+1}=\theta_t-\alpha\nabla L(\theta_t)\,. \tag{7.41}$$

因此，经典的梯度下降法在每次对模型参数进行更新时，需要遍历所有的训练数据。当 M 很大时，这需要很大的计算量，耗费很长的计算时间，在实际应用中基本不可行。

为了解决该问题，随机梯度下降法（Stochastic Gradient Descent，SGD）用单个训练样本的损失来近似平均损失，即

$$L(\theta;x_i,y_i)=L(f(x_i,\theta),y_i)\,, \tag{7.42}$$

$$\nabla L(\theta;x_i,y_i)=\nabla L(f(x_i,\theta),y_i)\,. \tag{7.43}$$

因此，随机梯度下降法用单个训练数据即可对模型参数进行一次更新，大大加快了收敛速率。该方法也非常适用于数据源源不断到来的在线更新场景。

为了降低随机梯度的方差，从而使得迭代算法更加稳定，也为了充分利用高度优化的矩阵运算操作，在实际应用中我们会同时处理若干训练数据，该方法被称为小批量梯度下降法（Mini-Batch Gradient Descent）。假设需要同时处理 m 个训练数据 $\{(x_{i_1},y_{i_1}),\cdots,(x_{i_m},y_{i_m})\}$，则目标函数及其梯度为

$$L(\theta)=\frac{1}{m}\sum_{j=1}^{m}L(f(x_{i_j},\theta),y_{i_j})\,, \tag{7.44}$$

$$\nabla L(\theta)=\frac{1}{m}\sum_{j=1}^{m}\nabla L(f(x_{i_j},\theta),y_{i_j})\,. \tag{7.45}$$

对于小批量梯度下降法的使用，有以下三点需要注意的地方。

（1）如何选取参数 m？在不同的应用中，最优的 m 通常会不一样，需要通过调参选取。一般 m 取 2 的幂次时能充分利用矩阵运算操作，所以可以在 2 的幂次中挑选最优的取值，例如 32、64、128、256 等。

（2）如何挑选 m 个训练数据？为了避免数据的特定顺序给算法收敛带来的影响，一般会在每次遍历训练数据之前，先对所有的数据进行随机排序，然后在每次迭代时按顺序挑选 m 个训练数据直至遍历完所有的数据。

（3）如何选取学习速率 α？为了加快收敛速率，同时提高求解精度，通常会采用衰减学习速率的方案：一开始算法采用较大的学习速率，当误差曲线进入平台期后，减小学习速率做更精细的调整。最优的学习速率方案也通常需要调参才能得到。

综上，通常采用小批量梯度下降法解决训练数据量过大的问题。每次更新模型参数时，只需要处理 m 个训练数据即可，其中 m 是一个远小于总数据量 M 的常数，这样能够大大加快训练过程。

逸闻趣事

梯度算子 ∇ 的读音

但凡学过高等数学的人，对梯度算子 ∇ 都不陌生，但是这个符号应该如何来读呢？∇ 符号是 1837 年爱尔兰物理学家和数学家哈密尔顿（W.R. Hamilton，建立哈密尔顿力学和提出四元数的大牛）首次提出的，但是并没有说明 ∇ 符号的读音。

于是，到了 1884 年，当物理学家威廉 • 汤姆森（William Thomson，热力学之父）想研究一下梯度时，苦于不知其读音。当时，汤姆森教授正在美国的约翰 • 霍普金斯大学（Johns Hopkins University，JHU）开一个系列讲座，于是他就写信问亚历山大 • 格拉汉姆 • 贝尔（Alexander Graham Bell，电话之父）。

贝尔回信说，早些年，他的学长詹姆斯 • 克拉克 • 麦克斯韦（James Clerk Maxwell，缔造电磁学的大牛，这里的“学长”一词是指贝尔和麦克斯韦都曾在爱丁堡大学受教育）曾经告诉贝尔，他为 ∇ 发明了一个十分有趣的发音，叫作“纳布拉”（Nabla）。Nabla 原指一种希伯来竖琴，外形酷似倒三角。具体事情经过如下：

1870 年，麦克斯韦的儿时好友，物理学家彼得 • 台特（Peter Guthrie Tait，将四元数发挥到化境的大牛）正在研究哈密尔顿的四元数，其中有很多 ∇ 符号。于是麦克斯韦写信给台特建议说，“亲爱的台特，如果腓尼基的王子卡德摩斯向腓尼基的教授们问这个符号的读法，那么他们肯定会说这个符号读作纳布拉。”1871 年，麦克斯韦写信问台特，“你还在弹那个纳布拉琴吗？”麦克斯韦还写了一首歪诗献给台特，诗的题目是《至纳布拉琴圣手》（*To the Chief Musician upon Nabla*）。

06 随机梯度下降法的加速

场景描述

提到深度学习中的优化方法，人们通常会想到随机梯度下降法。但是，随机梯度下降法并不是万金油，有时候反而会成为一个坑。当你设计出一个深度神经网络时，如果只知道用随机梯度下降法来训练模型，那么当你得到一个比较差的训练结果时，你可能会放弃在这个模型上继续投入精力。然而，造成训练效果差的真正原因，可能并不是模型的问题，而是随机梯度下降法在优化过程中失效了，这可能会导致你丧失一次新发现的机会。

知识点

梯度下降法，随机梯度下降法

问题1 随机梯度下降法失效的原因 —— 摸着石头下山。

难度：★★☆☆☆

深度学习中最常用的优化方法是随机梯度下降法，但是随机梯度下降法偶尔也会失效，无法给出满意的训练结果，这是为什么？

分析与解答

为了回答这个问题，我们先做一个形象的比喻。想象一下，你正在下山，视力很好，能看清自己所处位置的坡度，那么沿着坡向下走，最终你会走到山底。如果你被蒙上双眼，只能凭脚底踩石头的感觉判断当前位置的坡度，精确性就大大下降，有时候你认为的坡，实际上可能并不是坡，走上一段时间发现没有下山，或者曲曲折折走了好多弯路才下山。

类似地，批量梯度下降法（Batch Gradient Descent，BGD）就好比正常下山，而随机梯度下降法就好比蒙着眼睛下山。具体介绍一下两种方法。

批量梯度下降法在全部训练集$\{x_i, y_i\}_{i=1}^n$上计算准确的梯度，即

$$\sum_{i=1}^{n}\nabla_{\theta} f(\theta; x_i, y_i) + \nabla_{\theta}\phi(\theta), \tag{7.46}$$

其中$f(\theta;x_i,y_i)$表示在每个样本(x_i,y_i)的损失函数，$\phi(\theta)$为正则项。

随机梯度下降法则采样单个样本来估计的当前梯度，即

$$\nabla_{\theta} f(\theta; x_i, y_i) + \nabla_{\theta}\phi(\theta). \tag{7.47}$$

可以看出，为了获取准确的梯度，批量梯度下降法的每一步都把整个训练集载入进来进行计算，时间花费和内存开销都非常大，无法应用于大数据集、大模型的场景。相反，随机梯度下降法则放弃了对梯度准确性的追求，每步仅仅随机采样一个（或少量）样本来估计当前梯度，计算速度快，内存开销小。但由于每步接受的信息量有限，随机梯度下降法对梯度的估计常常出现偏差，造成目标函数曲线收敛得很不稳定，伴有剧烈波动，有时甚至出现不收敛的情况。图 7.4 展示了两种方法在优化过程中的参数轨迹，可以看出，批量梯度下降法稳定地逼近最低点，而随机梯度下降法的参数轨迹曲曲折折简直是“黄河十八弯”。

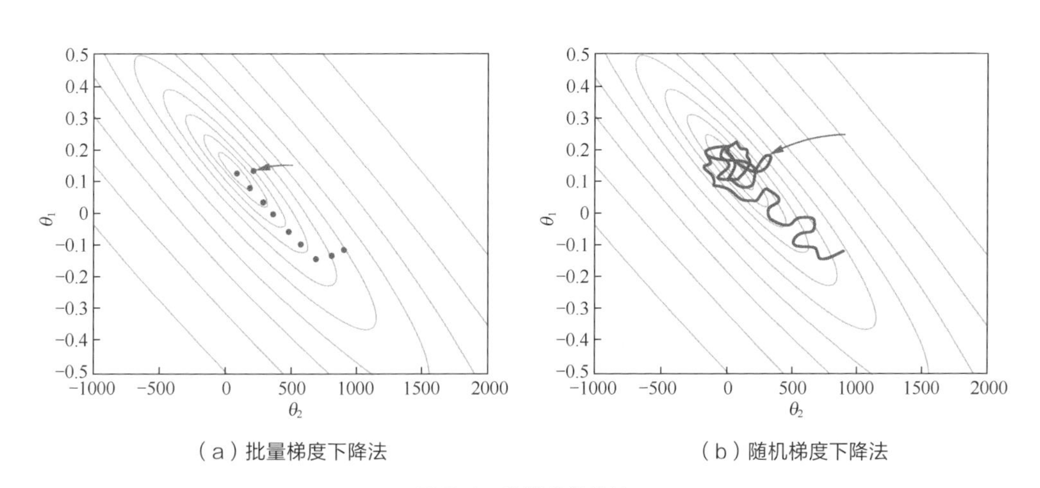

（a）批量梯度下降法　　（b）随机梯度下降法

图 7.4　参数优化轨迹

进一步地，有人会说深度学习中的优化问题本身就很难，有太多局部最优点的陷阱。没错，这些陷阱对随机梯度下降法和批量梯度下降法都是普遍存在的。但对随机梯度下降法来说，可怕的不是局部最优点，

而是山谷和鞍点两类地形。山谷顾名思义就是狭长的山间小道，左右两边是峭壁；鞍点的形状像是一个马鞍，一个方向上两头翘，另一个方向上两头垂，而中心区域是一片近乎水平的平地。为什么随机梯度下降法最害怕遇上这两类地形呢？在山谷中，准确的梯度方向是沿山道向下，稍有偏离就会撞向山壁，而粗糙的梯度估计使得它在两山壁间来回反弹震荡，不能沿山道方向迅速下降，导致收敛不稳定和收敛速度慢。在鞍点处，随机梯度下降法会走入一片平坦之地（此时离最低点还很远，故也称 plateau）。想象一下蒙着双眼只凭借脚底感觉坡度，如果坡度很明显，那么基本能估计出下山的大致方向；如果坡度不明显，则很可能走错方向。同样，在梯度近乎为零的区域，随机梯度下降法无法准确察觉出梯度的微小变化，结果就停滞下来。

问题2 解决之道——惯性保持和环境感知。 难度：★★★☆☆

为了改进随机梯度下降法，研究者都做了哪些改动？提出了哪些变种方法？它们各有哪些特点？

分析与解答

随机梯度下降法本质上是采用迭代方式更新参数，每次迭代在当前位置的基础上，沿着某一方向迈一小步抵达下一位置，然后在下一位置重复上述步骤。随机梯度下降法的更新公式表示为

$$\theta_{t+1}=\theta_t-\eta g_t, \tag{7.48}$$

其中，当前估计的负梯度 $-g_t$ 表示步子的方向，学习速率 η 控制步幅。改造的随机梯度下降法仍然基于这个更新公式。

动量（Momentum）方法

为了解决随机梯度下降法山谷震荡和鞍点停滞的问题，我们做一个简单的思维实验。想象一下纸团在山谷和鞍点处的运动轨迹，在山谷中纸团受重力作用沿山道滚下，两边是不规则的山壁，纸团不可避免地撞在山壁，由于质量小受山壁弹力的干扰大，从一侧山壁反弹回来撞向另一侧山壁，结果来回震荡地滚下；如果当纸团来到鞍点的一片平坦之地

时，还是由于质量小，速度很快减为零。纸团的情况和随机梯度下降法遇到的问题简直如出一辙。直观地，如果换成一个铁球，当沿山谷滚下时，不容易受到途中旁力的干扰，轨迹会更稳更直；当来到鞍点中心处，在惯性作用下继续前行，从而有机会冲出这片平坦的陷阱。因此，有了动量方法，模型参数的迭代公式为

$$v_t = \gamma v_{t-1} + \eta g_t , \tag{7.49}$$

$$\theta_{t+1} = \theta_t - v_t . \tag{7.50}$$

具体来说，前进步伐 $-v_t$ 由两部分组成。一是学习速率 η 乘以当前估计的梯度 g_t；二是带衰减的前一次步伐 v_{t-1}。这里，惯性就体现在对前一次步伐信息的重利用上。类比中学物理知识，当前梯度就好比当前时刻受力产生的加速度，前一次步伐好比前一时刻的速度，当前步伐好比当前时刻的速度。为了计算当前时刻的速度，应当考虑前一时刻速度和当前加速度共同作用的结果，因此 v_t 直接依赖于 v_{t-1} 和 g_t，而不仅仅是 g_t。另外，衰减系数 γ 扮演了阻力的作用。

中学物理还告诉我们，刻画惯性的物理量是动量，这也是算法名字的由来。沿山谷滚下的铁球，会受到沿坡道向下的力和与左右山壁碰撞的弹力。向下的力稳定不变，产生的动量不断累积，速度越来越快；左右的弹力总是在不停切换，动量累积的结果是相互抵消，自然减弱了球的来回震荡。因此，与随机梯度下降法相比，动量方法的收敛速度更快，收敛曲线也更稳定，如图 7.5 所示。

（a）不带动量项　　（b）动量方法

图 7.5　随机梯度下降法中的动量项

AdaGrad 方法

惯性的获得是基于历史信息的，那么，除了从过去的步伐中获得一股子向前冲的劲儿，还能获得什么呢？我们还期待获得对周围环境的感知，即使蒙上双眼，依靠前几次迈步的感觉，也应该能判断出一些信息，

比如这个方向总是坑坑洼洼的，那个方向可能很平坦。

随机梯度下降法对环境的感知是指在参数空间中，根据不同参数的一些经验性判断，自适应地确定参数的学习速率，不同参数的更新步幅是不同的。例如，在文本处理中训练词嵌入模型的参数时，有的词或词组频繁出现，有的词或词组则极少出现。数据的稀疏性导致相应参数的梯度的稀疏性，不频繁出现的词或词组的参数的梯度在大多数情况下为零，从而这些参数被更新的频率很低。在应用中，我们希望更新频率低的参数可以拥有较大的更新步幅，而更新频率高的参数的步幅可以减小。AdaGrad方法采用“历史梯度平方和”来衡量不同参数的梯度的稀疏性，取值越小表明越稀疏，具体的更新公式表示为

$$\theta_{t+1,i}=\theta_{t,i}-\frac{\eta}{\sqrt{\sum_{k=0}^{t}g_{k,i}^{2}+\epsilon}}g_{t,i}\ , \tag{7.51}$$

其中 $\theta_{t+1,i}$ 表示（t+1）时刻的参数向量 θ_{t+1} 的第 i 个参数，$g_{k,i}$ 表示 k 时刻的梯度向量 g_k 的第 i 个维度（方向）。另外，分母中求和的形式实现了退火过程，这是很多优化技术中常见的策略，意味着随着时间推移，学习速率 $\frac{\eta}{\sqrt{\sum_{k=0}^{t}g_{k,i}^{2}+\epsilon}}$ 越来越小，从而保证了算法的最终收敛。

Adam 方法

Adam 方法将惯性保持和环境感知这两个优点集于一身。一方面，Adam 记录梯度的一阶矩（first moment），即过往梯度与当前梯度的平均，这体现了惯性保持；另一方面，Adam 还记录梯度的二阶矩（second moment），即过往梯度平方与当前梯度平方的平均，这类似 AdaGrad 方法，体现了环境感知能力，为不同参数产生自适应的学习速率。一阶矩和二阶矩采用类似于滑动窗口内求平均的思想进行融合，即当前梯度和近一段时间内梯度的平均值，时间久远的梯度对当前平均值的贡献呈指数衰减。具体来说，一阶矩和二阶矩采用指数衰退平均（exponential decay average）技术，计算公式为

$$m_t=\beta_1 m_{t-1}+(1-\beta_1)g_t\ , \tag{7.52}$$

$$v_t=\beta_2 v_{t-1}+(1-\beta_2)g_t^2\ , \tag{7.53}$$

其中 β_1，β_2 为衰减系数，m_t 是一阶矩，v_t 是二阶矩。

如何理解一阶矩和二阶矩呢？一阶矩相当于估计$\mathbb{E}[g_t]$：由于当下梯度g_t是随机采样得到的估计结果，因此更关注它在统计意义上的期望；二阶矩相当于估计$\mathbb{E}[g_t^2]$，这点与 AdaGrad 方法不同，不是g_t^2从开始到现在的加和，而是它的期望。它们的物理意义是，当$||m_t||$大且v_t大时，梯度大且稳定，这表明遇到一个明显的大坡，前进方向明确；当$||m_t||$趋于零且v_t大时，梯度不稳定，表明可能遇到一个峡谷，容易引起反弹震荡；当$||m_t||$大且v_t趋于零时，这种情况不可能出现；当$||m_t||$趋于零且v_t趋于零时，梯度趋于零，可能到达局部最低点，也可能走到一片坡度极缓的平地，此时要避免陷入平原（plateau）。另外，Adam 方法还考虑了m_t，v_t在零初始值情况下的偏置矫正。具体来说，Adam 的更新公式为

$$\theta_{t+1}=\theta_t-\frac{\eta\bullet\hat{m}_t}{\sqrt{\hat{v}_t+\epsilon}}, \tag{7.54}$$

其中，$\hat{m}_t=\frac{m_t}{1-\beta_1^t}$，$\hat{v}_t=\frac{v_t}{1-\beta_2^t}$。

· 总结与扩展 ·

除了上述三种随机梯度下降法变种，研究者还提出了以下几种方法。

（1）Nesterov Accelerated Gradient。该方法扩展了动量方法，顺着惯性方向，计算未来可能位置处的梯度而非当前位置的梯度，这个“提前量”的设计让算法有了对前方环境预判的能力。

（2）AdaDelta 和 RMSProp。这两个方法非常类似，是对 AdaGrad 方法的改进。AdaGrad 方法采用所有历史梯度平方和的平方根做分母，分母随时间单调递增，产生的自适应学习速率随时间衰减的速度过于激进。针对这个问题，AdaDelta 和 RMSProp 采用指数衰退平均的计算方法，用过往梯度的均值代替它们的求和。

（3）AdaMax。该方法是基于 Adam 方法的一个变种方法，对梯度平方的处理由指数衰退平均改为指数衰退求最大值。

（4）Nadam。该方法可看成 Nesterov Accelerated Gradient 版的 Adam。

L1 正则化与稀疏性

场景描述

“L1 正则化与稀疏性”是一道在算法工程师面试时非常流行的题目。这道题能够从细节入手，考察面试者对于机器学习模型各个相关环节的了解程度。很多面试者能给出一些大概的理解，但是要想深入且清晰的解答这道题也并非易事。下面我们尝试从不同角度给出该问题的解答。

在正式开始之前，我们对问题做进一步的解释。有一些初学者可能会对问题本身存在疑问——为什么希望模型参数具有稀疏性呢？稀疏性，说白了就是模型的很多参数是 0。这相当于对模型进行了一次特征选择，只留下一些比较重要的特征，提高模型的泛化能力，降低过拟合的可能。在实际应用中，机器学习模型的输入动辄几百上千万维，稀疏性就显得更加重要，谁也不希望把这上千万维的特征全部搬到线上去。如果你真的要这样做的话，负责线上系统的同事可能会联合运维的同学一起拿着板砖来找你了。要在线上毫秒级的响应时间要求下完成千万维特征的提取以及模型的预测，还要在分布式环境下在内存中驻留那么大一个模型，估计他们只能高呼“臣妾做不到啊”。知道了面试官为什么要问这个问题后，下面进入正题，寻找 L1 正则化产生稀疏解的原因。

知识点

微积分，线性代数

问题 L1 正则化使得模型参数具有稀疏性的原理是什么？

难度：★★★☆☆

分析与解答

■ 角度 1：解空间形状

机器学习的经典之作给出的解释无疑是权威且直观的[16]，面试者给出的答案多数也是从这个角度出发的。在二维的情况下，黄色的部分是 L2 和 L1 正则项约束后的解空间，绿色的等高线是凸优化问题中目标函数的等高线，如图 7.6 所示。由图可知，L2 正则项约束后的解空间是圆形，而 L1 正则项约束的解空间是多边形。显然，多边形的解空间更容易在尖角处与等高线碰撞出稀疏解。

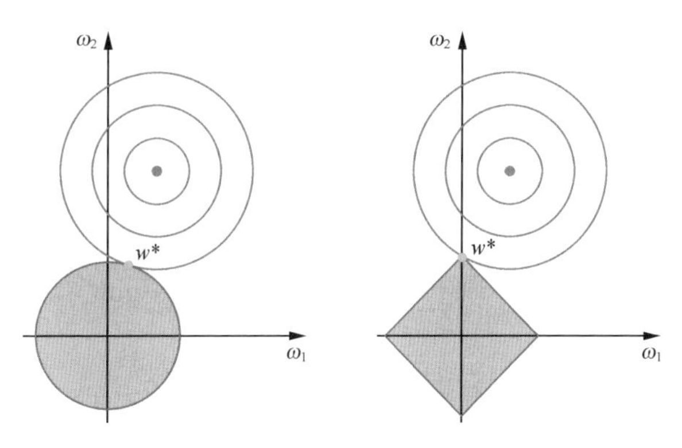

（a）L2 正则化对应的解空间　　（b）L1 正则化对应的解空间

图 7.6　L2 正则化约束与 L1 正则化约束

上述这个解释无疑是正确的，但却不够精确，面试者往往回答过于笼统，以至于忽视了几个关键问题。比如，为什么加入正则项就是定义了一个解空间约束？为什么 L1 和 L2 的解空间是不同的？面试官如果深究下去，很多面试者难以给出满意的答案。其实可以通过 KKT 条件给出一种解释。

事实上，“带正则项”和“带约束条件”是等价的。为了约束 w 的可能取值空间从而防止过拟合，我们为该最优化问题加上一个约束，就是 w 的 L2 范数的平方不能大于 m：

$$\begin{cases}\min\sum_{i=1}^{N}(y_i-w^{\mathrm{T}}x_i)^2\,, \\ s.t.\ \ \|w\|_2^2\leqslant m\,.\end{cases} \tag{7.55}$$

为了求解带约束条件的凸优化问题，写出拉格朗日函数

$$\sum_{i=1}^{N}(y_i-w^{\mathrm{T}}x_i)^2+\lambda(\|w\|_2^2-m). \tag{7.56}$$

若 w^* 和 λ^* 分别是原问题和对偶问题的最优解，则根据 KKT 条件，它们应满足

$$\begin{cases} 0=\nabla_w\left(\sum_{i=1}^{N}(y_i-w^{*\mathrm{T}}x_i)^2+\lambda^*(\|w^*\|_2^2-m)\right); \\ 0\leqslant\lambda^*. \end{cases} \tag{7.57}$$

仔细一看，第一个式子不就是 w^* 为带 L2 正则项的优化问题的最优解的条件嘛，而 λ^* 就是 L2 正则项前面的正则参数。

这时回头再看开头的问题就清晰了。L2 正则化相当于为参数定义了一个圆形的解空间（因为必须保证 L2 范数不能大于 m），而 L1 正则化相当于为参数定义了一个棱形的解空间。如果原问题目标函数的最优解不是恰好落在解空间内，那么约束条件下的最优解一定是在解空间的边界上，而 L1"棱角分明"的解空间显然更容易与目标函数等高线在角点碰撞，从而产生稀疏解。

角度 2：函数叠加

第二个角度试图用更直观的图示来解释 L1 产生稀疏性这一现象。仅考虑一维的情况，多维情况是类似的，如图 7.7 所示。假设棕线是原始目标函数 $L(w)$ 的曲线图，显然最小值点在蓝点处，且对应的 w^* 值非 0。

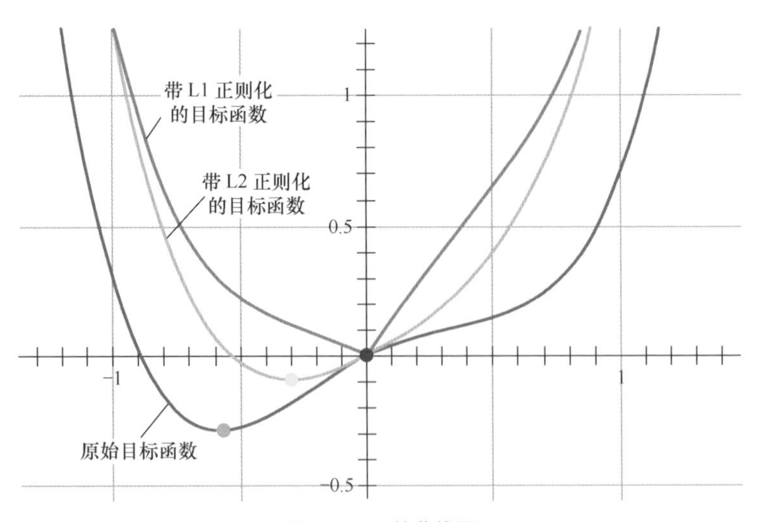

图 7.7　函数曲线图

首先，考虑加上 L2 正则化项，目标函数变成 $L(w)+Cw^2$，其函数曲线为黄色。此时，最小值点在黄点处，对应的 w^* 的绝对值减小了，但仍然非 0。

然后，考虑加上 L1 正则化项，目标函数变成 $L(w)+C|w|$，其函数曲线为绿色。此时，最小值点在红点处，对应的 w 是 0，产生了稀疏性。

产生上述现象的原因也很直观。加入 L1 正则项后，对带正则项的目标函数求导，正则项部分产生的导数在原点左边部分是 $-C$，在原点右边部分是 C，因此，只要原目标函数的导数绝对值小于 C，那么带正则项的目标函数在原点左边部分始终是递减的，在原点右边部分始终是递增的，最小值点自然在原点处。相反，L2 正则项在原点处的导数是 0，只要原目标函数在原点处的导数不为 0，那么最小值点就不会在原点，所以 L2 只有减小 w 绝对值的作用，对解空间的稀疏性没有贡献。

在一些在线梯度下降算法中，往往会采用截断梯度法来产生稀疏性，这同 L1 正则项产生稀疏性的原理是类似的。

角度 3：贝叶斯先验

从贝叶斯的角度来理解 L1 正则化和 L2 正则化，简单的解释是，L1 正则化相当于对模型参数 w 引入了拉普拉斯先验，L2 正则化相当于引入了高斯先验，而拉普拉斯先验使参数为 0 的可能性更大。

图 7.8 是高斯分布曲线图。由图可见，高斯分布在极值点（0 点）处是平滑的，也就是高斯先验分布认为 w 在极值点附近取不同值的可能性是接近的。这就是 L2 正则化只会让 w 更接近 0 点，但不会等于 0 的原因。

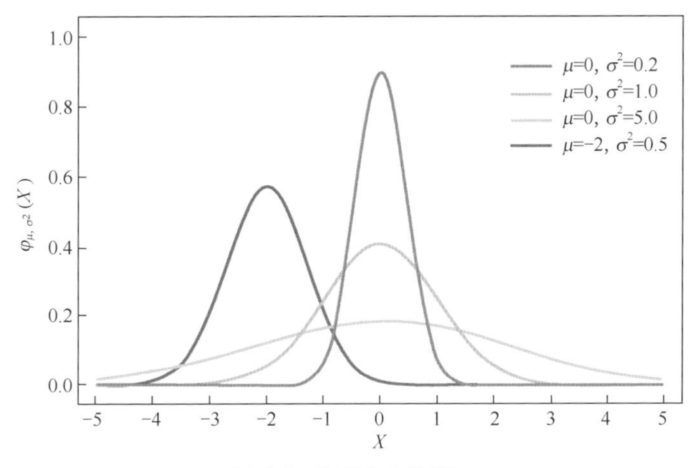

图 7.8 高斯分布曲线图

相反，图 7.9 是拉普拉斯分布曲线图。由图可见，拉普拉斯分布在极值点（0 点）处是一个尖峰，所以拉普拉斯先验分布中参数 w 取值为 0 的可能性要更高。在此我们不再给出 L1 和 L2 正则化分别对应拉普拉斯先验分布和高斯先验分布的详细证明。

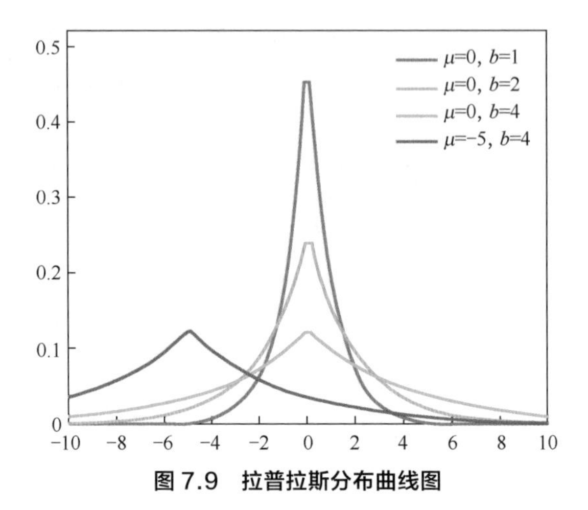

图 7.9　拉普拉斯分布曲线图

第8章

采样

古人云："知秋一叶，尝鼎一脔"，其中就蕴含着采样的思想。采样，顾名思义，就是从特定的概率分布中抽取相应样本点的过程。采样在机器学习中有着非常重要的应用：它可以将复杂的分布简化为离散的样本点；可以用重采样对样本集进行调整以更好地适应后期的模型学习；可以用于随机模拟以进行复杂模型的近似求解或推理。另外，采样在数据可视化方面也有很多应用，可以帮助人们快速、直观地了解数据的结构和特性。

对于一些简单的分布，如均匀分布、高斯分布等，很多编程语言里面都有直接的采样函数。然而，即使是这些简单分布，其采样过程也并不是显而易见的，仍需要精心设计。对于比较复杂的分布，往往并没有直接的采样函数可供调用，这时就需要其他更加复杂的采样方法。因此，对采样方法的深入理解是很有必要的。

本章会通过一系列的问题与解答来展现采样的相关知识，包括采样的作用、常见的采样方法、采样在一些分布或模型上的具体实现，以及采样的应用。

01 采样的作用

场景描述

采样是从特定的概率分布中抽取对应的样本点。那么，这些抽取出来的样本有什么用呢？或者说，为什么需要采样？采样可以用来解决什么问题？

知识点

采样，机器学习，概率统计

问题 举例说明采样在机器学习中的应用。 难度：★★☆☆☆

分析与解答

采样本质上是对随机现象的模拟，根据给定的概率分布，来模拟产生一个对应的随机事件。采样可以让人们对随机事件及其产生过程有更直观的认识。例如，通过对二项分布的采样，可以模拟“抛硬币出现正面还是反面”这个随机事件，进而模拟产生一个多次抛硬币出现的结果序列，或者计算多次抛硬币后出现正面的频率。

另一方面，采样得到的样本集也可以看作是一种非参数模型，即用较少量的样本点（经验分布）来近似总体分布，并刻画总体分布中的不确定性。从这个角度来说，采样其实也是一种信息降维，可以起到简化问题的作用。例如，在训练机器学习模型时，一般想要优化的是模型在总体分布上的期望损失（期望风险），但总体分布可能包含无穷多个样本点，要在训练时全部用上几乎是不可能的，采集和存储样本的代价也非常大。因此，一般采用总体分布的一个样本集来作为总体分布的近似，称之为训练集，训练模型的时候是最小化模型在训练集上损失函数（经验风险）。同理，在评估模型时，也是看模型在另外一个样本集（测试集）

上的效果。这种信息降维的特性，使得采样在数据可视化方面也有很多应用，它可以帮助人们快速、直观地了解总体分布中数据的结构和特性。

对当前的数据集进行重采样，可以充分利用已有数据集，挖掘更多信息，如自助法和刀切法（Jack knife），通过对样本多次重采样来估计统计量的偏差、方差等。另外，利用重采样技术，可以在保持特定的信息下（目标信息不丢失），有意识地改变样本的分布，以更适应后续的模型训练和学习，例如利用重采样来处理分类模型的训练样本不均衡问题。

此外，很多模型由于结构复杂、含有隐变量等原因，导致对应的求解公式比较复杂，没有显式解析解，难以进行精确求解或推理。在这种情况下，可以利用采样方法进行随机模拟，从而对这些复杂模型进行近似求解或推理。这一般会转化为某些函数在特定分布下的积分或期望，或者是求某些随机变量或参数在给定数据下的后验分布等。例如，在隐狄利克雷模型和深度玻尔兹曼机（Deep Boltzmann Machines，DBM）的求解过程中，由于含有隐变量，直接计算比较困难，此时可以用吉布斯采样对隐变量的分布进行采样。如果对于贝叶斯模型，还可以将隐变量和参数变量放在一起，对它们的联合分布进行采样。注意，不同于一些确定性的近似求解方法（如变分贝叶斯方法、期望传播等），基于采样的随机模拟方法是数值型的近似求解方法。

·总结与扩展·

采样在机器学习中还有很多其他应用，在实际面试中，面试官可能会让面试者大致说一下几种常见的应用，然后挑一个面试者比较熟悉的应用具体交谈。例如，如何用自助法或刀切法来估计偏差、方差等；隐狄利克雷模型和深度玻尔兹曼机具体是怎么用吉布斯采样进行求解的？在进行模型求解时，马尔可夫蒙特卡洛采样法与常见的最大期望算法、变分推断方法有什么联系和区别？

均匀分布随机数

场景描述

均匀分布是指整个样本空间中的每一个样本点对应的概率（密度）都是相等的。根据样本空间是否连续，又分为离散均匀分布和连续均匀分布。均匀分布可以算作是最简单的概率分布。从均匀分布中进行采样，即生成均匀分布随机数，几乎是所有采样算法都需要用到的基本操作。然而，即使是如此简单的分布，其采样过程也并不是显然的，需要精心设计一定的策略。

知识点

概率统计，线性同余

问题 如何编程实现均匀分布随机数生成器？

难度：★☆☆☆☆

分析与解答

首先需要明确的是，计算机程序都是确定性的，因此并不能产生真正意义上的完全均匀分布随机数，只能产生伪随机数（伪随机数是指这些数字虽然是通过确定性的程序产生的，但是它们能通过近似的随机性测试）。另外，由于计算机的存储和计算单元只能处理离散状态值，因此也不能产生连续均匀分布随机数，只能通过离散分布来逼近连续分布（用很大的离散空间来提供足够的精度）。

一般可采用线性同余法（Linear Congruential Generator）来生成离散均匀分布伪随机数，计算公式为

$$x_{t+1} \equiv a \cdot x_t + c \pmod m, \tag{8.1}$$

也就是根据当前生成的随机数 x_t 来进行适当变换，进而产生下一次的随

机数 x_{t+1}。初始值 x_0 称为随机种子。式（8.1）得到的是区间 $[0,m-1]$ 上的随机整数，如果想要得到区间 $[0,1]$ 上的连续均匀分布随机数，用 x_t 除以 m 即可。

可以看出，线性同余法得到的随机数并不是相互独立的（下一次的随机数根据当前随机数来产生）。此外，根据式（8.1），该算法最多只能产生 m 个不同的随机数，实际上对于特定的种子，很多数无法取到，循环周期基本达不到 m。如果进行多次操作，得到的随机数序列会进入循环周期。因此，一个好的线性同余随机数生成器，要让其循环周期尽可能接近 m，这就需要精心选择合适的乘法因子 a 和模数 m（需要利用代数和群理论）。具体实现中有多种不同的版本，例如 gcc 中采用 的 glibc 版本：

$$\begin{cases} m = 2^{31} - 1, \\ a = 1103515245, \\ c = 12345. \end{cases}$$

但不管怎样，由计算机程序实现的随机数生成器产生的都是伪随机数，真正的随机数只会存在于自然界的物理现象中，比如放射性物质的衰变，温度、气流的随机扰动等。有一些网站可以提供基于大自然的随机现象的随机生成器，有兴趣的读者可以尝试一下。图 8.1 是通过大气噪声来产生随机数，可以说是“货真价实”的真随机数生成器了。

图 8.1　闪电产生大气噪声

· 总结与扩展 ·

面试时，面试官还可能会针对线性同余法进行深入提问，比如，线性同余法中的随机种子一般如何选定？如果需要产生高维样本或大量样本，线性同余法会存在什么问题？如何证明上述线性同余发生器得到的序列可以近似为均匀分布（伪随机数）？

常见的采样方法

场景描述

对于一个随机变量，通常用概率密度函数来刻画该变量的概率分布特性。具体来说，给定随机变量的一个取值，可以根据概率密度函数来计算该值对应的概率（密度）。反过来，也可以根据概率密度函数提供的概率分布信息来生成随机变量的一个取值，这就是采样。因此，从某种意义上来说，采样是概率密度函数的逆向应用。与根据概率密度函数计算样本点对应的概率值不同，采样过程往往没有那么直接，通常需要根据待采样分布的具体特点来选择合适的采样策略。

知识点

逆变换采样，拒绝采样，重要性采样

问题 **抛开那些针对特定分布而精心设计的采样方法，说一些你所知道的通用采样方法或采样策略，简单描述它们的主要思想以及具体操作步骤。**

难度：★★★☆☆

分析与解答

几乎所有的采样方法都是以均匀分布随机数作为基本操作。均匀分布随机数一般用线性同余法来产生，上一小节有具体介绍，这里不再赘述。

首先假设已经可以生成 $[0,1]$ 上的均匀分布随机数。对于一些简单的分布，可以直接用均匀采样的一些扩展方法来产生样本点，比如有限离散分布可以用轮盘赌算法来采样。然而，很多分布一般不好直接进行采样，可以考虑函数变换法。一般地，如果随机变量 x 和 u 存在变换关系$u=\varphi(x)$，则它们的概率密度函数有如下关系：

$$p(u)|\varphi'(x)|=p(x). \tag{8.2}$$

因此，如果从目标分布 $p(x)$ 中不好采样 x，可以构造一个变换 $u=\varphi(x)$，使得从变换后的分布 $p(u)$ 中采样 u 比较容易，这样可以通过先对 u 进行采样然后通过反函数$x=\varphi^{-1}(u)$来间接得到 x。如果是高维空间的随机向量，则$\varphi'(x)$对应 Jacobian 行列式。

特别地，在函数变换法中，如果变换关系 $\varphi(\cdot)$ 是 x 的累积分布函数的话，则得到所谓的逆变换采样（Inverse Transform Sampling）。假设待采样的目标分布的概率密度函数为 $p(x)$，它的累积分布函数为

$$u=\Phi(x)=\int_{-\infty}^{x}p(t)\mathrm{d}t, \tag{8.3}$$

则逆变换采样法按如下过程进行采样：

（1）从均匀分布 $U(0,1)$ 产生一个随机数 u_i；

（2）计算$x_i=\Phi^{-1}(u_i)$，其中$\Phi^{-1}(\cdot)$是累积分布函数的逆函数。

根据式（8.2）和式（8.3），上述采样过程得到的 x_i 服从 $p(x)$ 分布。图 8.2 是逆变换采样法的示意图。

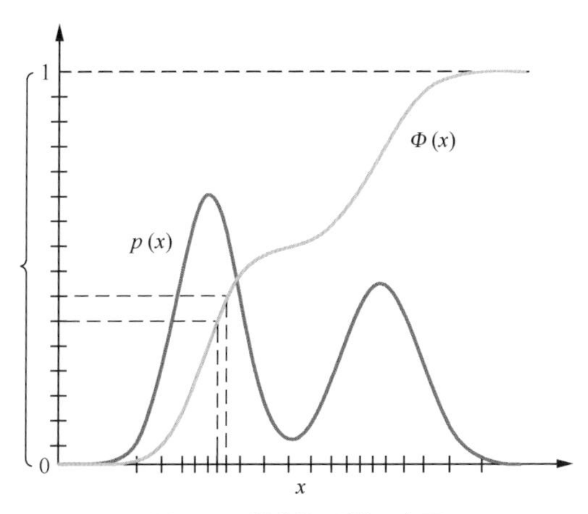

图 8.2　逆变换采样示意图

如果待采样的目标分布的累积分布函数的逆函数无法求解或者不容易计算，则不适用于逆变换采样法。此时可以构造一个容易采样的参考分布，先对参考分布进行采样，然后对得到的样本进行一定的后处理操作，使得最终的样本服从目标分布。常见的拒绝采样（Rejection Sampling）、重要性采样（Importance Sampling），就属于这类采

样算法，下面分别简单介绍它们的采样过程。

拒绝采样，又叫接受 / 拒绝采样（Accept-Reject Sampling）。对于目标分布 $p(x)$，选取一个容易采样的参考分布 $q(x)$，使得对于任意 x 都有 $p(x) \leqslant M \cdot q(x)$，则可以按如下过程进行采样：

（1）从参考分布 $q(x)$ 中随机抽取一个样本 x_i。

（2）从均匀分布 $U(0,1)$ 产生一个随机数 u_i。

（3）如果 $u_i < \dfrac{p(x_i)}{M\,q(x_i)}$，则接受样本 x_i；否则拒绝，重新进行步骤（1）~（3），直到新产生的样本 x_i 被接受。

通过简单的推导，可以知道最终得到的 x_i 服从目标分布 $p(x)$。如图 8.3（a）所示，拒绝采样的关键是为目标分布 $p(x)$ 选取一个合适的包络函数 $M \cdot q(x)$：包络函数越紧，每次采样时样本被接受的概率越大，采样效率越高。在实际应用中，为了维持采样效率，有时很难寻找一个解析形式的 $q(x)$，因此延伸出了自适应拒绝采样（Adaptive Rejection Sampling），在目标分布是对数凹函数时，用分段线性函数来覆盖目标分布的对数 $\ln p(x)$，如图 8.3（b）所示，这里不再细述。

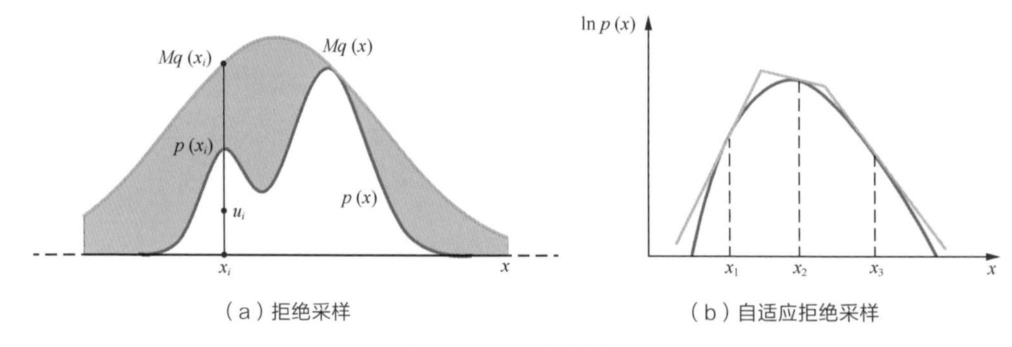

（a）拒绝采样　　（b）自适应拒绝采样

图 8.3　拒绝采样示意图

很多时候，采样的最终目的并不是为了得到样本，而是为了进行一些后续任务，如预测变量取值，这通常表现为一个求函数期望的形式。重要性采样就是用于计算函数 $f(x)$ 在目标分布 $p(x)$ 上的积分（函数期望），即

$$E[f] = \int f(x) p(x) \mathrm{d}x . \tag{8.4}$$

首先，找一个比较容易抽样的参考分布 $q(x)$，并令 $w(x) = \dfrac{p(x)}{q(x)}$，则有

$$E[f]=\int f(x)w(x)q(x)\mathrm{d}x\ ,\tag{8.5}$$

这里 $w(x)$ 可以看成是样本 x 的重要性权重。由此，可以先从参考分布 $q(x)$ 中抽取 N 个样本 $\{x_i\}$，然后利用如下公式来估计 $E[f]$:

$$E[f]\approx\hat{E}_N[f]=\sum_{i=1}^{N}f(x_i)w(x_i).\tag{8.6}$$

图 8.4 是重要性采样的示意图。如果不需要计算函数积分，只想从目标分布 $p(x)$ 中采样出若干样本，则可以用重要性重采样（Sampling-Importance Re-sampling，SIR），先在从参考分布 $q(x)$ 中抽取 N 个样本 $\{x_i\}$，然后按照它们对应的重要性权重 $\{w(x_i)\}$ 对这些样本进行重新采样（这是一个简单的针对有限离散分布的采样），最终得到的样本服从目标分布 $p(x)$。

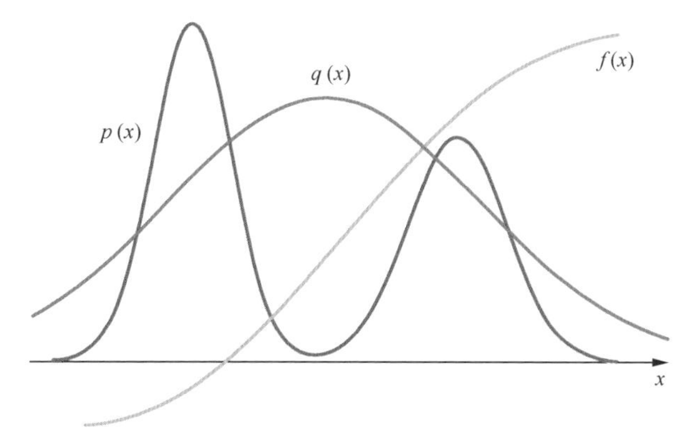

图 8.4　重要性采样示意图

在实际应用中，如果是高维空间的随机向量，拒绝采样和重要性重采样经常难以寻找合适的参考分布，采样效率低下（样本的接受概率小或重要性权重低），此时可以考虑马尔可夫蒙特卡洛采样法，常见的有 Metropolis-Hastings 采样法和吉布斯采样法。后续会专门介绍马尔可夫蒙特卡洛采样法，这里不再赘述。

· 总结与扩展 ·

上述解答中我们只是列举了几个最常用的采样算法，简单介绍了它们的具体操作。在实际面试时，面试官可能会让面试者选择其最熟悉的某个采样算法来回答，然后较深入地问一下该算法的理论证明、优缺点、相关扩展和应用等。例如，为何拒绝采样或重要性采样在高维空间中会效率低下而无法使用？如何从一个不规则多边形中随机取一个点？

04 高斯分布的采样

场景描述

高斯分布，又称正态分布，是一个在数学、物理及工程领域都非常重要的概率分布。在实际应用中，经常需要对高斯分布进行采样。虽然在很多编程语言中，直接调用某个函数就可以生成高斯分布随机数，但了解其中的具体算法能够加深我们对相关概率统计知识的理解。此外，高斯分布的采样方法有多种，通过展示不同的采样方法在高斯分布上的具体操作以及性能对比，我们会对这些采样方法有更直观的印象。

知识点

高斯分布，Box-Muller 算法，拒绝采样

问题 如何对高斯分布进行采样？

难度：★★★☆☆

分析与解答

首先，假设随机变量 z 服从标准正态分布 $N(0,1)$，令

$$x=\sigma\cdot z+\mu\,, \tag{8.7}$$

则 x 服从均值为 μ、方差为 σ^2 的高斯分布 $N(\mu,\sigma^2)$。因此，任意高斯分布都可以由标准正态分布通过拉伸和平移得到，所以这里只考虑标准正态分布的采样。常见的采样方法有逆变换法、拒绝采样、重要性采样、马尔可夫蒙特卡洛采样法等。具体到高斯分布，要如何采样呢？

如果直接用逆变换法，基本操作步骤为：

（1）产生 $[0,1]$ 上的均匀分布随机数 u。

（2）令 $z=\sqrt{2}\mathrm{erf}^{-1}(2u-1)$，则 z 服从标准正态分布。其中 $\mathrm{erf}(\cdot)$ 是高斯误差函数，它是标准正态分布的累积分布函数经过简单平移和拉伸变换后的形式，定义如下

$$\operatorname{erf}(x)=\frac{2}{\sqrt{\pi}}\int_0^x \mathrm{e}^{-t^2}\mathrm{d}t \ . \tag{8.8}$$

上述逆变换法需要求解 erf(x) 的逆函数，这并不是一个初等函数，没有显式解，计算起来比较麻烦，所以为了避免这种非初等函数的求逆操作，Box-Muller 算法提出了如下解决方案：既然单个高斯分布的累计分布函数不好求逆，那么两个独立的高斯分布的联合分布呢？假设 x,y 是两个服从标准正态分布的独立随机变量，它们的联合概率密度为

$$p(x,y)=\frac{1}{2\pi}\mathrm{e}^{-\frac{x^2+y^2}{2}} \ . \tag{8.9}$$

考虑 (x,y) 在圆盘$\{(x,y)\,|\,x^2+y^2\leqslant R^2\}$上的概率

$$F(R)=\int_{x^2+y^2\leqslant R^2}\frac{1}{2\pi}\mathrm{e}^{-\frac{x^2+y^2}{2}}\mathrm{d}x\mathrm{d}y \ . \tag{8.10}$$

通过极坐标变换将 (x,y) 转化为 (r,θ)，可以很容易求得二重积分，式（8.10）变为

$$F(R)=1-\mathrm{e}^{-\frac{R^2}{2}}, R\geqslant 0 \ . \tag{8.11}$$

这里 $F(R)$ 可以看成是极坐标中 r 的累积分布函数。由于 $F(R)$ 的计算公式比较简单，逆函数也很容易求得，所以可以利用逆变换法来对 r 进行采样；对于 θ，在 $[0,2\pi]$ 上进行均匀采样即可。这样就得到了 (r,θ)，经过坐标变换即可得到符合标准正态分布的 (x,y)。具体采样过程如下：

（1）产生 $[0,1]$ 上的两个独立的均匀分布随机数 u_1,u_2。

（2）令$\begin{cases} x=\sqrt{-2\ln(u_1)}\cos 2\pi u_2 \\ y=\sqrt{-2\ln(u_1)}\sin 2\pi u_2 \end{cases}$，则 x,y 服从标准正态分布，并且是相互独立的。

Box–Muller 算法由于需要计算三角函数，相对来说还是比较耗时，而 Marsaglia polar method 则避开了三角函数的计算，因而更快，其具体采样操作如下：

（1）在单位圆盘$\{(x,y)|x^2+y^2\leqslant 1\}$上产生均匀分布随机数对 (x,y)（在矩形$\{(x,y)|-1\leqslant x,y\leqslant 1\}$上利用拒绝采样法即可得到）。

（2）令 $s=x^2+y^2$，则$x\sqrt{\frac{-2\ln s}{s}}, y\sqrt{\frac{-2\ln s}{s}}$是两个服从标准正态分布

的样本，其中$\frac{x}{\sqrt{s}}$,$\frac{y}{\sqrt{s}}$用来代替Box-Muller算法中的cosine和sine操作。

除了逆变换法，我们还可以利用拒绝采样法，选择一个比较好计算累积分布逆函数的参考分布来覆盖当前正态分布（可以乘以一个常数倍），进而转化为对参考分布的采样以及对样本点的拒绝 / 接收操作。考虑到高斯分布的特性，这里可以用指数分布来作为参考分布。指数分布的累积分布及其逆函数都比较容易求解。由于指数分布的样本空间为$x \geqslant 0$，而标准正态分布的样本空间为$(-\infty,+\infty)$，因此还需要利用正态分布的对称性来在半坐标轴和全坐标轴之间转化。具体来说，取λ=1的指数分布作为参考分布，其密度函数为

$$q(x)=\mathrm{e}^{-x}, \tag{8.12}$$

对应的累积分布函数及其逆函数分别为

$$F(x)=1-\mathrm{e}^{-x}, \tag{8.13}$$

$$F^{-1}(u)=-\log(1-u). \tag{8.14}$$

利用逆变换法很容易得到指数分布的样本，然后再根据拒绝采样法来决定是否接受该样本，接受的概率为

$$A(x)=\frac{p(x)}{M \cdot q(x)}, \tag{8.15}$$

其中$p(x)=\frac{2}{\sqrt{2\pi}}\mathrm{e}^{-\frac{x^2}{2}}(x \geqslant 0)$是标准正态分布压缩到正半轴后的概率密度函数，常数因子M需要满足如下条件:

$$p(x) \leqslant M \cdot q(x), \forall x>0. \tag{8.16}$$

实际应用时，M需要尽可能小，这样每次的接受概率大，采样效率更高。因此，可以取

$$M=\sup_{x \geqslant 0}\frac{p(x)}{q(x)}, \tag{8.17}$$

计算后得到接受概率

$$A(x)=\mathrm{e}^{-\frac{(x-1)^2}{2}}. \tag{8.18}$$

因此，具体的采样过程如下:

（1）产生[0,1]上的均匀分布随机数u_0，计算$x=F^{-1}(u_0)$得到指数分布的样本x。

（2）再产生 [0,1] 上的均匀分布随机数 u_1，若$u_1 < A(x)$，则接受 x，进入下一步；否则拒绝，跳回到步骤 1 重新采样。

（3）最后再产生 [0,1] 上的均匀分布随机数 u_2，若 u_2<0.5，则将 x 转化为 $-x$，否则保持不变；由此最终得到标准正态分布的一个样本。

拒绝采样法的效率取决于接受概率的大小：参考分布与目标分布越接近，则采样效率越高。有没有更高效的拒绝采样算法呢？这就是 Ziggurat 算法，该算法本质也是拒绝采样，但采用多个阶梯矩形来逼近目标分布（见图 8.5）。Ziggurat 算法虽然看起来稍微烦琐，但实现起来并不复杂，操作也非常高效，感兴趣的读者可以自行查阅相关文献。

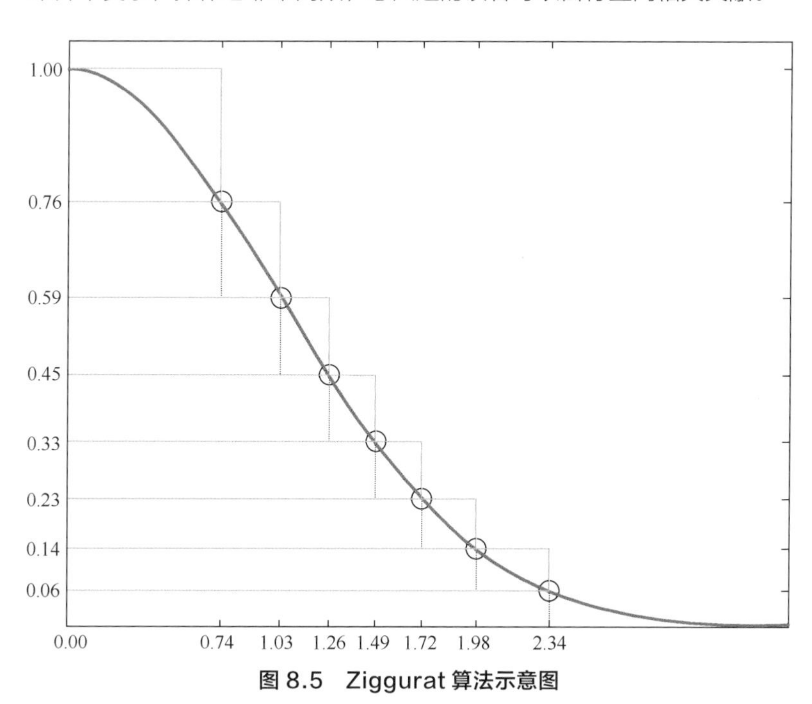

图 8.5　Ziggurat 算法示意图

· 总结与扩展 ·

高斯分布的采样方法还有很多，我们只列举了几种最常见的。具体面试时，面试者不需要回答所有的方法，知道其中一两种即可，面试官可能会针对这一两种方法深入提问，如理论证明、优缺点、性能等。面试时如果没有思路，可以回忆那些通用的采样方法，如何将那些策略用到高斯分布这个具体案例上。另外，本题还可以适当扩展，例如，多维高斯分布随机向量如何采样？截尾高斯分布（Truncated Gaussian Distribution）如何采样？

逸闻趣事　正态分布为何又称高斯分布

正态分布最早出现在1738年棣莫弗（Abraham de Moivre）著作的书籍《The Doctrine of Chances》中：当二项分布的参数 n 很大且参数 p 为1/2时，对应的近似分布函数就是正态分布（当时还没有被命名为正态分布）。后来，拉普拉斯（Pierre-Simon marquis de Laplace）将二项分布的正态近似这个结论扩展到任意参数 $0<p<1$，即现在的棣莫弗－拉普拉斯定理。棣莫弗在二项分布的计算中瞥见了正态分布的模样，不过他并没有展现这个分布的美妙之处。棣莫弗不是统计学家，未从统计学角度考虑这个工作的意义，所以这个发现当时并没有引起人们足够的重视，正态分布当时也只是以极限分布的形式出现，并没有在统计学，尤其是误差分析中发挥作用。这也是正态分布最终没有被冠名棣莫弗分布的重要原因。

后来，拉普拉斯在误差分析试验中使用了正态分布。勒让德（Adrien-Marie Legendre）于1805年引入最小二乘法这一重要方法，而高斯（Johann Carl Friedrich Gauss）则宣称他早在1794年就使用了该方法，并通过假设误差服从正态分布给出了严格的证明。高斯的介入首先要从天文学界的一个事件说起。1801年1月，天文学家朱塞普・皮亚齐（Giuseppe Piazzi）发现了一颗从未见过的光度8等的星在移动，这颗现在被称作谷神星（Ceres）的小行星在夜空中出现6个星期，扫过八度角后就在太阳的光芒下没了踪影，无法观测。留下的观测数据有限，天文学家难以计算出它的轨道，因此也无法确定这颗新星是彗星还是行星，这个问题很快成了学术界关注的焦点。高斯当时已经是很有名望的年轻数学家了，这个问题也引起了他的兴趣。他以卓越的数学才能创立了一套全新的行星轨道计算方法，很快就计算出了谷神星的轨道，并预言了它在夜空中出现的时间和位置。1801年12月31日夜，德国天文爱好者奥伯斯（Heinrich Olbers）在高斯预言的时间里，用望远镜对准了这片天空。果然不出所料，谷神星出现了！高斯为此名声大震，但是他当时拒绝透露计算轨道的方法。原因可能是，高斯认为自己的方法的理论基础还不够成熟，而他一向治学严谨、精益求精，不轻易发表没有思考成熟的理论。直到1809年，高斯系统地完善了相关的数学理论后，才将他的方法公布于众，而其中使用的数据分析方法，就是以正态误差分布为基础的最小二乘法。勒让德和高斯关于最小二乘法的发明权之争，成了数学史上仅次于牛顿、莱布尼茨微积分发明权的争端。

在整个正态分布被发现与应用的历史中，棣莫弗、拉普拉斯、高斯各有贡献：拉普拉斯从中心极限定理的角度解释它，高斯把它应用在误差分析中，殊途同归。正态分布被发现有这么好的性质，各国人民都争抢它的冠名权。因为拉普拉斯是法国人，所以当时在法国被称为拉普拉斯分布；而高斯是德国人，所以在德国叫作高斯分布；第三中立国的人民称它为拉普拉斯－高斯分布。后来法国大数学家庞加莱（Jules Henri Poincaré）建议改用正态分布这一中立名称，随后统计学家卡尔•皮尔森（Karl Pearson）使得这个名称被广泛接受（但是正态分布这个名字似乎会给人一种谬误，即其他很多概率分布都是不正态的）。不过因为高斯在数学界的名气实在是太大，正态分布的桂冠还是更多地被戴在了高斯头上，目前数学界是正态分布和高斯分布两者并用。有趣的是，“高斯分布”也正好是“Stigler名字由来法则”的一个例证，这个法则说的是“没有科学发现是以它最初的发现者命名的”。

马尔可夫蒙特卡洛采样法

场景描述

前面小节中提到，在高维空间中，拒绝采样和重要性重采样经常难以寻找合适的参考分布，采样效率低下（样本的接受概率小或重要性权重低），此时可以考虑马尔可夫蒙特卡洛（Markov Chain Monte Carlo，MCMC）采样法。MCMC 采样法是机器学习中非常重要的一类采样算法，起源于物理学领域，到 20 世纪 80 年代后期才在统计学领域产生重要影响。它可以用于很多比较复杂的分布的采样，并且在高维空间中也能使用。

知识点

蒙特卡洛法，马尔可夫链，吉布斯采样，Metropolis-Hastings 采样

问题1 简述MCMC采样法的主要思想。 难度：★☆☆☆☆

分析与解答

从名字看，MCMC 采样法主要包括两个 MC，即蒙特卡洛法（Monte Carlo）和马尔可夫链（Markov Chain）。蒙特卡洛法是指基于采样的数值型近似求解方法，而马尔可夫链则用于进行采样。MCMC 采样法基本思想是：针对待采样的目标分布，构造一个马尔可夫链，使得该马尔可夫链的平稳分布就是目标分布；然后，从任何一个初始状态出发，沿着马尔可夫链进行状态转移，最终得到的状态转移序列会收敛到目标分布，由此可以得到目标分布的一系列样本。在实际操作中，核心点是如何构造合适的马尔可夫链，即确定马尔可夫链的状态转移概率，这涉及一些马尔可夫链的相关知识点，如时齐性、细致平衡条件、可遍历性、平稳分布等，感兴趣的读者可以参阅相关资料，这里不再细述。

问题2 简单介绍几种常见的MCMC采样法。

难度：★★☆☆☆

分析与解答

MCMC采样法的核心点是构造合适的马尔可夫链，不同的马尔可夫链对应着不同的MCMC采样法，常见的有Metropolis-Hastings采样法和吉布斯采样法，如图8.6所示。

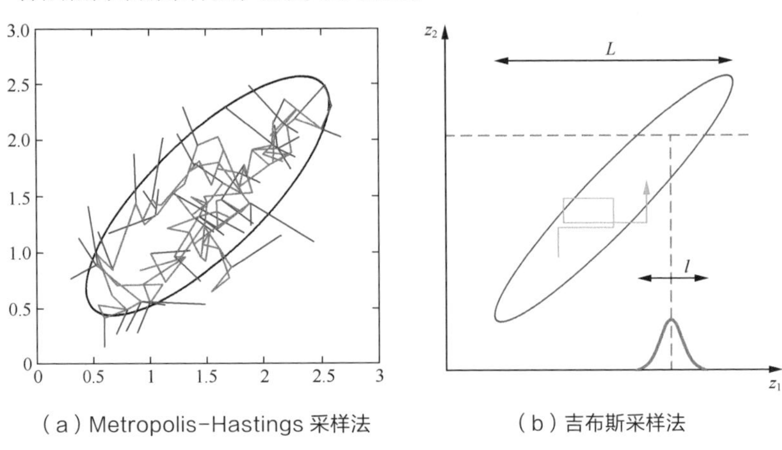

（a）Metropolis-Hastings采样法　　（b）吉布斯采样法

图8.6 MCMC采样示意图

Metropolis-Hastings采样法

对于目标分布$p(x)$，首先选择一个容易采样的参考条件分布$q(x^*|x)$，并令

$$A(x,x^*)=\min\left\{1,\frac{p(x^*)q(x|x^*)}{p(x)q(x^*|x)}\right\}. \tag{8.19}$$

然后根据如下过程进行采样：

（1）随机选一个初始样本$x^{(0)}$。

（2）For $t=1, 2, 3, \cdots$：

- 根据参考条件分布$q(x^*|x^{(t-1)})$抽取一个样本x^*；
- 根据均匀分布$U(0,1)$产生随机数u；
- 若$u<A(x^{(t-1)},x^*)$，则令$x^{(t)}=x^*$，否则令$x^{(t)}=x^{(t-1)}$。

可以证明，上述过程得到的样本序列$\{\ldots,x^{(t-1)},x^{(t)},\ldots\}$最终会收敛到目标

分布 $p(x)$。图 8.6（a）是 Metropolis-Hastings 算法采样过程的一个示意图，其中红线表示被拒绝的移动（维持旧样本），绿线表示被接受的移动（采纳新样本）。

吉布斯采样法

吉布斯采样法是 Metropolis-Hastings 算法的一个特例，其核心思想是每次只对样本的一个维度进行采样和更新。对于目标分布 $p(x)$，其中 $x=(x_1,x_2,\ldots,x_d)$ 是多维向量，按如下过程进行采样：

（1）随机选择初始状态 $x^{(0)}=(x_1^{(0)},x_2^{(0)},\ldots,x_d^{(0)})$。

（2）For t = 1, 2, 3, ⋯ :

- 对于前一步产生的样本 $x^{(t-1)}=(x_1^{(t-1)},x_2^{(t-1)},\ldots,x_d^{(t-1)})$，依次采样和更新每个维度的值，即依次抽取分量 $x_1^{(t)}\sim p(x_1\mid x_2^{(t-1)},x_3^{(t-1)},\ldots,x_d^{(t-1)})$，$x_2^{(t)}\sim p(x_2\mid x_1^{(t)},x_3^{(t-1)},\ldots,x_d^{(t-1)})$，...，$x_d^{(t)}\sim p(x_d\mid x_1^{(t)},x_2^{(t)},\ldots,x_{d-1}^{(t)})$；
- 形成新的样本 $x^{(t)}=(x_1^{(t)},x_2^{(t)},\ldots,x_d^{(t)})$。

同样可以证明，上述过程得到的样本序列 $\{\ldots,x^{(t-1)},x^{(t)},\ldots\}$ 会收敛到目标分布 $p(x)$。另外，步骤（2）中对样本每个维度的抽样和更新操作，不是必须按下标顺序进行的，可以是随机顺序。

在拒绝采样中，如果在某一步中采样被拒绝，则该步不会产生新样本，需要重新进行采样。与此不同，MCMC 采样法每一步都会产生一个样本，只是有时候这个样本与之前的样本一样而已。另外，MCMC 采样法是在不断迭代过程中逐渐收敛到平稳分布的，因此实际应用中一般会对得到的样本序列进行“burn-in”处理，即截除掉序列中最开始的一部分样本，只保留后面的样本。

问题 3 MCMC 采样法如何得到相互独立的样本？

难度：★★☆☆☆

分析与解答

与一般的蒙特卡洛算法不同，MCMC 采样法得到的样本序列中相邻的样本不是独立的，因为后一个样本是由前一个样本根据特定的转移概率得到的，或者有一定概率就是前一个样本。如果仅仅是采样，并不需要样本之间相互独立。如果确实需要产生独立同分布的样本，可以同时运行多条马尔可夫链，这样不同链上的样本是独立的；或者在同一条马尔可夫链上每隔若干个样本才选取一个，这样选取出来的样本也是近似独立的。

· 总结与扩展 ·

MCMC 采样法应用十分广泛，比如可以思考如何用 MCMC 采样法来求一个分布的众数？ MCMC 采样法在最大似然估计或贝叶斯推理中是如何使用的？

逸闻趣事　用 MCMC 采样法破解密码

斯坦福大学统计学教授 Persi Diaconis 是一位传奇人物。他在 14 岁时就成了一名魔术师。为了看懂数学家 William Feller 的概率论著作，他 24 岁就进入大学读书。由于 Diaconis 曾向《科学美国人》投稿介绍他的洗牌方法，使得在《科学美国人》上常年开设数学游戏专栏的著名数学科普作家 Martin Gardner 给他写了推荐信去哈佛大学。当时哈佛大学的统计学家 Frederick Mosteller 正在研究魔术，于是 Diaconis 成了 Mosteller 的学生（对他这段传奇经历有兴趣的读者可以看一看统计学史话《女士品茶》）。下面要讲的这个故事，是 Diaconis 在他的文章“*The Markov Chain Monte Carlo Revolution*”中给出的破译犯人密码的例子。

一天，一位研究犯罪心理学的医生来到斯坦福大学拜访 Diaconis。他带来了一个囚犯所写的密码信息，希望 Diaconis 能帮他找出密码中的信息。这个密码里的每个符号应该对应着某个字母（见图 8.7），但是如何把这些字母准确地找出来呢？ Diaconis 和他的学生 Marc Coram 采用了 MCMC 采样法解决了这个问题。

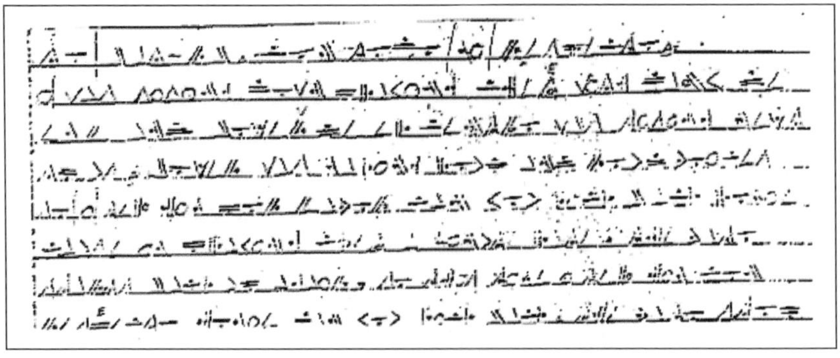

图 8.7　囚犯密码的密文

这其实是一个非常典型的恺撒密码。手工用频率分析法，尝试不同的组合并观察结果是否有意义也可以解决这个问题。但是，除了部分高频字母，大部分字母的出现频率是差不多的，而且与文本内容有关，这样需要尝试非常多的组合，而且需要人为地判断结果是否有意义。因此，单纯地依靠字母频率分析是不够的，应该考虑更一般的特征，比如字母之间的共同出现的频率。更进一步地，可以考虑字母之间的转移概率，例如，当前一个字母为辅音时，后一个字母出现元音的概率更大；或者，连续几个辅音出现之后再出现辅音的概率将非常低。这样就可以请出MCMC方法了，以大量英文语料为基础，统计从字母 x 到字母 y 的转移概率：无论是加密前还是加密后的文本，特定位置之间的转移概率是一致的，大致趋近于正常英文语料的转移概率。

Diaconis和他的学生Coram按照这个思路对密文进行解密。首先，用《战争与和平》作为标准文本，统计一个字母到另一个字母的一步转移概率；然后，根据 Metropolis-Hastings 算法，在假设所有对应关系出现的可能性相等的前提下（也就是无信息先验），随机给出了密码字符和字母的对应关系；再利用前边得到的转移概率，计算这种对应关系出现的概率 $p1$；然后，随机抽取两个密码字符，互换它们的对应字母，计算此时对应关系的概率 $p2$；最后，如果 $p2>p1$，接受新的对应关系；否则，抛一枚以 $p2/p1$ 的概率出现正面的硬币，如果出现正面，则接受新的对应关系，否则依然保持旧有的对应关系。这就是 Metropolis-Hastings 算法的运用，当算法收敛时，就会得到真实的对应关系。事实上，当算法运行了 2000 多步的时候，就得到了一个混合了英语和西班牙语的文本段落，如图 8.8 所示。

```
to bat-rb. con todo mi respeto. i was sitting down playing chess with
danny de emf and boxer de el centro was sitting next to us. boxer was
making loud and loud voices so i tell him por favor can you kick back
homie cause im playing chess a minute later the vato starts back up again
so this time i tell him con respecto homie can you kick back.  the vato
stop for a minute and he starts up again so i tell him check this out shut
the f**k up cause im tired of your voice and if you got a problem with it
we can go to celda and handle it. i really felt disrespected thats why i
told him. anyways after i tell him that the next thing I know that vato
slashes me and leaves. dy the time i figure im hit i try to get away but
the c.o. is walking in my direction and he gets me right dy a celda. so i
go to the hole. when im in the hole my home boys hit doxer so now "b" is
also in the hole. while im in the hole im getting schoold wrong and
```

图 8.8 囚犯密码的明文

贝叶斯网络的采样

场景描述

概率图模型经常被用来描述多个随机变量的联合概率分布。贝叶斯网络，又称信念网络或有向无环图模型。它是一种概率图模型，利用有向无环图来刻画一组随机变量之间的条件概率分布关系。图 8.9 是贝叶斯网络的一个经典例子，用来刻画 Cloudy、Sprinkler、Rain、WetGrass 等变量之间的条件分布关系。

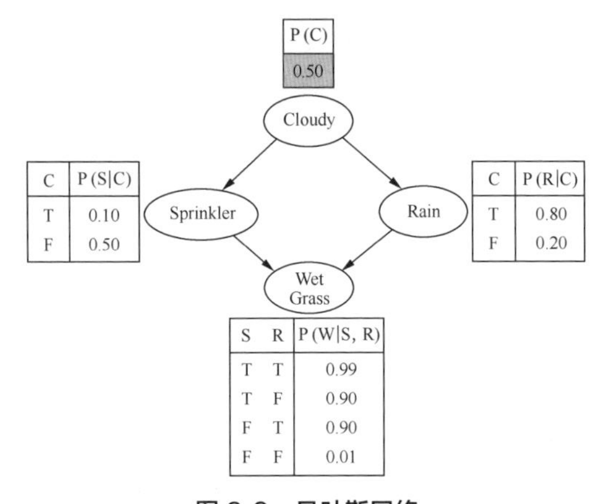

图 8.9　贝叶斯网络

知识点

概率图模型，条件概率，采样

问题　**如何对贝叶斯网络进行采样？如果只需要考虑一部分变量的边缘分布，如何采样？如果网络中含有观测变量，又该如何采样？**　**难度：★★★☆☆**

分析与解答

对一个没有观测变量的贝叶斯网络进行采样，最简单的方法是祖先采样（Ancestral Sampling），它的核心思想是根据有向图的顺序，先对祖先节点进行采样，只有当某个节点的所有父节点都已完成采样，才对该节点进行采样。以场景描述中的图 8.9 为例，先对 Cloudy 变量进行采样，然后再对 Sprinkler 和 Rain 变量进行采样，最后对 WetGrass 变量采样，如图 8.10 所示（图中绿色表示变量取值为 True，红色表示取值为 False）。根据贝叶斯网络的全概率公式

$$p(z_1, z_2, \ldots, z_n) = \prod_{i=1}^{n} p(z_i | pa(z_i)), \qquad (8.20)$$

可以看出祖先采样得到的样本服从贝叶斯网络的联合概率分布。

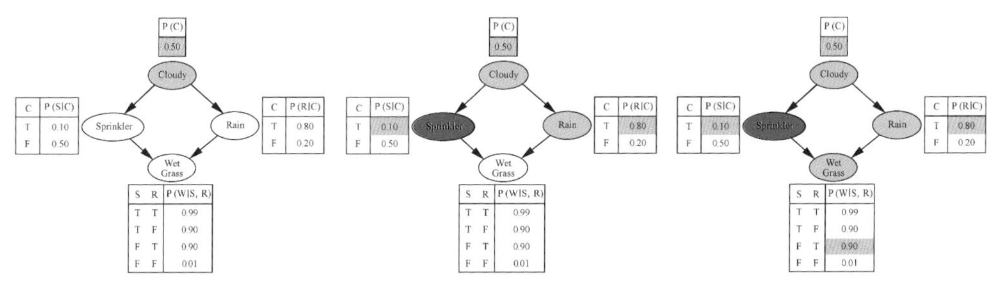

图 8.10　祖先采样示例图

如果只需要对贝叶斯网络中一部分随机变量的边缘分布进行采样，可以用祖先采样先对全部随机变量进行采样，然后直接忽视那些不需要的变量的采样值即可。由图可见，如果需要对边缘分布 $p(\text{Rain})$ 进行采样，先用祖先采样得到全部变量的一个样本，如（Cloudy=T，Sprinkler=F，Rain=T，WetGrass=T），然后忽略掉无关变量，直接把这个样本看成是 Cloudy=T 即可。

接下来考虑含有观测变量的贝叶斯网络的采样，如图 8.11 所示。网络中有观测变量（Sprikler=T，WetGrass=T）（观测变量用斜线阴影表示），又该如何采样呢？最直接的方法是逻辑采样，还是利用祖先采样得到所有变量的取值。如果这个样本在观测变量上的采样值与实际观测值相同，则接受，否则拒绝，重新采样。这种方法的缺点是采样效率可能会非常低，随着观测变量个数的增加、每个变量状态数目的上升，逻辑采样法的采样效率急剧下降，实际中基本不可用。

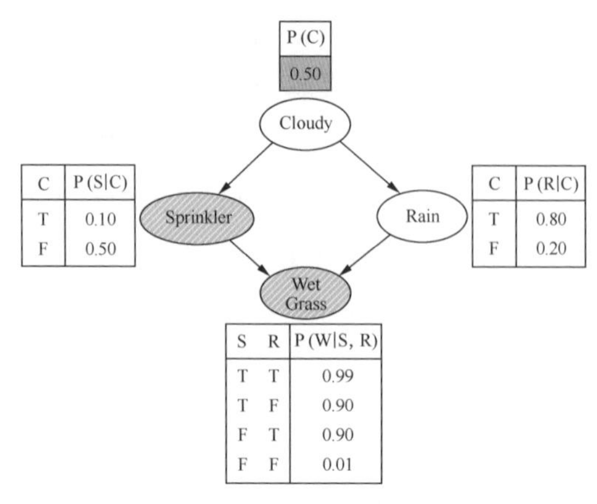

图 8.11　含有观测变量的贝叶斯网络

因此，在实际应用中，可以参考重要性采样的思想，不再对观测变量进行采样，只对非观测变量采样，但是最终得到的样本需要赋一个重要性权值:

$$w\propto \prod_{z_i \in E} p(z_i|pa(z_i)), \tag{8.21}$$

其中 E 是观测变量集合。这种采样方法称作似然加权采样（Likelihood Weighted Sampling），产生的样本权值可以用于后续的积分操作。在有观测变量（Sprikler=T，WetGrass=T）时，可以先对 Cloudy 进行采样，然后对 Rain 进行采样，不再对 Sprinkler 和 WetGrass 采样（直接赋观测值），如图 8.12 所示。这样得到的样本的重要性权值为

$w \propto p(\text{Sprinkler=T}|\text{Cloudy=T}) \cdot p(\text{WetGrass=T}|\text{Sprinkler=T}, \text{Rain=T})=0.1\times0.99=0.099.$

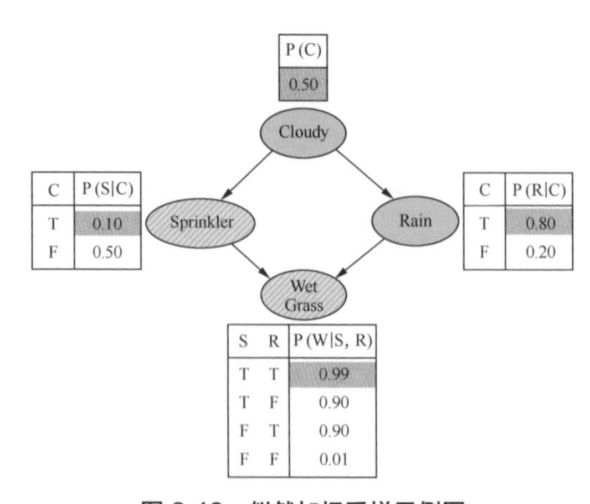

图 8.12　似然加权采样示例图

除此之外，还可以用 MCMC 采样法来进行采样。具体来说，如果采用 Metropolis-Hastings 采样法的话，如图 8.13 所示，只需要在随机向量（Cloudy, Rain）上选择一个概率转移矩阵，然后按照概率转移矩阵不断进行状态转换，每次转移有一定概率的接受或拒绝，最终得到的样本序列会收敛到目标分布。最简单的概率转移矩阵可以是：每次独立地随机选择（Cloudy, Rain）的四种状态之一。如果采用吉布斯采样法的话，根据条件概率 $p(\text{Cloudy}|\text{Rain, Sprinkler, WetGrass})$ 和 $p(\text{Rain}|\text{Cloudy, Sprinkler, WetGrass})$，每次只对（Cloudy, Rain）中的一个变量进行采样，交替进行即可。

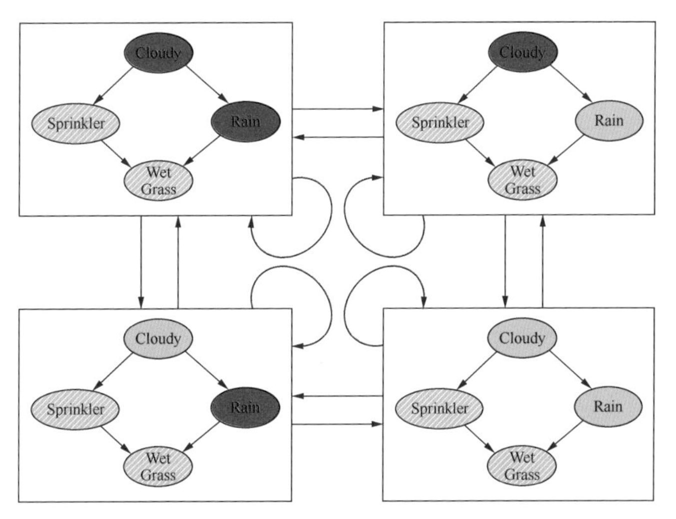

图 8.13 用 Metropolis-Hastings 采样法对贝叶斯网络进行采样

· 总结与扩展 ·

本节还有一些相关的扩展问题，例如，如果是连续型随机变量，或者是无向图模型（即马尔可夫随机场，Markov Random Field），上述方法有哪些不适用，哪些仍然适用？具体该如何采样？

不均衡样本集的重采样

场景描述

在训练二分类模型时，例如医疗诊断、网络入侵检测、信用卡反诈骗等，经常会遇到正负样本不均衡的问题。对于很多分类算法，如果直接采用不均衡的样本集来进行训练学习，会存在一些问题。例如，如果正负样本比例达到 1∶99，则分类器简单地将所有样本都判为负样本就能达到 99% 的正确率，显然这并不是我们想要的，我们想让分类器在正样本和负样本上都有足够的准确率和召回率。

知识点

采样，数据扩充

问题 对于二分类问题，当训练集中正负样本非常不均衡时，如何处理数据以更好地训练分类模型？

难度：★★★☆☆

分析与解答

为什么很多分类模型在训练数据不均衡时会出现问题？本质原因是模型在训练时优化的目标函数和人们在测试时使用的评价标准不一致。这种“不一致”可能是由于训练数据的样本分布与测试时期望的样本分布不一致，例如，在训练时优化的是整个训练集（正负样本比例可能是 1∶99）的正确率，而测试时可能想要模型在正样本和负样本上的平均正确率尽可能大（实际上是期望正负样本比例为 1∶1）；也可能是由于训练阶段不同类别的权重（重要性）与测试阶段不一致，例如训练时认为所有样本的贡献是相等的，而测试时假阳性样本（False Positive）和伪阴性样本（False Negative）有着不同的代价。

根据上述分析，一般可以从两个角度来处理样本不均衡问题[17]。

基于数据的方法

对数据进行重采样，使原本不均衡的样本变得均衡。首先，记样本数大的类别为 C_{maj}，样本数小的类别为 C_{min}，它们对应的样本集分别为 S_{maj} 和 S_{min}。根据题设，有 $|S_{\mathrm{maj}}|>>|S_{\mathrm{min}}$。

最简单的处理不均衡样本集的方法是随机采样。采样一般分为过采样（Over-sampling）和欠采样（Under-sampling）。随机过采样是从少数类样本集 S_{min} 中随机重复抽取样本（有放回）以得到更多样本；随机欠采样则相反，从多数类样本集 S_{maj} 中随机选取较少的样本（有放回或无放回）。

直接的随机采样虽然可以使样本集变得均衡，但会带来一些问题，比如，过采样对少数类样本进行了多次复制，扩大了数据规模，增加了模型训练的复杂度，同时也容易造成过拟合；欠采样会丢弃一些样本，可能会损失部分有用信息，造成模型只学到了整体模式的一部分。

为了解决上述问题，通常在过采样时并不是简单地复制样本，而是采用一些方法生成新的样本。例如，SMOTE 算法对少数类样本集 S_{min} 中每个样本 x，从它在 S_{min} 中的 K 近邻中随机选一个样本 y，然后在 x,y 连线上随机选取一点作为新合成的样本（根据需要的过采样倍率重复上述过程若干次），如图 8.14 所示。这种合成新样本的过采样方法可以降低过拟合的风险。

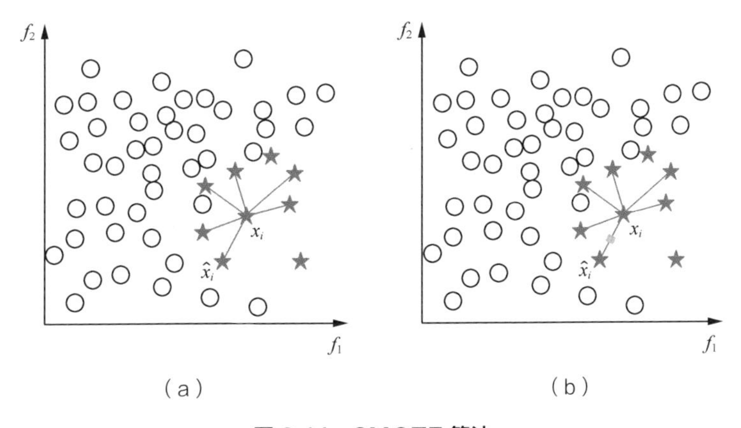

图 8.14　SMOTE 算法

SMOTE 算法为每个少数类样本合成相同数量的新样本，这可能会增大类间重叠度，并且会生成一些不能提供有益信息的样本。为此出现 Borderline-SMOTE、ADASYN 等改进算法。Borderline-SMOTE 只给那些处在分类边界上的少数类样本合成新样本，而 ADASYN 则给不同的少数类样本合成不同个数的新样本。此外，还可以采用一些数据清理方法（如基于 Tomek Links）来进一步降低合成样本带来的类间重叠，以得到更加良定义（well-defined）的类簇，从而更好地训练分类器。

同样地，对于欠采样，可以采用 Informed Undersampling 来解决由于随机欠采样带来的数据丢失问题。常见的 Informed Undersampling 算法有：

（1）Easy Ensemble 算法。每次从多数类 S_{maj} 中上随机抽取一个子集 $E(|E|\approx|S_{min}|)$，然后用 $E+S_{min}$ 训练一个分类器；重复上述过程若干次，得到多个分类器，最终的分类结果是这多个分类器结果的融合。

（2）Balance Cascade 算法。级联结构，在每一级中从多数类 S_{maj} 中随机抽取子集 E，用 $E+S_{min}$ 训练该级的分类器；然后将 S_{maj} 中能够被当前分类器正确判别的样本剔除掉，继续下一级的操作，重复若干次得到级联结构；最终的输出结果也是各级分类器结果的融合。

（3）其他诸如 NearMiss（利用 K 近邻信息挑选具有代表性的样本）、One-sided Selection（采用数据清理技术）等算法。

在实际应用中，具体的采样操作可能并不总是如上述几个算法一样，但基本思路很多时候还是一致的。例如，基于聚类的采样方法，利用数据的类簇信息来指导过采样 / 欠采样操作；经常用到的数据扩充方法也是一种过采样，对少数类样本进行一些噪声扰动或变换（如图像数据集中对图片进行裁剪、翻转、旋转、加光照等）以构造出新的样本；而 Hard Negative Mining 则是一种欠采样，把比较难的样本抽出来用于迭代分类器。

基于算法的方法

在样本不均衡时，也可以通过改变模型训练时的目标函数（如代价敏感学习中不同类别有不同的权重）来矫正这种不平衡性；当样本数目极其不均衡时，也可以将问题转化为单类学习（one-class learning）、异常检测（anomaly detection）。本节主要关注采样，不再赘述。

· 总结与扩展 ·

在实际面试时，这道题还有很多可扩展的知识点。例如，模型在不均衡样本集上的评价标准；不同样本量（绝对数值）下如何选择合适的处理方法（考虑正负样本比例为 1:100 和 1000:100000 的区别）；代价敏感学习和采样方法的区别、联系以及效果对比等。

第9章

前向神经网络

深度前馈网络（Deep Feedforward Networks）是一种典型的深度学习模型。其目标为拟合某个函数 f，即定义映射 $y=f(x;\theta)$ 将输入 x 转化为某种预测的输出 y，并同时学习网络参数 θ 的值，使模型得到最优的函数近似。由于从输入到输出的过程中不存在与模型自身的反馈连接，此类模型被称为“前馈”。

深度前馈网络通常由多个函数复合在一起来表示，该模型与一个有向无环图相关联，其中图则描述了函数的复合方式，例如“链式结构” $f(x)=f^{(3)}(f^{(2)}(f^{(1)}(x)))$。链的全长定义为网络模型的“深度”。假设真实的函数为 $f^*(x)$，在神经网络的过程中，我们试图令 $f(x)$ 拟合 $f^*(x)$ 的值，而训练数据则提供在不同训练点上取值的 $f^*(x)$ 的近似实例（可能包含噪声），即每个样本 x 伴随一个标签 $y \approx f^*(x)$，指明输出层必须产生接近标签的值；而网络学习算法则需要决定如何使用中间的“隐藏层”来最优的实现 f^* 的近似。

深度前馈网络是一类网络模型的统称，我们常见的多层感知机、自编码器、限制玻尔兹曼机，以及卷积神经网络等，都是其中的成员。

多层感知机与布尔函数

场景描述

神经网络概念的诞生很大程度上受到了神经科学的启发。生物学研究表明，大脑皮层的感知与计算功能是分层实现的，例如视觉图像，首先光信号进入大脑皮层的 V1 区，即初级视皮层，之后依次通过 V2 层和 V4 层，即纹外皮层，进入下颞叶参与物体识别。深度神经网络，除了模拟人脑功能的多层结构，最大的优势在于能够以紧凑、简洁的方式来表达比浅层网络更复杂的函数集合（这里的"简洁"可定义为隐层单元的数目与输入单元的数目呈多项式关系）。我们的问题将从一个简单的例子引出，已知神经网络中每个节点都可以进行"逻辑与 / 或 / 非"的运算，如何构造一个多层感知机（Multi-Layer Perceptron，MLP）网络实现 n 个输入比特的奇偶校验码（任意布尔函数）？

知识点

数理逻辑，深度学习，神经网络

问题1 多层感知机表示异或逻辑时最少需要几个隐含层（仅考虑二元输入）？

难度：★★☆☆☆

分析与解答

首先，我们先来分析一下具有零个隐藏层的情况（等同于逻辑回归）能否表示异或运算。仅考虑二元输入的情况，设 X 取值为 0 或 1，Y 的取值也为 0 或 1，Z 为异或运算的输出。也就是，当 X 和 Y 相同时，异或输出为 0，否则为 1，具体的真值表如表 9.1 所示。

表 9.1　异或运算的真值表

X	Y	$Z=X\oplus Y$
0	0	0
0	1	1
1	0	1
1	1	0

回顾逻辑回归的公式

$$Z=\text{sigmoid}(AX+BY+C)\,, \tag{9.1}$$

其中 Sigmoid 激活函数是单调递增的：当 $AX+BY+C$ 的取值增大时，Z 的取值也增大；当 $AX+BY+C$ 的取值减少时，Z 的取值也减小。而 $AX+BY+C$ 对于 X 和 Y 的变化也是单调的，当参数 A 为正数时，$AX+BY+C$ 以及 Z 的取值随 X 单调递增；当 A 取负数时，$AX+BY+C$ 和 Z 随 X 单调递减；当参数 A 为 0 时，Z 的值与 X 无关。观察异或运算的真值表，当 $Y=0$ 时，将 X 的取值从 0 变到 1 将使输出 Z 也从 0 变为 1，说明此时 Z 的变化与 X 是正相关的，需要设置 A 为正数；而当 $Y=1$ 时，将 X 的取值从 0 变为 1 将导致输出 Z 从 1 变为 0，此时 Z 与 X 是负相关的，需要设置 A 为负数，与前面矛盾。因此，采用逻辑回归（即不带隐藏层的感知机）无法精确学习出一个输出为异或的模型表示。

然后，我们再考虑具有一个隐藏层的情况。事实上，通用近似定理告诉我们，一个前馈神经网络如果具有线性输出层和至少一层具有任何一种“挤压”性质的激活函数的隐藏层，当给予网络足够数量的隐藏单元时，可以以任意精度近似任何从一个有限维空间到另一个有限维空间的波莱尔可测函数。对通用近似定理的证明并不在面试的要求范围，不过可以简单认为我们常用的激活函数和目标函数是通用近似定理适用的一个子集，因此多层感知机的表达能力是非常强的，关键在于我们是否能够学习到对应此表达的模型参数。

在这里，我们还并不涉及模型参数的学习，而是通过精心设计一个模型参数以说明包含一个隐含层的多层感知机就可以确切地计算异或函数，如图 9.1 所示。图中有 Z_1 和 Z_2 两个隐藏单元。在隐藏单元 Z_1 中，X 和 Y 的输入权重均为 1，且偏置为 1，等同于计算 $H_1=X+Y-1$，再应用 ReLU 激活函数 $\max(0,H_1)$，其真值表如表 9.2

所示。同理，隐藏单元 Z_2 的输入权重均为 −1，偏置为 −1，真值表如表 9.3 所示。可以看到，第一个隐藏单元在 X 和 Y 均为 1 时激活，第二个隐藏单元在 X 和 Y 均为 0 时激活，最后再将两个隐藏单元的输出做一个线性变换即可实现异或操作，如表 9.4 所示。

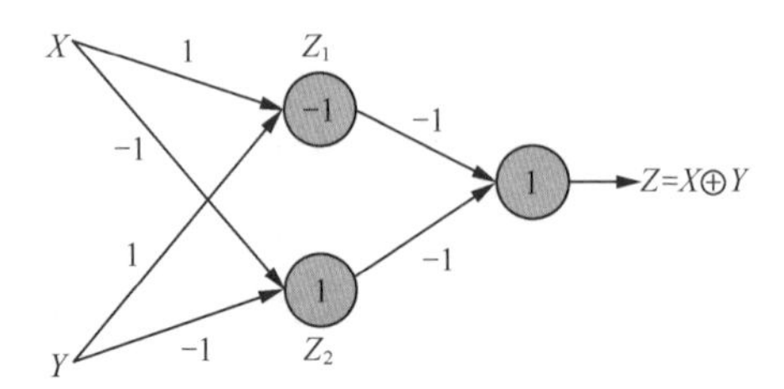

图 9.1 可以进行异或运算的多层感知机

表 9.2 隐层神经元 Z_1 的真值表

X	Y	$H_1 = X+Y-1$	$Z_1 = \max(0, H)$
0	0	−1	0
0	1	0	0
1	0	0	0
1	1	1	1

表 9.3 隐层神经元 Z_2 的真值表

X	Y	$H_2= -X-Y+1$	$Z_2= \max(0, H)$
0	0	1	1
0	1	0	0
1	0	0	0
1	1	−1	0

表 9.4 输出层 Z 的真值表

Z_1	Z_2	$Z = -Z_1 - Z_2+1$
0	1	0
0	0	1
0	0	1
1	0	0

问题 2 如果只使用一个隐层，需要多少隐节点能够实现包含 *n* 元输入的任意布尔函数？

难度：★★★☆☆

分析与解答

包含 n 元输入的任意布尔函数可以唯一表示为析取范式（Disjunctive Normal Form，DNF）（由有限个简单合取式构成的析取式）的形式。先看一个 n=5 的简单示例

$$
\begin{aligned}
Y = & \overline{X_1}\,\overline{X_2}X_3X_4\overline{X_5} + \overline{X_1}X_2\overline{X_3}X_4X_5 + \overline{X_1}X_2X_3\overline{X_4}\,\overline{X_5} + \\
& X_1\overline{X_2}\,\overline{X_3}\,\overline{X_4}X_5 + X_1\overline{X_2}X_3X_4X_5 + X_1X_2\overline{X_3}\,\overline{X_4}X_5.
\end{aligned}
\tag{9.2}
$$

在式（9.2）中，最终的输出 Y 可以表示成由 6 个合取范式所组成的析取范式。该函数可由包含 6 个隐节点的 3 层感知机实现，如图 9.2 所示。

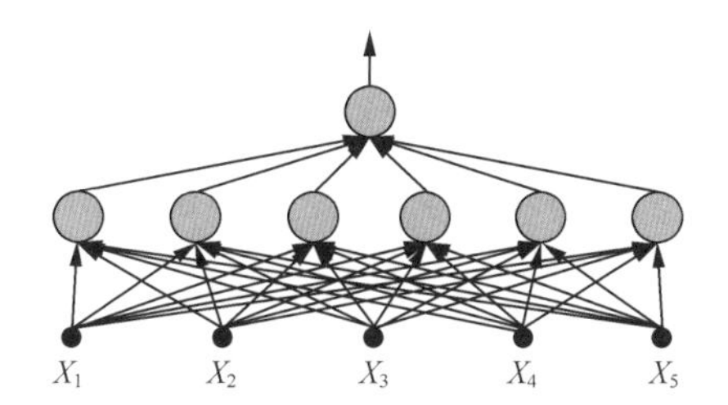

图 9.2　用多层感知机实现由 6 个合取范式组成的析取范式

首先证明单个隐结点可以表示任意合取范式。考虑任意布尔变量假设 X_i，若它在合取范式中出现的形式为正（X_i），则设权重为 1；若出现的形式为非（$\bar{X}_i$），则设权重为 −1；若没有在合取范式中出现。设权重为 0；并且偏置设为合区范式中变量的总数取负之后再加 1。可以看出，当采用 ReLU 激活函数之后，当且仅当所有出现的布尔变量均满足条件时，该隐藏单元才会被激活（输出 1），否则输出 0，这与合取范式的定义的相符的。然后，令所有隐藏单元到输出层的参数为 1，并设输出单元的偏置为 0。这样，当且仅当所有的隐藏单元都未被激活时，才会输出 0，否则都将输出一个正数，起到了析取的作用。

我们可以使用卡诺图表示析取式，即用网格表示真值表，当输入的

合取式值为 1 时，则填充相应的网格。卡诺图中相邻的填色区域可以进行规约，以达到化简布尔函数的目的，如图 9.3 所示，由图可见，有 W、X、Y、Z 共 4 个布尔变量，WX 的取值组合在纵轴显示，YZ 的取值组合在横轴显示。7 个填色网格最终可规约为 3 个合取式，故该函数可由包含 3 个隐节点的 3 层感知机实现：

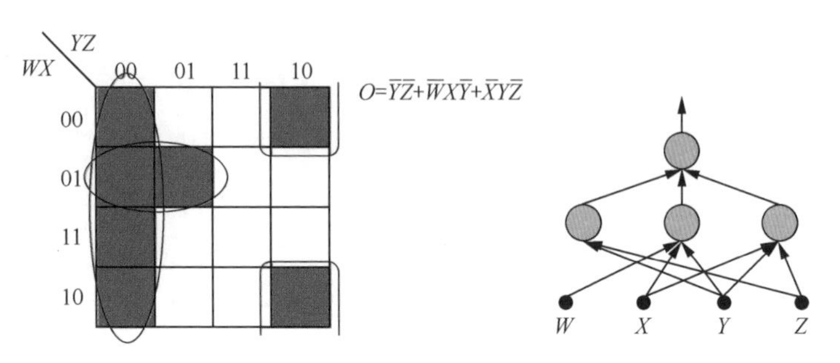

图 9.3　用卡洛图表示析取范式

回顾初始问题：在最差情况下，需要多少个隐藏结点来表示包含 n 元输入的布尔函数呢？现在问题可以转化为：寻找“最大不可规约的” n 元析取范式，也等价于最大不可规约的卡诺图。直观上，我们只需间隔填充网格即可实现，其表示的布尔函数恰为 n 元输入的异或操作，如图 9.4 所示。容易看出，在间隔填充的网格上反转任意网格的取值都会引起一次规约，因此，n 元布尔函数的析取范式最多包含 $2^{(n-1)}$ 个不可规约的合取范式，对于单隐层的感知机，需要 $2^{(n-1)}$ 个隐节点实现。

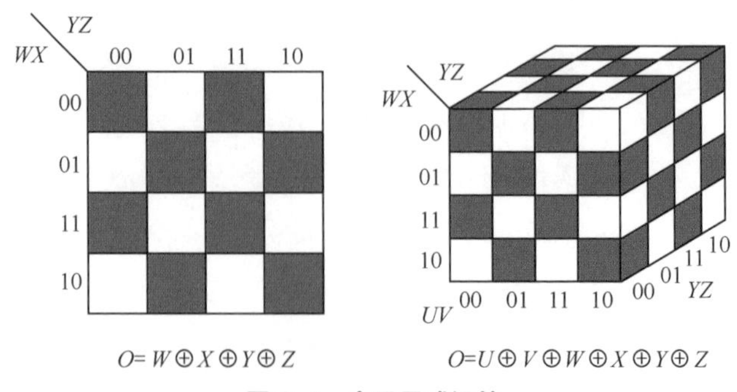

图 9.4　多元异或运算

问题 3 考虑多隐层的情况，实现包含 n 元输入的任意布尔函数最少需要多少个网络节点和网络层？

难度：★★★☆☆

分析与解答

参考问题 1 的解答，考虑二元输入的情况，需要 3 个结点可以完成一次异或操作，其中隐藏层由两个节点构成，输出层需要一个结点，用来输出异或的结果并作为下一个结点的输入。对于四元输入，包含三次异或操作，需要 3×3=9 个节点即可完成。图 9.5 展示了一种可能的网络结构。输入 W、X、Y、Z 4 个布尔变量；首先用 3 个结点计算 $W \oplus X$；然后再加入 3 个节点，将 $W \oplus X$ 的输出与 Y 进行异或，得到 $W \oplus X \oplus Y$；最后与 Z 进行异或，整个网络总共需要 9 个结点。而六元输入包含五次异或操作，因此需要 3×5=15 个节点，网络的构造方式可参考图 9.6 所示。依此类推，n 元异或函数需要包括 $3(n-1)$ 个节点（包括最终输出节点）。可以发现，多隐层结构可以将隐节点的数目从指数级 $O(2^{(n-1)})$ 直接减少至线性级 $O(3(n-1))$！

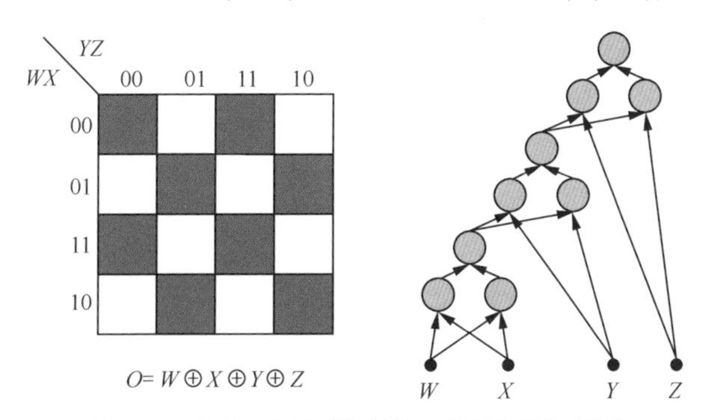

图 9.5 实现四元异或运算的一种网络结构样例

在上面所举的例子中，n 元异或所需的 $3(n-1)$ 个结点可以对应 $2(n-1)$ 个网络层（包括隐含层和输出层），实际上，层数可以进一步减小。考虑到四元的输入 W、X、Y、Z；如果我们在同一层中计算 $W \oplus X$ 和 $Y \oplus Z$，再将二者的输出进行异或，就可以将层数从 6 降到 4。根据二分思想，每层节点两两分组进行异或运算，需要的最少网络层数为 $2\log_2 N$（向上取整）。

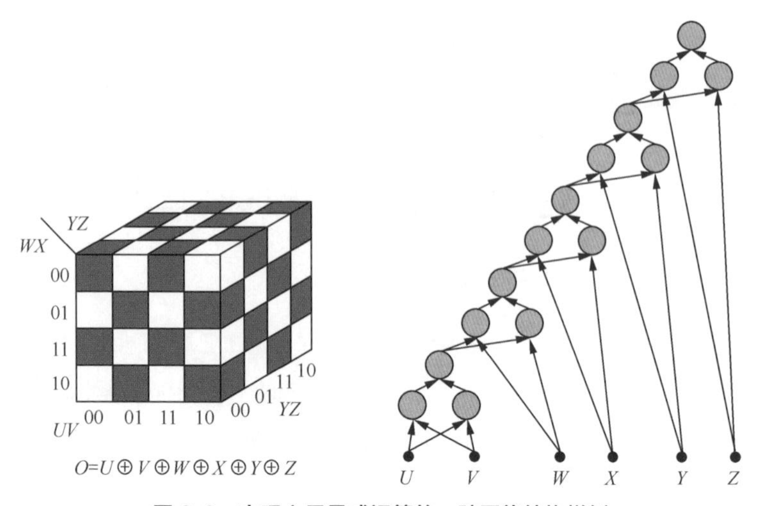

图 9.6　实现六元异或运算的一种网络结构样例

深度神经网络中的激活函数

场景描述

线性模型是机器学习领域中最基本也是最重要的工具，以逻辑回归和线性回归为例，无论通过闭解形式还是使用凸优化，它们都能高效且可靠地拟合数据。然而真实情况中，我们往往会遇到线性不可分问题（如 XOR 异或函数），需要非线性变换对数据的分布进行重新映射。对于深度神经网络，我们在每一层线性变换后叠加一个非线性激活函数，以避免多层网络等效于单层线性函数，从而获得更强大的学习与拟合能力。

知识点

微积分，深度学习，激活函数

问题 1 写出常用激活函数及其导数。

难度：★☆☆☆☆

分析与解答

Sigmoid 激活函数的形式为

$$f(z)=\frac{1}{1+\exp(-z)}, \tag{9.3}$$

对应的导函数为

$$f'(z)=f(z)(1-f(z)). \tag{9.4}$$

Tanh 激活函数的形式为

$$f(z)=\tanh(z)=\frac{\mathrm{e}^{z}-\mathrm{e}^{-z}}{\mathrm{e}^{z}+\mathrm{e}^{-z}}, \tag{9.5}$$

对应的导函数为

$$f'(z)=1-(f(z))^2. \tag{9.6}$$

ReLU 激活函数的形式为

$$f(z)=\max(0,z)\,,\tag{9.7}$$

对应的导函数为

$$f'(z)=\begin{cases}1, z>0\,;\\0, z\leqslant 0.\end{cases}\tag{9.8}$$

问题2 为什么 Sigmoid 和 Tanh 激活函数会导致梯度消失的现象？

难度：★★☆☆☆

分析与解答

Sigmoid 激活函数的曲线如图 9.7 所示。它将输入 z 映射到区间（0，1），当 z 很大时，$f(z)$ 趋近于 1；当 z 很小时，$f(z)$ 趋近于 0。其导数 $f'(z)=f(z)(1-f(z))$在 z 很大或很小时都会趋近于 0，造成梯度消失的现象。

Tanh 激活函数的曲线如图 9.8 所示。当 z 很大时，$f(z)$ 趋近于 1；当 z 很小时，$f(z)$ 趋近于 −1。其导数 $f'(z)=1-(f(z))^2$在 z 很大或很小时都会趋近于 0，同样会出现“梯度消失”。实际上，Tanh 激活函数相当于 Sigmoid 的平移：

$$\tanh(x)=2\text{sigmoid}(2x)-1\,.\tag{9.9}$$

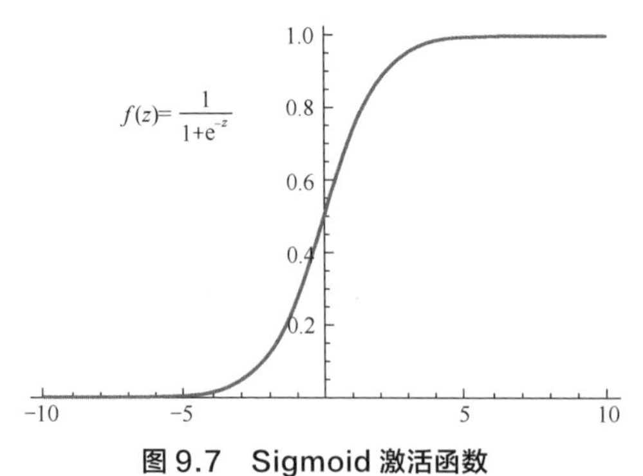

图 9.7　Sigmoid 激活函数

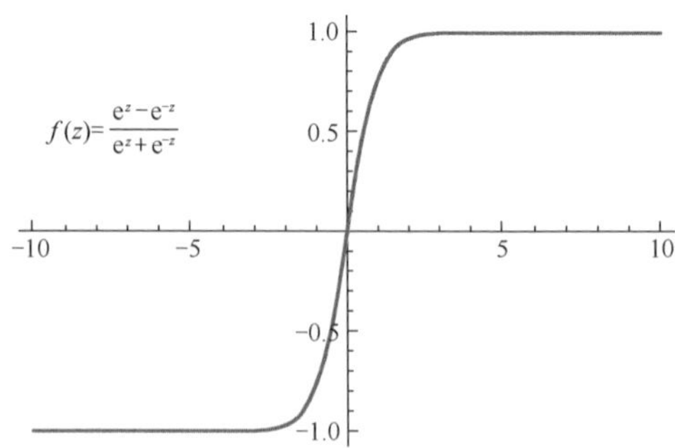

图 9.8　Tanh 激活函数

问题 3　ReLU 系列的激活函数相对于 Sigmoid 和 Tanh 激活函数的优点是什么？它们有什么局限性以及如何改进？

难度：★★★☆☆

分析与解答

■ 优点

（1）从计算的角度上，Sigmoid 和 Tanh 激活函数均需要计算指数，复杂度高，而 ReLU 只需要一个阈值即可得到激活值。

（2）ReLU 的非饱和性可以有效地解决梯度消失的问题，提供相对宽的激活边界。

（3）ReLU 的单侧抑制提供了网络的稀疏表达能力。

■ 局限性

ReLU 的局限性在于其训练过程中会导致神经元死亡的问题。这是由于函数 $f(z)=\max(0,z)$ 导致负梯度在经过该 ReLU 单元时被置为 0，且在之后也不被任何数据激活，即流经该神经元的梯度永远为 0，不对任何数据产生响应。在实际训练中，如果学习率（Learning Rate）设置较大，会导致超过一定比例的神经元不可逆死亡，进而参数梯度无法更新，整个训练过程失败。

为解决这一问题，人们设计了 ReLU 的变种 Leaky ReLU（LReLU），其形式表示为

$$f(z)=\begin{cases} z, & z>0; \\ az, & z\leqslant 0. \end{cases} \tag{9.10}$$

ReLU 和 LReLU 的函数曲线对比如图 9.9 所示。LReLU 与 ReLU 的区别在于，当 $z<0$ 时其值不为 0，而是一个斜率为 a 的线性函数，一般 a 为一个很小的正常数，这样既实现了单侧抑制，又保留了部分负梯度信息以致不完全丢失。但另一方面，a 值的选择增加了问题难度，需要较强的人工先验或多次重复训练以确定合适的参数值。

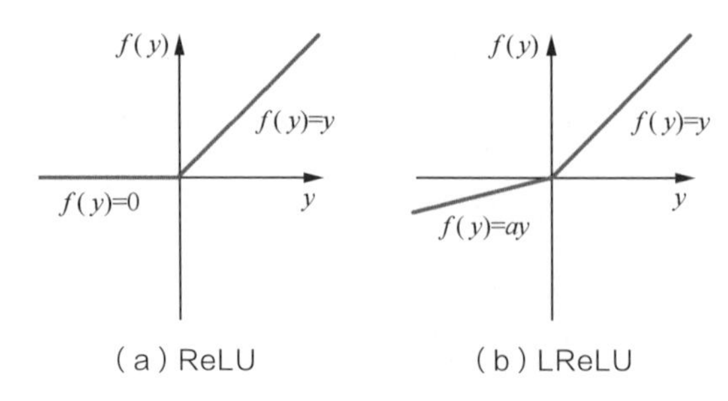

（a）ReLU （b）LReLU

图 9.9 函数曲线

基于此，参数化的 PReLU（Parametric ReLU）应运而生。它与 LReLU 的主要区别是将负轴部分斜率 a 作为网络中一个可学习的参数，进行反向传播训练，与其他含参数网络层联合优化。而另一个 LReLU 的变种增加了“随机化”机制，具体地，在训练过程中，斜率 a 作为一个满足某种分布的随机采样；测试时再固定下来。Random ReLU（RReLU）在一定程度上能起到正则化的作用。关于 ReLU 系列激活函数，更多详细内容及实验性能对比可以参考相关论文 [18]。

多层感知机的反向传播算法

场景描述

多层感知机中，输入信号通过各个网络层的隐节点产生输出的过程称为前向传播。图 9.10 定义了一个典型的多层感知机。为便于表示，定义第 (l) 层的输入为 $x^{(l)}$，输出为 $a^{(l)}$；在每一层中，首先利用输入 $\boldsymbol{x}^{(l)}$ 和偏置 $\boldsymbol{b}^{(l)}$ 计算仿射变换 $\boldsymbol{z}^{(l)}=\boldsymbol{W}^{(l)}\boldsymbol{x}^{(l)}+\boldsymbol{b}^{(l)}$；然后激活函数 f 作用于 $\boldsymbol{z}^{(l)}$，得到 $\boldsymbol{a}^{(l)}=f(\boldsymbol{z}^{(l)})$；$\boldsymbol{a}^{(l)}$ 直接作为下一层的输入，即 $\boldsymbol{x}^{(l+1)}$。设 $\boldsymbol{z}^{(l)}$ 和 $\boldsymbol{a}^{(l)}$ 为 s_l 维的向量，则 $\boldsymbol{W}^{(l)}$ 为 $s_l \times s_{l-1}$ 维的矩阵。我们分别用 $z_j^{(l)}, a_j^{(l)}$ 和 $W_{ji}^{(l)}$ 表示其中的一个元素。

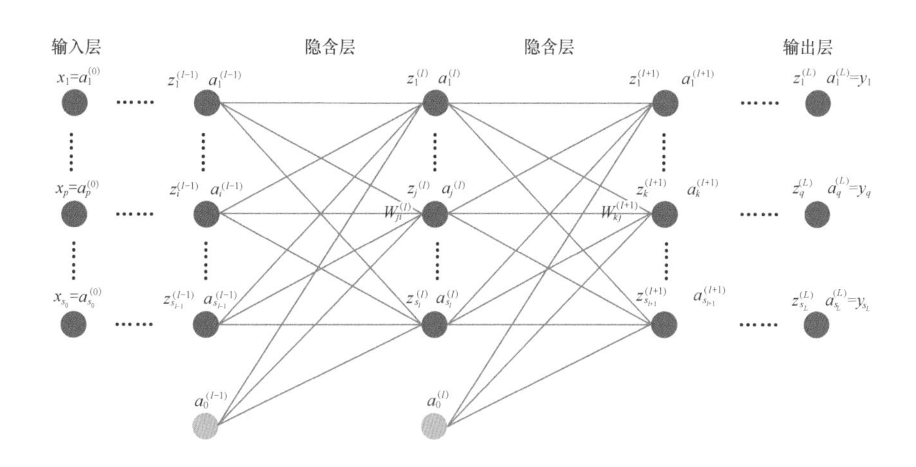

图 9.10 多层感知机结构图

在网络训练中，前向传播最终产生一个标量损失函数，反向传播算法（Back Propagation）则将损失函数的信息沿网络层向后传播用以计算梯度，达到优化网络参数的目的。反向传播是神经网络中非常重要的算法，从业者需要熟悉掌握并灵活应用，相关问题在面试中也常有涉及。

知识点

线性代数，微积分，深度学习

问题1 写出多层感知机的平方误差和交叉熵损失函数。 难度：★★☆☆☆

分析与解答

给定包含 m 个样本的集合 $\{(x^{(1)},y^{(1)}),\cdots,(x^{(m)},y^{(m)})\}$，其平方误差的整体代价函数为

$$
\begin{aligned}
J(W,b)&=\left[\frac{1}{m}\sum_{i=1}^{m}J(W,b;x^{(i)},y^{(i)})\right]+\frac{\lambda}{2}\sum_{l=1}^{N}\sum_{i=1}^{s_{l-1}}\sum_{j=1}^{s_l}(W_{ji}^{(l)})^2\\
&=\left[\frac{1}{m}\sum_{i=1}^{m}\frac{1}{2}\left\|y^{(i)}-\mathcal{L}_{W,b}(x^{(i)})\right\|^2\right]+\frac{\lambda}{2}\sum_{l=1}^{N}\sum_{i=1}^{s_{l-1}}\sum_{j=1}^{s_l}(W_{ji}^{(l)})^2,
\end{aligned}
\tag{9.11}
$$

其中第一项为平方误差项，第二项为 L2 正则化项，在功能上可称作权重衰减项，目的是减小权重的幅度，防止过拟合。该项之前的系数 λ 为权重衰减参数，用于控制损失函数中两项的相对权重。

对于交叉熵损失函数，在二分类场景下，有

$$
\begin{aligned}
J(W,b)&=\left[\frac{1}{m}\sum_{i=1}^{m}J(W,b;x^{(i)},y^{(i)})\right]+\frac{\lambda}{2}\sum_{l=1}^{N}\sum_{i=1}^{s_{l-1}}\sum_{j=1}^{s_l}(W_{ji}^{(l)})^2\\
&=-\left[\frac{1}{m}\sum_{i=1}^{m}\{y^{(i)}\ln o^{(i)}+(1-y^{(i)})\ln(1-o^{(i)})\}\right]+\frac{\lambda}{2}\sum_{l=1}^{N}\sum_{i=1}^{s_{l-1}}\sum_{j=1}^{s_l}(W_{ji}^{(l)})^2,
\end{aligned}
\tag{9.12}
$$

其中正则项与上式是相同的；第一项衡量了预测 $o^{(i)}$ 与真实类别 $y^{(i)}$ 之间的交叉熵，当 $y^{(i)}$ 与 $o^{(i)}$ 相等时，熵最大，也就是损失函数达到最小。在多分类的场景中，可以类似地写出相应的损失函数

$$
J(W,b)=-\left[\frac{1}{m}\sum_{i=1}^{m}\sum_{k=1}^{n}y_k{}^{(i)}\ln o_k{}^{(i)}\right]+\frac{\lambda}{2}\sum_{l=1}^{N}\sum_{i=1}^{s_{l-1}}\sum_{j=1}^{s_l}(W_{ji}^{(l)})^2,
\tag{9.13}
$$

其中 $o_k^{(i)}$ 代表第 i 个样本的预测属于类别 k 的概率，$y_k^{(i)}$ 为实际的概率（如果第 i 个样本的真实类别为 k，则 $y_k^{(i)}=1$，否则为 0）。

问题2 根据问题 1 中定义的损失函数，推导各层参数更新的梯度计算公式。 难度：★★★★☆

分析与解答

回顾之前给出的定义，第 (l) 层的参数为 $\boldsymbol{W}^{(l)}$ 和 $\boldsymbol{b}^{(l)}$；每一层的线性变

换为$\boldsymbol{z}^{(l)}=\boldsymbol{W}^{(l)}\boldsymbol{x}^{(l)}+\boldsymbol{b}^{(l)}$；输出为$\boldsymbol{a}^{(l)}=f(\boldsymbol{z}^{(l)})$，其中$f$为非线性激活函数（如 Sigmoid、Tanh、ReLU 等）；$\boldsymbol{a}^{(l)}$直接作为下一层的输入，即$\boldsymbol{x}^{(l+1)}=\boldsymbol{a}^{(l)}$。

我们可以利用批量梯度下降法来优化网络参数。梯度下降法中每次迭代对参数 $\boldsymbol{W}$（网络连接权重）和 $\boldsymbol{b}$（偏置）进行更新

$$W_{ji}^{(l)}=W_{ji}^{(l)}-\alpha\frac{\partial}{\partial W_{ji}^{(l)}}J(\boldsymbol{W},\boldsymbol{b}), \tag{9.14}$$

$$b_{j}^{(l)}=b_{j}^{(l)}-\alpha\frac{\partial}{\partial b_{j}^{(l)}}J(\boldsymbol{W},\boldsymbol{b}). \tag{9.15}$$

其中 α 为学习速率，控制每次迭代中梯度变化的幅度。

问题的核心为求解$\frac{\partial}{\partial W_{ji}^{(l)}}J(\boldsymbol{W},\boldsymbol{b})$与$\frac{\partial}{\partial b_{j}^{(l)}}J(\boldsymbol{W},\boldsymbol{b})$。为得到递推公式，我们先计算损失函数对隐含层的偏导

$$\frac{\partial}{\partial z_{j}^{(l)}}J(\boldsymbol{W},\boldsymbol{b})=\sum_{k=1}^{s_{l+1}}\left(\frac{\partial J(\boldsymbol{W},\boldsymbol{b})}{\partial z_{k}^{(l+1)}}\frac{\partial z_{k}^{(l+1)}}{\partial z_{j}^{(l)}}\right), \tag{9.16}$$

其中 s_{l+1} 为第 l+1 层的节点数，而

$$\frac{\partial z_{k}^{(l+1)}}{\partial z_{j}^{(l)}}=\frac{\partial\left(\sum_{j'=1}^{s_l}W_{kj'}^{(l+1)}\cdot x_{j'}^{(l+1)}+b_{k}^{(l+1)}\right)}{\partial z_{j}^{(l)}}, \tag{9.17}$$

其中$b_{k}^{(l+1)}$与$z_{j}^{(l)}$无关可以省去，$\boldsymbol{x}^{(l+1)}=\boldsymbol{a}^{(l)}=\boldsymbol{f}(\boldsymbol{z}^{(l)})$，因此式（9.17）可写为

$$\frac{\partial z_{k}^{(l+1)}}{\partial z_{j}^{(l)}}=W_{kj}^{(l+1)}f'(z_{j}^{(l)}). \tag{9.18}$$

$\frac{\partial}{\partial z_{j}^{(l)}}J(\boldsymbol{W},\boldsymbol{b})$可以看作损失函数在第 l 层第 i 个节点产生的残差量，记为 $\delta_{j}^{(l)}$，从而递推公式可以表示为

$$\delta_{j}^{(l)}=\left(\sum_{k=1}^{s_{l+1}}W_{kj}^{(l+1)}\delta_{k}^{(l+1)}\right)f'(z_{j}^{(l)}). \tag{9.19}$$

损失对参数函数的梯度可以写为

$$\frac{\partial}{\partial W_{ji}^{(l)}}J(\boldsymbol{W},\boldsymbol{b})=\frac{\partial J(\boldsymbol{W},\boldsymbol{b})}{\partial z_{j}^{(l)}}\frac{\partial z_{j}^{(l)}}{\partial W_{ji}^{(l)}}=\delta_{j}^{(l)}x_{i}^{(l)}=\delta_{j}^{(l)}a_{i}^{(l-1)}, \tag{9.20}$$

$$\frac{\partial}{\partial b_{j}^{(l)}}J(W,b)=\delta_{j}^{(l)}. \tag{9.21}$$

下面针对两种不同的损失函数计算最后一层的残差 $\delta^{(L)}$；得到 $\delta^{(L)}$ 之后，其他层的残差 $\delta^{(L-1)},\ldots,\delta^{(1)}$ 可以根据上面得到的递推公式计算。为了简

化起见，这里暂时忽略 Batch 样本集合和正则化项的影响，重点关注这两种损失函数产生的梯度。

- 平方误差损失：

$$J(\boldsymbol{W},\boldsymbol{b})=\frac{1}{2}\left\|y-a^{(L)}\right\|^{2}=\frac{1}{2}\left\|y-f(z_j^{(L)})\right\|^{2}, \tag{9.22}$$

$$\delta^{(L)}=-(y-a^{(L)})\,f'(z^{(L)}). \tag{9.23}$$

- 交叉熵损失：

$$J(\boldsymbol{W},\boldsymbol{b})=-\sum_{k=1}^{n}y_k\ln a_k^{(L)}=-\sum_{k=1}^{n}y_k\ln f(z_k^{(L)}). \tag{9.24}$$

在分类问题中，y_k 仅在一个类别 k 时取值为 1，其余为 0。设实际的类别为 $\tilde{k}$，则

$$J(\boldsymbol{W},\boldsymbol{b})=-\ln a_{\tilde{k}}^{(L)}, \tag{9.25}$$

$$\delta_k^{(L)}=-\frac{1}{a_{\tilde{k}}^{(L)}}\cdot\frac{\partial a_{\tilde{k}}^{(L)}}{\partial z_k^{(L)}}. \tag{9.26}$$

当 $a_k^{(L)}=f_k(z^{(L)})$ 取 SoftMax 激活函数时，有

$$\delta_k^{(L)}=a_k^{(L)}-y_k=\begin{cases}a_{\tilde{k}}^{(L)}-1, & k=\tilde{k};\\ a_k, & k\neq\tilde{k}.\end{cases} \tag{9.27}$$

问题3 平方误差损失函数和交叉熵损失函数分别适合什么场景？

难度：★★★☆☆

分析与解答

一般来说，平方损失函数更适合输出为连续，并且最后一层不含 Sigmoid 或 Softmax 激活函数的神经网络；交叉熵损失则更适合二分类或多分类的场景。想正确回答出答案也许并不难，但是要想给出具有理论依据的合理原因，还需要对之上一问的梯度推导熟悉掌握，并且具备一定的灵活分析能力。

为何平方损失函数不适合最后一层含有 Sigmoid 或 Softmax 激活函数的神经网络呢？可以回顾上一问推导出的平方误差损失函数相对于输出层的导数

$$\delta^{(L)}=-(y-a^{(L)})\,f'(z^{(L)}), \tag{9.28}$$

其中最后一项 $f'(z^{(L)})$ 为激活函数的导数。当激活函数为 Sigmoid 函数时，如果 $z^{(L)}$ 的绝对值较大，函数的梯度会趋于饱和，即 $f'(z^{(L)})$ 的绝对值非常

小，导致 $\delta^{(L)}$ 的取值也非常小，使得基于梯度的学习速度非常缓慢。当使用交叉熵损失函数时，相对于输出层的导数（也可以被认为是残差）为

$$\delta^{(L)} = a_k^{(L)} - y \,. \qquad (9.29)$$

此时的导数是线性的，因此不会存在学习速度过慢的问题。

逸闻趣事　神经网络的大起大落

回顾历史，今天遍地开花的神经网络，并不是最近才冒出来的新鲜玩意，而是名副其实的老古董。深度学习所依附的神经网络技术起源于 20 世纪 50 年代，那时候还叫感知机。在人工神经网络领域中，感知机也被认为是单层的人工神经网络，尽管结构简单，却能够学习并解决相当复杂的问题。图 9.11 是神经网络的发展历史。

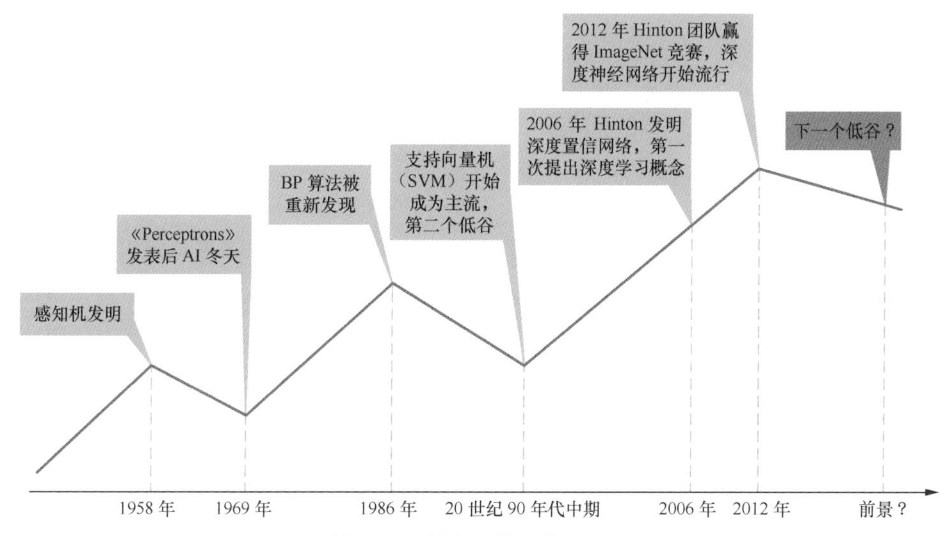

图 9.11　神经网络的发展历史

虽然最初被认为有着良好的发展潜能，但感知机最终被证明存在着严重的不可逾越的问题。因为它只能学习线性可分函数，连简单的异或（XOR 映射）等线性不可分问题都无能为力。1969 年，Marvin Minsky 出版的《Perceptrons》是一个历史的转折点，神经网络第一次被打倒。Minsky 在书中提出了两个著名的观点。一是单层感知机没用，我们需要用多层感知机来表示简单的非线性函数，比如 XOR 映射；二是世界上没人有办法将多层感知机训练得足够好。简而言之，要解决感知机（单层神经网络）学习线性不可分函数的问题，就必须发展多层感知机，即中间至少包含一个隐层的多层神经网络，但是当时根本找不到运用在多层神经网络上的有效算法。至此，学术权威开始质疑神经网络，悲观主义开始蔓延。

从现在看，突破性的误差反向传播算法，即著名的反向传播算法，开启训练多层神经网络的“钥匙”，其实那个时候已经存在了。冰冻10年中，尽管Paul Werbos在1974年的博士毕业论文中深刻分析了将反向传播算法运用于神经网络方面的可能性，成为美国第一位提出可以将其用于神经网络的研究人员，但是他没有发表将反向传播算法用于神经网络这方面的研究，因为这个圈子大体已经失去解决这些问题的信念。这时候，LeCun Yann（他给自己取了个中文名叫杨立昆）大侠上场了，20世纪80年代他在Hinton实验室做博士后期间，提出了神经网络的反向传播算法原型。1986年，Rumelhart、Hinton和Williams合著*Learning representations by back-propagating errors*，反向传播算法开始流行开来 。

LeCun Yann和其他人发展的神经网络正开始被热捧的时候，他一生较劲的对象Vapnik（贝尔实验室的同事）出现了。20世纪90年代中期，由Vapnik等人发明的支持向量机诞生，它同样解决了线性不可分问题，但是对比神经网络有全方位优势。比如，高效，可以快速训练；无须调参，没有梯度消失问题；泛化性能好，过拟合风险小。支持向量机迅速打败多层神经网络成为主流。后来一度发展到，只要你的论文中包含神经网络相关的字眼，就非常容易被拒稿，学术界那时对神经网络的态度可想而知。神经网络再次堕入黑暗。10年沉寂中，只有几个学者仍然在坚持研究，比如一再提及的Hinton教授。

2006年，Hinton在《Science》和相关期刊上发表了论文，首次提出了“深度置信网络”的概念。与传统的训练方式不同，深度信念网络有一个“预训练”的过程，它的作用是让神经网络权值找到一个接近最优解的值，之后再使用“微调”技术，使用反向传播算法或者其他算法作为调优的手段，来对整个网络进行优化训练。这两个技术的运用大幅度提升了模型的性能，而且减少了训练多层神经网络的时间。他给多层神经网络相关的学习方法赋予了一个新名词——“深度学习”。

后面的故事我们都知道了，2012年Hinton的团队用LeCun赖以成名的卷积神经网络，和自己在深度置信网络的调优技术，碾压了其他机器学习办法。至此，深度学习开始垄断人工智能的新闻报道，Hinton、LeCun和他们的学生像摇滚明星一般受到追捧，学者们的态度也来了个180度大转变，现在是没有和深度学习沾上边的文章很难发表了。除了名，还有利，Google、Facebook等大公司不但把学术界人物挖了个遍，更是重金收购深度学习大佬们所创建的公司，坐了几十年冷板凳的人忽然一夜之间身价暴涨、财务自由。不过，现在主导Facebook AI实验室的LeCun Yann则不断呼吁学术界对深度学习保持冷静。

神经网络训练技巧

场景描述

在大规模神经网络的训练过程中，我们常常会面临“过拟合”的问题，即当参数数目过于庞大而相应的训练数据短缺时，模型在训练集上损失值很小，但在测试集上损失较大，泛化能力很差。解决“过拟合”的方法有很多，包括数据集增强（Data Augmentation）、参数范数惩罚/正则化（Regularization）、模型集成（Model Ensemble）等；其中 Dropout 是模型集成方法中最高效与常用的技巧。同时，深度神经网络的训练中涉及诸多手调参数，如学习率、权重衰减系数、Dropout 比例等，这些参数的选择会显著影响模型最终的训练效果。批量归一化（Batch Normalization，BN）方法有效规避了这些复杂参数对网络训练产生的影响，在加速训练收敛的同时也提升了网络的泛化能力。

知识点

概率与统计，深度学习

问题 1 神经网络训练时是否可以将全部参数初始化为 0？

难度： ★☆☆☆☆

分析与解答

考虑全连接的深度神经网络，同一层中的任意神经元都是同构的，它们拥有相同的输入和输出，如果再将参数全部初始化为同样的值，那么无论前向传播还是反向传播的取值都是完全相同的。学习过程将永远无法打破这种对称性，最终同一网络层中的各个参数仍然是相同的。

因此，我们需要随机地初始化神经网络参数的值，以打破这种对称性。简单来说，我们可以初始化参数为取值范围$\left(-\frac{1}{\sqrt{d}},\frac{1}{\sqrt{d}}\right)$的均匀分布，其中 d 是一个神经元接受的输入维度。偏置可以被简单地设为 0，并不会导致参数对称的问题。

问题2 为什么 Dropout 可以抑制过拟合？它的工作原理和实现？

难度：★★★☆☆

分析与解答

Dropout 是指在深度网络的训练中，以一定的概率随机地“临时丢弃”一部分神经元节点。具体来讲，Dropout 作用于每份小批量训练数据，由于其随机丢弃部分神经元的机制，相当于每次迭代都在训练不同结构的神经网络。类比于 Bagging 方法，Dropout 可被认为是一种实用的大规模深度神经网络的模型集成算法。这是由于传统意义上的 Bagging 涉及多个模型的同时训练与测试评估，当网络与参数规模庞大时，这种集成方式需要消耗大量的运算时间与空间。Dropout 在小批量级别上的操作，提供了一种轻量级的 Bagging 集成近似，能够实现指数级数量神经网络的训练与评测。

Dropout 的具体实现中，要求某个神经元节点激活值以一定的概率 p 被“丢弃”，即该神经元暂时停止工作，如图 9.12 所示。因此，对于包含 N 个神经元节点的网络，在 Dropout 的作用下可看作为 2^N 个模型的集成。这 2^N 个模型可认为是原始网络的子网络，它们共享部分权值，并且具有相同的网络层数，而模型整体的参数数目不变，这就大大简化了运算。对于任意神经元，每次训练中都与一组随机挑选的不同的神经元集合共同进行优化，这个过程会减弱全体神经元之间的联合适应性，减少过拟合的风险，增强泛化能力。

在神经网络中应用 Dropout 包括训练和预测两个阶段。在训练阶段中，每个神经元节点需要增加一个概率系数，如图 9.13 所示。训练阶段又分为前向传播和反向传播两个步骤。原始网络对应的前向传播公式为

$$z_i^{(l+1)} = w_i^{(l+1)} y^{(l)} + b_i^{(l+1)} , \tag{9.30}$$

$$y_i^{(l+1)} = f(z_i^{(l+1)}) . \tag{9.31}$$

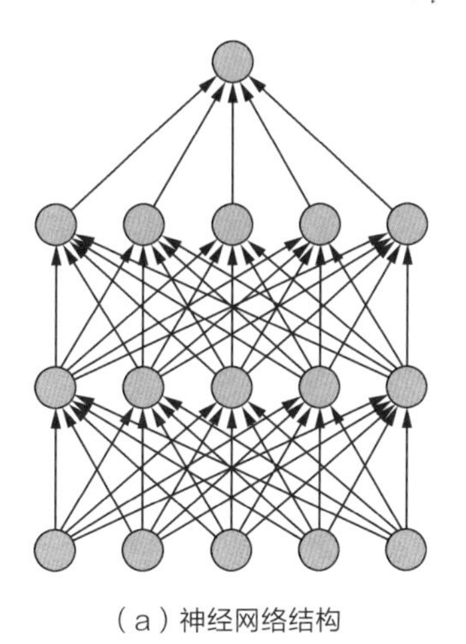

（a）神经网络结构　　（b）采用 Dropout 模块后的网络结果

图 9.12　Dropout 模块示意图

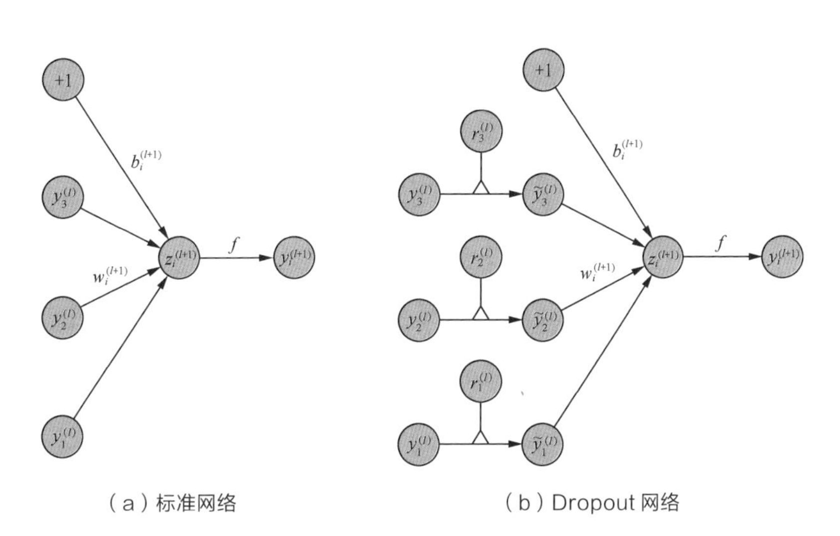

（a）标准网络　　（b）Dropout 网络

图 9.13　标准网络和 Dropout 网络的对比

应用 Dropout 之后，前向传播公式变为

$$r_j^{(l)} \sim \text{Bernoulli}(p) , \tag{9.32}$$

$$\tilde{y}^{(l)} = r^{(l)} \cdot y^{(l)} , \tag{9.33}$$

$$z_i^{(l+1)} = w_i^{(l+1)} \tilde{y}^{(l)} + b_i^{(l+1)} , \tag{9.34}$$

$$y_i^{(l+1)} = f(z_i^{(l+1)}) . \tag{9.35}$$

上面的 Bernoulli 函数的作用是以概率系数 p 随机生成一个取值为 0 或 1 的向量，代表每个神经元是否需要被丢弃。如果取值为 0，则该神经元将不会计算梯度或参与后面的误差传播。

测试阶段是前向传播的过程。在前向传播的计算时，每个神经元的参数要预先乘以概率系数 p，以恢复在训练中该神经元只有 p 的概率被用于整个神经网络的前向传播计算。

更多详细内容及实验性能对比请查看参考文献 [19]。

问题3 批量归一化的基本动机与原理是什么？在卷积神经网络中如何使用？

难度：★★★☆☆

分析与解答

神经网络训练过程的本质是学习数据分布，如果训练数据与测试数据的分布不同将大大降低网络的泛化能力，因此我们需要在训练开始前对所有输入数据进行归一化处理。

然而随着网络训练的进行，每个隐层的参数变化使得后一层的输入发生变化，从而每一批训练数据的分布也随之改变，致使网络在每次迭代中都需要拟合不同的数据分布，增大训练的复杂度以及过拟合的风险。

批量归一化方法是针对每一批数据，在网络的每一层输入之前增加归一化处理（均值为 0，标准差为 1），将所有批数据强制在统一的数据分布下，即对该层的任意一个神经元（假设为第 k 维）$\hat{x}^{(k)}$采用如下公式

$$\hat{x}^{(k)} = \frac{x^{(k)} - E[x^{(k)}]}{\sqrt{Var[x^{(k)}]}} , \tag{9.36}$$

其中 $x^{(k)}$ 为该层第 k 个神经元的原始输入数据，$E[x^{(k)}]$ 为这一批输入数据在第 k 个神经元的均值，$\sqrt{Var[x^{(k)}]}$为这一批数据在第 k 个神经元的

标准差。

批量归一化可以看作在每一层输入和上一层输出之间加入了一个新的计算层，对数据的分布进行额外的约束，从而增强模型的泛化能力。但是批量归一化同时也降低了模型的拟合能力，归一化之后的输入分布被强制为 0 均值和 1 标准差。以 Sigmoid 激活函数为例，批量归一化之后数据整体处于函数的非饱和区域，只包含线性变换，破坏了之前学习到的特征分布。为了恢复原始数据分布，具体实现中引入了变换重构以及可学习参数 γ 和 β:

$$y^{(k)} = \gamma^{(k)} \hat{x}^{(k)} + \beta^{(k)} , \tag{9.37}$$

其中 $\gamma^{(k)}$ 和 $\beta^{(k)}$ 分别为输入数据分布的方差和偏差。对于一般的网络，不采用批量归一化操作时，这两个参数高度依赖前面网络学习到的连接权重（对应复杂的非线性）。而在批量归一化操作中，γ 和 β 变成了该层的学习参数，仅用两个参数就可以恢复最优的输入数据分布，与之前网络层的参数解耦，从而更加有利于优化的过程，提高模型的泛化能力。

完整的批量归一化网络层的前向传导过程公式如下:

$$\mu_{\mathcal{B}} \leftarrow \frac{1}{m}\sum_{i=1}^{m} x_i , \tag{9.38}$$

$$\sigma_{\mathcal{B}}^2 \leftarrow \frac{1}{m}\sum_{i=1}^{m}(x_i - \mu_{\mathcal{B}})^2 , \tag{9.39}$$

$$\hat{x}_i \leftarrow \frac{x_i - \mu_{\mathcal{B}}}{\sqrt{\sigma_{\mathcal{B}}^2 + \epsilon}} , \tag{9.40}$$

$$y_i \leftarrow \gamma \hat{x}_i + \beta \equiv BN_{\gamma,\beta}(x_i) . \tag{9.41}$$

批量归一化在卷积神经网络中应用时，需要注意卷积神经网络的参数共享机制。每一个卷积核的参数在不同位置的神经元当中是共享的，因此也应该被一起归一化。具体实现中，假设网络训练中每一批包含 b 个样本，由一个卷积核生成的特征图的宽高分别为 w 和 h，则每个特征图所对应的全部神经元个数为 $b \times w \times h$；利用这些神经元对应的所有输入数据，我们根据一组待学习的参数 γ 和 β 对每个输入数据进行批量归一化操作。如果有 f 个卷积核，就对应 f 个特征图和 f 组不同的 γ 和 β 参数。

05 深度卷积神经网络

场景描述

卷积神经网络（Convolutional Neural Networks，CNN）也是一种前馈神经网络，其特点是每层的神经元节点只响应前一层局部区域范围内的神经元（全连接网络中每个神经元节点响应前一层的全部节点）。一个深度卷积神经网络模型通常由若干卷积层叠加若干全连接层组成，中间也包含各种非线性操作以及池化操作。卷积神经网络同样可以使用反向传播算法进行训练，相较于其他网络模型，卷积操作的参数共享特性使得需要优化的参数数目大大缩减，提高了模型的训练效率以及可扩展性。由于卷积运算主要用于处理类网格结构的数据，因此对于时间序列以及图像数据的分析与识别具有显著优势。

图 9.14 是卷积神经网络的一个经典结构示意图。这是 LeCun Yann 在 1998 年提出的卷积神经网络结构，输入在经历几次卷积和池化层的重复操作之后，接入几个全连通层并输出预测结果，已成功应用于手写体识别任务。

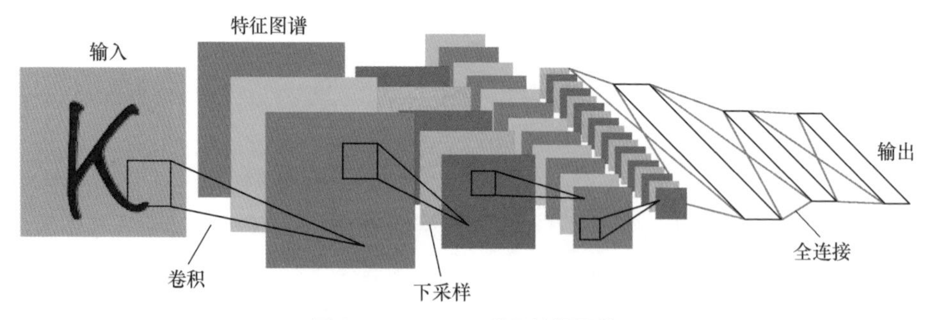

图 9.14 LeNet 卷积神经网络

知识点

图像处理，深度学习，自然语言处理

问题1 卷积操作的本质特性包括稀疏交互和参数共享，具体解释这两种特性及其作用。

难度：★★☆☆☆

分析与解答

■ 稀疏交互（Sparse Interaction）

在传统神经网络中，网络层之间输入与输出的连接关系可以由一个权值参数矩阵来表示，其中每个单独的参数值都表示了前后层某两个神经元节点之间的交互。对于全连接网络，任意一对输入与输出神经元之间都产生交互，形成稠密的连接结构，如图 9.15 所示，神经元 s_i 与输入的所有神经元 x_j 均有连接。

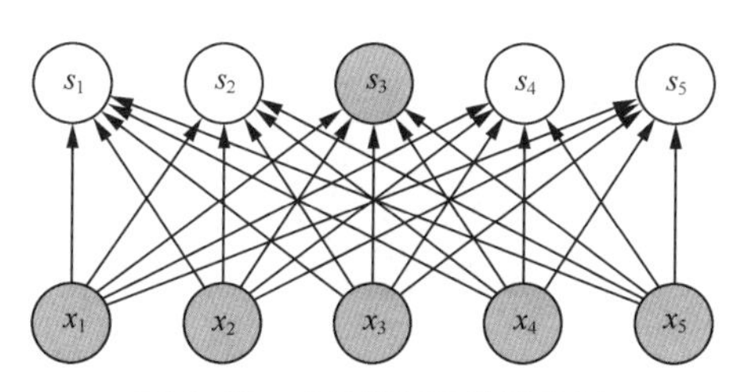

图 9.15 全连接层结构示意图

而在卷积神经网络中，卷积核尺度远小于输入的维度，这样每个输出神经元仅与前一层特定局部区域内的神经元存在连接权重（即产生交互），我们称这种特性为稀疏交互，如图 9.16 所示。可以看到与稠密的连接结构不同，神经元 s_i 仅与前一层中的 x_{i-1}、x_i 和 x_{i+1} 相连。具体来讲，假设网络中相邻两层分别具有 m 个输入和 n 个输出，全连接网络中的权值参数矩阵将包含 $m \times n$ 个参数。对于稀疏交互的卷积网络，如果限定每个输出与前一层神经元的连接数为 k，那么该层的参数总量为 $k \times n$。在实际应用中，一般 k 值远小于 m 就可以取得较为可观的效果；而此时优化过程的时间复杂度将会减小几个数量级，过拟合的情况也得到了较好的改善。

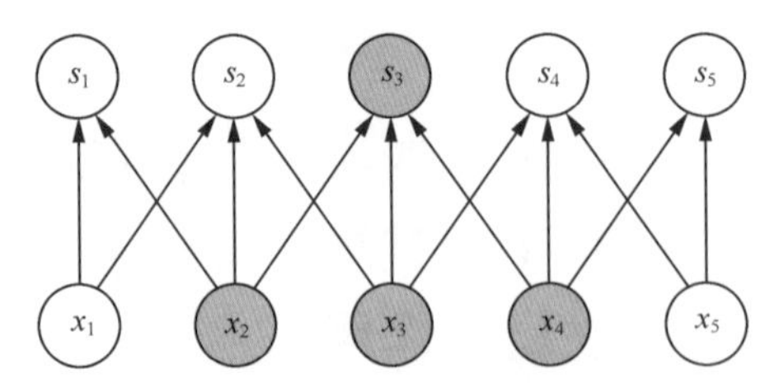

图 9.16 卷积层结构示意图

稀疏交互的物理意义是，通常图像、文本、语音等现实世界中的数据都具有局部的特征结构，我们可以先学习局部的特征，再将局部的特征组合起来形成更复杂和抽象的特征。以人脸识别为例，最底层的神经元可以检测出各个角度的边缘特征（见图 9.17（a））；位于中间层的神经元可以将边缘组合起来得到眼睛、鼻子、嘴巴等复杂特征（见图 9.17（b））；最后，位于上层的神经元可以根据各个器官的组合检测出人脸的特征（见图 9.17（c））。

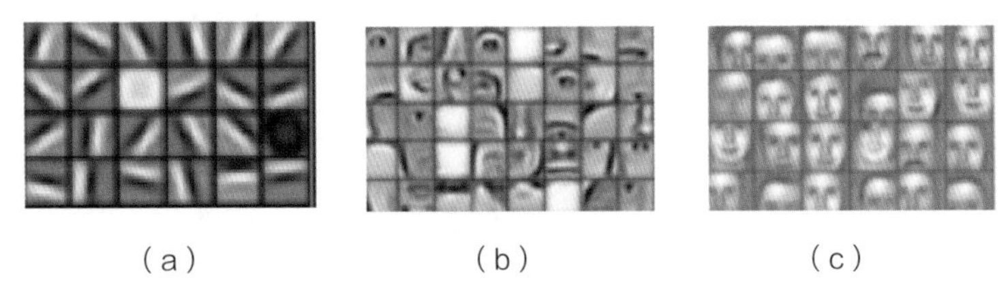

（a）　　（b）　　（c）

图 9.17 人脸识别中不同卷积层的可视化

■ 参数共享（Parameter Sharing）

参数共享是指在同一个模型的不同模块中使用相同的参数，它是卷积运算的固有属性。全连接网络中，计算每层的输出时，权值参数矩阵中的每个元素只作用于某个输入元素一次；而在卷积神经网络中，卷积核中的每一个元素将作用于每一次局部输入的特定位置上。根据参数共享的思想，我们只需要学习一组参数集合，而不需要针对每个位置的每个参数都进行优化，从而大大降低了模型的存储需求。

参数共享的物理意义是使得卷积层具有平移等变性。假如图像中有一只猫，那么无论它出现在图像中的任何位置，我们都应该将它识别为猫，也就是说神经网络的输出对于平移变换来说应当是等变的。特别地，当

函数 $f(x)$ 与 $g(x)$ 满足 $f(g(x))=g(f(x))$ 时，我们称 $f(x)$ 关于变换 g 具有等变性。将 g 视为输入的任意平移函数，令 I 表示输入图像（在整数坐标上的灰度值函数），平移变换后得到 $I'=g(I)$。例如，我们把猫的图像向右移动 l 像素，满足 $I'(x,y)=I(x-l,y)$。我们令 f 表示卷积函数，根据其性质，我们很容易得到 $g(f(I))=f(I')=f(g(I))$。也就是说，在猫的图片上先进行卷积，再向右平移 l 像素的输出，与先将图片向右平移 l 像素再进行卷积操作的输出结果是相等的。

问题 2 常用的池化操作有哪些？池化的作用是什么？

难度：★★★☆☆

分析与解答

常用的池化操作主要针对非重叠区域，包括均值池化（mean pooling）、最大池化（max pooling）等。其中均值池化通过对邻域内特征数值求平均来实现，能够抑制由于邻域大小受限造成估计值方差增大的现象，特点是对背景的保留效果更好。最大池化则通过取邻域内特征的最大值来实现，能够抑制网络参数误差造成估计均值偏移的现象，特点是更好地提取纹理信息。池化操作的本质是降采样。例如，我们可以利用最大池化将 4×4 的矩阵降采样为 2×2 的矩阵，如图 9.18 所示。图中的池化操作窗口大小为 2×2，步长为 2。每次在 2×2 大小的窗口上进行计算，均值池化是求窗口中元素的均值，最大池化则求窗口中元素的最大值；然后将窗口向右或向下平移两格，继续操作。

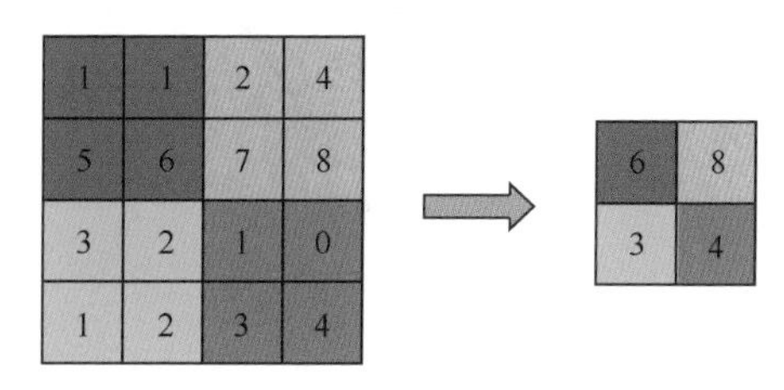

图 9.18 池化操作示意图

此外，特殊的池化方式还包括对相邻重叠区域的池化以及空间金字塔池化。相邻重叠区域的池化，顾名思义，是采用比窗口宽度更小的步长，使得窗口在每次滑动时存在重叠的区域。空间金字塔池化主要考虑了多尺度信息的描述，例如同时计算 1×1、2×2、4×4 的矩阵的池化并将结果拼接在一起作为下一网络层的输入。

池化操作除了能显著降低参数量外，还能够保持对平移、伸缩、旋转操作的不变性。平移不变性是指输出结果对输入的小量平移基本保持不变。例如，输入为（1,5,3），最大池化将会取 5，如果将输入右移一位得到（0,1,5），输出的结果仍将为 5。对伸缩的不变性（一般称为尺度不变性）可以这样理解，如果原先神经元在最大池化操作之后输出 5，那么在经过伸缩（尺度变换）之后，最大池化操作在该神经元上很大概率的输出仍然是 5。因为神经元感受的是邻域输入的最大值，而并非某一个确定的值。旋转不变性可以参照图 9.19。图中的神经网络由 3 个学得的过滤器和一个最大池化层组成。这 3 个过滤器分别学习到不同旋转方向的“5”。当输入中出现“5”时，无论进行何种方向的旋转，都会有一个对应的过滤器与之匹配并在对应的神经元中引起大的激活。最终，无论哪个神经元获得了激活，在经过最大池化操作之后输出都会具有大的激活。

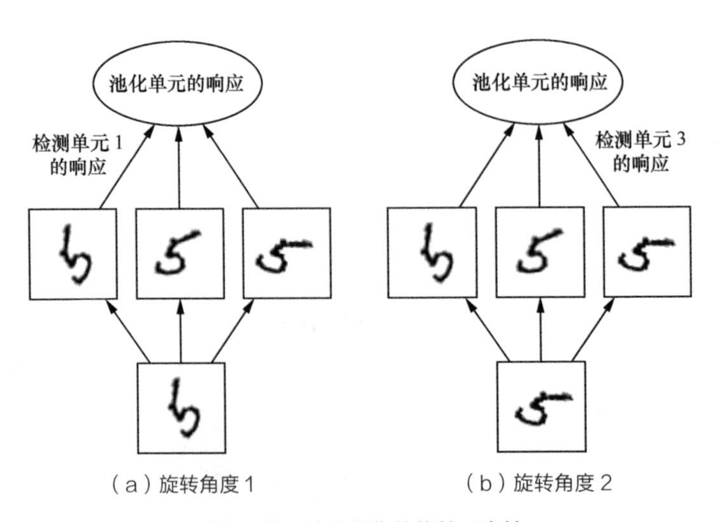

图 9.19 池化操作的旋转不变性

问题 3　卷积神经网络如何用于文本分类任务？

难度：★★★☆☆

分析与解答

卷积神经网络的核心思想是捕捉局部特征，起初在图像领域取得了巨大的成功，后来在文本领域也得到了广泛的应用。对于文本来说，局部特征就是由若干单词组成的滑动窗口，类似于 N-gram。卷积神经网络的优势在于能够自动地对 N-gram 特征进行组合和筛选，获得不同抽象层次的语义信息。由于在每次卷积中采用了共享权重的机制，因此它的训练速度相对较快，在实际的文本分类任务中取得了非常不错的效果。

图 9.20 是一个用卷积神经网络模型进行文本表示，并最终用于文本分类的网络结构 [20]。

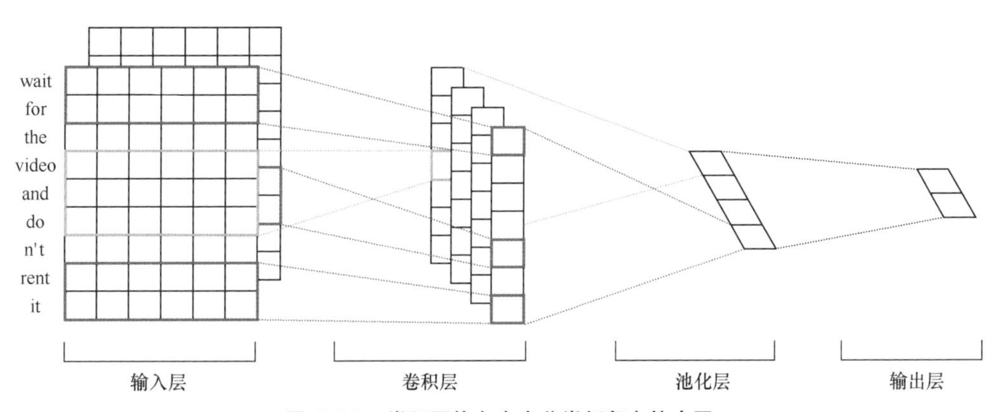

图 9.20　卷积网络在文本分类任务上的应用

（1）输入层是一个 $N\times K$ 的矩阵，其中 N 为文章所对应的单词总数，K 是每个词对应的表示向量的维度。每个词的 K 维向量可以是预先在其他语料库中训练好的，也可以作为未知的参数由网络训练得到。这两种方法各有优势，一方面，预先训练的词嵌入可以利用其他语料库得到更多的先验知识；另一方面，由当前网络训练的词向量能够更好地抓住与当前任务相关联的特征。因此，图中的输入层实际采用了两个通道的形式，即有两个 $N\times K$ 的输入矩阵，其中一个用预先训练好的词嵌入表达，并且在训练过程中不再发生变化；另外一个也由同样的方式初始化，但是会作为参数，随着网络的训练过程发生改变。

（2）第二层为卷积层。在输入的 $N\times K$ 维矩阵上，我们定义不同大小的滑动窗口进行卷积操作

$$c_i = f(w \bullet x_{i:i+h-1} + b) \text{，} \tag{9.42}$$

其中 $x_{i:i+h-1}$ 代表由输入矩阵的第 i 行到第 $i+h-1$ 行所组成的一个大小为 $h\times K$ 的滑动窗口，w 为 $K\times h$ 维的权重矩阵，b 为偏置参数。假设 h 为 3，则每次在 $2\times K$ 的滑动窗口上进行卷积，并得到 $N-2$ 个结果，再将这 $N-2$ 个结果拼接起来得到 $N-2$ 维的特征向量。每一次卷积操作相当于一次特征向量的提取，通过定义不同的滑动窗口，就可以提取出不同的特征向量，构成卷积层的输出。

（3）第三层为池化层，比如图中所示的网络采用了 1-Max 池化，即为从每个滑动窗口产生的特征向量中筛选出一个最大的特征，然后将这些特征拼接起来构成向量表示。也可以选用 K-Max 池化（选出每个特征向量中最大的 K 个特征），或者平均池化（将特征向量中的每一维取平均）等，达到的效果都是将不同长度的句子通过池化得到一个定长的向量表示。

（4）得到文本的向量表示之后，后面的网络结构就和具体的任务相关了。本例中展示的是一个文本分类的场景，因此最后接入了一个全连接层，并使用 Softmax 激活函数输出每个类别的概率。

深度残差网络

场景描述

随着大数据时代的到来，数据规模日益增加，这使得我们有可能训练更大容量的模型，不断地提升模型的表示能力和精度。深度神经网络的层数决定了模型的容量，然而随着神经网络层数的加深，优化函数越来越陷入局部最优解。同时，随着网络层数的增加，梯度消失的问题更加严重，这是因为梯度在反向传播时会逐渐衰减。特别是利用 Sigmoid 激活函数时，使得远离输出层（即接近输入层）的网络层不能够得到有效的学习，影响了模型泛化的效果。为了改善这一问题，深度学习领域的研究员们在过去十几年间尝试了许多方法，包括改进训练算法、利用正则化、设计特殊的网络结构等。其中，深度残差网络（Deep Residual Network，ResNet）是一种非常有效的网络结构改进，极大地提高了可以有效训练的深度神经网络层数。ResNet 在 ImageNet 竞赛和 AlphaGo Zero 的应用中都取得了非常好的效果。图 9.21 展示了 ImageNet 竞赛在 2010 年—2015 年的比赛时取得冠军的模型层数演化；在 2015 年时，利用 ResNet 训练的模型已达到 152 层，并且相较往年的模型取得了很大的精度提升。如今，我们可以利用深度残差网络训练一个拥有成百上千网络层的模型。

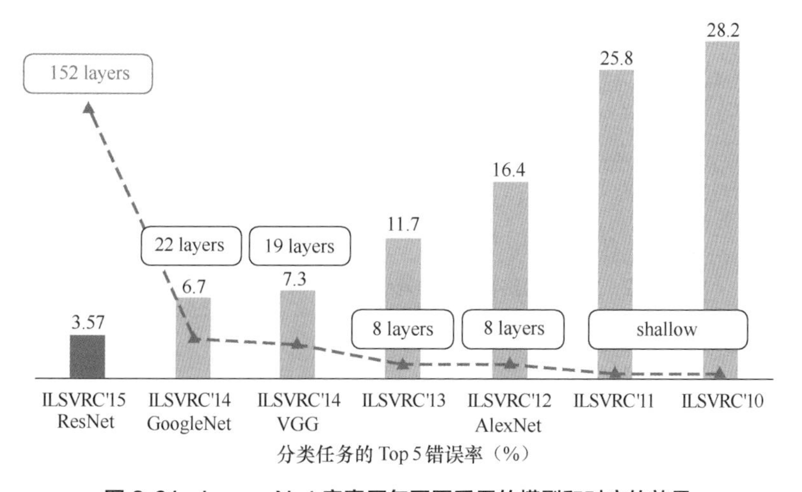

图 9.21 ImageNet 竞赛历年冠军采用的模型和对应的效果

知识点

线性代数，深度学习

问题 ResNet 的提出背景和核心理论是什么？

难度：★★★☆☆

分析与解答

ResNet 的提出背景是解决或缓解深层的神经网络训练中的梯度消失问题。假设有一个 L 层的深度神经网络，如果我们在上面加入一层，直观来讲得到的 $L+1$ 层深度神经网络的效果应该至少不会比 L 层的差。因为我们简单地设最后一层为前一层的拷贝（用一个恒等映射即可实现），并且其他层维持原来的参数即可。然而在进行反向传播时，我们很难找到这种形式的解。实际上，通过实验发现，层数更深的神经网络反而会具有更大的训练误差。在 CIFAR-10 数据集上的一个结果如图 9.22 所示，56 层的网络反而比 20 层的网络训练误差更大，这很大程度上归结于深度神经网络的梯度消失问题 [21]。

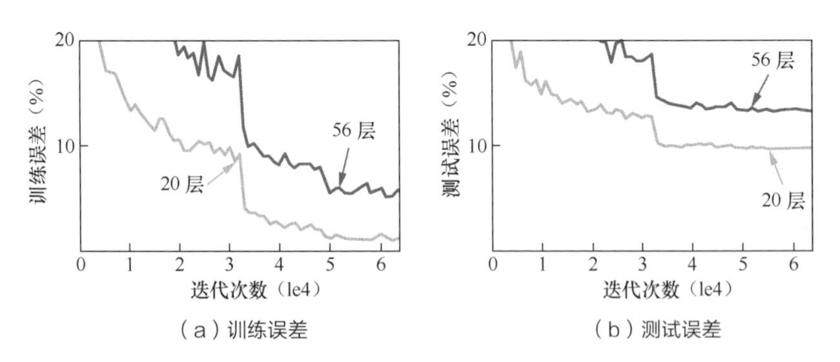

图 9.22　20 层网络和 56 层网络在 CIFAR-10 数据集上的训练误差和测试误差

为了解释梯度消失问题是如何产生的。回顾第 3 节推导出的误差传播公式

$$\delta_i^{(l)} = \left(\sum_{j=1}^{s_{l+1}} W_{ji}^{(l+1)} \delta_j^{(l+1)} \right) f'(z_i^{(l)}) \tag{9.43}$$

将式（9.43）再展开一层，可以得到

$$\delta_i^{(l)} = \left(\sum_{j=1}^{s_{l+1}} W_{ji}^{(l+1)} \left(\sum_{k=1}^{s_{l+2}} W_{kj}^{(l+2)} \delta_k^{(l+2)} f'(z_j^{(l+1)}) \right) f'(z_i^{(l)}) \right) \quad (9.44)$$

可以看到误差传播可以写成参数$W_{ji}^{(l+1)}$、$W_{kj}^{(l+2)}$以及导数$f'(z_j^{(l+1)})$、$f'(z_i^{(l)})$连乘的形式。当误差由第 L 层（记为$\delta_i^{(L)}$）传播到除输入以外的第一个隐含层（记为$\delta_i^{(1)}$）的时候，会涉及非常多的参数和导数的连乘，这时误差很容易产生消失或者膨胀，影响对该层参数的正确学习。因此深度神经网络的拟合和泛化能力较差，有时甚至不如浅层的神经网络模型精度更高。

ResNet 通过调整网络结构来解决上述问题。首先考虑两层神经网络的简单叠加（见图 9.23（a）），这时输入 x 经过两个网络层的变换得到 $H(x)$，激活函数采用 ReLU。反向传播时，梯度将涉及两层参数的交叉相乘，可能会在离输入近的网络层中产生梯度消失的现象。ResNet 把网络结构调整为，既然离输入近的神经网络层较难训练，那么我们可以将它短接到更靠近输出的层，如图 9.23（b）所示。输入 x 经过两个神经网络的变换得到 $F(x)$，同时也短接到两层之后，最后这个包含两层的神经网络模块输出 $H(x)=F(x)+x$。这样一来，$F(x)$ 被设计为只需要拟合输入 x 与目标输出$\tilde{H}(x)$的残差$\tilde{H}(x)-x$，残差网络的名称也因此而来。如果某一层的输出已经较好的拟合了期望结果，那么多加入一层不会使得模型变得更差，因为该层的输出将直接被短接到两层之后，相当于直接学习了一个恒等映射，而跳过的两层只需要拟合上层输出和目标之间的残差即可。

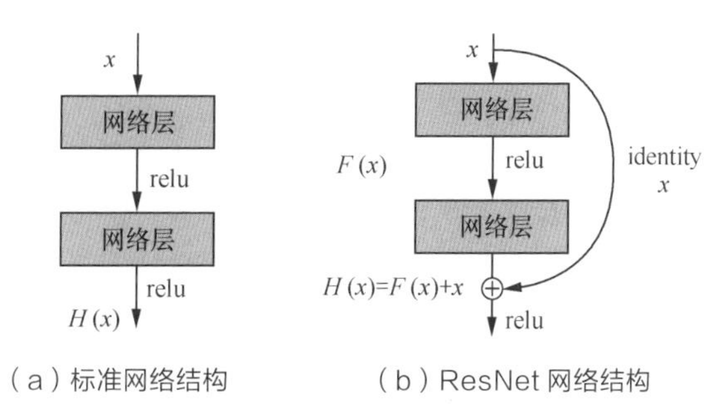

（a）标准网络结构　　（b）ResNet 网络结构

图 9.23　ResNet 结构示意图

ResNet 可以有效改善深层的神经网络学习问题，使得训练更深的网络成为可能，如图 9.24 所示。图 9.24（a）展示的是传统神经网络的结果，可以看到随着模型结构的加深训练误差反而上升；而图 9.24（b）是 ResNet 的实验结果，随着模型结构的加深，训练误差逐渐降低，并且优于相同层数的传统的神经网络。

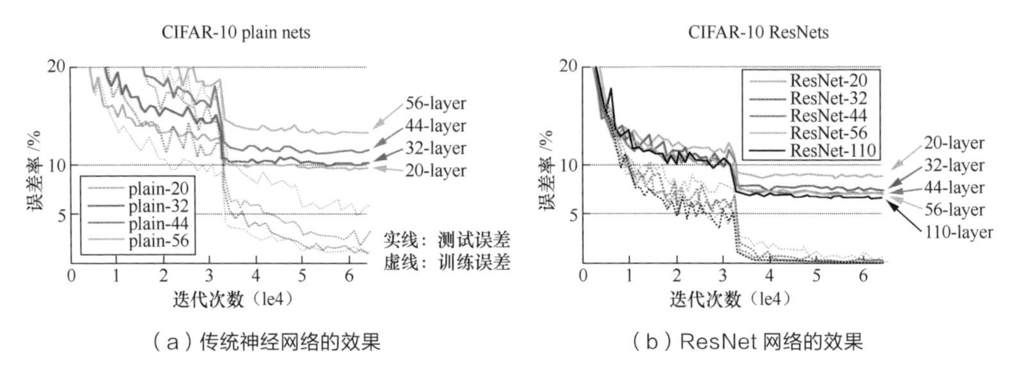

（a）传统神经网络的效果　　（b）ResNet 网络的效果

图 9.24　ResNet 网络与传统网络的效果对比

逸闻趣事　Geoffrey Hinton 的传奇人生

深度学习泰斗 Geoffrey Hinton 的名字在当今的人工智能研究界可谓是如雷贯耳，他曾发明了玻尔兹曼机，也首先将反向传播应用于多层神经网络。不仅如此，他还有 Yann LeCun 和 Ilya Sutskever 等大牛级的学生。

Hinton 教授出生于英国的温布尔登。他的母亲是一位数学老师，父亲是一个专注甲壳虫研究的昆虫学家。“国民生产总值”这个术语，是他的舅舅、经济学家 Colin Clark 发明的。他的高曾祖父是 19 世纪的逻辑学家 George Boole —— 现代计算科学的基础布尔代数的发明人。后来，他们家搬到了布里斯托，Hinton 进入了克里夫顿学院，这所学校在他口中是个“二流公立学校”。正是在这里，他结识的一个朋友给他讲了全息图，讲了人脑如何存储记忆，为他打开了 AI 的神奇大门。

高中毕业后，Hinton 去剑桥大学学习物理学和化学，但只读了 1 个月就退学了。一年后，他又重新申请剑桥大学并转学建筑，结果又退学了，这次他只坚持了 1 天。然后转向物理学和生理学，但是后来发现物理学中的数学太难了，因此转学哲学，花 1 年修完了 2 年的课程。Hinton 说："这一年大有裨益，因为我对哲学产生了强烈的抗体，我想要理解人类意识的工作原理。"为此，他转向了心理学，仅仅为了确定"心理学家对人类意识也不明所以"。在 1973 年前往爱丁堡大学研究生院学习人工智能之前，他做了 1 年的木匠。他在爱丁堡大学的导师是 Christopher Longuet-Higgins，其学生包括多伦多大学化学家、诺贝尔奖得主 John Polanyi 和理论物理学家 Peter Higgs。

即使当时 Hinton 已经确信不被看好的神经网络才是正确之路，但他的导师却在那时刚改为支持人工智能传统论点。Hinton 说："我的研究生生涯充满了暴风骤雨，每周我和导师都会有一次争吵。我一直在做着交易，我会说，好吧，让我再做 6 个月时间的神经网络，我会证明其有效性的。当 6 个月结束了，我又说，我几乎要成功了，再给我 6 个月。自此之后我一直说，再给我 5 年时间，而其他人也一直说，你做这个都 5 年了，它永远不会有效的。但终于，神经网络奏效了。"他否认自己曾怀疑过神经网络未来某天会证明自己的优越性："我从没怀疑过，因为大脑必然是以某种方式工作的，但绝对不是以某种规则编程的方式工作的。"

数年来，Hinton 的工作不仅相对来说令人费解，而且在一场长达 10 年的计算机科学学术之争中处于失利的一方。Hinton 说，他的神经网被获得了更多资助的人工智能传统论（需要人工编程）者认为是"没有头脑的废话（weak-minded nonsense）"，学术期刊过去常常拒收有关神经网络的论文。

但是在过去的 5 年左右的时间里，Hinton 的学生取得了一系列的惊人突破，神经网络变得十分流行，Hinton 也被尊称为计算新时代的宗师（guru of a new era of computing）。神经网络已经在手机中为绝大多数语音识别软件提供支持，其还能识别不同种类的狗的图片，精确度几乎可以和人类媲美。

"我认为对他太多赞美都不为过。"Irvine 这么评价 Hinton 教授，"因为他经历过人工智能的黑暗时代，那时候他看起来就像是一位疯狂科学家，人们从没想过这真的会成功……现在，这些已经被谈论了二三十年的事情终于发生了，我觉得这对他来说是一个很好的奖励……现在这已经掀起了全世界的狂潮，而他就是教父。这绝对不是一夜之间就能取得的成功。"

第10章 循环神经网络

作为生物体，我们的视觉和听觉不断地获得带有序列的声音和图像信号，并交由大脑理解；同时我们在说话、写作、驾驶等过程中不断地输出序列的声音、文字、操作等信号。在互联网公司日常要处理的数据中，也有很多是以序列形式存在的，例如文本、语音、视频、点击流等等。因此，如何更好地对序列数据进行建模，一向是人工智能领域的研究的要点。

循环神经网络(Recurrent Neural Network，RNN)是用来建模序列化数据的一种主流深度学习模型。我们知道，传统的前馈神经网络一般的输入都是一个定长的向量，无法处理变长的序列信息，即使通过一些方法把序列处理成定长的向量，模型也很难捕捉序列中的长距离依赖关系。RNN 则通过将神经元串行起来处理序列化的数据。由于每个神经元能用它的内部变量保存之前输入的序列信息，因此整个序列被浓缩成抽象的表示，并可以据此进行分类或生成新的序列。近年来，得益于计算能力的大幅提升和模型的改进，RNN 在很多领域取得了突破性的进展——机器翻译、序列标注、图像描述、推荐系统、智能聊天机器人、自动作词作曲等。

循环神经网络和卷积神经网络

场景描述

用传统方法进行文本分类任务时，通常将一篇文章所对应的 TF-IDF 向量作为输入，其中 TF-IDF 向量的维度是词汇表的大小。使用前馈神经网络，如卷积神经网络对文本数据建模时，一般会如何操作？使用循环神经网络对文本这种带有序列信息的数据进行建模时，相比卷积神经网络又会有什么不同？

知识点

循环神经网络，前馈神经网络

问题 处理文本数据时，循环神经网络与前馈神经网络相比有什么特点？

难度：★☆☆☆☆

分析与解答

刚才提到，传统文本处理任务的方法中一般将 TF-IDF 向量作为特征输入。显而易见，这样的表示实际上丢失了输入的文本序列中每个单词的顺序。在神经网络的建模过程中，一般的前馈神经网络，如卷积神经网络，通常接受一个定长的向量作为输入。卷积神经网络对文本数据建模时，输入变长的字符串或者单词串，然后通过滑动窗口加池化的方式将原先的输入转换成一个固定长度的向量表示，这样做可以捕捉到原文本中的一些局部特征，但是两个单词之间的长距离依赖关系还是很难被学习到。

循环神经网络却能很好地处理文本数据变长并且有序的输入序列。它模拟了人阅读一篇文章的顺序，从前到后阅读文章中的每一个单词，将前面阅读到的有用信息编码到状态变量中去，从而拥有了一定的记忆能力，可以更好地理解之后的文本。图 10.1 展示了一个典型的循环神经网络结构 [22]。

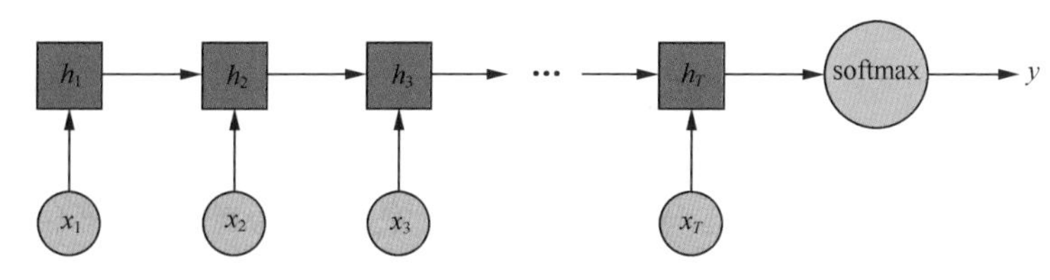

图 10.1　循环神经网络结构

由图可见，一个长度为 T 的序列用循环神经网络建模，展开之后可以看作是一个 T 层的前馈神经网络。其中，第 t 层的隐含状态 h_t 编码了序列中前 t 个输入的信息，可以通过当前的输入 x_t 和上一层神经网络的状态 h_{t-1} 计算得到；最后一层的状态 h_T 编码了整个序列的信息，因此可以作为整篇文档的压缩表示，以此为基础的结构可以应用于多种具体任务。例如，在 h_T 后面直接接一个 Softmax 层，输出文本所属类别的预测概率 y，就可以实现文本分类。h_t 和 y 的计算公式为

$$net_t=Ux_t+Wh_{t-1}\,, \tag{10.1}$$

$$h_t=f(net_t)\,, \tag{10.2}$$

$$y=g(Vh_T)\,, \tag{10.3}$$

其中 f 和 g 为激活函数，U 为输入层到隐含层的权重矩阵，W 为隐含层从上一时刻到下一时刻状态转移的权重矩阵。在文本分类任务中，f 可以选取 Tanh 函数或者 ReLU 函数，g 可以采用 Softmax 函数。

通过最小化损失误差（即输出的 y 与真实类别之间的距离），我们可以不断训练网络，使得得到的循环神经网络可以准确地预测文本所属的类别，达到分类目的。相比于卷积神经网络等前馈神经网络，循环神经网络由于具备对序列顺序信息的刻画能力，往往能得到更准确的结果。

02 循环神经网络的梯度消失问题

场景描述

细究深度学习的发展历史，其实早在 1989 年，深度学习先驱 Lecun 就已经提出了基于反向传播算法的卷积神经网络 LeNet，将其用于数字识别任务，并取得了良好的效果。但 Lenet 在当时并没有取得广泛的关注与重视，也少有人接着这项工作继续研究，提出更新颖、突出的模型。另外深度神经网络模型由于缺乏严格的数学理论支持，在 20 世纪 80 年代末，这股浪潮便渐渐退去，走向平淡。

1991 年，深度学习的发展达到了一个冰点。在这一年，反向传播算法被指出存在梯度消失（Gradient Vanishing）问题，即在梯度的反向传播过程中，后层的梯度以连乘方式叠加到前层。由于当时神经网络中的激活函数一般都使用 Sigmoid 函数，而它具有饱和特性，在输入达到一定值的情况下，输出就不会发生明显变化了。而后层梯度本来就比较小，误差梯度反传到前层时几乎会衰减为 0，因此无法对前层的参数进行有效的学习，这个问题使得本就不景气的深度学习领域雪上加霜。在循环神经网络中，是否同样存在梯度消失的问题呢？

知识点

梯度消失，梯度爆炸（Gradient Explosion）

问题 循环神经网络为什么会出现梯度消失或梯度爆炸？有哪些改进方案？

难度：★★☆☆☆

分析与解答

循环神经网络模型的求解可以采用 BPTT（Back Propagation Through Time，基于时间的反向传播）算法实现，BPTT 实际上是反向传播算法的简单变种。如果将循环神经网络按时间展开成 T 层的前馈神经网络来理解，就和普通的反向传播算法没有什么区别了。循环神经网络的设计初衷之一就是能够捕获长距离输入之间的依赖。从结构上来看，循环神经网络也理应能够做到这一点。然而实践发现，使用 BPTT 算法学习的循环神经网络并不能成功捕捉到长距离的依赖关系，这一现象主要源于深度神经网络中的梯度消失。传统的循环神经网络梯度可以表示成连乘的形式

$$\frac{\partial net_t}{\partial net_1}=\frac{\partial net_t}{\partial net_{t-1}}\cdot\frac{\partial net_{t-1}}{\partial net_{t-2}}\cdots\frac{\partial net_2}{\partial net_1}, \tag{10.4}$$

其中

$$net_t=Ux_t+Wh_{t-1}, \tag{10.5}$$

$$h_t=f(net_t), \tag{10.6}$$

$$y=g(Vh_t), \tag{10.7}$$

$$\begin{aligned}\frac{\partial net_t}{\partial net_{t-1}}&=\frac{\partial net_t}{\partial h_{t-1}}\frac{\partial h_{t-1}}{\partial net_{t-1}}=W\cdot\mathrm{diag}\left[f'(net_{t-1})\right]\\&=\begin{pmatrix}\mathrm{w}_{11}f'(net_{t-1}^1) & \cdots & \mathrm{w}_{1n}f'(net_{t-1}^n)\\ \vdots & \ddots & \vdots\\ \mathrm{w}_{n1}f'(net_{t-1}^1) & \cdots & \mathrm{w}_{nn}f'(net_{t-1}^n)\end{pmatrix},\end{aligned} \tag{10.8}$$

其中 n 为隐含层 h_{t-1} 的维度（即隐含单元的个数），$\frac{\partial net_t}{\partial net_{t-1}}$对应的 $n\times n$ 维矩阵，又被称为雅可比矩阵。

由于预测的误差是沿着神经网络的每一层反向传播的，因此当雅克比矩阵的最大特征值大于 1 时，随着离输出越来越远，每层的梯度大小会呈指数增长，导致梯度爆炸；反之，若雅克比矩阵的最大特征值小于 1，梯度的大小会呈指数缩小，产生梯度消失。对于普通的前馈网络来说，梯度消失意味着无法通过加深网络层次来改善神经网络的预测效果，因为无论如何加深网络，只有靠近输出的若干层才真正起到学习的作用。这使得循环神经网络模型很难学习到输入序列中的长距离依赖关系。

梯度爆炸的问题可以通过梯度裁剪来缓解，即当梯度的范式大于某个给定值时，对梯度进行等比收缩。而梯度消失问题相对比较棘手，需要对

模型本身进行改进。深度残差网络是对前馈神经网络的改进，通过残差学习的方式缓解了梯度消失的现象，从而使得我们能够学习到更深层的网络表示；而对于循环神经网络来说，长短时记忆模型[23]及其变种门控循环单元（Gated recurrent unit，GRU）[24]等模型通过加入门控机制，很大程度上弥补了梯度消失所带来的损失。

循环神经网络中的激活函数

场景描述

我们知道，在卷积神经网络等前馈神经网络中采用 ReLU 激活函数通常可以有效地改善梯度消失，取得更快的收敛速度和更好的收敛结果。那么在循环神经网络中可以使用 ReLU 作为每层神经元的激活函数吗？

知识点

ReLU，循环神经网络，激活函数

问题 在循环神经网络中能否使用 ReLU 作为激活函数？

难度：★★★☆☆

分析与解答

答案是肯定的，但是需要对矩阵的初值做一定限制，否则十分容易引发数值问题。为了解释这个问题，让我们回顾一下循环神经网络的前向传播公式

$$net_t=Ux_t+Wh_{t-1} \tag{10.9}$$

$$h_t=f(net_t) \tag{10.10}$$

根据前向传播公式向前传递一层，可以得到

$$net_t=Ux_t+Wh_{t-1}=Ux_t+Wf(Ux_{t-1}+Wh_{t-2}) \tag{10.11}$$

如果采用 ReLU 替代公式中的激活函数 f，并且假设 ReLU 函数一直处于激活区域（即输入大于 0），则有 $f(x)=x$, $net_t=Ux_t+W(Ux_{t-1}+Wh_{t-2})$。继续将其展开，$net_t$ 的表达式中最终包含 t 个 W 连乘。如果 W 不是单位矩阵（对角线上的元素为 1，其余元素为 0 的矩阵），最终的结果将会趋于 0 或者无穷，引发严重的数值问题。那么为什么在卷积神经网络中

不会出现这样的现象呢？这是因为在卷积神经网络中每一层的权重矩阵 W 是不同的，并且在初始化时它们是独立同分布的，因此可以相互抵消，在多层之后一般不会出现严重的数值问题。

再回到循环神经网络的梯度计算公式

$$\frac{\partial net_t}{\partial net_{t-1}} = W \cdot \text{diag}\left[f'(net_{t-1})\right]$$

$$= \begin{pmatrix} W_{11} f'(net_{t-1}^1) & \cdots & W_{1n} f'(net_{t-1}^n) \\ \vdots & \ddots & \vdots \\ W_{n1} f'(net_{t-1}^1) & \cdots & W_{nn} f'(net_{t-1}^n) \end{pmatrix}. \tag{10.12}$$

假设采用 ReLU 激活函数，且一开始所有的神经元都处于激活中（即输入大于 0），则$\text{diag}[f'(net_{t-1})]$为单位矩阵，有$\frac{\partial net_t}{\partial net_{t-1}} = W$。在梯度传递经历了 n 层之后，$\frac{\partial net_t}{\partial net_1} = W^n$。可以看到，即使采用了 ReLU 激活函数，只要 W 不是单位矩阵，梯度还是会出现消失或者爆炸的现象。

综上所述，当采用 ReLU 作为循环神经网络中隐含层的激活函数时，只有当 W 的取值在单位矩阵附近时才能取得比较好的效果，因此需要将 W 初始化为单位矩阵。实验证明，初始化 W 为单位矩阵并使用 ReLU 激活函数在一些应用中取得了与长短期记忆模型相似的结果，并且学习速度比长短期记忆模型更快，是一个值得尝试的小技巧[25]。

长短期记忆网络

场景描述

长短期记忆网络（Long Short Term Memory，LSTM）是循环神经网络的最知名和成功的扩展。由于循环神经网络有梯度消失和梯度爆炸的问题，学习能力有限，在实际任务中的效果往往达不到预期效果。LSTM 可以对有价值的信息进行长期记忆，从而减小循环神经网络的学习难度，因此在语音识别、语言建模、机器翻译、命名实体识别、图像描述文本生成等问题中有着广泛应用。

知识点

LSTM，门控，激活函数，双曲正切函数，Sigmoid 函数

问题1 LSTM 是如何实现长短期记忆功能的？

难度：★★☆☆☆

分析与解答

有图有真相，我们首先结合 LSTM 结构图以及更新的计算公式探讨这种网络如何实现其功能，如图 10.2 所示。

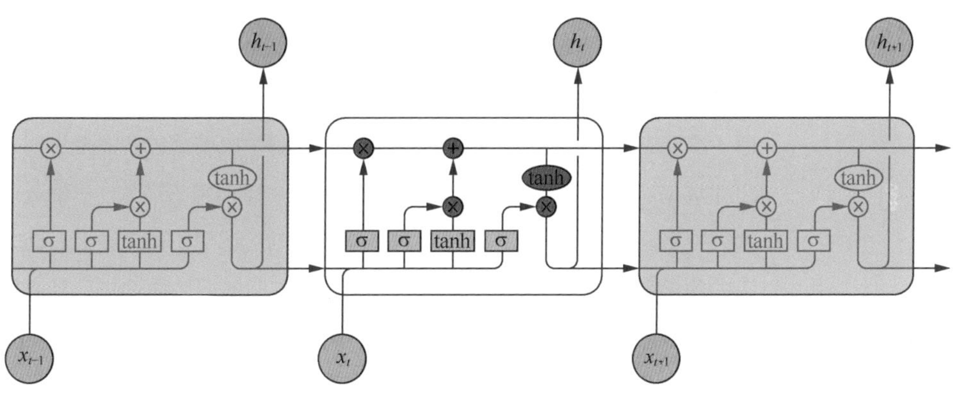

图 10.2 长短时记忆模型内部结构示意

与传统的循环神经网络相比，LSTM 仍然是基于 x_t 和 h_{t-1} 来计算 h_t，只不过对内部的结构进行了更加精心的设计，加入了输入门 i_t、遗忘门 f_t 以及输出门 o_t 三个门和一个内部记忆单元 c_t。输入门控制当前计算的新状态以多大程度更新到记忆单元中；遗忘门控制前一步记忆单元中的信息有多大程度被遗忘掉；输出门控制当前的输出有多大程度上取决于当前的记忆单元。

经典的 LSTM 中，第 t 步的更新计算公式为

$$i_t=\sigma(W_i x_t+U_i h_{t-1}+b_i)\text{ ,} \tag{10.13}$$

$$f_t=\sigma(W_f x_t+U_f h_{t-1}+b_f)\text{ ,} \tag{10.14}$$

$$o_t=\sigma(W_o x_t+U_o h_{t-1}+b_o)\text{ ,} \tag{10.15}$$

$$\tilde{c}_t=\mathrm{Tanh}(W_c x_t+U_c h_{t-1})\text{ ,} \tag{10.16}$$

$$c_t=f_t\odot c_{t-1}+i_t\odot\tilde{c}_t\text{ ,} \tag{10.17}$$

$$h_t=o_t\odot \mathrm{Tanh}(c_t)\text{ .} \tag{10.18}$$

其中 i_t 是通过输入 x_t 和上一步的隐含层输出 h_{t-1} 进行线性变换，再经过激活函数 σ 得到的。输入门 i_t 的结果是向量，其中每个元素是 0 到 1 之间的实数，用于控制各维度流过阀门的信息量；W_i、U_i 两个矩阵和向量 b_i 为输入门的参数，是在训练过程中需要学习得到的。遗忘门 f_t 和输出门 o_t 的计算方式与输入门类似，它们有各自的参数 W、U 和 b。与传统的循环神经网络不同的是，从上一个记忆单元的状态 c_{t-1} 到当前的状态 c_t 的转移不一定完全取决于激活函数计算得到的状态，还由输入门和遗忘门来共同控制。

在一个训练好的网络中，当输入的序列中没有重要信息时，LSTM 的遗忘门的值接近于 1，输入门的值接近于 0，此时过去的记忆会被保存，从而实现了长期记忆功能；当输入的序列中出现了重要的信息时，LSTM 应当把其存入记忆中，此时其输入门的值会接近于 1；当输入的序列中出现了重要信息，且该信息意味着之前的记忆不再重要时，输入门的值接近 1，而遗忘门的值接近于 0，这样旧的记忆被遗忘，新的重要信息被记忆。经过这样的设计，整个网络更容易学习到序列之间的长期依赖。

问题2 LSTM 里各模块分别使用什么激活函数，可以使用别的激活函数吗？

难度：★★★☆☆

分析与解答

关于激活函数的选取，在 LSTM 中，遗忘门、输入门和输出门使用 Sigmoid 函数作为激活函数；在生成候选记忆时，使用双曲正切函数 Tanh 作为激活函数。值得注意的是，这两个激活函数都是饱和的，也就是说在输入达到一定值的情况下，输出就不会发生明显变化了。如果是用非饱和的激活函数，例如 ReLU，那么将难以实现门控的效果。Sigmoid 函数的输出在 0 ~ 1 之间，符合门控的物理定义。且当输入较大或较小时，其输出会非常接近 1 或 0，从而保证该门开或关。在生成候选记忆时，使用 Tanh 函数，是因为其输出在 −1 ~ 1 之间，这与大多数场景下特征分布是 0 中心的吻合。此外，Tanh 函数在输入为 0 附近相比 Sigmoid 函数有更大的梯度，通常使模型收敛更快。

激活函数的选择也不是一成不变的。例如在原始的 LSTM 中，使用的激活函数是 Sigmoid 函数的变种，$h(x)=2\text{sigmoid}(x)-1$，$g(x)=4\text{sigmoid}(x)-2$，这两个函数的范围分别是 $[-1,1]$ 和 $[-2,2]$。并且在原始的 LSTM 中，只有输入门和输出门，没有遗忘门，其中输入经过输入门后是直接与记忆相加的，所以输入门控 $g(x)$ 的值是 0 中心的。后来经过大量的研究和实验，人们发现增加遗忘门对 LSTM 的性能有很大的提升[26]，并且 $h(x)$ 使用 Tanh 比 $2*\text{sigmoid}(x)-1$ 要好，所以现代的 LSTM 采用 Sigmoid 和 Tanh 作为激活函数。事实上在门控中，使用 Sigmoid 函数是几乎所有现代神经网络模块的共同选择。例如在门控循环单元和注意力机制中，也广泛使用 Sigmoid 函数作为门控的激活函数。

此外，在一些对计算能力有限制的设备，诸如可穿戴设备中，由于 Sigmoid 函数求指数需要一定的计算量，此时会使用 0/1 门（hard gate）让门控输出为 0 或 1 的离散值，即当输入小于阈值时，门控输出为 0；当输入大于阈值时，输出为 1。从而在性能下降不显著的情况下，减小计算量。经典的 LSTM 在计算各门控时，通常使用输入 x_t 和隐层输出 h_{t-1} 参与门控计算，例如对于输入门的更新：$i_t = \sigma(W_i x_t + U_i h_{t-1} + b_i)$。其最常见的变种是加入了窥孔机制[27]，让记忆 c_{t-1} 也参与到了门控的计算中，此时输入门的更新方式变为

$$i_t = \sigma(W_i x_t + U_i h_{t-1} + V_i c_{t-1} + b_i). \qquad (10.19)$$

总而言之，LSTM 经历了 20 年的发展，其核心思想一脉相承，但各个组件都发生了很多演化。了解其发展历程和常见变种，可以让我们在实际工作和研究中，结合问题选择最佳的 LSTM 模块，灵活地思考，并知其所以然，而不是死背各种网络的结构和公式。

Seq2Seq 模型

场景描述

Seq2Seq，全称 Sequence to Sequence 模型，目前还没有一个很好的中文翻译，我们暂且称之为序列到序列模型。大致意思是将一个序列信号，通过编码和解码生成一个新的序列信号，通常用于机器翻译、语音识别、自动对话等任务。在 Seq2Seq 模型提出之前，深度神经网络在图像分类等问题上取得了非常好的效果。在深度学习擅长的问题中，输入和输出通常都可以表示为固定长度的向量，如果长度稍有变化，会使用补零等操作。然而像前面提到的几个问题，其序列长度事先并不知道。因此如何突破先前深度神经网络的局限，使其适应于更多的场景，成了 2013 年以来的研究热点，Seq2Seq 模型也应运而生。

知识点

Seq2Seq，机器翻译，集束搜索（Beam Search）

问题1 什么是 Seq2Seq 模型？Seq2Seq 模型有哪些优点？

难度：★★☆☆☆

分析与解答

Seq2Seq 模型的核心思想是，通过深度神经网络将一个作为输入的序列映射为一个作为输出的序列，这一过程由编码输入与解码输出两个环节构成。在经典的实现中，编码器和解码器各由一个循环神经网络构成，既可以选择传统循环神经网络结构，也可以使用长短期记忆模型、门控循环单元等。在 Seq2Seq 模型中，两个循环神经网络是共同训练的。

假想一个复习和考试的场景，如图 10.3 所示。我们将学到的历史信息经过了一系列加工整理，形成了所谓的知识体系，这便是编码过程。然后在考试的时候，将高度抽象的知识应用到系列问题中进行求解，这便是解码过程。譬如对于学霸，他们的网络很强大，可以对很长的信息进行抽象理解，加工内化成编码向量，再在考试的时候从容应答一系列问题。而对于大多数普通人，很难记忆长距离、长时间的信息。在考前只好临时抱佛脚，编码很短期的序列信号，考试时也是听天由命，能答多少写多少，解码出很短时效的信息。

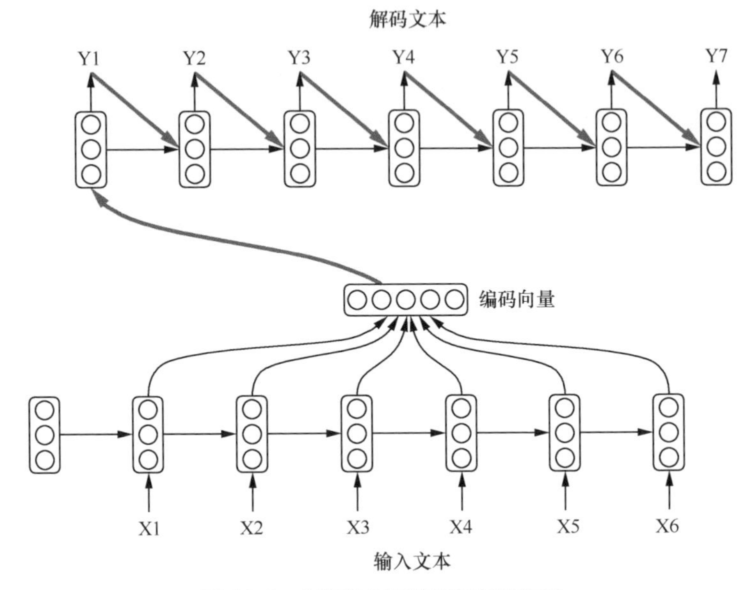

图 10.3　循环神经网络编解码结构图

对应于机器翻译过程，如图 10.4 所示。输入的序列是一个源语言的句子，有三个单词 A、B、C，编码器依次读入 A、B、C 和结尾符 <EOS>。 在解码的第一步，解码器读入编码器的最终状态，生成第一个目标语言的词 W；第二步读入第一步的输出 W，生成第二个词 X；如此循环，直至输出结尾符 <EOS>。输出的序列 W、X、Y、Z 就是翻译后目标语言的句子。

在文本摘要任务中，输入的序列是长句子或段落，输出的序列是摘要短句。在图像描述文本生成任务中，输入是图像经过视觉网络的特征，输出的序列是图像的描述短句。进行语音识别时，输入的序列是音频信号，输出的序列是识别出的文本。不同场景中，编码器和解码器有不同的设计，但对应 Seq2Seq 的底层结构却如出一辙。

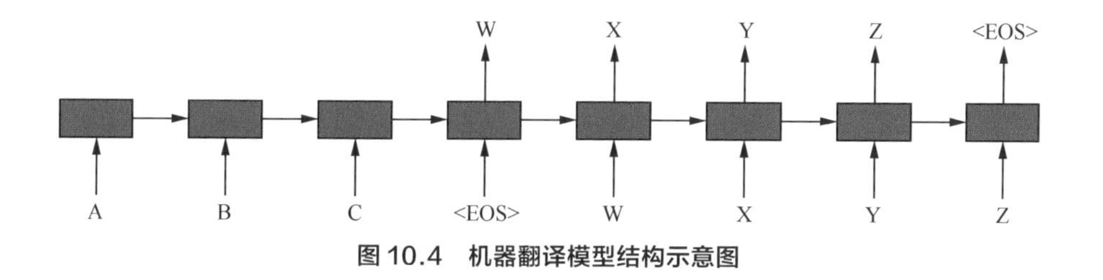

图 10.4 机器翻译模型结构示意图

问题 2 Seq2Seq 模型在解码时，有哪些常用的办法？

难度：★★★☆☆

分析与解答

Seq2Seq 模型最核心的部分是其解码部分，大量的改进也是在解码环节衍生的。Seq2Seq 模型最基础的解码方法是贪心法，即选取一种度量标准后，每次都在当前状态下选择最佳的一个结果，直到结束。贪心法的计算代价低，适合作为基准结果与其他方法相比较。很显然，贪心法获得的是一个局部最优解，由于实际问题的复杂性，该方法往往并不能取得最好的效果。

集束搜索是常见的改进算法，它是一种启发式算法。该方法会保存 beam size（后面简写为 b）个当前的较佳选择，然后解码时每一步根据保存的选择进行下一步扩展和排序，接着选择前 b 个进行保存，循环迭代，直到结束时选择最佳的一个作为解码的结果。图 10.5 是 b 为 2 时的集束搜索示例。

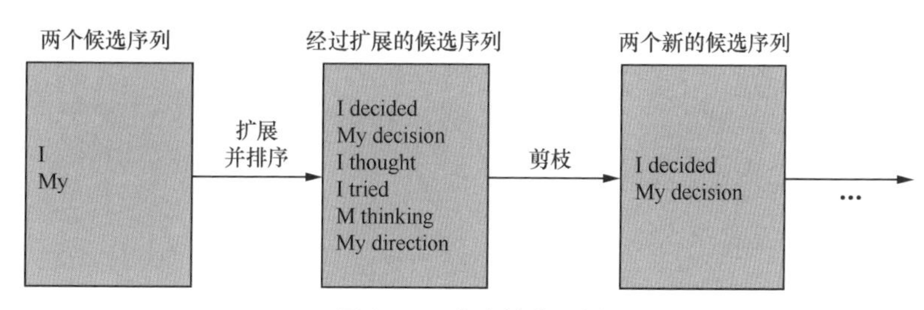

图 10.5 集束搜索示例

由图可见，当前已经有解码得到的第一个词的两个候选：I 和 My。然后，将 I 和 My 输入到解码器，得到一系列候选的序列，诸如 I decided、My decision、I thought 等。最后，从后续序列中选择最优的两个，作为前两个词的两个候选序列。很显然，如果 b 取 1，那么会退化为前述的贪心法。随着 b 的增大，其搜索的空间增大，最终效果会有所提升，但需要的计算量也相应增大。在实际的应用（如机器翻译、文本摘要）中，b 往往会选择一个适中的范围，以 8 ~ 12 为佳 。

解码时使用堆叠的 RNN、增加 Dropout 机制、与编码器之间建立残差连接等，均是常见的改进措施。在实际研究工作中，可以依据不同使用场景，有针对地进行选择和实践。

另外，解码环节中一个重要的改进是注意力机制，我们会在下一节深入介绍。注意力机制的引入，使得在解码时每一步可以有针对性地关注与当前有关的编码结果，从而减小编码器输出表示的学习难度，也更容易学到长期的依赖关系 。此外，解码时还可以采用记忆网络 [28] 等，从外界获取知识。

注意力机制

场景描述

无论机器学习、深度学习还是人工智能，我们似乎都在寻找一种可以模拟人脑的机制，注意力机制（Attention Mechanism）实际上也是源于类似的思路。研究发现，人脑在工作时是有一定注意力的。比如当我们欣赏一幅艺术作品时，可以看到其全貌。而当我们深入关注画作的细节时，其实眼睛只聚焦在了画幅上很小的一部分，而忽略了其他位置的诸如背景等信息，这说明大脑在处理信号时是有一定权重划分的，而注意力机制的提出正是模仿了大脑的这种核心特性。

知识点

注意力机制，Seq2Seq，循环神经网络

问题　Seq2Seq 模型引入注意力机制是为了解决什么问题？为什么选用了双向的循环神经网络模型？

难度：★★★★☆

分析与解答

在实际任务（例如机器翻译）中，使用 Seq2Seq 模型，通常会先使用一个循环神经网络作为编码器，将输入序列（源语言句子的词向量序列）编码成为一个向量表示；然后再使用一个循环神经网络模型作为解码器，从编码器得到的向量表示里解码得到输出序列（目标语言句子的词序列）。

在 Seq2Seq 模型中（见图 10.6），当前隐状态以及上一个输出词决定了当前输出词，即

$$s_i = f(y_{i-1}, s_{i-1}),\tag{10.20}$$

$$p(y_i \mid y_1, y_2 \ldots y_{i-1}) = g(y_{i-1}, s_i) \qquad (10.21)$$

其中 f 和 g 是非线性变换，通常是多层神经网络；y_i 是输出序列中的一个词，s_i 是对应的隐状态。

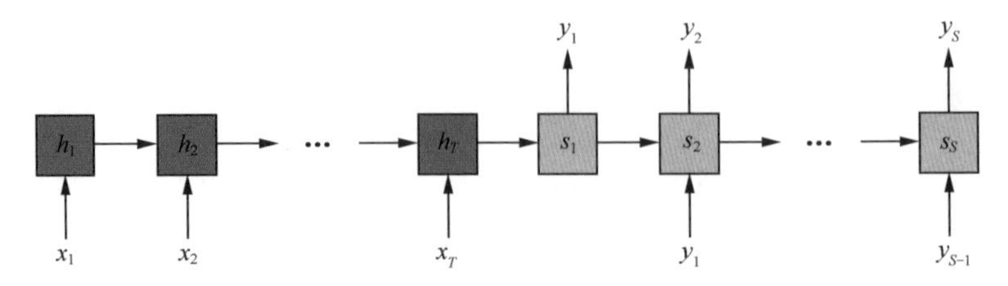

图 10.6　序列到序列模型结构示意图

在实际使用中，会发现随着输入序列的增长，模型的性能发生了显著下降。这是因为编码时输入序列的全部信息压缩到了一个向量表示中。随着序列增长，句子越前面的词的信息丢失就越严重。试想翻译一个有 100 个词的句子，需要将整个句子全部词的语义信息编码在一个向量中。而在解码时，目标语言的第一个词大概率是和源语言的第一个词相对应的，这就意味着第一步的解码就需要考虑 100 步之前的信息。建模时的一个小技巧是将源语言句子逆序输入，或者重复输入两遍来训练模型，以得到一定的性能提升。使用长短期记忆模型能够在一定程度上缓解这个问题，但在实践中对于过长的序列仍然难以有很好的表现。同时，Seq2Seq 模型的输出序列中，常常会损失部分输入序列的信息，这是因为在解码时，当前词及对应的源语言词的上下文信息和位置信息在编解码过程中丢失了。

Seq2Seq 模型中引入注意力机制就是为了解决上述的问题。在注意力机制中，仍然可以用普通的循环神经网络对输入序列进行编码，得到隐状态 $h_1, h_2 \cdots h_T$。但是在解码时，每一个输出词都依赖于前一个隐状态以及输入序列每一个对应的隐状态

$$s_i = f(s_{i-1}, y_{i-1}, c_i), \qquad (10.22)$$

$$p(y_i \mid y_1, y_2, \ldots, y_{i-1}) = g(y_{i-1}, s_i, c_i), \qquad (10.23)$$

其中语境向量 c_i 是输入序列全部隐状态 $h_1, h_2 \cdots h_T$ 的一个加权和

$$c_i = \sum_{j=1}^{T} \alpha_{ij} h_j, \qquad (10.24)$$

其中注意力权重参数 α_{ij} 并不是一个固定权重，而是由另一个神经网络计算得到

$$\alpha_{ij}=\frac{\exp(e_{ij})}{\sum_{k=1}^{T}\exp(e_{ik})}, \tag{10.25}$$

$$e_{ij}=a(s_{i-1},h_j). \tag{10.26}$$

神经网络 a 将上一个输出序列隐状态 s_{i-1} 和输入序列隐状态 h_j 作为输入，计算出一个 x_j，y_i 对齐的值 e_{ij}，再归一化得到权重 α_{ij}。

我们可以对此给出一个直观的理解：在生成一个输出词时，会考虑每一个输入词和当前输出词的对齐关系，对齐越好的词，会有越大的权重，对生成当前输出词的影响也就越大。图 10.7 展示了翻译时注意力机制的权重分布，在互为翻译的词对上会有最大的权重[29]。

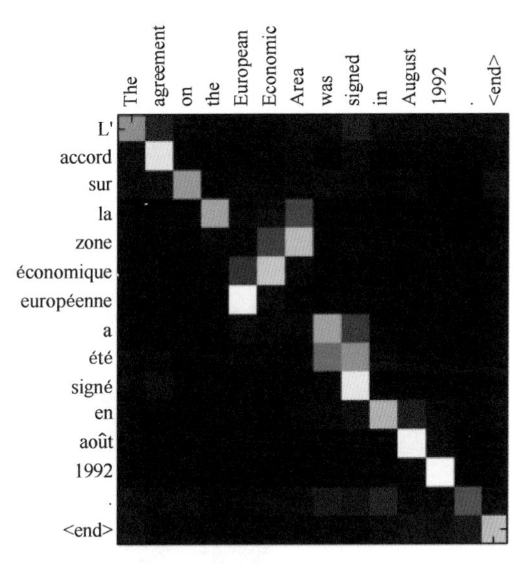

图 10.7 注意力机制的权重分布

在机器翻译这样一个典型的 Seq2Seq 模型里，生成一个输出词 y_j，会用到第 i 个输入词对应的隐状态 h_i 以及对应的注意力权重 α_{ij}。如果只使用一个方向的循环神经网络来计算隐状态，那么 h_i 只包含了 x_0 到 x_i 的信息，相当于在 α_{ij} 这里丢失了 x_i 后面的词的信息。而使用双向循环神经网络进行建模，第 i 个输入词对应的隐状态包含了$\overrightarrow{h_i}$和$\overleftarrow{h_i}$，前

者编码 x_0 到 x_i 的信息，后者编码 x_i 及之后所有词的信息，防止了前后文信息的丢失，如图 10.8 所示。

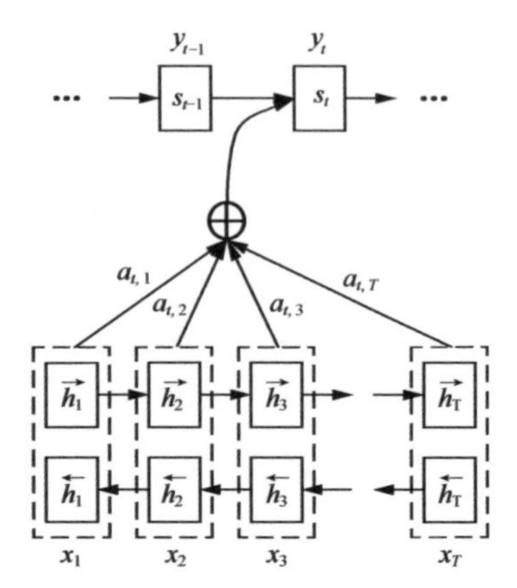

图 10.8　双向循环神经网络的注意力机制模型

注意力机制是一种思想，可以有多种不同的实现方式，在 Seq2Seq 模型以外的场景也有不少应用。图 10.9 展示了在图像描述文本生成任务中的结果，可以看到在生成对应词时，图片上对应物体的部分有较大的注意力权重 [30]。

A woman is throwing a frisbee in a park.

A little girl sitting on a bed with a teddy bear.

图 10.9　注意力机制在图片描述文本生成中的应用

逸闻趣事

Bengio兄弟

很多人或许都听说过约书亚·本吉奥（Yoshua Bengio），他作为深度学习三驾马车之一，参与编撰了两本《深度学习》图书。本吉奥有许多重要的工作，例如门控循环单元、注意力机制，和近来火爆的生成对抗网络等。近来，人工智能领域的顶级会议，NIPS 2017（神经信息处理系统大会）宣布将由萨米·本吉奥担任组委会执行主席。由于本吉奥是一个非常少见的姓氏，那么萨米·本吉奥究竟是约书亚·本吉奥的别名，还是父子或者兄弟，或者没有关系呢？

顺着八卦之路，萨米·本吉奥的信息如下：他是谷歌的研究科学家，在蒙特利尔大学获得博士学位，并在那里进行了博士后研究。显然他和约书亚·本吉奥不是同一个人，但巧合的是，约书亚·本吉奥就是蒙特利尔大学的教授呀。打开约书亚·本吉奥教授的学生介绍页面，萨米·本吉奥在博士后期间，曾得到他的指导。

图10.10是本吉奥兄弟的合影。

图10.10　围观群众与本吉奥兄弟的合影

约书亚·本吉奥（左一）和萨米·本吉奥（右一）长得非常像，年纪接近，显然是同胞兄弟。看年纪，约书亚应该是萨米的哥哥。兄弟同为深度学习领域资深的科学家，也成就了一番佳话。

第11章
强化学习

强化学习近年来在机器学习领域越来越火，也受到了越来越多人的关注。强化学习是一个 20 世纪 80 年代兴起的，受行为心理学启发而来的一个机器学习领域，它关注身处某个环境中的决策器通过采取行动获得最大化的累积收益。和传统的监督学习不同，在强化学习中，并不直接给决策器的输出打分。相反，决策器只能得到一个间接的反馈，而无法获得一个正确的输入 / 输出对，因此需要在不断的尝试中优化自己的策略以获得更高的收益。从广义上说，大部分涉及动态系统的决策学习过程都可以看成是一种强化学习。强化学习的应用非常广泛，包括博弈论、控制论、优化等多个不同领域。这两年，AlphaGo 及其升级版横空出世，彻底改变了围棋这一古老的竞技领域，在业界引起很大震惊，其核心技术就是强化学习。与未来科技发展密切相关的机器人领域，从机器人行走、运动控制，到自动驾驶，都是强化学习的用武之地。

强化学习基础

场景描述

假设我们有一个 3 × 3 的棋盘，其中有一个单元格是马里奥，另一个单元格是宝藏，如图 11.1 所示。在游戏的每个回合，可以往上、下、左、右四个方向移动马里奥，直到马里奥找到宝藏，游戏结束。在这个场景中，强化学习需要定义一些基本概念来完成对问题的数学建模。

图 11.1　超级玛丽找宝藏

知识点

强化学习，马尔可夫决策过程，价值迭代（Value Iteration），策略迭代

问题1　强化学习中有哪些基本概念？在马里奥找宝藏问题中如何定义这些概念？

难度：★☆☆☆☆

分析与解答

强化学习的基本场景可以用图 11.2 来描述，主要由环境（Environment）、机器人（Agent）、状态（State）、动作（Action）、奖励（Reward）等基本概念构成。一个机器人在环境中会做各种动作，环境会接收动作，并引起自身状态的变迁，同时给机器人以奖励。机器人的目标就是使用一些策略，做合适的动作，最大化自身的收益。

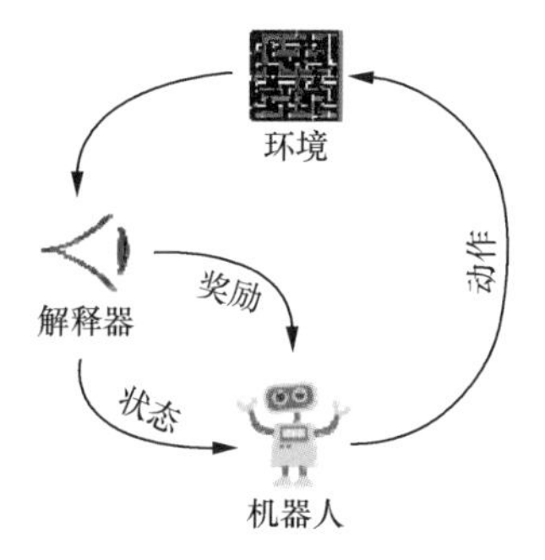

图 11.2 强化学习基本场景

整个场景一般可以描述为一个马尔可夫决策过程（Markov Decision Process，MDP）。马尔可夫决策过程是马尔可夫过程与确定性的动态规划相结合的产物，指决策者周期地或连续地观察具有马尔可夫性的随机动态系统，序贯地做出决策的过程，以俄罗斯数学家安德雷·马尔可夫的名字命名。这个过程包括以下几个要素：

- 动作：所有可能做出的动作的集合，记作 A（可能是无限的）。对于本题，A= 马里奥在每个单元格可以行走的方向，即 {上、下、左、右}。
- 状态：所有状态的集合，记作 S。对于本题，S 为棋盘中每个单元格的位置坐标 $\{(x,y);\ x=1,2,3;\ y=1,2,3\}$，马里奥当前位于（1,1），宝藏位于（3,2）。
- 奖励：机器人可能收到的奖励，一般是一个实数，记作 r。对于本题，如果马里奥每移动一步，定义 $r=-1$；如果得到宝藏，定义 $r=0$，游戏结束。
- 时间（t=1,2,3...）：在每个时间点 t，机器人会发出一个动作 a_t，收到环境给出的收益 r_t，同时环境进入到一个新的状态 s_t。
- 状态转移：$S\times A\rightarrow S$ 满足 $P_a(s_t|s_{t-1},a_t)=P_a(s_t|s_{t-1},a_t,s_{t-2},a_{t-1}...)$，也就是说，从当前状态到下一状态的转移，只与当前状态以及当前所采取的动作有关。这就是所谓的马尔可夫性。
- 累积收益：从当前时刻 0 开始累积收益的计算方法是 $\mathrm{R}=\mathrm{E}(\sum_{t=0}^{T}\gamma^t r_t \mid s_0=s)$，在很多时候，我们可以取 $T=\infty$。

强化学习的核心任务是，学习一个从状态空间 S 到动作空间 A 的映射，最大化累积受益。常用的强化学习算法有 Q-Learning、策略梯度，以及演员评判家算法（Actor-Critic）等。

问题2 根据图 11.1 给定的马里奥的位置以及宝藏的位置，从价值迭代来考虑，如何找到一条最优路线？

难度：★★☆☆☆

分析与解答

上一问已经把强化学习问题形式化为马尔可夫决策过程。下面我们介绍如何利用价值迭代求解马尔可夫决策过程。那么什么是价值呢？我们将当前状态 s 的价值 $V(s)$ 定义为：从状态 $s=(x,y)$ 开始，能够获得的最大化奖励。结合图 11.3 可以非常直观地理解价值迭代。

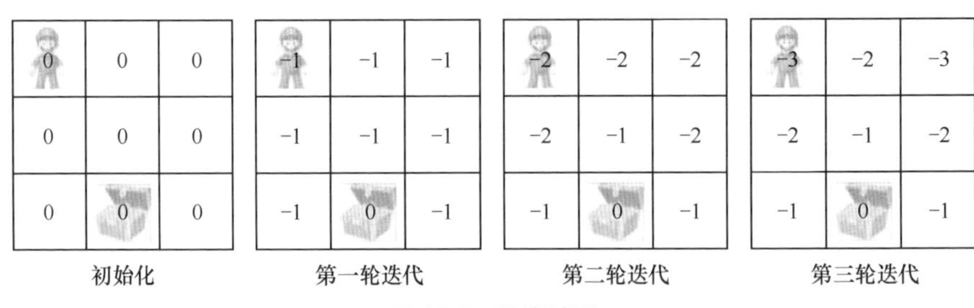

图 11.3　迭代过程

首先，初始化所有状态的价值 $V(s)=0$。然后，在每一轮迭代中，对每个状态 s 依次执行以下步骤。

- 逐一尝试｛上、下、左、右｝四个动作 a，记录到达状态 s' 和奖励 r。
- 计算每个动作的价值 $q(s,a)=r+V(s')$。
- 从四个动作中选择最优的动作 $\max_a\{q(s,a)\}$。
- 更新 s 状态价值 $V(s)=\max_a\{q(s,a)\}$。

在第一轮迭代中，由于初始状态 $V(s)$ 均为 0，因此对除宝藏所在位置外的状态 s 均有 $V(s)=r+V(s')=-1+0=-1$，即从当前位置出发走一步获得奖励 $r=-1$。

在第二轮迭代中，对于和宝藏位置相邻的状态，最优动作为一步到达 $V(s')=0$ 的状态，即宝藏所在的格子。因此，$V(s)$ 更新为 $r+V(s')=-1+0=-1$；其余只能一步到达 $V(s')=-1$ 的状态，$V(s)$ 更新为 $r+V(s')=-1+(-1)=-2$。

第三轮和第四轮迭代如法炮制。可以发现，在第四轮迭代中，所有 $V(s)$ 更新前后都没有任何变化，价值迭代已经找到了最优策略。最终，只需要从马里奥所在位置开始，每一步选择最优动作，即可最快地找到宝藏。

上面的迭代过程实际上运用了贝尔曼方程（Bellman Equation），来对每个位置的价值进行更新

$$V_*(s) = \max_a \sum_{s',r} p(s',r|s,a)[r+\gamma V_*(s')]. \tag{11.1}$$

贝尔曼方程中状态 s 的价值 $V(s)$ 由两部分组成：

- 采取动作 a 后带来的奖励 r。
- 采取动作 a 后到达的新状态的价值 $V(s')$。

问题3 根据图 11.1 给定的马里奥的位置以及宝藏的位置，从策略迭代来考虑，如何找到一条最优路线？

难度：★★☆☆☆

分析与解答

本节介绍马尔可夫决策过程的另一种求解方法——策略迭代。什么叫策略？策略就是根据当前状态决定该采取什么动作。以场景中的马里奥寻找宝箱为例，马里奥需要不断朝着宝藏的方向前进：当前状态如果在宝藏左侧，策略应该是朝右走；当前状态如果在宝藏上方，策略应该是朝下走。

如何衡量策略的好坏？这就需要介绍策略评估（Policy Evaluation）。给定一个策略 π，我们可以计算出每个状态的期望价值 $V(s)$。策略迭代可以帮助我们找到更好的策略，即期望价值更高的策略，具体步骤如下。

（1）初始化：随机选择一个策略作为初始值。比如“不管什么状态，一律朝下走”，即 P（A = 朝下走 | S_t=s）= 1，P（A = 其他 | S_t=s）= 0。

（2）进行策略评估：根据当前的策略计算$V_\pi(s)=E_\pi(r+\gamma V_\pi(s')\mid S_t=s)$。

（3）进行策略提升：计算当前状态的最优动作$\max\limits_a\{q_\pi(s,a)\}$，更新策略$\pi(s)=\mathrm{argmax}_a\{q_\pi(s,a)\}=\mathrm{argmax}_a\sum\limits_{s',r}p(s',r\mid s,a)[r+\gamma V_\pi(s')]$。

（4）不停地重复策略评估和策略提升，直到策略不再变化为止。

在马里奥寻找宝藏问题中，策略迭代过程如图 11.4 所示。

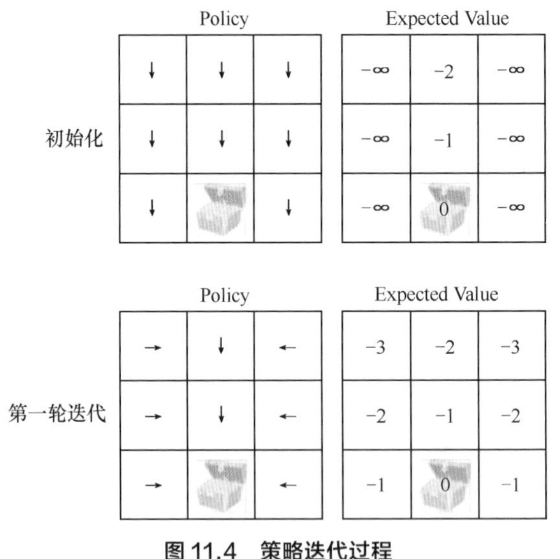

图 11.4　策略迭代过程

初始化策略为：不论马里奥处于哪个状态，一律朝下走。根据这一策略进行策略评估不难发现，只有宝藏正上方的状态可以到达宝藏，期望价值为到宝藏的距离（−2，−1 和 0）；其余状态不能通过当前策略到达宝藏，期望价值为负无穷。然后根据当前的期望价值进行策略提升：对于宝藏正上方的状态，策略已经最优，保持不变；对于不在宝藏正上方的状态，根据策略更新公式$\pi(s)=\text{argmax}_a \sum_{s',r} p(s',r \mid s,a)[r+\gamma V_\pi(s')]$，最优策略为横向移动一步。

通过上一轮的策略提升，这一轮的策略变为：对于宝藏正上方的状态，向下移动；对于不在宝藏正上方的状态，横向移动一步。根据当前策略进行策略评估，更新各状态期望价值：宝藏正上方的状态价值期望不变，仍等于到宝藏的距离；不在宝藏正上方的状态期望价值更新为$r+\gamma V_\pi(s')$，即横向移动一步的奖励与目标状态的期望价值之和。然后根据更新后的期望价值进行策略提升：不难发现，对于所有状态，当前策略已经最优，维持不变，中止策略提升过程。

最终，马里奥只需从初始状态（1,1）开始，按照当前位置的最优策略进行行动，即向右行动一步，然后一直向下行动，即可最快找到宝藏。

02 视频游戏里的强化学习

场景描述

游戏是强化学习中最有代表性也是最合适的应用领域之一，几乎涵盖了强化学习所有的要素：环境——游戏本身的状态；动作——用户操作；机器人——程序；回馈——得分、输赢等。通过输入原始像素来玩视频游戏，是人工智能成熟的标志之一。雅达利（Atari）是二十世纪七八十年代红极一时的电脑游戏，类似于国内的红白机游戏，但是画面元素要更简单一些。它的模拟器相对成熟，使用雅达利游戏来测试强化学习，可谓量身定做。其应用场景可以描述为：在离散的时间轴上，每个时刻你可以得到当前的游戏画面（环境），选择向游戏机发出一个行动指令（如上、下、左、右、开火等），然后得到一个反馈（奖励）。基于原始像素的强化学习由于对应的状态空间巨大，没有办法直接使用传统的方法。于是，2013 年 DeepMind 提出了深度强化学习模型，开始了深度学习和强化学习的结合[31]。

传统的强化学习主要使用 Q-learning，而深度强化学习也使用 Q-learning 为基本框架，把 Q-learning 的对应步骤改为深度形式，并引入了一些技巧，例如经验重放（experience replay）来加快收敛以及提高泛化能力。

知识点

强化学习，Q-learning

问题 什么是深度强化学习，它和传统的强化学习有什么不同？

难度：★★★☆☆

分析与解答

2013 年，DeepMind 提出的深度强化学习仍然使用经典的 Q-learning 框架[31]。Q-learning 的本质是，当前状态 s_j、回馈 a_j、奖励 r_j，以及 Q 函数之间存在关系 $Q(s_j,a_j)=E_{s_{j+1}}y_j$，其中

$y_j = r_j + \gamma \cdot \max_a Q(s_{j+1}, a)$。如果 s_{j+1} 是终态，则 $y_j = r_j$，在传统的 Q-learning 中，考虑状态序列是无限的，所以并没有终态。依据这个关系，可以对 Q 函数的取值做迭代改进。所以如果我们有一个四元组 (s_j, a_j, r_j, s_{j+1})，我们可以用随机梯度下降法的思想对 Q 函数迭代前后的平方差距 $(y_j - Q(s_j, a_j))^2$ 做一次梯度下降。

经典的 Q-learning 算法如图 11.5 所示。为了能与 Deep Q-learning 作对比，我们把最后一步 Q 函数更新为等价的描述：令 $y_t = r_t + \gamma \cdot \max_a Q(s_{t+1}, a; \theta)$，并对$(y_t - Q(s_t, a_t))^2$执行一次梯度下降，完成参数更新。

1: $Q \leftarrow Q_0$　// 初始化 Q
2: 令世代 $E=1,\dots,M$;
3: 　　构建初始状态 s_1;
4: 　　令 $t=1,\dots,T$:
5: 　　　　$a_t \leftarrow$基于现有从 Q 函数而来的策略选择一个行动;
6: 　　　　执行 a_t;
7: 　　　　$r_t \leftarrow$获得当前收益;
8: 　　　　$s_{t+1} \leftarrow$采样获得下一个状态;
9: 　　　　更新 Q 函数：$Q(s_t, a_t) \leftarrow Q(s_t, a_t) + \alpha[r_t + \gamma \max_{a' \in A} Q(s_{t+1}, a') - Q(s_t, a_t)]$

图 11.5　经典 Q-learning 算法

图 11.6 是深度 Q-learning 算法，其中红色部分为和传统 Q-learning 不同的部分。

1: 令世代 $E=1,\dots,M$;
2: 　　构建初始状态 s_1;
3: 　　$D \leftarrow \{\}$;
4: 　　令 $t=1 \cdots T$;
5: 　　　　$a_t = \begin{cases} \text{随机选择的状态，以概率}\epsilon, \\ \max_a Q(s_t, a; \theta)\text{，以概率}1-\epsilon; \end{cases}$
6: 　　　　执行 a_t;
7: 　　　　$r_t \leftarrow$获得当前收益;
8: 　　　　$s_{t+1} \leftarrow$采样并加以处理获得下一个状态;
9: 　　　　$D \leftarrow D + \{(s_t, a_t, r_t, s_{t+1})\}$;
10: 　　　　$(s_j, a_j, r_j, s_{j+1}) \leftarrow$从 D 中采样;
11: 　　　　$y_j = \begin{cases} r_j\text{，如果}s_{j+1}\text{是终点,} \\ r_j + \gamma \cdot \max_a Q(s_{j+1}, a; \theta)\text{，如果}s_{j+1}\text{不是终点;} \end{cases}$
12: 　　　　对 $(y_j - Q(s_j, a_j; \theta))^2$ 执行一次梯度下降。

图 11.6　深度 Q-learning 算法

比较这两个算法，我们不难发现深度Q-learning和传统的Q-learning的主体框架是相同的，在每一次子迭代中，都是按照以下步骤进行。

（1）根据当前的 Q 函数执行一次行动 a_t。

（2）获得本次收益 r_t 及下一个状态 s_{t+1}。

（3）以某种方式获得一个四元组(s_j, a_j, r_j, s_{j+1})。

（4）计算 y_j。

（5）对 $(y_j-Q(s_j,a_j;\theta))^2$ 执行一次梯度下降，完成参数更新。

表 11.1 是传统 Q-learning 与深度 Q-learning 的对比。以获得状态的方式为例，传统 Q-learning 直接从环境观测获得当前状态；而在深度 Q-learning 中，往往需要对观测的结果进行某些处理来获得 Q 函数的输入状态。比如，用深度 Q-learning 玩 Atari 游戏时，是这样对观察值进行处理的：在 t 时刻观察到的图像序列及对应动作$x_1, a_1, x_2, \ldots, x_t, a_t, x_{t+1}$，通过一个映射函数$\phi(x_1, a_1, x_2, \ldots, x_t, a_t, x_{t+1})$，得到处理后的标准状态。在实际的应用中，$\phi$ 选择最后 4 帧图像，并将其堆叠起来。

表 11.1　传统 Q-learning 与深度 Q-learning 对比

步骤 \ 方法	传统 Q-learning	深度 Q-learning
（1）根据当前的 Q 函数执行一次行动 a_t	根据当前的 Q 函数确定性地选择一个行动	以一个小的概率 ϵ 执行一次随机行动，这其实是 MAB 算法中的 ϵ-greedy，可以在探索和利用之间做权衡
（2）获得本次收益 r_t 及下一个状态 S_{t+1}	从环境直接获得	从环境获得收益，状态部分可能需要对观察值进行处理
（3）以某种方式获得一个四元组 (s_j,a_j,r_j,s_{j+1})	假设当前迭代时刻是 t，则简单地令 $j=t$	从历史记录中随机采样一个 j
（4）计算 y_j	$y_j = r_j + \gamma \cdot \max_a Q(s_{j+1}, a; \theta)$	和传统 Q-learning 一样，除了需要考虑有限长的状态序列
（5）执行梯度下降	$Q(s_t,a_t) \leftarrow Q(s_t,a_t)+ \alpha[y_t-Q(s_t,a_t)]$	和传统 Q-learning 一样

逸闻趣事

从多巴胺到强化学习

多巴胺是一种让人感到兴奋和愉悦的神经递质，由大脑分泌。多巴胺和强化学习听起来相距甚远，但出人意料的是它们在本质上其实具有很多共通性——都是为了获得延迟到来的奖励。当我们获得超过期望的回报或者奖励时，大脑会释放大量多巴胺，让我们感到兴奋和愉悦。那么决定多巴胺的释放的因素是什么呢？答案是奖励和预期之间的差值。如果你是一个养宠物的人，有没有观察到这种现象：通常在给宠物喂食之前，它们便开始分泌口水。俄国科学家巴普洛夫便做过这样一个试验：在给狗喂食之前先摇铃铛，训练狗将铃响和食物联系在一起，以后没有看到食物时也会流口水。随着检测技术的提高，科学家发现多巴胺的释放并非来源于奖励本身，而是来自于对奖励的预期。当现实的回报高于预期时，会促成多巴胺的释放，让人觉得生活美好。相反的，如果现实的回报总是不及预期，多巴胺的分泌量会降低，人们也会慢慢觉得生活一成不变，缺乏乐趣。平衡预期与回报之间的差距正是时间差分学习（Temporal Difference Learning）的目标：根据现实回报和预期的差值来调整价值函数的值，这与大脑分泌多巴胺的机制异曲同工。时间差分学习可以用于优化 V-function 也可以用于优化 Q-function，而本节介绍的 Q-learning 正是时间差分算法的一个特例。

策略梯度

场景描述

Q-learning 因为涉及在状态空间上求 Q 函数的最大值，所以只适用于处理离散的状态空间，对于连续的状态空间，最大化 Q 函数将变得非常困难。所以对于机器人控制等需要复杂连续输出的领域，Q-learning 就显得不太合适了。其次，包括深度 Q-learning 在内的大多数强化学习算法，都没有收敛性的保证，而策略梯度（Policy Gradient）则没有这些问题，它可以无差别地处理连续和离散状态空间，同时保证至少收敛到一个局部最优解。

知识点

强化学习，Q-learning

问题 什么是策略梯度，它和传统 Q-learning 有什么不同，相对于 Q-learning 来说有什么优势？

难度：★★★★☆

分析与解答

在策略梯度中，我们考虑前后两个状态之间的关系为 $s_{t+1} \sim p(s_{t+1}|s_t, a_t)$，其中 s_t、s_{t+1} 是相继的两个状态，a_t 是 t 步时所采取的行动，p 是环境所决定的下个时刻状态分布。而动作 a_t 的生成模型（策略）为 $a_t \sim \pi_\theta(a_t \mid s_t)$，其中 π_θ 是以 θ 为参变量的一个分布，a_t 从这个分布进行采样。这样，在同一个环境下，强化学习的总收益函数，$R(\theta) = E(\sum_0^T z_t r_t)$，完全由 θ 所决定。策略梯度的基本思想就是，直接用

梯度方法来优化 $R(\theta)$。可以看出，和 Q-learning 不同的是，策略梯度并不估算 Q 函数本身，而是利用当前状态直接生成动作 a_t。这有效避免了在连续状态空间上最大化 Q 函数的困难。同时，直接用梯度的方法优化 $R(\theta)$ 可以保证至少是局部收敛的。

要使用梯度法，首先要知道如何计算 $R(\theta)$ 的导数。设 τ 为某一次 0 到 T 时间所有状态及行动的集合（称作一条轨迹），则 $R(\theta)=E(r(\tau))$，其中函数 r 计算了轨迹 τ 的得分。我们有 $R(\theta)=E(r(\tau))=\int p_\theta(\tau)r(\tau)\mathrm{d}\tau$，所以

$$
\begin{aligned}
\nabla_\theta R(\theta) &= \nabla_\theta \int p_\theta(\tau)r(\tau)\mathrm{d}\tau \\
&= \int p_\theta(\tau)(\nabla_\theta \log(p_\theta(\tau)))r(\tau)\mathrm{d}\tau \\
&= E(\nabla_\theta \log(p_\theta(\tau))r(\tau)) \\
&= E(\nabla_\theta \log(p(s_0)\bullet\pi_\theta(a_0|s_0)\bullet p(s_1|a_0,s_0)\bullet \\
&\quad p(a_1|s_1)\bullet\ldots\bullet\pi_\theta(a_T|s_T))r(\tau)) \\
&= E(\sum_{k=0}^{T}\nabla_\theta \log\pi_\theta(a_k|s_k)\bullet r(\tau)).
\end{aligned}
\quad (11.2)
$$

注意最后一步是因为 $p(s_{k+1}|a_k,s_k)$ 由环境决定从而与 θ 无关，因此 $\nabla_\theta \log(p(s_{k+1}|a_k,s_k))=0$。每个轨迹 τ 所对应的梯度为

$$
g(\tau)=\sum_{k=0}^{T}\nabla_\theta \log\pi_\theta(a_k|s_k)\bullet r(\tau)\ , \quad (11.3)
$$

其中 s_k，a_k 为轨迹 τ 上每一步的状态和动作。这样，给定一个策略 π_θ，我们可以通过模拟获得一些轨迹，对于每条轨迹，可以获得其收益 $r(\tau)$ 以及每一步的 < 状态、行动 > 对，从而可以通过式（11.2）和式（11.3）获得当前参数下对梯度的估计。一个简单的算法描述如图 11.7 所示。

1：$\theta \leftarrow \theta_0$ // 初始化 θ;

2：重复以下步骤（E=1,2,3,⋯）直至收敛：

3：　　基于当前的 θ，进行若干次独立试验，获得轨迹 $\tau_1,\tau_2,\tau_3,\ldots,\tau_n$;

4：　　根据式（11.3）获得对应的梯度，$g(\tau_1),g(\tau_2),g(\tau_3),\ldots,g(\tau_n)$，从而获得对 $\nabla_\theta R(\theta)$ 的一个估计，$\nabla_\theta R(\theta)\approx\frac{\sum_{i=1}^{n}g(\tau_i)}{n}$;

5：　　$\theta \leftarrow \theta+\alpha_E\nabla_\theta R(\theta)$ // 更新 θ，α_E 为第 E 次的学习速率。

图 11.7　策略梯度算法

注意到，$\nabla_\theta R(\theta)$ 实际上是一个随机变量 $g(\tau)$ 的期望。我们对 $g(\tau)$ 进行若干次独立采样，可以获得对其期望的一个估计。如果能在不改变期望的前提下减少 $g(\tau)$ 的方差，则能有效提高对其期望估计的效率。我们注意到 $\int p_\theta(\tau)\bullet \mathrm{d}\tau \equiv 1$，所以有 $E(\sum_{k=0}^{T}\nabla_\theta \log\pi_\theta(a_k|s_k)) = \int \nabla p_\theta(\tau)\bullet \mathrm{d}\tau = \nabla\int p_\theta(\tau) = 0$。对于任一个常量 b，我们定义一个强化梯度 $g_b'(\tau) = \left(\sum_{k=0}^{T}\nabla_\theta \log\pi_\theta(a_k \mid s_k)\right)(r(\tau)-b)$，易知 $E(g(\tau)) = E(g_b'(\tau))$，选取合适的 b，可以获得一个方差更小的 $g_b'(\tau)$，而维持期望不变。经过计算可以得到最优的 b 为

$$b_{\text{optimal}} = \frac{E((\sum_{k=0}^{T}\nabla_\theta \log\pi_\theta(a_k \mid s_k))^2 r(\tau))}{E((\sum_{k=0}^{T}\nabla_\theta \log\pi_\theta(a_k|s_k))^2)}. \tag{11.4}$$

于是，得到一个改良的算法，如图 11.8 所示。

1：$\theta \leftarrow \theta_0$// 初始化 θ;

2：重复以下步骤 (E=1,2,3,…) 直至收敛：

3：　基于当前的 θ，进行若干次独立试验，获得轨迹 $\tau_1,\tau_2,\tau_3,\ldots,\tau_n$;

4：　$b = \dfrac{\sum_{i=1}^{n}\left(\sum_{k=0}^{T}\nabla_\theta \log\pi_\theta(a_{i,k} \mid s_{i,k})\right)^2 r(\tau_i)}{\sum_{i=1}^{n}\left(\sum_{k=0}^{T}\nabla_\theta \log\pi_\theta(a_{i,k}|s_{i,k})\right)^2}$

　// 根据公式（11.4）估算 b_{optimal}，$s_{i,k}$,$\mathrm{a}_{i,k}$ 是 τ_i 所对应的状态和动作；

5：　根据公式（11.4）获得对应的强化梯度，$g_b'(\tau_1),g_b'(\tau_2),g_b'(\tau_3),\ldots,g_b'(\tau_n)$，从而获得对 $\nabla_\theta R(\theta)$ 的一个估计，$\nabla_\theta R(\theta) \approx \dfrac{\sum_{i=1}^{n} g_b'(\tau_i)}{n}$;

6：　$\theta \leftarrow \theta + \alpha_E \nabla_\theta R(\theta)$// 更新 θ，α_E 为第 E 次的学习速率。

图 11.8　改良的策略梯度算法

在上述策略梯度算法中，通过估算一个新的强化梯度可以有效缩减原来梯度的方差，从而提高梯度估算的效率，那么如何推出最优的 b 值呢？

我们回到策略梯度算法，$g_b'(\tau) = \left(\sum_{k=0}^{T}\nabla_\theta \log\pi_\theta(a_k \mid s_k)\right)(r(\tau)-b)$。定义随机变量 $A = \sum_{k=0}^{T}\nabla_\theta \log\pi_\theta(a_k \mid s_k)$，$B=r(\tau)$，可以得到 $E(A)=0$。这样

问题变成，在 $E(A)=0$ 的前提下，寻找最优的常量 b，使得 $\mathrm{var}(A(B-b))$ 最小。

$$
\begin{aligned}
\operatorname{argmin}(\mathrm{var}(A(B-b))) &= \operatorname{argmin}(E((A(B-b)-E(AB))^2)) \\
&= \operatorname{argmin}(E((AB-E(AB)-b \bullet A)^2)) \\
&= \operatorname{argmin}(b^2E(A^2)-2bE(A^2B)+E((AB-E(AB))^2)) \\
&= \operatorname{argmin}(b^2E(A^2)-2bE(A^2B)) \\
&= \frac{E(A^2B)}{E(A^2)} \\
&= \frac{E\left(\left(\sum_{k=0}^{T}\nabla_\theta \log\pi_\theta(a_k \mid s_k)\right)^2 r(\tau)\right)}{E\left(\left(\sum_{k=0}^{T}\nabla_\theta \log\pi_\theta(a_k|s_k)\right)^2\right)},
\end{aligned}
\qquad (11.5)
$$

即式（11.4）中的结果。

04 探索与利用

场景描述

在和环境不断交互的过程中，智能体在不同的状态下不停地探索，获取不同的动作的反馈。探索（Exploration）能够帮助智能体通过不断试验获得反馈，利用（Exploitation）是指利用已有的反馈信息选择最好的动作。因此如何平衡探索和利用是智能体在交互中不断学习的重要问题。

知识点

强化学习，探索，利用

问题 在智能体与环境的交互中，什么是探索和利用？如何平衡探索与利用？

难度：★★★☆☆

分析与解答

假设我们开了一家叫 Surprise Me 的饭馆，客人来了不用点餐，而是用算法来决定该做哪道菜。具体过程为：

（1）客人 user = $1,\ldots,T$ 依次到达饭馆。

（2）给客人推荐一道菜，客人接受则留下吃饭（Reward=1），拒绝则离开（Reward=0）。

（3）记录选择接受的客人总数 total_reward。

为了由浅入深地解决这个问题，我们先做以下三个假设。

（1）同一道菜，有时候会做得好吃一些（概率 = p），有时候会难吃一些（概率 = $1-p$），但是并不知道概率 p 是多少，只能通过多次观测进行统计。

（2）不考虑个人口味的差异，即当菜做得好吃时，客人一定会留下（Reward=1）；当菜不好吃时，客人一定会离开（Reward=0）。

（3）菜好吃或不好吃只有客人说的算，饭馆是事先不知道的。

探索阶段：通过多次观测推断出一道菜做得好吃的概率。如果一道菜已经推荐了 k 遍（获取了 k 次反馈），就可以算出菜做得好吃的概率

$$\tilde{p} = \frac{1}{k}\sum_{i}^{k} Reward_i \tag{11.6}$$

如果推荐的次数足够多，k 足够大，那么 $\tilde{p}$ 会趋近于真实的菜做得好吃的概率 p。

利用阶段：已知所有的菜做得好吃的概率，决定该如何推荐？如果每道菜都被推荐了很多遍，就可以计算出每道菜做得好吃的概率 $\{\tilde{p}_1, \tilde{p}_2, \ldots, \tilde{p}_N\}$，于是只需推荐 $\tilde{p}$ 最大的那道菜。

探索和利用的平衡是一个经久不衰的问题。一是，探索的代价是要不停地拿用户去试菜，影响客户的体验，但有助于更加准确的估计每道菜好吃的概率；二是，利用会基于目前的估计拿出“最好的”菜来服务客户，但目前的估计可能是不准的（因为试吃的人还不够多）。

如何平衡探索和利用呢？可以使用 ϵ-greedy 算法，即每当客人到来时，先以 ϵ 的概率选择探索，从 N 道菜中随机选择（概率为 ϵ/N）一个让客人试吃，根据客人的反馈更新菜做得好吃的概率 $\{\tilde{p}_1, \tilde{p}_2, \ldots, \tilde{p}_N\}$；然后，以 $1-\epsilon$ 的概率选择利用，从 N 道菜 $\{\tilde{p}_1, \tilde{p}_2, \ldots, \tilde{p}_N\}$ 中选择好吃的概率最高的菜推荐给用户。

ϵ-greedy 算法也存在一些缺点，比如，在试吃次数相同的情况下，好吃和难吃的菜得到试吃的概率是一样的：有一道菜持续得到好吃的反馈，而另一道菜持续得到难吃的反馈，但在 ϵ-greedy 中，探索两道菜的概率是一样的，均为 ϵ/N；在估计的成功概率相同的情况下，试吃次数多的和试吃次数少的菜得到再试吃的概率是一样的：假设有两道菜，第一道菜 50 人当中 30 个人说好，第二道菜 5 个人当中 3 个人说好，虽然两道菜的成功概率都是 60%（30/50 = 3/5），但显然反馈的人越多，概率估计的越准。再探索时，应该把重心放在试吃次数少的菜上。

总结一下，ϵ-greedy 生硬地将选择过程分成探索阶段和利用阶段，

在探索时对所有物品以同样的概率进行探索，并不会利用任何历史信息，包括某道菜被探索的次数和某道菜获得好吃反馈的比例。

不妨让我们忘记探索阶段和利用阶段，仔细想想如何充分地利用历史信息，找到最值得被推荐的菜。

- 观测 1：如果一道菜已经被推荐了 k 遍，同时获取了 k 次反馈，就可以算出菜做得好吃的概率：

$$\tilde{p}=\frac{1}{k}\sum_{i}^{k}Reward_i\,. \tag{11.7}$$

当 k 趋近正无穷时，$\tilde{p}$会趋近于真实的菜做得好吃的概率 p。

- 观测 2：现实当中一道菜被试吃的次数 k 不可能无穷大，因此估计出的好吃的概率$\tilde{p}$和真实的好吃的概率 p 总会存在一个差值 Δ，即$\tilde{p}-\Delta\leqslant p\leqslant\tilde{p}+\Delta$。

基于上面两个观测，我们可以定义一个新的策略：每次推荐时，总是乐观地认为每道菜能够获得的回报是$\tilde{p}+\Delta$，这便是著名的置信区间上界（Upper Confidence Bound，UCB）算法。最后只需解决一个问题：计算真实的概率和估计的概率之间的差值 Δ。

在进入公式之前，让我们直观的理解影响 Δ 的因素。对于被选中的菜，多获得一次反馈会使 Δ 变小，最终会小于其他没有被选中的菜；对于没被选中的菜，Δ 会随着轮数的增大而增大，最终会大于其他被选中的菜。

下面正式地介绍如何计算 Δ，首先介绍 Chernoff-Hoeffding Bound：假设 $Reward_1,\dots,Reward_n$ 是在 $[0,1]$ 之间取值的独立同分布随机变量，用$\tilde{p}=\frac{\sum_i Reward_i}{n}$表示样本均值，用 p 表示分布的均值，那么有

$$P\left\{|\tilde{p}-p|\leqslant\Delta\right\}\geqslant 1-2\mathrm{e}^{-2n\Delta^2}\,. \tag{11.8}$$

当 Δ 取值为$\sqrt{\frac{2\ln T}{n}}$时，其中 T 表示有 T 个客人，n 表示菜被吃过的次数，于是有

$$P\left\{|\tilde{p}-p|\leqslant\sqrt{\frac{2\ln T}{n}}\right\}\geqslant 1-\frac{2}{T^4}\,. \tag{11.9}$$

这就是说$\tilde{p}-\sqrt{\frac{2\ln T}{n}} \leqslant p \leqslant \tilde{p}+\sqrt{\frac{2\ln T}{n}}$是以$1-\frac{2}{T^4}$的概率成立的：

- 当 T=2 时，成立的概率为 0.875；
- 当 T=3 时，成立的概率为 0.975；
- 当 T=4 时，成立的概率为 0.992。

可以看到，当 Δ 取值为$\sqrt{\frac{2\ln T}{n}}$时，回报的均值$\tilde{p}$距离真实回报 p 的差距在 Δ 范围内的概率已经非常接近 1 了，因此 Δ 的取值是一个非常合适的“置信区间上界”。我们乐观地认为每道菜能够获得的回报是$\tilde{p}+\Delta$，既利用到了当前回报的信息，也使用“置信区间上界”进行了探索。

· 总结与扩展 ·

如果读者对探索和利用问题有兴趣，可以继续探究一下基于贝叶斯思想的 Thompson Sampling，和考虑上下文信息的 LinUCB。

第12章 集成学习

面对一个机器学习问题，通常有两种策略。一种是研发人员尝试各种模型，选择其中表现最好的模型做重点调参优化。这种策略类似于奥运会比赛，通过强强竞争来选拔最优的运动员，并逐步提高成绩。另一种重要的策略是集各家之长，如同贤明的君主广泛地听取众多谋臣的建议，然后综合考虑，得到最终决策。后一种策略的核心，是将多个分类器的结果统一成一个最终的决策。使用这类策略的机器学习方法统称为集成学习。其中的每个单独的分类器称为基分类器。

俗语说“三个臭皮匠，顶一个诸葛亮”，基分类器就类似于“臭皮匠”，而之前介绍的很多复杂模型可以认为是“诸葛亮”。即使单一一个“臭皮匠”的决策能力不强，我们有效地把多个“臭皮匠”组织结合起来，其决策能力很有可能超过“诸葛亮”。而如何将这些基分类器集成起来，就是本章要讨论的重点。

集成学习不仅在学界的研究热度不减，在业界和众多机器学习竞赛中也有非常成功的应用。例如在Kaggle竞赛中所向披靡的XGBoost，就是成功应用集成学习思想的一个例子。

集成学习的种类

场景描述

集成学习是一大类模型融合策略和方法的统称，其中包含多种集成学习的思想。本题希望考察的是读者对于各主要集成学习方法的基本了解程度。

知识点

Boosting，Bagging，基分类器

问题 集成学习分哪几种？他们有何异同？

难度：★☆☆☆☆

分析与解答

■ **Boosting**

Boosting 方法训练基分类器时采用串行的方式，各个基分类器之间有依赖。

它的基本思路是将基分类器层层叠加，每一层在训练的时候，对前一层基分类器分错的样本，给予更高的权重。测试时，根据各层分类器的结果的加权得到最终结果。

Boosting 的过程很类似于人类学习的过程（见图 12.1），我们学习新知识的过程往往是迭代式的，第一遍学习的时候，我们会记住一部分知识，但往往也会犯一些错误，对于这些错误，我们的印象会很深。第二遍学习的时候，就会针对犯过错误的知识加强学习，以减少类似的错误发生。不断循环往复，直到犯错误的次数减少到很低的程度。

图12.1 Boosting主要思想：迭代式学习

Bagging

Bagging与Boosting的串行训练方式不同，Bagging方法在训练过程中，各基分类器之间无强依赖，可以进行并行训练。其中很著名的算法之一是基于决策树基分类器的随机森林（Random Forest）。为了让基分类器之间互相独立，将训练集分为若干子集（当训练样本数量较少时，子集之间可能有交叠）。Bagging方法更像是一个集体决策的过程，每个个体都进行单独学习，学习的内容可以相同，也可以不同，也可以部分重叠。但由于个体之间存在差异性，最终做出的判断不会完全一致。在最终做决策时，每个个体单独作出判断，再通过投票的方式做出最后的集体决策（见图12.2）。

图12.2 Bagging主要思想：集体投票决策

我们再从消除基分类器的偏差和方差的角度来理解Boosting和Bagging方法的差异。基分类器，有时又被称为弱分类器，因为基分类器的错误率要大于集成分类器。基分类器的错误，是偏差和方差两种错误之和。偏差主要是由于分类器的表达能力有限导致的系统性错误，表现在训练误差不收敛。方差是由于分类器对于样本分布过于敏感，导致在训练样本数较少时，产生过拟合。

Boosting 方法是通过逐步聚焦于基分类器分错的样本，减小集成分类器的偏差。Bagging 方法则是采取分而治之的策略，通过对训练样本多次采样，并分别训练出多个不同模型，然后做综合，来减小集成分类器的方差。假设所有基分类器出错的概率是独立的，在某个测试样本上，用简单多数投票方法来集成结果，超过半数基分类器出错的概率会随着基分类器的数量增加而下降。

图 12.3 是 Bagging 算法的示意图，Model 1、Model 2、Model 3 都是用训练集的一个子集训练出来的，单独来看，它们的决策边界都很曲折，有过拟合的倾向。集成之后的模型的决策边界就比各个独立的模型平滑了，这是由于集成的加权投票方法，减小了方差。

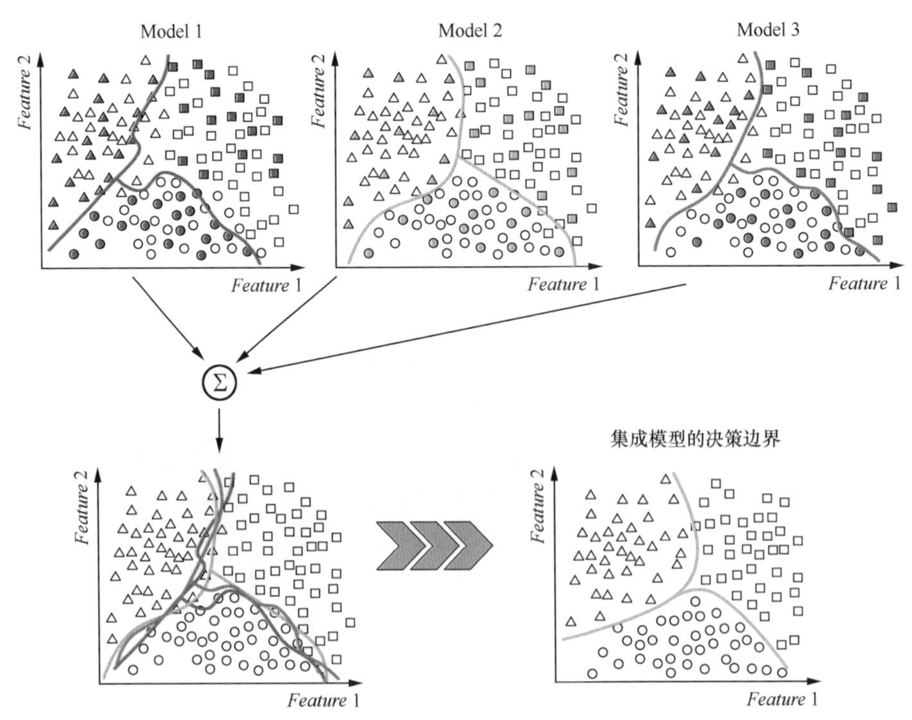

图 12.3　Bagging 算法的一个示意图

逸闻趣事

里奥 · 布雷曼

里奥 · 布雷曼（Leo Breiman）是 20 世纪著名的统计学家，他是加州大学伯克利分校教授和美国科学院院士。他是 CART 的发明者之一，Bagging 方法和随机森林的提出者。虽然已经于 2005 年仙逝，但他每年的论文被引用次数仍在稳步增长，仅仅 2017 年就有一万一千余次引用，可以说他一直活在统计、机器学习研究者们心中。

布雷曼有着传奇的一生：

布雷曼的本科是在以高门槛著称的加州理工物理系度过的，大一他的成绩很好，也拿到了奖学金。然而大二开始，他对课程丧失了兴趣，一直到大四，成绩一直在及格线挣扎。学物理不成，他凭借着数学天赋，1954 年在加州大学伯克利分校获得了数学博士学位。然而，他接下来却并没有从事学术，而且跑去参军了。后来他去加州大学洛杉矶分校担任教职，直到 1980 年又回到伯克利担任教授，此时离他从伯克利毕业，已经过去了 25 年。

最后，引用两段布雷曼荣退后，1994 年时在伯克利统计系毕业时的讲话：

“试问其他学科诸如物理学、数学和工程学的学生，25 年后会和现在有何区别，答案很简单，没啥区别呗。毕竟两千多年前，阿基米德就在研究物理、微积分和工程，25 年的变化又算什么呢。但迅速发展的统计学不一样，谁也不知道 25 年后会是什么样子。”

“事实上，我并没有学过任何统计学的课程。我的朋友、同事，曾任斯坦福大学统计系主任的杰里 · 弗莱曼也没有，他原本是一位实验物理学家。约翰 · 图基曾经是研究纯数学的。乔治 · 博克斯曾经是一位化学家。许多其他杰出的统计学家，也是因缘际会，来到统计学这条大船上的。”

一晃又快过去 25 年了，如今机器学习领域正如文中当年的统计学一样，迅速发展、不问出身。如果你对登上这条新船还有所犹豫的话，看看布雷曼他们的例子，或许会有共鸣。

集成学习的步骤和例子

场景描述

虽然集成学习的具体算法和策略各不相同，但都共享同样的基本步骤。本小节希望考察读者对于集成学习基本步骤的理解，并希望结合具体的集成学习算法，详细解读集成学习的具体过程。

知识点

集成学习，Adaboost，梯度提升决策树

问题 集成学习有哪些基本步骤？请举几个集成学习的例子

难度：★★☆☆☆

分析与解答

集成学习一般可分为以下 3 个步骤。

（1）找到误差互相独立的基分类器。

（2）训练基分类器。

（3）合并基分类器的结果。

合并基分类器的方法有 voting 和 stacking 两种。前者是用投票的方式，将获得最多选票的结果作为最终的结果。后者是用串行的方式，把前一个基分类器的结果输出到下一个分类器，将所有基分类器的输出结果相加（或者用更复杂的算法融合，比如把各基分类器的输出作为特征，使用逻辑回归作为融合模型进行最后的结果预测）作为最终的输出。以 Adaboost 为例，其基分类器的训练和合并的基本步骤如下。

（1）确定基分类器：这里可以选取 ID3 决策树作为基分类器。事实上，任何分类模型都可以作为基分类器，但树形模型由于结构简单且较易产生随机性所以比较常用。

（2）训练基分类器：假设训练集为 $\{x_i,y_i\},i=1,...,N$，其中 $y_i\in\{-1,1\}$，并且有 T 个基分类器，则可以按照如下过程来训练基分类器。

- 初始化采样分布 $D_1(i)=1/N$;
- 令 $t=1, 2,..., T$ 循环：
  - 从训练集中，按照 D_t 分布，采样出子集 $S_t=\{x_i, y_i\}, i=1,\ldots,N_t$;
  - 用 S_t 训练出基分类器 h_t;
  - 计算 h_t 的错误率：$\varepsilon_t=\frac{\sum_{i=1}^{N_t}I[h_t(x_i)\neq y_i]D_t(x_i)}{N_t}$，其中 $I[]$ 为判别函数；
  - 计算基分类器 h_t 权重 $a_t=\log\frac{(1-\varepsilon_t)}{\varepsilon_t}$;
  - 设置下一次采样

$$D_{t+1}=\begin{cases}D_t(i)或者\frac{D_t(i)(1-\varepsilon_t)}{\varepsilon_t}, & h_t(x_i)\neq y_i;\\ \frac{D_t(i)\varepsilon_t}{(1-\varepsilon_t)}, & h_t(x_i)=y_i.\end{cases} \tag{12.1}$$

并将它归一化为一个概率分布函数。

（3）合并基分类器：给定一个未知样本 z，输出分类结果为加权投票的结果 $Sign(\sum_{t=1}^{T}h_t(z)a_t)$。

从 Adaboost 的例子中我们可以明显地看到 Boosting 的思想，对分类正确的样本降低了权重，对分类错误的样本升高或者保持权重不变。在最后进行模型融合的过程中，也根据错误率对基分类器进行加权融合。错误率低的分类器拥有更大的“话语权”。

另一个非常流行的模型是梯度提升决策树，其核心思想是，每一棵树学的是之前所有树结论和的残差，这个残差就是一个加预测值后能得真实值的累加量。

我们以一个视频网站的用户画像为例，为了将广告定向投放给指定年龄的用户，视频网站需要对每个用户的年龄做出预测。在这个问题中，每个样本是一个已知性别 / 年龄的用户，而特征则包括这个人访问的时长、时段、观看的视频的类型等。

例如用户 A 的真实年龄是 25 岁，但第一棵决策树的预测年龄是 22 岁，差了 3 岁，即残差为 3。那么在第二棵树里我们把 A 的年龄设为 3 岁去学习，如果第二棵树能把 A 分到 3 岁的叶子节点，那两棵树的结果相加就可以得到 A 的真实年龄；如果第二棵树的结论是 5 岁，则 A 仍然存在 −2 岁的残差，第三棵树里 A 的年龄就变成 −2 岁，继续学。这里使用残差继续学习，就是 GBDT 中 Gradient Boosted 所表达的意思。

基分类器

场景描述

基分类器的选择是集成学习主要步骤中的第一步，也是非常重要的一步。到底选择什么样的基分类器，为什么很多集成学习模型都选择决策树作为基分类器，这些都是需要明确的问题，做到知其然，也知其所以然。

知识点

方差－偏差关系，随机森林，基分类器

问题1 常用的基分类器是什么？

难度：★☆☆☆☆

分析与解答

最常用的基分类器是决策树，主要有以下 3 个方面的原因。

（1）决策树可以较为方便地将样本的权重整合到训练过程中，而不需要使用过采样的方法来调整样本权重。

（2）决策树的表达能力和泛化能力，可以通过调节树的层数来做折中。

（3）数据样本的扰动对于决策树的影响较大，因此不同子样本集合生成的决策树基分类器随机性较大，这样的“不稳定学习器”更适合作为基分类器。此外，在决策树节点分裂的时候，随机地选择一个特征子集，从中找出最优分裂属性，很好地引入了随机性。

除了决策树外，神经网络模型也适合作为基分类器，主要由于神经网络模型也比较“不稳定”，而且还可以通过调整神经元数量、连接方式、网络层数、初始权值等方式引入随机性。

问题2 可否将随机森林中的基分类器，由决策树替换为线性分类器或K-近邻？请解释为什么？

难度：★★☆☆☆

分析与解答

随机森林属于Bagging类的集成学习。Bagging的主要好处是集成后的分类器的方差，比基分类器的方差小。Bagging所采用的基分类器，最好是本身对样本分布较为敏感的（即所谓不稳定的分类器），这样Bagging才能有用武之地。线性分类器或者K-近邻都是较为稳定的分类器，本身方差就不大，所以以它们为基分类器使用Bagging并不能在原有基分类器的基础上获得更好的表现，甚至可能因为Bagging的采样，而导致他们在训练中更难收敛，从而增大了集成分类器的偏差。

04 偏差与方差

场景描述

我们经常用过拟合、欠拟合来定性地描述模型是否很好地解决了特定的问题。从定量的角度来说，可以用模型的偏差（Bias）与方差（Variance）来描述模型的性能。集成学习往往能够"神奇"地提升弱分类器的性能。本节将从偏差和方差的角度去解释这背后的机理。

什么是模型的偏差和方差，Boosting 和 Bagging 方法与偏差和方差的关系是什么，通过回答这些问题，我们将介绍如何根据偏差和方差这两个指标来指导模型的优化和改进。

知识点

偏差，方差，重采样，Boosting，Bagging

问题1 什么是偏差和方差？

难度：★★☆☆☆

分析与解答

在有监督学习中，模型的泛化误差来源于两个方面——偏差和方差，具体来讲偏差和方差的定义如下：

偏差指的是由所有采样得到的大小为 m 的训练数据集训练出的所有模型的输出的平均值和真实模型输出之间的偏差。偏差通常是由于我们对学习算法做了错误的假设所导致的，比如真实模型是某个二次函数，但我们假设模型是一次函数。由偏差带来的误差通常在训练误差上就能体现出来。

方差指的是由所有采样得到的大小为 m 的训练数据集训练出的所有

模型的输出的方差。方差通常是由于模型的复杂度相对于训练样本数 m 过高导致的，比如一共有 100 个训练样本，而我们假设模型是阶数不大于 200 的多项式函数。由方差带来的误差通常体现在测试误差相对于训练误差的增量上。

上面的定义很准确，但不够直观，为了更清晰的理解偏差和方差，我们用一个射击的例子来进一步描述这二者的区别和联系。假设一次射击就是一个机器学习模型对一个样本进行预测。射中靶心位置代表预测准确，偏离靶心越远代表预测误差越大。我们通过 n 次采样得到 n 个大小为 m 的训练样本集合，训练出 n 个模型，对同一个样本做预测，相当于我们做了 n 次射击，射击结果如图 12.4 所示。我们最期望的结果就是左上角的结果，射击结果又准确又集中，说明模型的偏差和方差都很小；右上图虽然射击结果的中心在靶心周围，但分布比较分散，说明模型的偏差较小但方差较大；同理，左下图说明模型方差较小，偏差较大；右下图说明模型方差较大，偏差也较大。

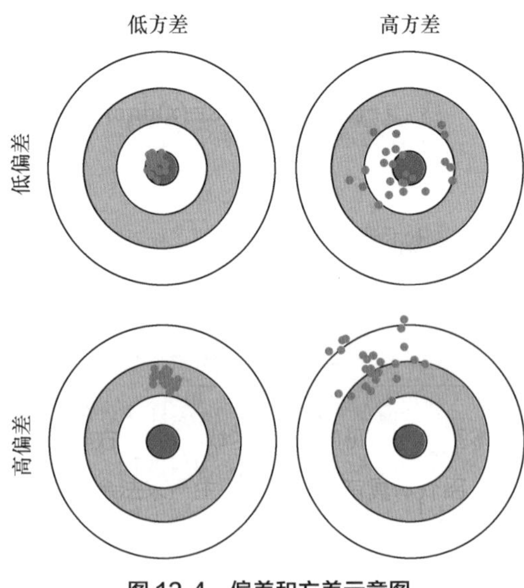

图 12.4 偏差和方差示意图

问题 2 如何从减小方差和偏差的角度解释 Boosting 和 Bagging 的原理？

难度：★★★☆☆

分析与解答

简单回答这个问题就是：Bagging 能够提高弱分类器性能的原因是降低了方差，Boosting 能够提升弱分类器性能的原因是降低了偏差。为什么这么讲呢？

首先，Bagging 是 Bootstrap Aggregating 的简称，意思就是再抽样，然后在每个样本上训练出来的模型取平均。

假设有 n 个随机变量，方差记为 σ^2，两两变量之间的相关性为 ρ，则 n 个随机变量的均值 $\frac{\sum X_i}{n}$ 的方差为 $\rho*\sigma^2+(1-\rho)*\sigma^2/n$。在随机变量完全独立的情况下，$n$ 个随机变量的方差为 σ^2/n，也就是说方差减小到了原来的 $1/n$。

再从模型的角度理解这个问题，对 n 个独立不相关的模型的预测结果取平均，方差是原来单个模型的 $1/n$。这个描述不甚严谨，但原理已经讲得很清楚了。当然，模型之间不可能完全独立。为了追求模型的独立性，诸多 Bagging 的方法做了不同的改进。比如在随机森林算法中，每次选取节点分裂属性时，会随机抽取一个属性子集，而不是从所有属性中选取最优属性，这就是为了避免弱分类器之间过强的相关性。通过训练集的重采样也能够带来弱分类器之间的一定独立性，从而降低 Bagging 后模型的方差。

再看 Boosting，大家应该还记得 Boosting 的训练过程。在训练好一个弱分类器后，我们需要计算弱分类器的错误或者残差，作为下一个分类器的输入。这个过程本身就是在不断减小损失函数，来使模型不断逼近“靶心”，使得模型偏差不断降低。但 Boosting 的过程并不会显著降低方差。这是因为 Boosting 的训练过程使得各弱分类器之间是强相关的，缺乏独立性，所以并不会对降低方差有作用。

关于泛化误差、偏差、方差和模型复杂度的关系如图 12.5 所示。

不难看出，方差和偏差是相辅相成，矛盾又统一的，二者并不能完全独立的存在。对于给定的学习任务和训练数据集，我们需要对模型的复杂度做合理的假设。如果模型复杂度过低，虽然方差很小，但是偏差会很高；如果模型复杂度过高，虽然偏差降低了，但是方差会很高。所以需要综合考虑偏差和方差选择合适复杂度的模型进行训练。

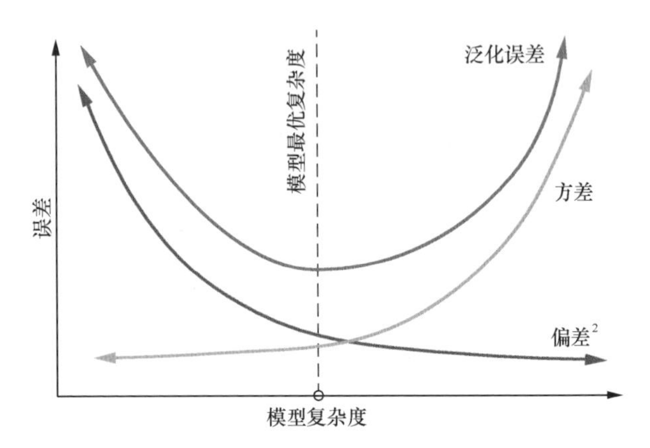

图 12.5　泛化误差、偏差、方差和模型复杂度的关系

梯度提升决策树的基本原理

场景描述

梯度提升决策树（Gradient Boosting Decision Tree，GBDT）是 Boosting 算法中非常流行的模型，也是近来在机器学习竞赛、商业应用中表现都非常优秀的模型。GBDT 非常好地体现了“从错误中学习”的理念，基于决策树预测的残差进行迭代的学习。GBDT 几乎是算法工程师的必备技能，也是机器学习面试中常考察的内容。

知识点

GBDT，CART

问题 1　GBDT 的基本原理是什么？

难度：★★☆☆☆

分析与解答

本章第一节提到 Bagging 和 Boosting 两大集成学习的框架。相比于 Bagging 中各个弱分类器可以独立地进行训练，Boosting 中的弱分类器需要依次生成。在每一轮迭代中，基于已生成的弱分类器集合（即当前模型）的预测结果，新的弱分类器会重点关注那些还没有被正确预测的样本。

Gradient Boosting 是 Boosting 中的一大类算法，其基本思想是根据当前模型损失函数的负梯度信息来训练新加入的弱分类器，然后将训练好的弱分类器以累加的形式结合到现有模型中。算法 1 描述了 Gradient Boosting 算法的基本流程，在每一轮迭代中，首先计算出当前模型在所有样本上的负梯度，然后以该值为目标训练一个新的弱分类器进行拟合并计算出该弱分类器的权重，最终实现对模型的更新。Gradient Boosting 算法的伪代码如图 12.6 所示。

1: $F_0(\mathrm{x}) = \arg\min_\rho \sum_{i=1}^{N} L(y_i, \rho)$

2: For $m=1$ to M do:

3: $\quad \tilde{y}_i = -\left[\frac{\partial L(y_i, F(x_i))}{\partial F(x_i)}\right]_{F(x)=F_{m-1}(x)}, i=1,\ldots,M.$

4: $\quad \mathrm{a}_m = \arg\min_{a,\beta} \sum_{i=1}^{N} [\tilde{y}_i - \beta h(x_i : a)]^2$

5: $\quad \rho_m = \arg\min_\rho \sum_{i=1}^{N} L(y_i, F_{m-1}(x_i) + \rho h(x_i : a_m))$

6: $\quad F_m(x) = F_{m-1}(x) + \rho_m h(x : a_m)$

7: end For

8: end Algorithm

图 12.6　Gradient Boosting 算法伪代码

采用决策树作为弱分类器的 Gradient Boosting 算法被称为 GBDT，有时又被称为 MART（Multiple Additive Regression Tree）。GBDT 中使用的决策树通常为 CART。

用一个很简单的例子来解释一下 GBDT 训练的过程，如图 12.7 所示。模型的任务是预测一个人的年龄，训练集只有 A、B、C、D 4 个人，他们的年龄分别是 14、16、24、26，特征包括了“月购物金额”“上网时长”“上网历史”等。下面开始训练第一棵树，训练的过程跟传统

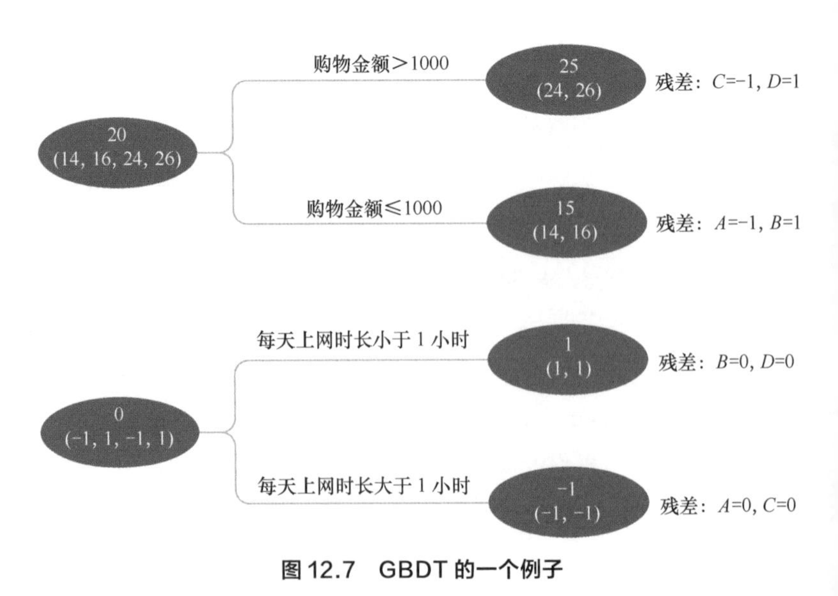

图 12.7　GBDT 的一个例子

决策树相同，简单起见，我们只进行一次分枝。训练好第一棵树后，求得每个样本预测值与真实值之间的残差。可以看到，A、B、C、D 的残差分别是 −1、1、−1、1。这时我们就用每个样本的残差训练下一棵树，直到残差收敛到某个阈值以下，或者树的总数达到某个上限为止。

由于 GBDT 是利用残差训练的，在预测的过程中，我们也需要把所有树的预测值加起来，得到最终的预测结果。

GBDT 使用梯度提升（Gradient Boosting）作为训练方法，而在逻辑回归或者神经网络的训练过程中往往采用梯度下降（Gradient Descent）作为训练方法，二者之间有什么联系和区别吗？

问题 2 梯度提升和梯度下降的区别和联系是什么？

难度：★★☆☆☆

分析与解答

表 12.1 是梯度提升算法和梯度下降算法的对比情况。可以发现，两者都是在每一轮迭代中，利用损失函数相对于模型的负梯度方向的信息来对当前模型进行更新，只不过在梯度下降中，模型是以参数化形式表示，从而模型的更新等价于参数的更新。而在梯度提升中，模型并不需要进行参数化表示，而是直接定义在函数空间中，从而大大扩展了可以使用的模型种类。

表 12.1　梯度提升算法和梯度下降算法的对比

梯度提升	函数空间 F	$F = F_{t-1} - \rho_t \nabla_F L \vert_{F=F_{t-1}}$	$L = \sum_i l(y_i, F(x_i))$
梯度下降	参数空间 W	$w_t = w_{t-1} - \rho_t \nabla_w L \vert_{w=w_{t-1}}$	$L = \sum_i l(y_i, f_w(w_i))$

问题3 GBDT 的优点和局限性有哪些？

难度：★★☆☆☆

分析与解答

■ **优点**

（1）预测阶段的计算速度快，树与树之间可并行化计算。

（2）在分布稠密的数据集上，泛化能力和表达能力都很好，这使得 GBDT 在 Kaggle 的众多竞赛中，经常名列榜首。

（3）采用决策树作为弱分类器使得 GBDT 模型具有较好的解释性和鲁棒性，能够自动发现特征间的高阶关系，并且也不需要对数据进行特殊的预处理如归一化等。

■ **局限性**

（1）GBDT 在高维稀疏的数据集上，表现不如支持向量机或者神经网络。

（2）GBDT 在处理文本分类特征问题上，相对其他模型的优势不如它在处理数值特征时明显。

（3）训练过程需要串行训练，只能在决策树内部采用一些局部并行的手段提高训练速度。

XGBoost 与 GBDT 的联系和区别

场景描述

XGBoost 是陈天奇等人开发的一个开源机器学习项目，高效地实现了 GBDT 算法并进行了算法和工程上的许多改进，被广泛应用在 Kaggle 竞赛及其他许多机器学习竞赛中并取得了不错的成绩。我们在使用 XGBoost 平台的时候，也需要熟悉 XGBoost 平台的内部实现和原理，这样才能够更好地进行模型调参并针对特定业务场景进行模型改进。

知识点

XGBoost，GBDT，决策树

问题 XGBoost 与 GBDT 的联系和区别有哪些？

难度：★★★☆☆

分析与解答

原始的GBDT算法基于经验损失函数的负梯度来构造新的决策树，只是在决策树构建完成后再进行剪枝。而 XGBoost 在决策树构建阶段就加入了正则项，即

$$L_t = \sum_i l(y_i, F_{t-1}(x_i) + f_t(x_i)) + \Omega(f_t), \qquad (12.2)$$

其中 $F_{t-1}(x_i)$ 表示现有的 $t-1$ 棵树最优解。关于树结构的正则项定义为

$$\Omega(f_t) = \gamma T + \frac{1}{2}\lambda\sum_{j=1}^{T} w_j^2, \qquad (12.3)$$

其中 T 为叶子节点个数，w_j 表示第 j 个叶子节点的预测值。对该损失函数在 F_{t-1} 处进行二阶泰勒展开可以推导出

$$L_t \approx \tilde{L}_t = \sum_{j=1}^{T}\left[G_j w_j + \frac{1}{2}(H_j + \lambda)w_j^2\right] + \gamma T \qquad (12.4)$$

其中 T 为决策树 f_t 中叶子节点的个数，$G_j=\sum_{i\in I_j}\nabla_{F_{t-1}}l(y_i,F_{t-1}(x_i))$，$H_j=\sum_{j\in I_j}\nabla^2_{F_{t-1}}l(y_i,F_{t-1}(x_i))$，$I_j$ 表示所有属于叶子节点 j 的样本的索引的结合。

假设决策树的结构已知，通过令损失函数相对于 w_j 的导数为 0 可以求出在最小化损失函数的情况下各个叶子节点上的预测值

$$w_j^*=-\frac{G_j}{H_j+\lambda} \tag{12.5}$$

然而从所有的树结构中寻找最优的树结构是一个 NP-hard 问题，因此在实际中往往采用贪心法来构建出一个次优的树结构，基本思想是从根节点开始，每次对一个叶子节点进行分裂，针对每一种可能的分裂，根据特定的准则选取最优的分裂。不同的决策树算法采用不同的准则，如 IC3 算法采用信息增益，C4.5 算法为了克服信息增益中容易偏向取值较多的特征而采用信息增益比，CART 算法使用基尼指数和平方误差，XGBoost 也有特定的准则来选取最优分裂。

通过将预测值代入到损失函数中可求得损失函数的最小值

$$\tilde{L}_t^*=-\frac{1}{2}\sum_{j=1}^{T}\frac{G_j^2}{H_j+\lambda}+\gamma T \tag{12.6}$$

容易计算出分裂前后损失函数的差值为

$$\text{Gain}=\frac{G_L^2}{H_L+\lambda}+\frac{G_R^2}{H_R+\lambda}-\frac{(G_L+G_R)^2}{H_L+H_R+\lambda}-\gamma \tag{12.7}$$

XGBoost 采用最大化这个差值作为准则来进行决策树的构建，通过遍历所有特征的所有取值，寻找使得损失函数前后相差最大时对应的分裂方式。此外，由于损失函数前后存在差值一定为正的限制，此时 γ 起到了一定的预剪枝效果。

除了算法上与传统的 GBDT 有一些不同外，XGBoost 还在工程实现上做了大量的优化。总的来说，两者之间的区别和联系可以总结成以下几个方面。

（1）GBDT 是机器学习算法，XGBoost 是该算法的工程实现。

（2）在使用 CART 作为基分类器时，XGBoost 显式地加入了正则项来控制模型的复杂度，有利于防止过拟合，从而提高模型的泛化能力。

（3）GBDT 在模型训练时只使用了代价函数的一阶导数信息，XGBoost 对代价函数进行二阶泰勒展开，可以同时使用一阶和二阶导数。

（4）传统的 GBDT 采用 CART 作为基分类器，XGBoost 支持多种类型的基分类器，比如线性分类器。

（5）传统的 GBDT 在每轮迭代时使用全部的数据，XGBoost 则采用了与随机森林相似的策略，支持对数据进行采样。

（6）传统的 GBDT 没有设计对缺失值进行处理，XGBoost 能够自动学习出缺失值的处理策略。

逸闻趣事 机器学习竞赛平台 Kaggle 的前世今生

XGBoost 的火热与 Kaggle 的机器学习竞赛是分不开的，正是在各类竞赛中突出的表现，让 XGBoost 成为非常流行的机器学习框架，借此机会我们也向大家介绍一下 Kaggle 的前世今生。

Kaggle 是全球机器学习竞赛、开放数据集和数据科学合作的发源地，也是当今最著名最火热的机器学习竞赛平台。在被谷歌收购之后，Kaggle 的知名度和用户数不断攀升，已经跨过了百万用户的大关，进一步巩固了它在数据科学界家喻户晓的地位。

“英雄起于阡陌，壮士拔于行伍”，Kaggle 也不是平地惊雷般出现的，而是起于创始人一个非常朴素的想法。2010 年，就职于澳大利亚财政部的 Anthony Goldbloom 对他当前的工作略感失望，他的主要工作是预测 GDP、通货膨胀和失业，但传统的经济数据规模很小而且噪声很大，所以很难得出有趣的发现。为了获得更有趣的数据集和问题，Anthony 利用业余时间构建了 Kaggle，这个日后最火热的机器学习竞赛平台就这样诞生了。

和最初的愿景有所不同，Kaggle 的发展有些出乎 Anthony 的意料。本来只想收集一些有趣的问题和数据供自己研究，但随着越来越多的大神加入，Anthony 发现自己无论如何也做不了那么好。既然如此，Anthony 索性致力于社区的发展，期望让 Kaggle 成为一个充满活力的代码、数据和讨论的生态系统。也正是这样的改变，让 Kaggle 注入了开放的基因。

时至今日，Kaggle 已经成了 Google AI 生态中不可或缺的一环，Anthony 在回顾自己创业经历的时候，说了两点建议。一是，去解决那些你自己有切身体会，并且觉得其他人也正经历，而且还没有被解决的问题；二是，你要对这个问题充满热情。

不过笔者还是要说，“时势造英雄啊”，Kaggle 正是在 AI 第三次热潮的风口“飞”起来的。祝各位创业者在有激情，能够解决痛点的同时，还有一个好的运气。

第13章 生成式对抗网络

2014 年的一天，Ian Goodfellow 与好友相约到酒吧。平日工作压力大，脑细胞已耗尽了创作激情，在酒吧的片刻放松使他想到一个绝妙的学术点子，那之后就有了生成式对抗网络的传说。生成式对抗网络，英文名叫 Generative Adversarial Networks，简称 GANs，是一个训练生成模型的新框架。GANs 刚提出时没有晦涩的数学推演，描绘的是一幅动感十足的画面，恰好契合了东方哲学中的太极图——万物在相生相克中演化。把 GANs 想象成一幅太极图，“太极生两仪”，“两仪”好比生成器和判别器，生成器负责生，判别器负责灭，一生一灭间有了万物。生成器在初始混沌中孕育有形万物，判别器甄别过滤有形万物，扮演一种末日审判的角色。GANs 自提出之日起，迅速风靡深度学习的各个角落，GANs 的变种更是雨后春笋般进入人们的视野，诸如 WGAN、InfoGAN、f-GANs、BiGAN、DCGAN、IRGAN 等。GANs 之火，就连初入深度学习的新手都能略说一二。

初识 GANs 的秘密

场景描述

2014 年来自加拿大蒙特利尔大学的年轻博士生 Ian Goodfellow 和他的导师 Yoshua Bengio 提出一个叫 GANs 的模型[32]。Facebook AI 实验室主任 Yann LeCun 称该模型是机器学习领域近十年最具创意的想法。把 GANs 想象成造假币者与警察间展开的一场猫捉老鼠游戏，造假币者试图造出以假乱真的假币，警察试图发现这些假币，对抗使二者的水平都得到提高。从造假币到合成模拟图片，道理是一样的。下面关于 GANs，从基础理论到具体模型，再到实验设计，我们依次思考如下几个问题。

知识点

MiniMax 游戏，值函数（Value Function），JS 距离（Jensen- Shannon Divergence），概率生成模型，优化饱和

问题1 简述 GANs 的基本思想和训练过程。

难度：★☆☆☆☆

分析与解答

GANs 的主要框架如图 13.1 所示，包括生成器（Generator）和判别器（Discriminator）两个部分。其中，生成器用于合成“假”样本，判别器用于判断输入的样本是真实的还是合成的。具体来说，生成器从先验分布中采得随机信号，经过神经网络的变换，得到模拟样本；判别器既接收来自生成器的模拟样本，也接收来自实际数据集的真实样本，但我们并不告诉判别器样本来源，需要它自己判断。生成器和判别器是一对“冤家”，置身于对抗环境中，生成器尽可能造出样本迷惑判别器，而判别器则尽可能识别出来自生成器的样本。然而，对抗不是目的，在对抗中让双方能力各有所长才是目的。理想情况下，生成器和判别器最终能达到一种平衡，双方都臻于完美，彼此都没有更进一步的空间。

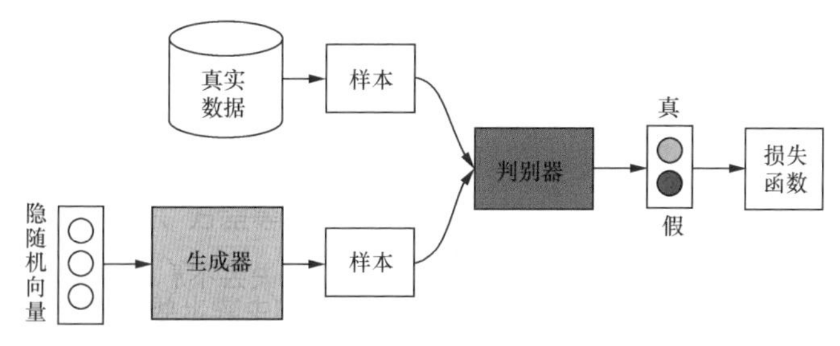

图 13.1　GANs 模型的框架图

GANs 采用对抗策略进行模型训练，一方面，生成器通过调节自身参数，使得其生成的样本尽量难以被判别器识别出是真实样本还是模拟样本；另一方面，判别器通过调节自身参数，使得其能尽可能准确地判别出输入样本的来源。具体训练时，采用生成器和判别器交替优化的方式。

（1）在训练判别器时，先固定生成器 $G(\cdot)$；然后利用生成器随机模拟产生样本 $G(z)$ 作为负样本（z 是一个随机向量），并从真实数据集中采样获得正样本 X；将这些正负样本输入到判别器 $D(\cdot)$ 中，根据判别器的输出（即 $D(X)$ 或 $D(G(z))$）和样本标签来计算误差；最后利用误差反向传播算法来更新判别器 $D(\cdot)$ 的参数，如图 13.2 所示。

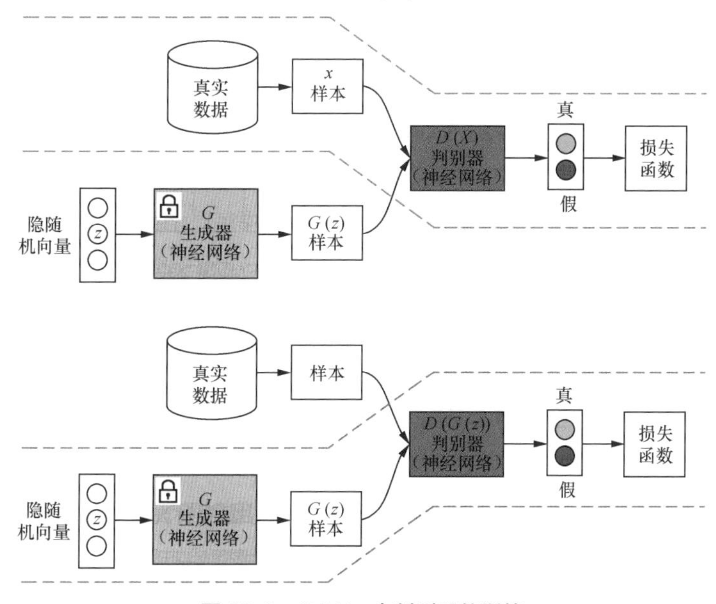

图 13.2　GANs 中判别器的训练

（2）在训练生成器时，先固定判别器 $D(\cdot)$；然后利用当前生成器 $G(\cdot)$ 随机模拟产生样本 $G(z)$，并输入到判别器 $D(\cdot)$ 中；根据判别器的输出 $D(G(z))$ 和样本标签来计算误差，最后利用误差反向传播算法来更新生成器 $G(\cdot)$ 的参数，如图 13.3 所示。

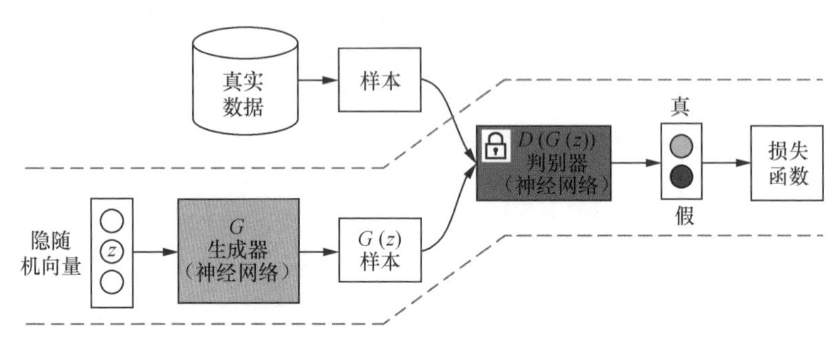

图 13.3　GANs 中生成器的训练

问题 2　GANs 的值函数。

难度：★★★☆☆

GANs 是一个双人 MiniMax 游戏，请给出游戏的值函数。理想情况下游戏最终会达到一个纳什均衡点，此时记生成器为 G^*，判别器为 D^*，请给出此时的解（G^*,D^*），以及对应的值函数的取值。在未达到均衡点时，将生成器 G 固定，寻找当下最优的判别器 D_G^*，请给出 D_G^* 和此时的值函数。上述问题的答案在 Goodfellow 的论文中都有回答，进一步地，倘若固定 D 而将 G 优化到底，那么解 G_D^* 和此时的值函数又揭示出什么呢?

分析与解答

因为判别器 D 试图识别实际数据为真实样本，识别生成器生成的数据为模拟样本，所以这是一个二分类问题，损失函数写成 Negative Log-Likelihood，也称 Categorical Cross-Entropy Loss，即：

$$\mathcal{L}(D) = -\int p(x)\left[p(data|x)\log D(x) + p(g|x)\log(1-D(x))\right]\mathrm{d}x,\quad (13.1)$$

其中 $D(x)$ 表示判别器预测 x 为真实样本的概率，$p(data|x)$ 和 $p(g|x)$

表示 x 分属真实数据集和生成器这两类的概率。样本 x 的来源一半是实际数据集，一半是生成器，$p_{\text{src}}(data)=p_{\text{src}}(g)=0.5$。我们用 $p_{\text{data}}(x)\doteq p(x|data)$表示从实际数据集得到 x 的概率，$p_g(x)\doteq p(x|g)$表示从生成器得到 x 的概率，有 x 的总概率

$$p(x)=p_{\text{src}}(data)p(x|data)+p_{\text{src}}(g)p(x|g).\qquad(13.2)$$

替换式（13.1）中的 $p(x)p(data|x)$ 为 $p_{\text{src}}(data)p_{\text{data}}(x)$，以及 $p(x)p(g|x)$ 为 $p_{\text{src}}(g)p_g(x)$，即可得到最终的目标函数

$$\mathcal{L}(D)=-\frac{1}{2}(\mathbb{E}_{x\sim p_{\text{data}}(x)}[\log D(x)]+\mathbb{E}_{x\sim p_g(x)}[\log(1-D(x))]).\qquad(13.3)$$

在此基础上得到值函数

$$V(G,D)=\mathbb{E}_{x\sim p_{\text{data}}(x)}[\log D(x)]+\mathbb{E}_{x\sim p_g(x)}[\log(1-D(x))].\qquad(13.4)$$

判别器 D 最大化上述值函数，生成器 G 则最小化它，整个 MiniMax 游戏（见图 13.4）可表示为：$\min\limits_G\max\limits_D V(G,D)$。

图 13.4　MiniMax 对抗式游戏

训练中，给定生成器 G，寻找当下最优判别器 D_G^*。对于单个样本 x，最大化 $\max\limits_D p_{\text{data}}(x)\log D(x)+p_g(x)\log(1-D(x))$ 的解为 $\hat{D}(x)=p_{\text{data}}(x)/[p_{\text{data}}(x)+p_g(x)]$，外面套上对 x 的积分就得到 $\max\limits_D V(G,D)$，解由单点变成一个函数解

$$D_G^*=\frac{p_{\text{data}}}{p_{\text{data}}+p_g}.\qquad(13.5)$$

此时，$\min\limits_G V(G,D_G^*)=\min\limits_G\{-\log 4+2\cdot JSD(p_{\text{data}}||p_g)\}$，其中 $JSD(\cdot)$ 是 JS 距离。由此看出，优化生成器 G 实际是在最小化生成样本分布与真

实样本分布的 JS 距离。最终，达到的均衡点是$JSD(p_{\text{data}} \| p_g)$的最小值点，即 p_g=p_{data} 时，JSD($p_{\text{data}} \| p_g$)取到零，最优解$G^*(z)=x \sim p_{\text{data}}(x)$，$D^*(x) \equiv \frac{1}{2}$，值函数$V(G^*,D^*)=-\log 4$。

进一步地，训练时如果给定 D 求解最优 G，可以得到什么？不妨假设 G' 表示前一步的生成器，D 是 G' 下的最优判别器$D^*_{G'}$。那么，求解最优 G 的过程为

$$\arg\min_G V(G,D^*_{G'}) = \arg\min_G KL\left(p_g \| \frac{p_{\text{data}}+p_{g'}}{2}\right) - KL(p_g \| p_{g'}) . \quad (13.6)$$

由此，可以得出以下两点结论。

（1）优化 G 的过程是让 G 远离前一步的 G'，同时接近分布 $(p_{\text{data}}+p_{g'})/2$。

（2）达到均衡点时 $p_{g'}=p_{\text{data}}$，有$\arg\min_G V(G,D^*_{G'}) = \arg\min_G 0$，如果用这时的判别器去训练一个全新的生成器 G_{new}，理论上可能啥也训练不出来。

问题3 GANs 如何避开大量概率推断计算？

难度：★★☆☆☆

发明 GANs 的初衷是为了更好地解决概率生成模型的估计问题。传统概率生成模型方法（如：马尔可夫随机场、贝叶斯网络）会涉及大量难以完成的概率推断计算，GANs 是如何避开这类计算的？

分析与解答

传统概率生成模型要定义一个概率分布表达式 $P(X)$，通常是一个多变量联合概率分布的密度函数$p(X_1,X_2,\ldots,X_N)$，并基于此做最大似然估计。这过程少不了概率推断计算，比如计算边缘概率 $P(X_i)$、条件概率 $P(X_i|X_j)$ 以及作分母的 Partition Function 等。当随机变量很多时，概率模型会变得十分复杂，概率计算变得非常困难，即使做近似计算，效果常不尽人意。GANs 在刻画概率生成模型时，并不对概率密度函数

$p(X)$ 直接建模，而是通过制造样本 x，间接体现出分布 $p(X)$，就是说我们看不到 $p(X)$ 的一个表达式。那么怎么做呢？

如果随机变量 Z 和 X 之间满足某种映射关系 $X=f(Z)$，那么它们的概率分布 $p_X(X)$ 和 $p_Z(Z)$ 也存在某种映射关系。当 $Z,X\in\mathbb{R}$ 都是一维随机变量时，$p_X=\frac{\mathrm{d}f(Z)}{\mathrm{d}X}p_Z$；当 Z,X 是高维随机变量时，导数变成雅克比矩阵，即 $p_X=J\,p_Z$。因此，已知 Z 的分布，我们对随机变量间的转换函数 f 直接建模，就唯一确定了 X 的分布。

这样，不仅避开大量复杂的概率计算，而且给 f 更大的发挥空间，我们可以用神经网络来训练 f。近些年神经网络领域大踏步向前发展，涌现出一批新技术来优化网络结构，除了经典的卷积神经网络和循环神经网络，还有 ReLu 激活函数、批量归一化、Dropout 等，都可以自由地添加到生成器的网络中，大大增强生成器的表达能力。

GANs 在实际训练中会遇到什么问题？

难度：★★★★☆

实验中训练 GANs 会像描述的那么完美吗？最小化目标函数 $\mathbb{E}_{z\sim p(z)}[\log(1-D(G(z;\theta_g))]$ 求解 G 会遇到什么问题？你有何解决方案？

解答与分析

在实际训练中，早期阶段生成器 G 很差，生成的模拟样本很容易被判别器 D 识别，使得 D 回传给 G 的梯度极其小，达不到训练目的，这个现象称为优化饱和 [33]。为什么会这样呢？我们将 D 的 Sigmoid 输出层的前一层记为 o，那么 $D(x)$ 可表示成 $D(x)=\text{Sigmoid}(o(x))$，此时有

$$\nabla D(x)=\nabla\text{Sigmoid}(o(x))=D(x)(1-D(x))\nabla o(x), \tag{13.7}$$

因此训练 G 的梯度为

$$\nabla\log(1-D(G(z;\theta_g)))=-D(G(z;\theta_g))\nabla o(G(z;\theta_g)). \tag{13.8}$$

当 D 很容易认出模拟样本时，意味着认错模拟样本的概率几乎为零，

即$D(G(z;\theta_g)) \to 0$。假定$|\nabla o(G(z;\theta_g))| < C$，$C$为一个常量，则可推出

$$\begin{aligned}\lim_{D(G(z;\theta_g))\to 0} \nabla \log(1-D(G(z;\theta_g))) &= -\lim_{D(G(z;\theta_g))\to 0} D(G(z;\theta_g))\nabla o(G(z;\theta_g)) \\ &= 0. \end{aligned} \tag{13.9}$$

故 G 获得的梯度基本为零，这说明 D 强大后对 G 的帮助反而微乎其微。

怎么办呢？解决方案是将$\log(1-D(G(z;\theta_g)))$变为$\log(D(G(z;\theta_g)))$，形式上有一个负号的差别，故让后者最大等效于让前者最小，二者在最优时解相同。我们看看更改后的目标函数有什么样的梯度：

$$\nabla \log(D(G(z;\theta_g))) = (1-D(G(z;\theta_g)))\nabla o(G(z;\theta_g)), \tag{13.10}$$

$$\lim_{D(G(z;\theta_g))\to 0} \nabla \log(D(G(z;\theta_g))) = \nabla o(G(z;\theta_g)), \tag{13.11}$$

即使$D(G(z;\theta_g))$趋于零，$\nabla \log(D(G(z;\theta_g)))$也不会消失，仍能给生成器提供有效的梯度。

WGAN：抓住低维的幽灵

场景描述

看过《三体Ⅲ・死神永生》的朋友，一定听说过“降维打击”这个词，像拍苍蝇一样把敌人拍扁。其实，低维不见得一点好处都没有。想象猫和老鼠这部动画的一个镜头，老鼠 Jerry 被它的劲敌 Tom 猫一路追赶，突然 Jerry 发现墙上挂了很多照片，其中一张的背景是海边浴场，沙滩上有密密麻麻很多人，Jerry 一下子跳了进去，混在人群中消失了，Tom 怎么也找不到 Jerry。三维的 Jerry 变成了一个二维的 Jerry，躲过了 Tom。一个新的问题是：Jerry 对于原三维世界来说是否还存在？ 极限情况下，如果这张照片足够薄，没有厚度，那么它就在一个二维平面里，不占任何体积（见图 13.5），体积为零的东西不就等于没有吗！拓展到高维空间，这个体积叫测度，无论 N 维空间的 N 有多大，在 $N+1$ 维空间中测度就是零，就像二维平面在三维空间中一样。因此，一个低维空间的物体，在高维空间中忽略不计。对生活在高维世界的人来说，低维空间是那么无足轻重，像一层纱，似一个幽灵，若有若无，是一个隐去的世界。

图 13.5　二维画面与三维空间

2017 年，一个训练生成对抗网络的新方法 WGAN 被提出[34]。在此之前，GANs 已提出三年，吸引了很多研究者来使用它。原理上，大家都觉得 GANs 的思路实在太巧妙，理解起来也不复杂，符合人们的直觉，万物不都是在相互制约和对抗中逐渐演化升级吗。理论上，Goodfellow 在 2014 年已经给出 GANs 的最优性证明，证明 GANs 本质上是在最小化生成分布与真实数据分布的 JS 距离，当算法收敛时生成器刻画的分布就是真实数据的分布。但是，实际使用中发现很多解释不清的问题，生成器的训练很不稳定[35]。生成器这只 Tom 猫，很难抓住真实数据分布这只老鼠 Jerry。

知识点

坍缩模式（Collapse Mode），Wasserstein 距离，1-Lipschitz 函数

问题1 GANs 的陷阱：原 GANs 中存在的哪些问题制约模型训练效果。

难度：★★★☆☆

分析与解答

GANs 的判别器试图区分真实样本和生成的模拟样本。Goodfellow 在论文中指出，训练判别器，是在度量生成器分布和真实数据分布的 JS 距离；训练生成器，是在减小这个 JS 距离。即使我们不清楚形成真实数据的背后机制，还是可以用一个模拟生成过程去替代之，只要它们的数据分布一致。

但是实验中发现，训练好生成器是一件很困难的事，生成器很不稳定，常出现坍缩模式。什么是坍缩模式？拿图片举例，反复生成一些相近或相同的图片，多样性太差。生成器似乎将图片记下，没有泛化，更没有造新图的能力，好比一个笨小孩被填鸭灌输了知识，只会死记硬背，没有真正理解，不会活学活用，更无创新能力。

为什么会这样？既然训练生成器基于 JS 距离，猜测问题根源可能与 JS 距离有关。高维空间中不是每点都能表达一个样本（如一张图片），空间大部分是多余的，真实数据蜷缩在低维子空间的流形（即高维曲面）上，因为维度低，所占空间体积几乎为零，就像一张极其薄的纸飘在三维空间，不仔细看很难发现。考虑生成器分布与真实数据分布的 JS 距离，即两个 KL 距离的平均：

$$\mathrm{JS}(\mathbb{P}_r \| \mathbb{P}_g) = \frac{1}{2}\left(\mathrm{KL}\left(\mathbb{P}_r \| \frac{\mathbb{P}_r + \mathbb{P}_g}{2}\right) + \mathrm{KL}\left(\mathbb{P}_g \| \frac{\mathbb{P}_r + \mathbb{P}_g}{2}\right)\right). \quad (13.12)$$

初始的生成器，由于参数随机初始化，与其说是一个样本生成器，不如说是高维空间点的生成器，点广泛分布在高维空间中。打个比方，生成器将一张大网布满整个空间，“兵力”有限，网布得越大，每个点附近的兵力就越少。想象一下，当这张网穿过低维子空间时，可看见的“兵”几乎为零，这片子空间成了一个“盲区”，如果真实数据全都分布在这，它们就对生成器“隐身”了，成了“漏网之鱼”（见图 13.6）。

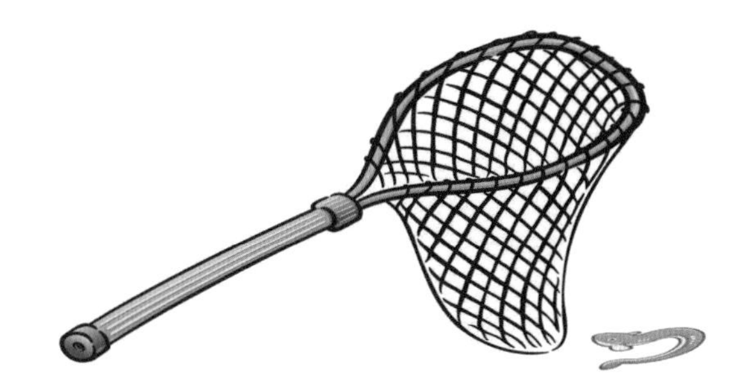

图 13.6 高维空间中的生成器样本网点与低维流形上的真实分布

回到公式，看第一个 KL 距离：

$$\mathrm{KL}\left(\mathbb{P}_r \,\|\, \frac{\mathbb{P}_r+\mathbb{P}_g}{2}\right)=\int\log\left(\frac{p_r(x)}{(p_r(x)+p_g(x))/2}\right)p_r(x)\mathrm{d}\mu(x). \quad (13.13)$$

高维空间绝大部分地方见不到真实数据，$p_r(x)$ 处处为零，对 KL 距离的贡献为零；即使在真实数据蜷缩的低维空间，高维空间会忽略低维空间的体积，概率上讲测度为零。KL 距离就成了：$\int\log 2\cdot p_r(x)\mathrm{d}\mu(x)=\log 2$。

再看第二个 KL 距离：

$$\mathrm{KL}\left(\mathbb{P}_g \,\|\, \frac{\mathbb{P}_r+\mathbb{P}_g}{2}\right)=\int\log\left(\frac{p_g(x)}{\left(p_r(x)+p_g(x)\right)/2}\right)p_g(x)\mathrm{d}\mu(x). \quad (13.14)$$

同理 KL 距离也为：$\int\log 2\cdot p_g(x)\mathrm{d}\mu(x)=\log 2$。因此，JS 距离为 $\log 2$，一个常量。无论生成器怎么“布网”，怎么训练，JS 距离不变，对生成器的梯度为零。训练神经网络是基于梯度下降的，用梯度一次次更新模型参数，如果梯度总是零，训练还怎么进行？

问题2 破解武器：WGAN 针对前面问题做了哪些改进？什么是 Wasserstein 距离？

难度：★★★★☆

分析与解答

直觉告诉我们：不要让生成器在高维空间傻傻地布网，让它直接到低维空间“抓”真实数据。道理虽然是这样，但是在高维空间中藏着无数的低维子空间，如何找到目标子空间呢？站在大厦顶层，环眺四周，你可以迅速定位远处的山峦和高塔，却很难知晓一个个楼宇间办公室里的事情。你需要线索，而不是简单撒网。处在高维空间，对抗隐秘的低维空间，不能再用粗暴简陋的方法，需要有特殊武器，这就是 Wasserstein 距离（见图 13.7），也称推土机距离（Earth Mover distance）

$$W(\mathbb{P}_r,\mathbb{P}_g)=\inf_{\gamma\sim\Pi(\mathbb{P}_r,\mathbb{P}_g)}\mathbb{E}_{(x,y)\sim\gamma}[||x-y||]. \tag{13.15}$$

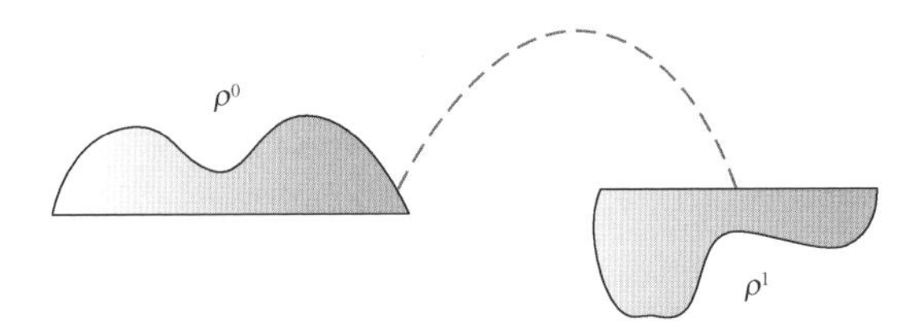

图 13.7 Wasserstein 距离

怎么理解这个公式？想象你有一个很大的院子，院子里有几处坑坑洼洼需要填平，四个墙角都有一堆沙子，沙子总量正好填平所有坑。搬运沙子很费力，你想知道有没有一种方案，使得花的力气最少。直觉上，每个坑都选择最近的沙堆，搬运的距离最短。但是存在一些问题，如果最近的沙堆用完了，或者填完坑后近处还剩好多沙子，或者坑到几个沙堆的距离一样，我们该怎么办？所以需要设计一个系统的方案，通盘考虑这些问题。最佳方案是上面目标函数的最优解。可以看到，当沙子分布和坑分布给定时，我们只关心搬运沙子的整体损耗，而不关心每粒沙子的具体摆放，在损耗不变的情况下，沙子摆放可能有很多选择。对应式（13.16），当你选择一对 (x,y) 时，表示把 x 处的一些沙子搬到 y 处的坑，可能搬部分沙子，也可能搬全部沙子，可能只把坑填一部分，也可能都填满了。x 处沙子总量为 $\mathbb{P}_r(x)$，y 处坑的大小为 $\mathbb{P}_g(x)$，从 x 到 y 的沙子量为 $\gamma(x,y)$，整体上满足等式

$$\sum_x \gamma(x,y) = \mathbb{P}_g(y), \tag{13.16}$$

$$\sum_y \gamma(x,y) = \mathbb{P}_r(x). \tag{13.17}$$

为什么 Wasserstein 距离能克服 JS 距离解决不了的问题？理论上的解释很复杂，需要证明当生成器分布随参数 θ 变化而连续变化时，生成器分布与真实分布的 Wasserstein 距离也随 θ 变化而连续变化，并且几乎处处可导，而 JS 距离不保证随 θ 变化而连续变化。

通俗的解释，接着“布网”的比喻，现在生成器不再“布网”，改成“定位追踪”了，不管真实分布藏在哪个低维子空间里，生成器都能感知它在哪，因为生成器只要将自身分布稍做变化，就会改变它到真实分布的推土机距离；而 JS 距离是不敏感的，无论生成器怎么变化，JS 距离都是一个常数。因此，使用推土机距离，能有效锁定低维子空间中的真实数据分布。

问题3　WGAN 之道：怎样具体应用 Wasserstein 距离实现 WGAN 算法？

难度：★★★★★

分析与解答

一群老鼠开会，得出结论：如果在猫脖上系一铃铛，每次它靠近时都能被及时发现，那多好！唯一的问题是：谁来系这个铃铛？现在，我们知道了推土机距离这款武器，那么怎么计算这个距离？推土机距离的公式太难求解。幸运的是，它有一个孪生兄弟，和它有相同的值，这就是 Wasserstein 距离的对偶式

$$\begin{aligned} W(\mathbb{P}_r,\mathbb{P}_g) &= \sup_{f_L \leqslant 1} \mathbb{E}_{x\sim\mathbb{P}_r}[f(x)] - \mathbb{E}_{x\sim\mathbb{P}_g}[f(x)] \\ &= \max_{w\in\mathcal{W}} \mathbb{E}_{x\sim\mathbb{P}_r}[f_w(x)] - \mathbb{E}_{z\sim p(z)}[f_w(g_\theta(z))]. \end{aligned} \tag{13.18}$$

对偶式大大降低了 Wasserstein 距离的求解难度，计算过程变为找到一个

函数f，使得它最大化目标函数$\mathbb{E}_{x\sim\mathbb{P}_r}[f(x)]-\mathbb{E}_{x\sim\mathbb{P}_g}[f(x)]$，这个式子看上去很眼熟，对比原 GANs 的$\max\limits_{D}\mathbb{E}_{x\sim\mathbb{P}_r}[\log D(x)]+\mathbb{E}_{x\sim\mathbb{P}_g}[\log(1-D(x))]$，它只是去掉了 log，所以只做微小改动就能使用原 GANs 的框架。

细心的你会发现，这里的f与D不同，前者要满足$\|f\|_L\leqslant 1$，即 1-Lipschitz 函数，后者是一个 Sigmoid 函数作输出层的神经网络。它们都要求在寻找最优函数时，一定要考虑界的限制。如果没有限制，函数值会无限大或无限小。Sigmoid 函数的值有天然的界，而 1-Lipschitz 不是限制函数值的界，而是限制函数导数的界，使得函数在每点上的变化率不能无限大。神经网络里如何体现 1-Lipschitz 或 K-Lipschitz 呢？WGAN 的思路很巧妙，在一个前向神经网络里，输入经过多次线性变换和非线性激活函数得到输出，输出对输入的梯度，绝大部分都是由线性操作所乘的权重矩阵贡献的，因此约束每个权重矩阵的大小，可以约束网络输出对输入的梯度大小。

判别器在这里换了一个名字，叫评分器（Critic），目标函数由“区分样本来源”变成“为样本打分”：越像真实样本分数越高，否则越低，有点类似支持向量机里 margin 的概念（见图 13.8）。打个龟兔赛跑的比方，评分器是兔子，生成器是乌龟。评分器的目标是甩掉乌龟，让二者的距离（或 margin）越来越大；生成器的目标是追上兔子。严肃一点讲，训练评分器就是计算生成器分布与真实分布的 Wasserstein 距离；给定评分器，训练生成器就是在缩小这个距离，算法中要计算 Wasserstein 距离对生成器参数θ的梯度，$\nabla_\theta W(\mathbb{P}_r,\mathbb{P}_g)=-\mathbb{E}_{z\sim p(z)}[\nabla_\theta f_w(g_\theta(z))]$，再通过梯度下降法更新参数，让 Wasserstein 距离变小。

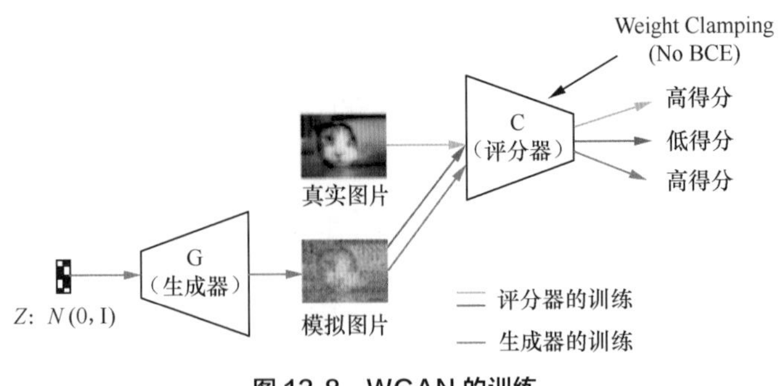

图 13.8　WGAN 的训练

DCGAN：当 GANs 遇上卷积

场景描述

虽然 GANs 一开始用于图像生成，但是没有马上应用卷积神经网络。通常提到图像，人们会想到卷积神经网络，为什么 GANs 最初时没有用它呢？原来不是随便一个卷积神经网络就能玩转 GANs，研究者最初的尝试不怎么成功。

图像相关的几大学习任务包括：图像分类、图像分割、物体检测与识别等。

图像分类任务是大多数卷积神经网络的主战场，从手写数字识别到 ImageNet 大规模图像识别比赛，从 AlexNet、VGG、GoogLeNet 到 ResNet，遍布着各类卷积神经网络结构。输入一张图片，输出一个类别，一端是密密麻麻的像素点阵，一端是表示类别的一个词，从输入端到输出端丢失大量信息，比如识别狗的图片，模型关心的是狗，不是狗的大小、颜色和品种，如图 13.9 所示。信息的丢失使得卷积神经网络仅用来识别图片类别，难以输出一张高分辨率的图片。

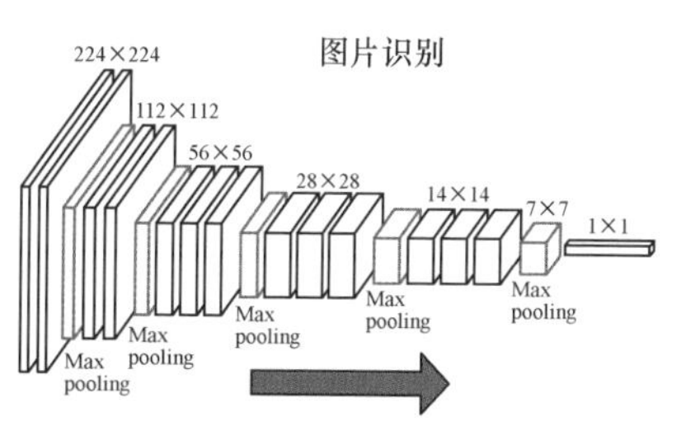

图 13.9 图像分类

图像分割任务中，输入一张图片，输出与原图同尺寸的分割图，图片被切成不同区域，同区域的点用同一颜色表示。输入端还是一张图，输出端信息量相比分类任务是有所增加了。注意，传统卷积神经网络中每层的高宽越来越小，丢失大量与像素位置相关的信息，为了进行图像分割任务，研究者们提出了一些新的卷积神经网络结构，比如分数步进卷积层（Fractional-Strided Convolutions），也称反卷积层（Deconvolutions），它让每层的高宽不减反增，从而使得分割任务中最终的输出和原始输入图片尺寸相同，如图 13.10 所示。

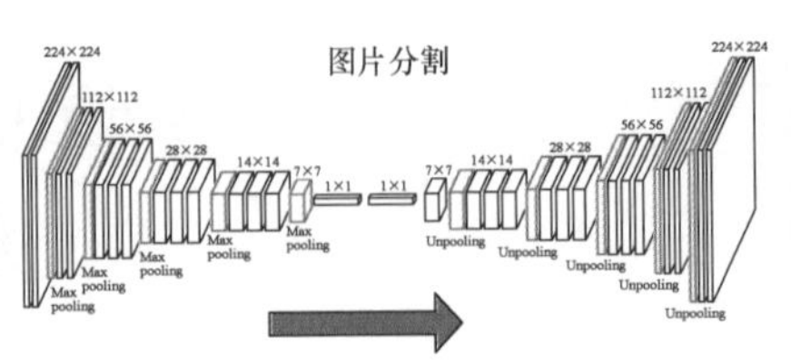

图 13.10　图像分割

但是，图像生成不是图像分割（见图 13.11）。图像分割的输出端虽然与原图同尺寸，但是像素级别的细节信息依然大量丢掉，难以生成高分辨率的图片。图像生成这点事，绝不是信手拈来一个卷积神经网络就能搞定。我们该怎么改进卷积神经网络呢？

图 13.11　图像生成

知识点

卷积神经网络，分数步进卷积层（反卷积层），批量归一化，ReLU/LReLU

问题　在生成器和判别器中应该怎样设计深层卷积结构？

难度：★★★☆☆

为了生成高分辨率的优质图片，我们准备在 GANs 框架内嵌入多层卷积网络。但是，一般的卷积结构达不到我们的期待。

分析与解答

为了充分发挥GANs中卷积网络的威力，我们需要搞清楚两件事情：生成器到底做了什么？以及判别器到底做了什么？

生成器

生成器生成图片，可以看成图片分类的一个逆过程。图片分类器的输入是一张图片，输出是一个类别；图片生成器的输出是一张图片，但它的输入是什么呢？输入通常有一个随机向量，如高斯分布产生的 100 维随机向量。这个随机向量有什么含义？在深度神经网络的黑盒子里，我们无从知道。但是我们可以确定：100 维随机向量对比一张 128×128 小图片（扁平化后是 16384 维）是一个极低维的向量。

从低维向量得到高维图片，想高分辨率，这怎么可能？例如，从一个类别到一张图片，信息由少到多，不仅不能压缩或丢失信息，还要补充信息，任务难度必然增大。好比，我一说“狗”，你脑子里闪出狗的画面，可能是金巴，可能是藏獒，你以前一定见过这样的狗，脑子里已经有了它的影像信息，我的一个词就能引起你的想象。即便这样，让你画出狗来，假定你绘画功底很强，你最先画出的是狗的轮廓，而不是一张真实图片，因为有太多的细节需要一点点添加，比如：狗毛发的颜色，狗是跑着的还是卧着的，狗在屋子里还是在草地上……我们可以把 100 维随机向量，理解成要事先确定一些信息，除了类别还要有细节，它们各项独立并可以相互组合，比如一只装在茶杯里的呆萌茶杯犬（见图 13.12）。

图 13.12 图像生成任务需要的一些细节信息

用随机向量的每维刻画不同的细节，然后生成一张图片。随机向量不含像素级别的位置信息，但是对于图片，每个像素都有它的位置，点构成了线，线组成了面，进而描绘出物体的形状。如果这些位置信息不是从随机向量中产生，那么就应出自生成器的特殊网络结构。

那么，卷积神经网络能体现位置信息吗？最初设计卷积神经网络时，引入了感受野的概念，捕捉图片邻近区域的特征，只有位置靠近的像素点才能被感受野一次捕捉到。传统多层卷积结构中，越靠近输入端，包含的位置信息越明显，随着层层深入，感受野涵盖的区域扩大，过于细节的位置信息丢失，留下高级语义信息，更好地反映图片的类别。经典的卷积神经网络只是捕捉或识别位置信息，不负责产生位置信息，位置信息来源于输入的图片，当它们不能有效反映图片的高级语义（如类别）时，就会在逐层计算中被丢掉[36]。

因此，从随机向量造出图片，要在造的过程中产生位置信息。这个生成过程需符合以下两点原则。

（1）保证信息在逐层计算中逐渐增多。

（2）不损失位置信息，并不断产生更细节的位置信息。

参考文献 [37] 给出了一套具体的做法。

（1）去掉一切会丢掉位置信息的结构，如池化层。

池化层是在邻近区域取最大或取平均，会丢失这一区域内的位置信息：无论怎么布局，最大值和平均值是不变的。位置不变性是应对图片分类的一个优良性质，但是对图片生成来说是一个糟糕的性质，因为这是一个降采样的过程，通过丢失细节信息来保留高级语义（即分类相关信息）。

（2）使用分数步进卷积层。

模型要做的不是抽象而是具象，计算是升采样的过程，逐步提供更多细节。将 100 维随机向量经过一层，变换成一个 4×4×1024 的张量，宽度和高度都为 4，虽然大小有限，但是暗示了位置的存在，接着经过层层变换，高度和宽度不断扩大，深度不断减小，直至输出一个有宽度、高度及 RGB 三通道的 64×64×3 图片。

传统卷积层只能缩小或保持前一层的高度和宽度，对于扩大高宽无能为力，我们需要采用特殊的卷积层来实现增加高宽的升采样计算[38]，即分数步进卷积层，如图 13.13 所示。

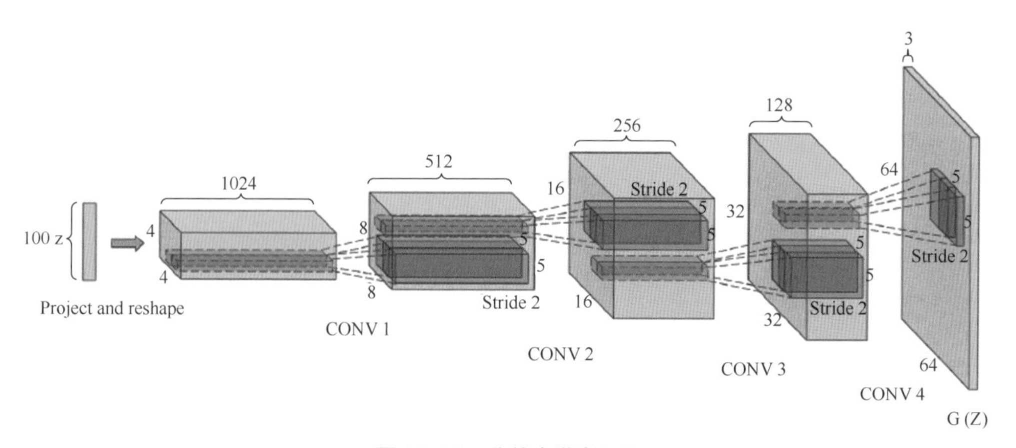

图 13.13　分数步进卷积层

步长大于 1 的传统卷积层会把输入图缩成一张高宽更小的图，5×5 的图经过核 3×3 步长 2×2 的卷积层得到一个 2×2 的图，如图 13.14（a）所示。如果这个过程可逆，则由输入 2×2 图可得 5×5 图。严格意义上的逆过程是数学上的求逆操作，这太复杂。分数步进卷积层只是象征性地保证输入 2×2 图输出 5×5 图，同时仍满足卷积操作的定义。怎么做到？填零，不仅边缘处填零，像素点间也填零。我们将 2×2 图扩为 5×5 图，再经过核 3×3 步长 1×1 的卷积层，就能得到一个 5×5 图，如图 13.14（b）所示。这个“逆”卷积过程只是图分辨率的逆，而非数学意义上的求逆。

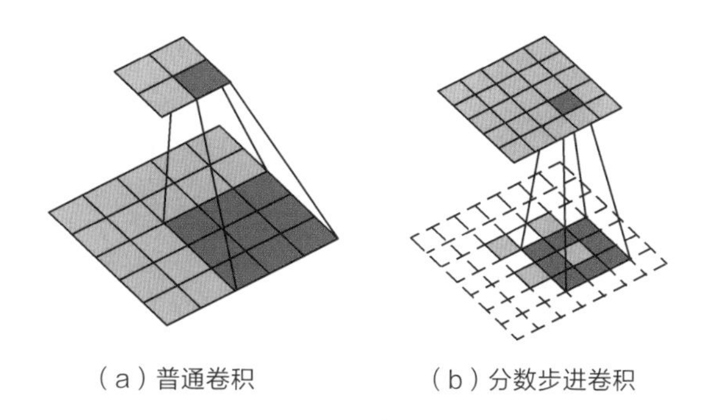

（a）普通卷积　　（b）分数步进卷积

图 13.14　卷积操作

（3）去掉最后的全连接层

通常 CNN 最后接全连接层，是为了综合各维度做非线性变换，应对图片分类的目标。这里的任务是生成图片，用全连接层不仅没必要，还会打乱多层卷积建立的空间结构。越靠近图片输出端，越要精心呵护宽高二维平面上的位置信息，反而在输入端可以增加一个全连接层，将100 维随机向量经过矩阵乘法转换成 4×4×1024 的张量。

（4）批量归一化和 ReLU 激活函数

批量归一化是 2015 年 Loffe & Szegedy 提出的用于改进神经网络结构的一层，称为 Batchnorm 层，现已被广泛使用[39]。单个神经元在 batch 层面上做正规化处理，得到均值 0 方差 1 的新 batch，保证通畅的梯度流，免除糟糕初始化的影响，改善模型的训练效果。生成模型越深，越需要 Batchnorm 层，否则训练不充分，极易出现模型坍塌问题，总生成相同的图片样本。另外，为了避免梯度饱和，让学习更稳定，内部使用 ReLU 激活函数，只在图片输出层用 Tanh 激活函数。

■ **判别器**

判别器鉴别生成图片和实际图片。这是一个典型的图片分类任务，但是又不同于一般的图片分类。真品和赝品的区别，往往是细节上的差异，而不是宏观层面的语义差异。判别器的多层卷积网络，依然抛弃池化层，将它替换为步长大于 1 的卷积层，虽然也是一个降采样的过程，但是没有池化层那样粗放。判别器的最后一层不接全连接层，扁平化处理后直接送给 Sigmoid 输出层，最大限度地留住位置细节。另外，判别器的内部激活函数使用 LReLU，也是要最大限度地留住前层信息。判别器也用到 Batchnorm 层。

ALI：包揽推断业务

场景描述

宋朝有位皇帝非常喜爱书画，创建了世界上最早的皇家画院。一次考试，他出的题目是“深山藏古寺”，让众多前来报考的画家画。有的在山腰间画了一座古寺，有的将古寺画在丛林深处，有的古寺画得完整，有的只画了寺的一角。皇帝看了都不满意，就在他叹息之时，一幅画作进入他的视线，他端详一番称赞道：“妙哉！妙哉！”原来这幅画上根本没有寺，只见崇山峻岭间，一股清泉飞流直下，一位老和尚俯身在泉边，背后是挑水的木桶，木桶后弯弯曲曲远去的小路，消失在丛林深处（见图 13.15）。寺虽不见于画，却定“藏”于山，比起寺的一角或一段墙垣，更切合考题。

深山现古寺

深山藏古寺

图 13.15　深山藏古寺

人们看画，看的不仅是画家的画技，还有所表达的主题。同一主题，表现的手法很多，不同人会画出不同画。反过来，观者在看到这些不同画时，都能联想到同一主题或相似主题。给一个主题，创作一幅画，这就是生成的过程；给一幅画，推测画的主题，这就是推断的过程。生成与推断是互逆的。这样的例子还有很多，一方面，当要测试一个人的创造力时，给他一个话题让他写文章，给他一个思路让他想实施细节，这类测试问题都是开放性的，没有标准答案，却不妨碍我们考查对方的能力；另一方面，当听到一个人的发言或看到他的作品时，我们会揣摩对方的真实用意，他的话是什么意思，他的作品想表达什么。

我们面对两类信息，一类可以观察到，一类虽观察不到但似乎就在那里，或直白，或隐约，我们通过推断感受到它的存在。这两类信息在两种表达空间里，一种是观察数据所在的数据空间，一种是隐变量所在的隐空间，后者是前者的一种抽象。生成和推断就是这两种空间上信息的转换，用两个深度神经网络来构建，一个是生成网络，一个是推断网络。生成网络建立从隐空间到数据空间的映射，推断网络建立从数据空间到隐空间的映射。数据空间的信息看得见，称为明码；隐空间的信息看不见，称为暗码，因此生成网络是一个解码器（Decoder），推断网络是一个编码器（Encoder）。

把生成和推断相结合，想象一个场景，我们想学习印象派画家的画风，仔细观察多幅名作，体会它们的表现手法及反映的主题，然后我们凭着自己的理解，亲自动手，创作一幅印象派画。整个过程分为推断和生成。那么，如何提高我们的绘画水平？我们需要一位大师或懂画的评论家，告诉我们哪里理解的不对，哪里画的不对。我们则要在评论家的批评中增进技艺，以至于让他挑不出毛病。这也是 GANs 的基本思路。

2017 年的一篇论文提出 ALI（Adversarially Learned Inference）模型[40]，将生成网络和推断网络一起放到 GANs 的框架下，进而联合训练生成模型和推断模型，取得不错的效果。

知识点

概率推断，隐空间，Encoder/Decoder

问题　生成网络和推断网络的融合。　　难度：★★★☆☆

请问如何把一个生成网络和一个推断网络融合在 GANs 框架下，借助来自判别器的指导，不仅让模拟样本的分布尽量逼近真实分布，而且让模拟样本的隐空间表示与真实样本的隐空间表示在分布上也尽量接近。

分析与解答

任何一个观察数据 x，背后都有一个隐空间表示 z，从 x 到 z 有一

条转换路径，从 z 到 x 也有一条转换路径，前者对应一个编码过程，后者对应一个解码过程。从概率的角度看，编码是一个推断过程，先从真实数据集采样一个样本 x，再由 x 推断 z，有给定 x 下 z 的条件概率 $q(z|x)$；解码是一个生成过程，先从一个固定分布（如：高斯分布 $N(0,I)$）出发，采样一个随机信号 ϵ，经过简单变换成为 z，再由 z 经过一系列复杂非线性变换生成 x，有给定 z 下 x 的条件概率 $p(x|z)$。一般地，隐空间表示 z 比观察数据 x 更抽象更精炼，刻画 z 的维数应远小于 x，从随机信号 ϵ 到 z 只做简单变换，有时直接拿 ϵ 作 z，表明隐空间的信息被压缩得很干净，任何冗余都被榨干，任何相关维度都被整合到一起，使得隐空间各维度相互独立，因此隐空间的随机点是有含义的。

将观察数据和其隐空间表示一起考虑，(x,z)，写出联合概率分布。从推断的角度看，联合概率 $q(x,z)=q(x)q(z|x)$，其中 $q(x)$ 为真实数据集上的经验数据分布，可认为已知，条件概率 $q(z|x)$ 则要通过推断网络来表达；从生成的角度看，$p(x,z)=p(z)p(x|z)$，其中 $p(z)$ 是事先给定的，如 $z \sim N(0,I)$，条件概率 $p(x|z)$ 则通过生成网络来表达。然后，我们让这两个联合概率分布 $q(x,z)$ 和 $p(x,z)$ 相互拟合。当二者趋于一致时，可以确定对应的边缘概率都相等，$q(x)=p(x)$，$q(z)=p(z)$，对应的条件概率也都相等 $q(z|x)=p(z|x)$, $q(x|z)=p(x|z)$。最重要的是，得到的生成网络和推断网络是一对互逆的网络。值得注意的是，这种互逆特性不同于自动编码器这种通过最小化重建误差学出的网络，后者是完全一等一的重建，而前者是具有相同隐空间分布（如：风格、主题）的再创造。

除了生成网络和推断网络，还有一个判别网络。它的目标是区分来自生成网络的$(\hat{x}=G_{\text{decoder}}(z),z)$和来自推断网络的$(x,\hat{z}=G_{\text{encoder}}(x))$，如图 13.16 所示。在 GANs 框架下，判别网络与生成和推断网络共享一个目标函数

$$
\begin{aligned}
V(D_\phi,G_{\theta_{\text{dec}}},G_{\theta_{\text{enc}}}) &= \mathbb{E}_{x\sim q(x)}[\log D_\phi(x,G_{\theta_{\text{enc}}}(x))]+\mathbb{E}_{z\sim p(z)}[\log(1-D_\phi(G_{\theta_{\text{dec}}}(z),z))] \\
&= \iint q(x)q(z\,|\,x;\theta_{\text{enc}})\log D_\phi(x,z)\mathrm{d}x\mathrm{d}z+\iint p(z)p(x\,|\,z;\theta_{\text{dec}})\log(1-D_\phi(x,z))\mathrm{d}x\mathrm{d}z.
\end{aligned}
\tag{13.19}
$$

进行的也是一场 MiniMax 游戏：

$$
\min_{\theta=(\theta_{\text{dec}},\theta_{\text{enc}})}\max_{\phi} V(D_\phi,G_{\theta_{\text{dec}}},G_{\theta_{\text{enc}}}),\tag{13.20}
$$

其中$\theta_{\text{dec}},\theta_{\text{enc}},\phi$分别为生成网络、推断网络和判别网络的参数，判别网络试图最大化 V 函数，生成和推断网络则试图最小化 V 函数。第一个等号右边的式子，反映了在重参数化技巧（Re-parameterization Trick）下将三个网络组装成一个大网络；第二个等号右边的式子，从判别器的角度看产生 (x,z) 的两个不同数据源。

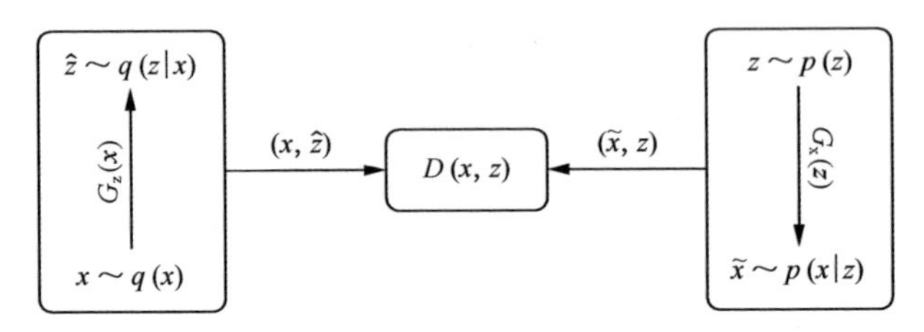

图 13.16　ALI 模型

实际中，为克服训练初期生成和推断网络从判别网络获取梯度不足的问题，我们采用一个梯度增强版的优化目标，将原目标函数中的$\log(1-D(G(\bullet))$改成$-\log(D(G(\bullet))$。原 GANs 论文指出，这个小变换不改变前后优化目标的解，但是前者会出现梯度饱和问题，后者能产生更明显的梯度。修改前生成和推断网络的优化目标为:

$$\min_{\theta=(\theta_{\text{dec}},\theta_{\text{enc}})} \mathbb{E}_{x\sim q(x)}[\log D_\phi(x,G_{\theta_{\text{enc}}}(x))]+\mathbb{E}_{z\sim p(z)}[\log(1-D_\phi(G_{\theta_{\text{dec}}}(z),z))]. \tag{13.21}$$

修改后的优化目标为:

$$\max_{\theta=(\theta_{\text{dec}},\theta_{\text{enc}})} \mathbb{E}_{x\sim q(x)}(\log(1-D_\phi(x,G_{\theta_{\text{enc}}}(x))))+\mathbb{E}_{z\sim p(z)}[\log D_\phi(G_{\theta_{\text{dec}}}(z),z)]. \tag{13.22}$$

有了上面的分析，就好设计出一个同时训练生成和推断网络及判别网络的 GANs 算法。

IRGAN: 生成离散样本

场景描述

Reddit论坛上有一篇Goodfellow发表的帖子："GANs have not been applied to NLP because GANs are only defined for real-valued data... The gradient of the output of the discriminator network with respect to the synthetic data tells you how to slightly change the synthetic data to make it more realistic. You can make slight changes to the synthetic data if it is based on continuous numbers. If it is based on discrete numbers，there is no way to make a slight change."

大意是说，最初设计GANs是用来生成实值数据的，生成器输出一个实数向量。这样，判别器对实数向量每维都产生一个梯度，用作对模型参数的微小更新，持续的微小更新使得量变引起质变，最终达到一个非常好的解。可是，如果生成器输出离散数据，诸如：搜索引擎返回的链接，电商网站推荐的手机，那么梯度产生的微小更新就被打破了，因为离散样本的变化不是连续而是跳跃的。举个例子，灯光亮度是一种连续型数据，可以说把灯光调亮一些，也可以说把灯光调亮一点，还可以说把灯光调亮一点点，这都可操作；但是，从买苹果转到买橙子，你不能说买橙子一些，一点或者一点点（见图13.17）。将GANs用来生成离散数据，不是一件简单的事情，但是生活中很多时候，我们遇到的就是各型各色的离散型数据。

图13.17 离散数据

让我们想象一个信息检索的场景：给定一个查询词，系统返回与查询词相关的若干文档。现在，我们有一批用户点击数据，记录用户在某查询词下点击哪些文档。用户的反馈告诉我们哪些是正样本，为了训练识别正负样本的有监督模型，我们还需负样本，即与查询词不相关或者看似相关实则无关的样本。通常做法是在全部文档集上随机负采样，一个查询词的正样本集与全体文档集比简直沧海一粟，所以随机采得的文档碰巧是正样本的概率很小。但这会遇到一个问题，随机负采样的结果往往太简单，对模型构不成难度。我们想尽量制造易混淆的例子，才能让模型的学习能力达到一个新水平。因此，我们不能在全集做负采样，必须在与查询词含义接近或貌似接近的地带负采样。一个新问题是，这种有偏采样下，采到正样本的概率大大增加，我们不能简单地认为随机采样结果都是负样本。怎么办呢？2017 年的一篇论文提出了解决办法，称之为 IRGAN[41]。

知识点

离散样本，信息检索，负采样，策略梯度

问题 用 GAN 产生负样本。

难度：★★★★★

我们想借助 GANs 解决上面问题，设计一种制造负样本的生成器，采样一些迷惑性强的负样本，增大对判别模型的挑战。查询词表示为 q，文档表示为 d。请描述一下你的设计思路，指出潜在的问题及解决方案。请问：训练到最后时，生成模型还是一个负样本生成器吗？

分析与解答

我们把全集上随机选负样本的方法，看成一种低级的生成器，该生成器始终是固定的，没有学习能力。我们想设计一个更好的有学习能力的生成器，可以不断学习，生成高质量的负样本去迷惑的判别器。实际上，在 GANs 的设计理念里，“负样本”的表述不准确，因为生成器的真正目标不是找出一批与查询词不相关的文档，而是让生成的模拟样本尽量逼近真实样本，判别器的目标是发现哪些样本是真实用户的点击行为，哪些是生成器的伪造数据。“正负”含义微妙变化，前面与查询词相关或不相关看成正或负，现在真实数据或模拟数据也可看成正或负。

在信息检索的场景下，我们遵循 GANs 的 MiniMax 游戏框架，设计一个生成式检索模型 $p_\theta(d|q)$ 和一个判别式检索模型 $f_\phi(q,d)$。给定 q，生成模型会在整个文档集中按照概率分布 $p_\theta(d|q)$ 挑选出文档 d_θ，它

的目标是逼近真实数据的概率分布 $p_{\text{true}}(d|q)$，进而迷惑判别器；同时，判别模型试图将生成器伪造的 (q,d_θ) 从真实的 (q,d_{true}) 中区分出来。原本的判别模型是用来鉴别与 Query 相关或不相关的文档，而在 GAN 框架下判别模型的目标发生了微妙变化，区分的是来自真实数据的相关文档和模拟产生的潜在相关文档。当然，最终的判别模型仍可鉴别与 Query 相关或不相关的文档。我们用一个 MiniMax 目标函数来统一生成模型和判别模型：

$$J^{G^*,D^*}=\min_\theta\max_\phi\sum_{n=1}^{N}(\mathbb{E}_{d\sim p_{\text{true}}(d|q_n)}[\log D_\phi(d\mid q_n)]+\mathbb{E}_{d\sim p_\theta(d|q_n)}[\log(1-D_\phi(d\mid q_n))]),\tag{13.23}$$

其中$D_\phi(d\mid q_n)=\text{Sigmoid}(f_\phi(q,d))$。这是一个交替优化的过程，固定判别器，对生成器的优化简化为：

$$\theta^*=\operatorname*{argmax}_\theta\sum_{n=1}^{N}\mathbb{E}_{d\sim p_\theta(d|q_n)}[\log(1+\exp(f_\phi(q_n,d)))].\tag{13.24}$$

问题来了，如果 d 连续，我们沿用原 GANs 的套路没问题，对每个 q_n，生成 K 个文档$\{d_k\}_{k=1}^K$，用$\sum_{k=1}^{K}\log(1+\exp(f_\phi(q_n,d_k)))$近似估计每个 q_n 下的损失函数$\mathbb{E}_{d\sim p_\theta(d|q_n)}[\log(1+\exp(f_\phi(q_n,d)))]$，损失函数对 d_k 的梯度会回传给生成 d_k 的生成器。但是，如果 d 离散，损失函数对 d 是没有梯度的，我们拿什么传给生成器呢？

强化学习中的策略梯度方法揭示了期望下损失函数的梯度的另外一种形式 [42]。我们用 $J^G(q_n)$ 表示给定 q_n 下损失函数的期望，即：

$$J^G(q_n):=\mathbb{E}_{d\sim p_\theta(d|q_n)}[\log(1+\exp(f_\phi(q_n,d)))].\tag{13.25}$$

我们暂不用蒙特卡洛采样（即采样样本之和的形式）去近似期望，而是直接对期望求梯度

$$\nabla_\theta J^G(q_n)=\mathbb{E}_{d\sim p_\theta(d|q_n)}[\log(1+\exp(f_\phi(q_n,d)))\nabla_\theta\log p_\theta(d\mid q_n)].\tag{13.26}$$

梯度仍是期望的形式，是对数概率函数 $\log\ p_\theta(d|q_n)$ 对 θ 的梯度带上权重$\log(1+\exp(f_\phi(q_n,d)))$的期望，我们再用蒙特卡洛采样去近似它：

$$\nabla_\theta J^G(q_n)\approx\frac{1}{K}\sum_{k=1}^{K}\log(1+\exp(f_\phi(q_n,d_k)))\nabla_\theta\log p_\theta(d_k\mid q_n).\tag{13.27}$$

其中 K 为采样个数。此时，我们就能估计目标函数对生成器参数 θ 的梯

度，因为梯度求解建立在对概率分布函数 $p_\theta(d_k|q_n)$（强化学习中称策略函数）求梯度的基础上，所以称为策略梯度。

欲得到策略梯度，我们必须显式表达 $p_\theta(d_k|q_n)$，这与原 GANs 的生成器不同。原 GANs 不需要显式给出概率分布函数的表达式，而是使用了重参数化技巧，通过对噪音信号的变换直接给出样本，好处是让生成过程变得简单，坏处是得不到概率表达式，不适于这里的生成器。这里直接输出的不是离散样本，而是每个离散样本的概率。一方面，生成器的输入端不需要引入噪音信号，我们不想让概率分布函数也变成随机变量；另一方面，生成器的输出端需要增加抽样操作，依据所得概率分布生成 K 个样本。如果用神经网络对生成器建模，那么最后一层应是 Softmax 层，才能得到离散样本概率分布。在判别器的构建中，输入的是离散样本的 n 维向量表示，如一个文档向量每维可以是一些诸如 BM25，TF-IDF，PageRank 的统计值，其余部分参照原 GANs 的做法。

最后，训练过程与原 GANs 的步骤一样，遵循一个 MiniMax 的优化框架，对生成器和判别器交替优化。优化生成器阶段，先产生 K 个样本，采用策略梯度对生成模型参数进行多步更新；优化判别器阶段，也要先产生 K 个样本，作为负样本与真实数据的样本共同训练判别器。理论上，优化过程会收敛到一个纳什均衡点，此时生成器完美地拟合了真实数据的 Query-Document 相关性分布 $p_{\text{true}}(d|q_n)$，这个生成模型被称为生成式检索模型（Generative Retrieval Models），对应于有监督的判别式检索模型（Discriminative Retrieval Models）。

SeqGAN：生成文本序列

场景描述

我们已探讨了用 GANs 生成离散数据。在有限点构成的离散空间中，每个样本是一个最小且不可分的点，不考虑点内部构造。因此，上节 IRGAN 模型中“生成”二字的含义，是从一群点中挑出一些点，是全集生成子集的过程。信息检索的生成模型，在给定查询词后，从文档集中找出最相关的文档，一个文档就是一个最小单位的点，至于文档用了哪些词，它并不关心。

很多时候，我们想得到更多细节，比如：写出一篇文章、一段话或一句话，不只是从文档集中选出文章。一个是“选”的任务，一个是“写”的任务，二者差别很大。以句子为例，选句子是把句子看成一个点，写句子是把句子看成一个个字。假设你手里有一本《英语 900 句》，你把它背得滚瓜烂熟。当让你“活用 900 句”时，是指针对特定场景，从 900 句中挑选最恰当的一句话；当让你“模仿 900 句造句”时，是指不拘泥于书中原句，可替换名词动词、改变时态等，造出书中没有的句子，此时你不能将句子看成点，不能死记硬背，需开启创造性思维，切入句子结构来选词造句。生成一句话的过程，是生成文字序列的过程，序列中每个字是最小的基本单位。也就是说，句子是离散的，词也是离散的，生成器要做的不是“选”句子，而是“选”词“写”句子。

2017 年一个名为 SeqGAN 的模型被提出[43]，用来解决 GANs 框架下生成文本序列的问题，进一步拓展 GANs 的适用范围。该文章借鉴了强化学习理论中的策略和动作值函数，将生成文字序列的过程看成一系列选词的决策过程，GANs 的判别器在决策完毕时为产生的文字序列打分，作为影响决策的奖励[44]。

知识点

循环神经网络，LSTM/GRU，语言模型（Language Model），奖励 / 长期奖励，策略梯度，动作值函数

问题1 如何构建生成器，生成文字组成的序列来表示句子？

难度：★★☆☆☆

分析与解答

假定生成器产生一个定长（记 T）的句子，即文字序列 $Y_{1:T}=(y_1,y_2,\ldots,y_T)$，$y_i\in\mathcal{Y}$，其中 y_i 表示一个词，$\mathcal{Y}$ 表示词库。一般地，序列建模采用 RNN 框架（见图 13.18），具体单元可以是 LSTM 或 GRU，甚至带上注意力机制。

$$h_t=g(h_{t-1},x_t)\,, \tag{13.28}$$

$$p(\bullet\mid x_1,\ldots,x_t)=z_t(h_t)=\text{Softmax}(Wh_t+c)\,, \tag{13.29}$$

$$y_t\sim p(\bullet\mid x_1,\ldots,x_t)\,. \tag{13.30}$$

上面式子刻画了 RNN 的第 t 步，h_{t-1} 表示前一步的隐状态，x_t 采用前一步生成词 y_{t-1} 的表示向量，x_t 和 h_{t-1} 共同作为 g 的输入，计算当前步的隐状态 h_t。如果 g 是一个 LSTM 单元，隐状态要包含一个用作记忆的状态。隐状态 h_t 是一个 d 维向量，经线性变换成为一个 $|Y|$ 维向量，再经过一个 Softmax 层，计算出选择词的概率分布 z_t，并采样一个词 y_t。概率分布 z_t 是一个条件概率 $p(y_t\mid x_1,\ldots,x_t)$，因为 x_t 为词 y_{t-1} 的表示向量，x_1 作为一个空字符或 RNN 头输入暂忽略，所以条件概率写成 $p(y_t\mid y_1,\ldots,y_{t-1})$，进而生成文字序列 $Y_{1:T}$ 的概率为：

$$p(Y_{1:T})=p(y_1,y_2,\ldots,y_T)=p(y_1)p(y_2\mid y_1)\ldots p(y_T\mid y_1,\ldots,y_{T-1})\,. \tag{13.31}$$

实际上，RNN 每个单元的输出就是联合概率分解后的各个条件概率，根据每个条件概率挑选一个词，依次进行，最终得到一个长度为 T 的句子。

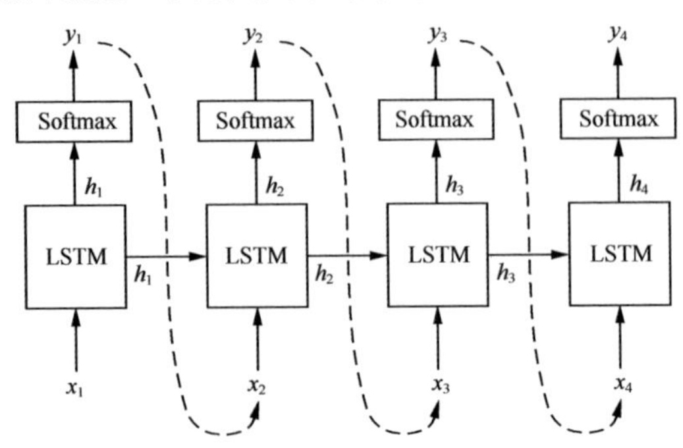

图 13.18 序列建模 LSTM 框架

问题 2 训练序列生成器的优化目标通常是什么？GANs 框架下有何不同？

难度：★★★★★

分析与解答

GANs 框架下有一个生成器 G_θ 和一个判别器 D_ϕ。对于本问题，生成器的目标是生成文字序列，高度地模仿真实句子；判别器的目标是区分哪些是生成器给的句子，哪些是真实数据集中挑的句子。通俗地讲，就是机器模仿人造句，一方面要让模仿尽可能像，一方面要辨认哪些是机器说的、哪些是人说的。前者工作由生成器负责，后者工作则交给判别器，生成器的工作成果要受到判别器的评判。判别器的优化目标为：

$$\max_{\phi} \mathbb{E}_{Y\sim p_{\text{data}}}[\log D_\phi(Y)] + \mathbb{E}_{Y\sim G_\theta}[\log[1-D_\phi(Y)]], \tag{13.32}$$

这和原 GANs 中判别器的优化目标一样。

如果没有 GANs，生成器是一个普通的序列生成器，通常会采取什么样的优化目标来训练它？熟悉语言模型的人，会想到最大似然估计，即：

$$\max_{\theta} \sum_{i=1}^{n} \log p(Y_{1:T}^{(i)};\theta) . \tag{13.33}$$

这需要有一份真实数据集，$Y_{1:T}^{(i)}=(y_1^{(i)},y_2^{(i)},\ldots,y_T^{(i)})$表示数据集中第 i 个句子，生成器要最大化生成它们的总概率。从数据集到句子，可假设句子独立同分布，但是从句子到词，词与词在一句话内有强依赖性，不能假定它们相互独立，必须依链式法则做概率分解，最终得到：

$$\max_{\theta} \sum_{i=1}^{n} \log p(y_1^{(i)};\theta)+\ldots+\log p(y_T^{(i)}|y_1^{(i)},\ldots,y_{T-1}^{(i)};\theta) , \tag{13.34}$$

转变为最大化一个个对数条件概率之和。

GANs 框架下，生成器的优化目标不再是一个可拆解的联合概率，在与判别器的博弈中，以假乱真欺骗判别器才是生成器的目标。判别器的评判针对一个完整句子，生成器欲知判别器的打分，必须送上整句话，不能在生成一半时就拿到判别器打分，故不能像最大似然估计那样拆解目标式，转为每个词的优化。而且，训练生成器时，也要训练判别器，对二者的训练交替进行。固定判别器，生成器的优化目标为：

$$\min_{\theta} \mathbb{E}_{Y\sim G_\theta}[\log(1-D_\phi(Y))]. \tag{13.35}$$

表面上看，这与原 GANs 中生成器的优化目标一样，问题在于生成器输出的是离散样本，一个由离散词组成的离散句子，不像原 GANs 中生成图片，每个像素都是一个连续值。原 GANs 用重参数化技巧构造生成器，直接对采样过程建模，不去显性刻画样本概率分布。

上一节的 IRGAN，生成器生成文档序号 d 这类离散数据，不能用原 GANs 的重参数化技巧。离散数据的特性，让我们无法求解目标函数对 d、d 对生成器参数 θ 的梯度。而且，期望$\mathbb{E}_{d\sim G_\theta}$的下脚标里包含参数 θ，需对期望求梯度$\nabla_\theta \mathbb{E}_{d\sim G_\theta}[\bullet]$，不得不显式写出概率函数$p(d\mid q;\theta)$。

在 SeqGAN 中，生成器生成的文本序列更离散，序列每个元素都是离散的，如图 13.19 所示。联想强化学习理论，可把生成序列的过程看成是一连串动作，每步动作是挑选一个词，即动作 $a_t=y_t$，每步状态为已挑选词组成的序列前缀，即状态$s_t=(y_1,\ldots,y_{t-1})$，最后一步动作后得到整个序列$(y_1,y_2,\ldots,y_T)$。接着，判别器收到一个完整句子，判断是真是假并打分，这个分数就是生成器的奖励。训练生成器就是要最大化奖励期望，优化目标为：

$$\max_{\theta} \mathbb{E}_{Y_{1:T}\sim G_\theta}[-\log(1-D_\phi(Y_{1:T}))], \tag{13.36}$$

或梯度增强版的

$$\max_{\theta} \mathbb{E}_{Y_{1:T}\sim G_\theta}[\log D_\phi(Y_{1:T})], \tag{13.37}$$

其中$\log D_\phi(Y_{1:T})$就是生成器的奖励。

强化学习里有两个重要概念，策略和动作值函数。前者记$G_\theta(a\mid s)=p(a\mid s;\theta)$，表示状态 s 下选择动作 a 的概率，体现模型根据状态做决策的能力；后者记 $Q^\theta(s,a)$，表示状态 s 下做动作 a 后，根据策略 G_θ 完成后续动作获得的总奖励期望。结合本例，前 $T-1$ 个词已选的状态下选第 T 个词的 $Q^\theta(s,a)$ 为：

$$Q^\theta(s=Y_{1:T-1},a=y_T)=\log D_\phi(Y_{1:T}). \tag{13.38}$$

总奖励期望为：

$$\mathbb{E}_{Y_{1:T}\sim G_\theta}[Q^\theta(Y_{1:T-1},y_T)]=\sum_{y_1}G_\theta(y_1\mid s_0)\ldots\sum_{y_T}G_\theta(y_T\mid Y_{1:T-1})Q^\theta(Y_{1:T-1},y_T). \tag{13.39}$$

上式包含了各序列前缀的状态下策略，以及一个最终的奖励。如果对此式做优化，序列每增加一个长度，计算复杂度将呈指数上升。我们不这么干，利用前后状态下动作值函数的递归关系：

$$Q^{\theta}(Y_{1:t-1}, y_t) = \sum_{y_{t+1}} G_{\theta}(y_{t+1} \mid Y_{1:T}) Q^{\theta}(Y_{1:t}, y_{t+1}) . \tag{13.40}$$

将序列末端的$Q^{\theta}(Y_{1:T-1}, y_T)$转换为序列初端的$Q^{\theta}(s_0, y_1)$，得到一个简化的生成器优化目标：

$$J(\theta) = \sum_{y_1 \in \mathcal{Y}} G_{\theta}(y_1 \mid s_0) Q^{\theta}(s_0, y_1) . \tag{13.41}$$

该优化目标的含义是，在起始状态 s_0 下根据策略选择第一个词 y_1，并在之后依旧根据这个策略选词，总体可得奖励的期望。此时序列末端的奖励成了序列初端的长期奖励。

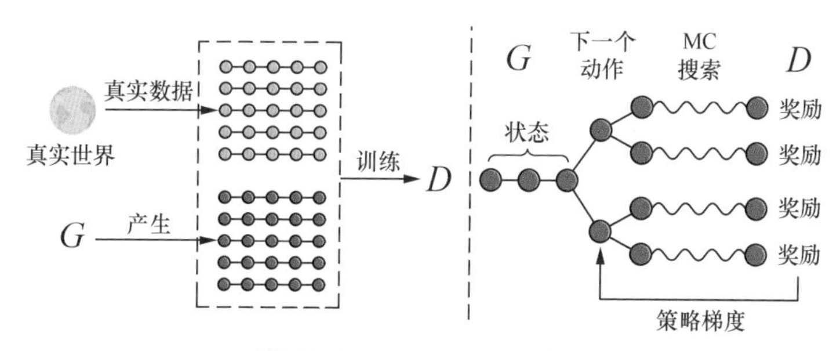

图 13.19　SeqGAN 示意图

问题 3　有了生成器的优化目标，怎样求解它对生成器参数的梯度？

难度：★★★★★

分析与解答

我们已有目标函数 $J(\theta)$，现在对它求梯度$\nabla_{\theta} J(\theta)$。此优化目标是一个求和，里面包含两项：策略 G_{θ} 和动作值函数 Q^{θ}，它们都含参数 θ，根据求导法则$(u(x)v(x))' = u'(x)v(x) + u(x)v(x)'$，免不了求$\nabla_{\theta} G_{\theta}(y_1 \mid s_0)$和$\nabla_{\theta} Q^{\theta}(s_0, y_1)$。与 IRGAN 不同，IRGAN 中也有两项：策略和即时奖励，

但它没有长期奖励，不用计算动作值函数，而且即时奖励不依赖于策略，也就与参数 θ 无关，只需求策略对 θ 的梯度。但是在 SeqGAN 里，策略对 θ 的梯度和动作值函数对 θ 的梯度都要求。这里$G_\theta(y_1 | s_0)$是一个概率函数，计算$\nabla_\theta G_\theta(y_1 | s_0)$不难，但是$Q^\theta(s_0, y_1)$呢？如何计算$\nabla_\theta Q^\theta(s_0, y_1)$?

这确实是一个不小的挑战。前面已给出 Q^θ 的递归公式：

$$Q^\theta(Y_{1:t-1}, y_t) = \sum_{y_{t+1}} G_\theta(y_{t+1} | Y_{1:T}) Q^\theta(Y_{1:t}, y_{t+1}) . \tag{13.42}$$

现在我们推导$\nabla_\theta J(\theta)$：

$$\begin{aligned}\nabla_\theta J(\theta) &= \sum_{y_1 \in \mathcal{Y}} (\nabla_\theta G_\theta(y_1 | s_0) \cdot Q^\theta(s_0, y_1) + G_\theta(y_1 | s_0) \cdot \nabla_\theta Q^\theta(s_0, y_1)) \\ &= \sum_{y_1 \in \mathcal{Y}} \left(\nabla_\theta G_\theta(y_1 | s_0) \cdot Q^\theta(s_0, y_1) + G_\theta(y_1 | s_0) \cdot \nabla_\theta \left(\sum_{y_2 \in \mathcal{Y}} G_\theta(y_2 | Y_{1:1}) Q^\theta(Y_{1:1}, y_2) \right) \right).\end{aligned} \tag{13.43}$$

像上面，依次用后面的动作值$Q^\theta(Y_{1:t}, y_{t+1})$替换前面的动作值$Q^\theta(Y_{1:t-1}, y_t)$，最终可得：

$$\nabla_\theta J(\theta) = \sum_{t=1}^{T} \mathbb{E}_{Y_{1:t-1} \sim G_\theta} \left[\sum_{y_t \in \mathcal{Y}} \nabla_\theta G_\theta(y_t | Y_{1:t-1}) \cdot Q^\theta(Y_{1:t-1}, y_t) \right], \tag{13.44}$$

其中记$Y_{1:0} \coloneqq s_0$。

第14章

人工智能的热门应用

随着机器学习的日趋火热，“人工智能”一词似乎占尽了世人的眼球——AlphaGo一鸣惊人，自动驾驶走进生活、智能机器人逐渐成为居家标配。人工智能已经悄悄来到我们的身边，与生活中的一切产生密不可分的联系。

前13章通过一系列面试题理清了人工智能领域的知识脉络，涵盖了机器学习领域众多基本算法和模型，不仅是踏入人工智能大门、成为优秀数据工程师的基础，更可以将统计理论、数学模型学以致用，去探寻人工智能时代数据海洋中的规律与本源。只有深入透彻地了解各种机器学习方法、理论体系、实践技巧以及适用场景，才能在实际问题中因地制宜，量体裁衣，选择合适的解决方案。

“天下之事，闻者不如见者知之为详，见者不如居者知之为尽”。本章将着重实践算法、模型、理论于真实世界的广袤天地，涵盖广告、游戏、自动驾驶、机器翻译、人机交互等诸多领域，为读者揭开触手可及的人工智能那层神秘的面纱。

01 计算广告

广告是当今互联网商业变现最重要的模式之一。数字广告是大部分互联网巨头最主要的现金流。根据 Google 母公司 Alphabet 2017 年第一季度的财报，广告总营收 214.11 亿美元，占其总营收的 86.5%。Facebook 的广告收入占比更加夸张，达到惊人的 98%，可以说 Facebook 就是一家不折不扣的广告公司。除此之外，百度、阿里巴巴、腾讯的广告部门也均是各公司的核心部门。阿里妈妈、腾讯广点通、百度凤巢的广告部门，无论是招聘门槛还是内部重视程度都很高。

从权威媒体机构 Zenith 2017 年发布的《全球 30 大媒体主》排名来看（见图 14.1），互联网公司更是占据了半壁江山。除了 Alphabet 和 Facebook 雄霸前两位外，百度排第 4 名，腾讯排第 14 名。传统媒体中排名最高的是康卡斯特（Comcast）媒体集团，屈居第三位。排名第 20 位的 CCTV 也成为了中国排名最高的传统媒体主。

排名	媒体主	排名	媒体主
1	Alphabet	16	Advance Publications
2	Facebook	17	JCDecaux
3	Comcast	18	News Corporation
4	Baidu	19	Grupo Globo
5	The Walt Disney Company	20	CCTV
6	21st Century Fox	21	Verizon
7	CBS Corporation	22	Mediaset
8	iHeartMedia Inc.	23	Discovery Communications
9	Microsoft	24	TEGNA
10	Bertelsmann	25	ITV
11	Viacom	26	ProSiebenSat.1 Group
12	Time Warner	27	Sinclair Broadcasting Group
13	Yahoo	28	Axel Springer
14	Tencent	29	Scripps Networks Interactive
15	Hearst	30	Twitter

图 14.1　全球广告收入最高的 30 大媒体

数字广告的发展史还要追溯到 1995 年。当时，以雅虎为代表的门户网站把网页当作线上杂志进行售卖，并按照约定的形式进行投放。那时，数字广告与传统媒体的广告售卖方式非常相似，只是把内容从线下搬到了线上。从 1998 年开始，以谷歌为代表的搜索引擎引领了潮流。与门户网站有所不同，搜索引擎的商业变现采用的是与搜索服务相结合的付费搜索模式，即根据用户的即时兴趣（搜索关键词）定向投送广告。这种广告一般采用竞价的方式进行售卖，广告主可以根据用户的实时兴趣对广告投放效果进行优化，因而与门户网站相比，广告的投放效果具有精准度更高的特点。2005 年以后，在线视频业务的流量不断攀升，代表网站有 YouTube、Hulu 等，由于其广告投放模式与传统电视广告类似，不断蚕食着传统电视广告的市场。

互联网广告模式之所以得到各大广告商的青睐，有以下几点原因。首先，用户花在互联网上的时间越来越多，广告主为了抓住年轻的一代用户，必须加大互联网广告的投入；其次，在线广告的投放门槛很低，在 Google 只需 100 美元自助开户后就可以进行广告投放；同时，广告投放容易实现个性化，并经由 A/B 测试进行量化的评测和优化。随着互联网广告在商业上的蓬勃发展，其背后的算法模型研究也受到越来越多的关注。2008 年，在第十九届 ACM-SIAM 学术讨论会上，雅虎研究院资深研究员 Andrei Broder 提出了计算广告学（Computational Advertising）的概念。他认为，计算广告学是一门由信息科学、统计学、计算机科学以及微观经济学等学科交叉融合的新兴分支学科，其研究目标是实现语境、广告和受众三者的最佳匹配。

在介绍计算广告的常用算法模型之前，先对互联网广告的主要产品类型和商业模式进行介绍。这里按照互联网广告的商业模型，将其分为合约广告、竞价广告、程序化交易广告等类型。

合约广告一般在门户网站和视频网站中较为常见，例如，Hulu 广告收入的绝大部分来自于合约广告。这是由于用户与视频广告的交互较少，缺乏点击等反馈数据，不宜直接评估后续的转化效果。合约广告的客户通常是品牌类广告主，它们的主要诉求是向公众宣传自己的品牌形象，并不显式地评估后续的转化效果。合约广告一般以 CPM（Cost per mille，千次曝光成本）进行结算，即每完成一千次曝光流量平台向广告主收取固定的成本。图 14.2（a）在 Hulu 网站上观看美剧《实习医生格蕾》（*Grey's Anatomy*）时，浏览器展示的视频广告截图。

竞价广告最重要的形式是搜索广告。搜索广告的标的物是关键词，每个搜索广告可以对一些特定的关键词进行出价。用户输入的查询与广告竞标的关键词进行匹配，检索出所有符合条件的广告，并选择其中的一条或几条广告与搜索的网页结果一起展示，通常广告排在网页之前。搜索广告一般按点击结算，在用户点击之后按照广告主对该关键词的出价收费，没有点击则不收费，因此点击率预估算法对竞价广告的优化至关重要。图 14.2（b）展示了在百度中搜索“深度学习”时返回的搜索结果页面，其中第一条即竞价系统所选择的广告，在下方有“广告”字样。

程序化交易广告能够让广告主更加灵活地选择自己的受众群体和曝光时机。在每一次展示机会到来之时，广告交易平台将流量的相关信息和竞价请求发送给需求方平台（Demand Side Platform，DSP），需求方平台根据流量的实际情况代表广告主进行出价，价高者得到本次的曝光机会。程序化交易广告通常以 CPA（Cost Per Action，每次行动成本）的方式进行结算，因此需要综合考虑广告预估的点击率、转化率等因素。图 14.2（c）为在 CSDN 的某个博客页面上，京东赢得一次实时竞价机会而展示的一个商品广告。

（a）合约广告　　（b）竞价广告　　（c）程序化交易广告

图 14.2　常见的广告类型

不同类型的广告在广告系统设计上有所区别，比如合约广告一般不需要考虑广告的实际效果，所以没有 CTR 模块；程序化交易广告需要对接广告交易平台等第三方信息，所以需要更多的数据对接模块。但总体来说，广告系统的整体架构是通用的。图 14.3 是一个简化的广告系统框架，主要展示了与算法相关的模块，而对其他系统模块有所省略。系统由分布式计算平台、流式计算平台和广告投放机三大部分组成。分布式计算平台负责根据海量的投放日志进行批处理计算，得到算法分析和建模的结果，例如用户画像、点击率 / 转化率建模等算法都是在分布式计算平台上运行的，并将得到的用户标签、模型特征和参数等数据更新至数据库中。流式计算平台负责收集和计算有实时需求的用户标签、特征、点击反馈等数据，并将它们实时地同步到数据库中去。当一个请求到来时，广告投放机根据请求对应的用户、上下文等信息以及数据库当前的状态进行广告检索、排序和选择。一次广告投放完成之后，相关的记录将被流式计算平台及时地获取并处理，同时它们也被收集到投放日志中，供分布式计算平台稍后使用。

广告系统的各个算法模块，不仅与 Spark、HDFS、Kafka 等大数据工具息息相关，更涉及大量机器学习的知识。如果要成为广告算法工程师，在打牢算法基础的同时，还需要对广告的商业模型，各模块的业务功能有较深的了解。下面就对广告系统各个模块涉及的算法和机器学习知识进行逐一介绍。

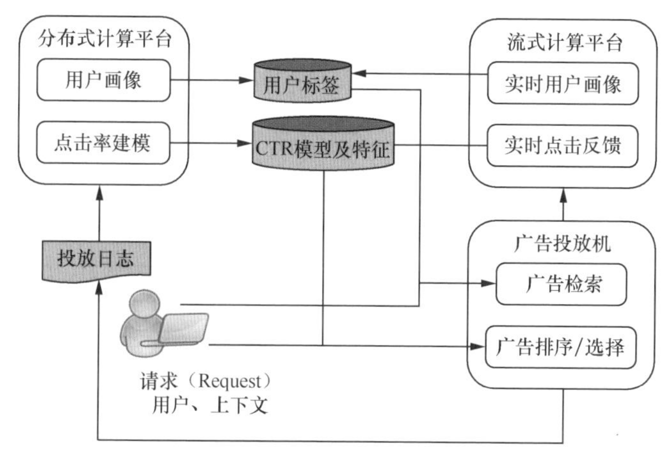

图 14.3 广告系统架构图

用户画像

用户画像是计算广告学的核心组成部分之一，在合约广告、搜索广告、程序化交易广告等产品形式中广泛存在。在合约广告中，广告主可以根据自身品牌的受众群体指定合适的定向条件，以节省成本；搜索广告和程序化交易广告可以根据用户的画像对该用户对各广告的点击率和转化率进行更精确的预估，从而优化整体的投放效果。

监督学习和非监督学习技术在用户画像中都得到了广泛的应用。例如，性别预测问题就是一个典型的监督学习问题。我们根据用户填写的性别信息可以得到一些用户的性别，而对于另外一些用户我们无法得知他们的准确性别，但是有些广告主要求针对特定的性别进行品牌推广。例如，一个主要经营男装的广告主可能需要对广告的受众定向设为男性。为了满足广告主的类似需求，我们需要通过用户过去的行为和其他已有特征对用户性别进行建模和预测，比如通过某个用户经常观看足球、拳击等项目的历史行为，预测出他是男性的概率更高，对于其他的用户标签也是类似的。只要我们有了足够多的标注样本，都可以用监督学习的方式对用户标签进行建模和预测。

监督学习的模型可以采用逻辑回归、支持向量机、决策树、随机森林、梯度提升决策树、前向神经网络等，采用的特征因具体的业务而异。例如，在搜索引擎中，可以根据用户的搜索和浏览历史来对用户的性别进行预测，从而实现更精准的搜索广告投放。参考文献 [45] 利用一个大型网站的历史访问数据进行实验，输入的特征为该用户搜索和浏览过的历史网页文本，其中的每个词作为单独的一维特征，最终分类器学习到的较为显著的文本特征如图 14.4 所示。可以发现，在预测女性时，较为重要的特征是孩子、食物、家庭等；而对于男性来说，较为显著的特征是体育、车、因特网等。所以，对特征的学习结果还是比较符合直觉的。

女性	男性
download	sports
love	money
kids	car
food	search
movies	chat
baby	photo
music	news
life	software
animals	internet
family	girls

图 14.4　男性和女性的文本特征

另外一大类用户画像方法是采用非监督学习。非监督学习的目的是发现数据本身存在的规律，并不需要使用带标注的数据。根据用户以往的行为和已有的特征，我们可以将用户聚为一些特定的类别。对于每一类用户，虽然很难描述他们所对应的确切标签，但是可以知道他们拥有很高的相似度，并据此预期他们对广告具有某种相似的兴趣。这样，通过应用聚类技术，并将得到的聚类结果用于点击率预估、广告排序与选择，通常能够带来明显的效果提升。常用的聚类方法有 K 均值、高斯混合模型、主题模型等，它们都属于非监督学习的范畴。

参考文献 [46] 是一个用非监督学习的方法挖掘用户兴趣主题的例子。该论文结合了用户在移动端的搜索内容和上下文特征（时间、地点等），利用主题模型对用户的行为数据进行建模。图 14.5 展示了两个挖掘出来的主题实例，其中左边的主题可以理解为在工作日的早晨搜索股票的相关信息；右边的主题可以理解为在周末的晚上搜索聚会的酒吧；IsRelevant 表示该特征的取值与我们对主题的解读是否相关，这是一种人工的判断。可以发现，绝大多数的特征都是与主题相关的，说明主题挖掘的效果较好。

Text Information	IsRelevant	Text Information	IsRelevant
f stock	Yes	cocktail lounges	Yes
ewbc stock	Yes	sports bars	Yes
culos de caseras	Yes	night clubs	Yes
caty stock	Yes	restaurants	No
twitter search	No	carnivals	Yes
coh stock	Yes	amusement places	Yes
cellufun	No	fairgrounds	Yes
games	No	taverns	Yes
monster tits	No	norwalk amc	No
dis stock	Yes	barbecue restaurants	No
Context Information	**IsRelevant**	**Context Information**	**IsRelevant**
WorkdayOrWeekend=Workday	Yes	Period=Evening	Yes
PlaceType=Home	Yes	WorkdayOrWeekend=Weekend	Yes
Day=Wendensday	Yes	Day=Saturday	Yes
Period=Morning	Yes	Day=Tuesday	No
Period=Early_Morning	Yes	PlaceType=Other	Yes
Day=Tuesday	Yes	SurroundingType=Food & Dining	Yes
SurroundingType=None	No	Period=Afternoon	Yes
Time= $07:00 \sim 08:00$	Yes	Time= $17:00 \sim 18:00$	Yes
Time= $06:00 \sim 07:00$	Yes	Time= $19:00 \sim 20:00$	Yes
CityName=Glendale	No	Time= $18:00 \sim 19:00$	Yes

图 14.5　非监督学习挖掘用户兴趣主题

点击率预估

点击率预估是效果类广告中最重要的算法模块之一。为了优化广告效果，首先要对广告展示之后的效果（即点击率、转化率等）有一个准确的判断，才能据此进行合理的选择与投放。在搜索广告中，一般通过广告的点击数量进行效果的评估和结算，因此点击率预估的准确性在效果优化中起到非常关键的作用。如果最终评估效果的指标是转化，那么还需要同时对点击之后的转化率进行估计。在很多场景中，实际的转化数据非常稀少，很难直接利用转化数据对模型进行训练，所以经常退而求其次，对二次跳转、加入购物车等行为进行建模。对转化、二次跳转、加入购物车等行为进行建模的原理与点击率预估十分类似，因此仅以点击率预估为例对算法流程以及常用模型进行介绍。

点击率预估可以抽象成为一个二分类问题。它所解决的问题是：给定一个请求以及与该请求所匹配的广告，预测广告展示之后获得点击的概率。标注可以从实际的投放数据中获得，在历史的投放结果中，获得了点击的记录标注为 1，其余标注为 0。图 14.6 为点击率预估模型中的一条训练 / 测试数据记录的示意 [47]。左边的方框中列出了这条数据记录对应的特征，包括与用户（User tags）、上下文（Date，City，Ad exchange，Domain，...）、广告主（Ad Id）、创意（Ad size）等相关的特征。在训练记录中，如果这条记录最终发生了点击，则记录为 1，否则记录为 0；在预测时，我们需要预测这条记录发生点击的概率，即 CTR（Click-Through Rate）。

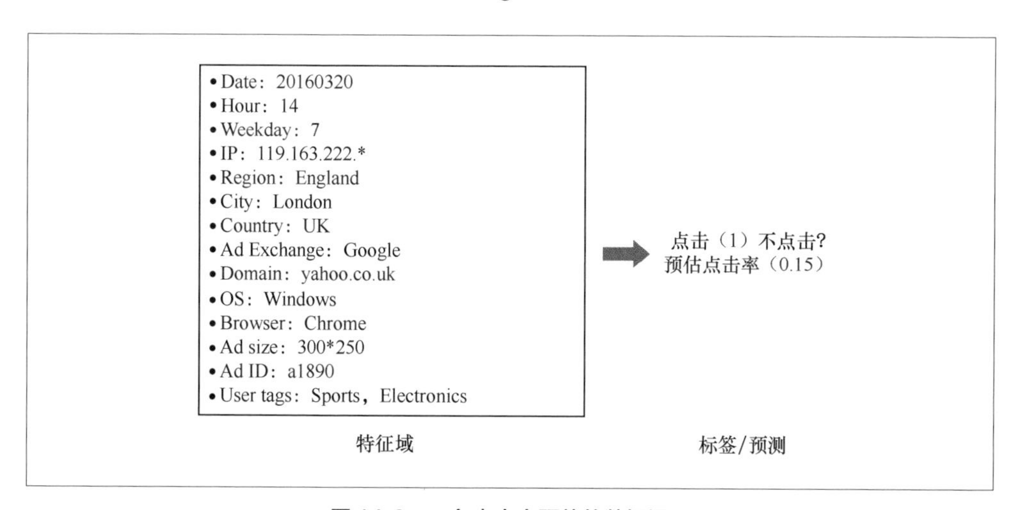

图 14.6　一条点击率预估的数据记录

点击率预估的公开数据集可以参见 2014 年 Criteo（全球领先的 DSP 公司）在 Kaggle 上发起的 CTR 预估竞赛。训练集是连续 7 天的 Criteo 广告展示数据，里面包含点击和非点击数据，总共 4000+ 万条，其中对负样本进行了不同采样率的采样；测试集是紧接着训练集之后一天的广告展示数据，总共 600+ 万条，采样方式和训练集一致。

点击率预估主要分为样本采样、特征抽取与组合、模型训练、模型评估等步骤，下面分别进行介绍。

- **样本采样**

在点击率预估时，通常要对负样本进行采样，这是因为在点击率预估的二分类问题中，点击数通常要远远小于总曝光数（PC 端展示广告的点击率一般在 0.1% ~ 1% 之间），这将导致正负样本严重不均衡。如果点击率为 0.1%，那么简单地将所有样本都预测为负样本，分类器的准确率也可以达到 99.9%，这在一些分类器和训练算法中会存在问题。更重要的是，一条负样本所包含的信息相比于正样本来说较少，如果我们能够对负样本进行采样，就可以减少训练时间，或者能够在同样的训练时间中处理更多的正样本，从而在训练时间不变的条件下取得更好的效果。需要指出的是，样本在采样之后会改变数据的分布，因此在预估点击率时还需要将原始分布还原。

- **特征抽取与组合**

抽取与用户、上下文、广告主、创意等相关的各维特征，并对这些特征进行组合。这一步听起来是一个比较简单的过程，但是实际上非常重要，里面包含着各种学问。尤其是在传统的机器学习模型中，特征工程的好坏将对模型的效果产生决定性的影响，并花了算法工程师大部分的时间。在点击率预估中，捕捉特征之间的交互非常重要，由于一些特征表达了广告的性质，另一些特征表达了用户的兴趣，因此需要学习到两类特征的交互，才能更加准确地对点击率进行估计。传统的机器学习模型无法直接捕捉到两类特征之间的交互，因此需要显式地进行特征交叉，即将任意两个特征组合起来作为一维新的特征。这样做可能会遇到维度爆炸的问题，由于我们并不知道哪些特征的交互最好捕捉，因此需要尝试所有可能的特征组合。实践中，经常采用梯度提升决策树和分解机对原始特征进行预处理。在梯度提升决策树中，每一棵决策树的每一条从根到叶子结点的路径可以作为一种显著的特征组合，然后将所有的特征组合作为逻辑回归模型的输入再进行训练（见图 14.7）。这是 Facebook 在 2014 年发表的工作[48]，后来被证明在很多应用场景中都取得了不错的效果。对于分解机来说，每个特征可以被分解成相同空间中的 K 维向量表示，它们的交互强弱可以通过向量的点积表达，因此将特征的向量表示作为逻辑回归模型的输入，可以帮助算法更好地捕捉到特征交互对点击率的影响。NTU CSIE ML Group 在 Criteo 发起的 CTR 预估竞赛中，有团队同时利用梯度提升决策树和分解机进行特征工程，获得了竞赛的第一名。

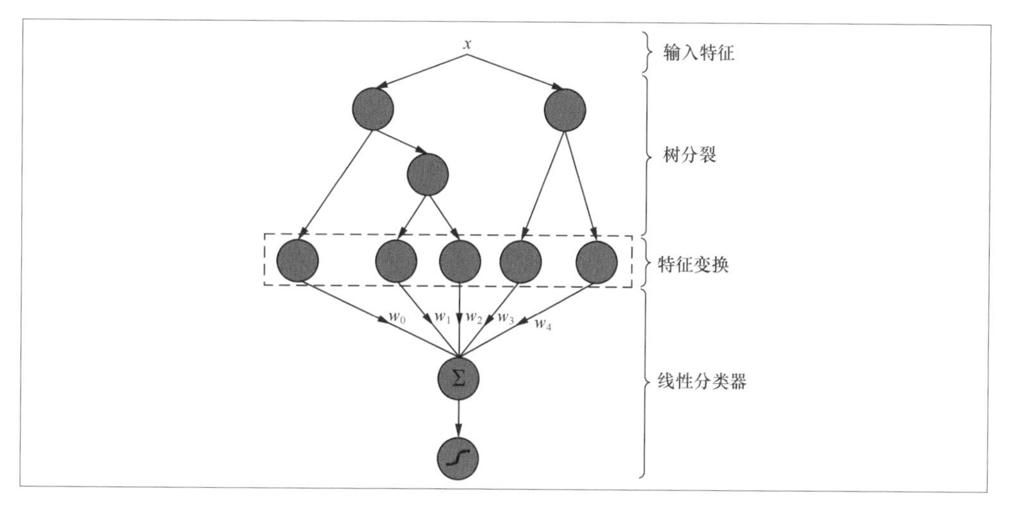

图 14.7　Facebook 的 CTR 预估模型

进入到深度学习时代，深度神经网络为我们提供了一种更加自动地抽取组合特征的方式，可以直接端到端地对点击率进行建模和预测。图 14.8 是一种端到端的深度 CTR 预测模型，其中原始输入为最简单的独热编码，接着通过预训练分解机将输入表示为嵌入的向量，然后通过三个全连接层，最后应用 Sigmoid 激活函数输出点击率的预测结果[49]。

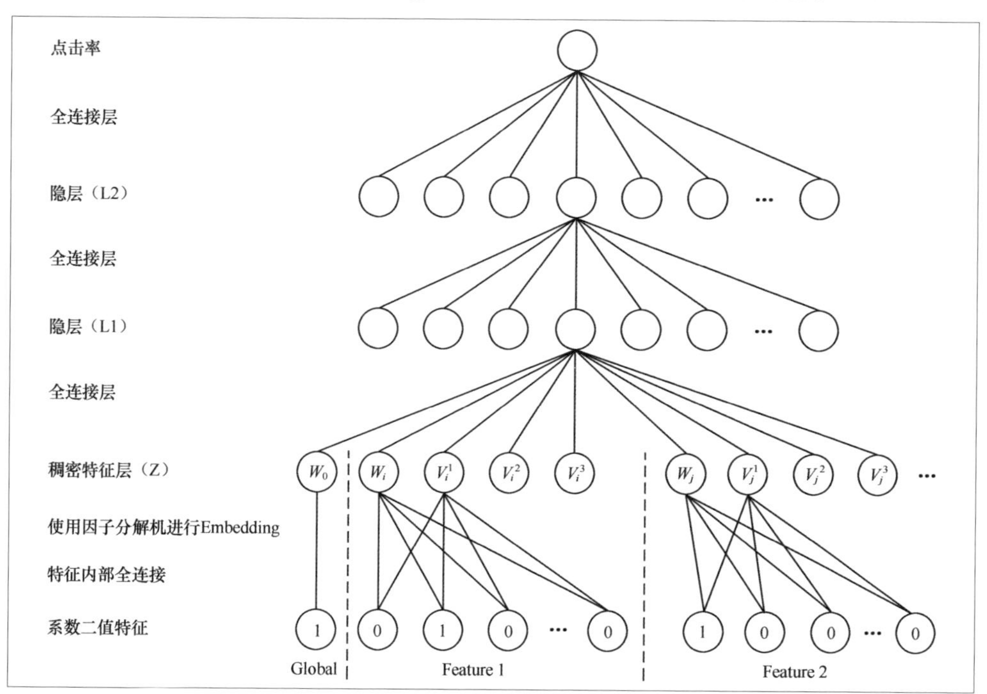

图 14.8　深度 CTR 预估模型

在实际的产品线中，我们可能不方便推翻以前的架构，全部改为利用端到端的深度学习模型对点击率进行建模。这时，将深度学习模型输出的中间结果当作高层语义特征，输入到传统的浅层机器学习模型中，通常也能够取得不错的效果提升。

- **模型训练**

进行完特征抽取与组合，并选择一个合适的模型后，我们就可以对模型进行训练了。模型的训练与调优过程也蕴藏着许多经验与知识。例如，在线上进行实时点击率预估的时候，我们通常希望模型被全部加载到内存中，从而保证服务的响应时间。因此，需要在模型的稀疏性和预测效果之间进行一个折中，对模型的稀疏性有一定的要求。但是，如果采用 L2 范式对模型进行正则化，很难得到完全稀疏的结果，更好的方案是采用 L1 正则。这就要求面试者了解 L1 和 L2 正则化的特点和相关理论。例如，在编写深度神经网络模型对点击率进行建模和训练时，我们需要检验程序计算出的梯度是否正确，这需要对梯度验证技术有所了解。另外，由于深度神经网络模型的假设空间是非凸的，有时在使用随机梯度下降法优化时会陷入局部最优解难以自拔，这时需要对随机梯度下降法失效的原因进行深入分析，并利用改进的方法进行训练。

- **模型评估**

模型训练完成之后，就需要对其效果进行合理的评估了。模型评估主要分为离线评估和在线评估两个阶段。离线评估的任务是设计合理的实验和指标，使得离线评估的结果和将来上线之后的结果尽量吻合。由于单个指标通常只能评估模型的某个方面，我们通常需要采用不同的指标来对模型的效果进行综合评价。以点击率预估为例，离线阶段常用的评估指标有 Log Loss 和 AUC。Log Loss 衡量预测点击率与实际点击率的吻合程度；AUC 评价模型的排序能力，即获得点击的样本应尽量排在未获得点击的样本前面。一方面，我们希望预测的点击率尽可能精准；另一方面，又希望更有可能获得点击的广告被尽可能地排列在前面。所以要求两个指标都得到比较好的结果，至于哪个指标作为主要指标要视具体的业务场景而定。如果一个模型在离线评估阶段取得了好的结果，下一个阶段就是进行线上 A/B 测试了。这一环节在模型正式上线之前至关重要，因为即使一个精心设计的离线实验仍然与线上的环境有所差别。如何设计一个合理的 A/B 测试方案也是一个优秀的广告算法工程师必须掌握的。

广告检索

广告检索阶段的任务是根据查询、受众等定向条件检索出所有满足投放条件的广告。例如，根据查询的模糊匹配，要求将与该查询文本在语义上相近的广告尽可能地召回，供下一阶段广告排序和选择算法使用。这一阶段主要以召回率为评估指标，因为被漏掉的广告在后面就没有机会被展示出来了。解决模糊匹配问题的经典方法是查询扩展[50]。通俗地讲，就是为当前的查询找到一组语义相关的查询，然后至少被其中一个查询检索到的广告都可以加入备选集合。查询扩展本质上是计算两个查询之间的文本相似度，或者求出给定一个查询的条件下生成另一个查询的概率。前者可基于主题模型、Word2Vec 等算法实现，后者可利用深度神经网络等方法进行建模。

广告排序 / 选择

不同的广告业务场景在此步骤中的决策方式是不同的。对于合约广告来说，我们的目标是满足合约中规定的每日曝光数量要求（当曝光数量不足时会受到惩罚），并不涉及点击率预估，因此广告的排序和选择问题可以被建模成带约束的优化问题。图 14.9 是使用优化问题的建模思路，左侧的每一个节点代表一个广告，右侧的每一个节点代表一类曝光机会。我们将流量按照特征划分为若干个分段，每个分段代表了一类曝光机会，每一个合约由于其定向条件的限制，只能在某些分段的流量上进行投放。于是广告的选择可以表达成为一个二部图匹配问题，优化的目标是使得总的投放收入最大化[51]。

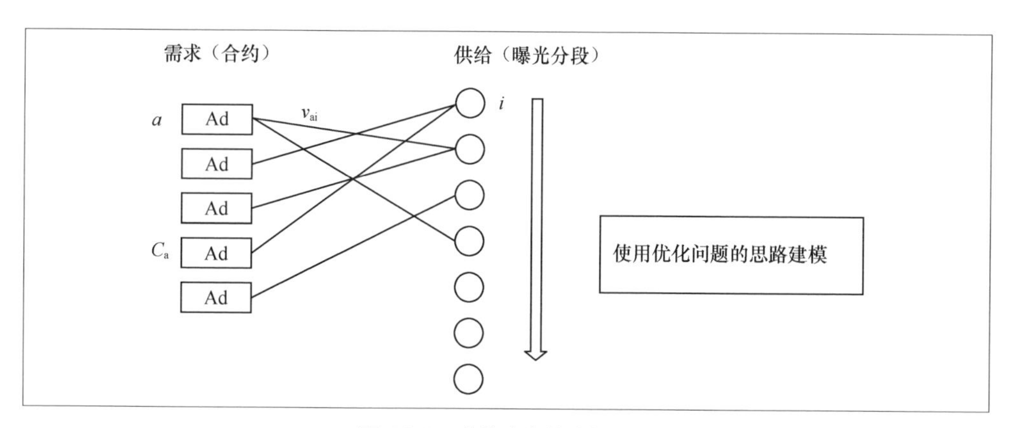

图 14.9 合约广告的选择问题

假设 d_j 为第 j 个合约的总需求量，s_i 为第 i 类曝光机会的供给量，v_j 为第 j 个合约的单次曝光收入（CPM），$x_{ij}\in[0,1]$ 为第 i 类曝光机会到来时，选择第 j 个合约的广告进行展示的概率。目标函数如下，即使得总的投放收入最大化。

$$\max\sum_{i,j}x_{ij}v_j s_i \tag{14.1}$$

另有如下 3 个约束：

$$\forall j, \Sigma_i s_i x_{ij} \geqslant d_j \tag{14.2}$$

$$\forall i, \Sigma_j x_{ij} \leqslant 1 \tag{14.3}$$

$$\forall i, j, x_{ij} \geqslant 0 \tag{14.4}$$

其中式（14.2）规定每个合约规定的总曝光量必须得到满足；式（14.3）表示每类曝光机会选择各个合约的总概率之和应该小于等于 1；式（14.4）表达概率 x_{ij} 的非负性。对上述问题求解即可找到一个最优解，当然在总供给量不够的情况下，上面的问题也可能无解，这时需要在式（14.2）中添加一个变量 u_j，代表合约 j 的欠曝光量（under-delivery），且约束变更为：$\Sigma_i s_i x_{ij}+u_j \geqslant d_j$。与此同时，在目标函数中也需要加入欠曝光量所带来的惩罚，具体的公式参照文献 [51]。

在竞价广告的模式下，广告投放机根据点击率预估的结果对广告进行排序和选择。对于一个新上线的广告，如果没有充分的曝光，是无法对其点击率做出准确预测的。这时如果我们仅采用利用的方案，会倾向于选择其他点击率更高的广告，或给出一个较低的出价。长此以往，该广告很可能丧失足够的曝光机会，我们也永远无法对其点击率进行合理的估计。因此，我们需要对曝光量不足的广告进行探索，但仅仅采用探索的方案显然也是不行的。对于已有足够曝光量的广告，还是应该遵循点击率预估的结果进行排序、选择和出价。探索与利用是一对矛盾的主体，需要在其间找到平衡，才能达到最佳的投放效果，这也是强化学习所重点关注与解决的问题。在强化学习的场景下，一开始我们并没有足够多的带标注样本，需要与环境进行交互（投放广告），通过获得反馈的方式来改进模型，最终获得一个最优的投放策略。在程序化交易的场景中，需求方平台还需要对选定的广告进行出价，如何优化出价也是一个独立的研究课题，在这里就不展开了，有兴趣的读者可以参考文献[52]。

综上所述，计算广告的相关算法几乎包含了本书介绍内容的方方面面。要想成为一个优秀的广告算法工程师，除了熟练掌握业务流程之外，还要为各类算法、理论和方法打好坚实的基础，并在实践中不断掌握算法优化的经验。在面试中，关于理论、方法、实践经验等相关的问题都会涉及，所以也请各位读者能够认真阅读前面的面试题和解答，为以后的工作打下坚实的基础。

游戏中的人工智能

自人类文明诞生起，就有了游戏。游戏是人类最早的集益智与娱乐为一体的活动，传说四千年前就有了围棋。几个世纪以来，人们创造出不计其数的各类游戏，比如象棋、国际象棋、跳棋、扑克、麻将、桌游等。半个多世纪前，电子计算机技术诞生，自此游戏焕发了新貌。1980 年前后，电视游戏（Video Game）和街机游戏（Arcade Game）开始进入人们视线，当时还是一个小众活动。20 世纪 90 年代，你是否还记得风靡街头的游戏机厅，以及走进千家万户的小霸王学习机。然后，个人计算机的普及将游戏带入了一个崭新的时代。当前，电子游戏不限于电脑，手机、平板等各类带屏平台都被游戏一一拿下。2010 年，游戏已是数千亿美元的产业，全球市场利润远超其他娱乐业。

现在，定义游戏的边界不再清晰。周末聚一帮好友吃着串玩狼人杀，是一种游戏；深夜与千里之外素不相识的网友，组织一小队去做任务，也是一种游戏。然而游戏不只有娱乐功能，还可以教孩子学英文、帮新兵熟悉战场环境，游戏营造出的奖励机制和现场体验，让学习过程事半功倍。心理学家认为，人们玩游戏时的娱乐体验，构建在智力活动之上。游戏中层层关卡设计，代表不同级别的智力难度，玩家在过关之前，需要投入一定的脑力，观察、思考、实验、学习并动用过去积累的常识知识。这种对智力逐级考察并及时奖励的过程，是我们产生愉悦感的来源，也是游戏和智能密不可分的联系。

游戏 AI 的历史

早在人工智能处于萌芽期，先驱们就产生用计算机解决一些智力任务的想法。人工智能之父——阿兰・图灵很早就从理论上提出用 MiniMax 算法来下国际象棋的思路[53]。

第一款成功下棋的软件诞生于 1952 年，记录在道格拉斯的博士论文中，玩的是最简单的 Tic-Tac-Toe 游戏（见图 14.10（a））。几年后，约瑟夫塞・缪尔开发出下西洋跳棋（见图 14.10（b））的软件，是第一款应用机器学习算法的程序，现在这个算法被人们称为强化学习。在早期的游戏中，AI 都集中在解决经典棋类游戏的问题上，人们相信人类挑战了几百年甚至上千年的游戏，必定是人类智能的精华所在。然后，三十年的努力，人们在树搜索技术上取得突破。1994 年，乔纳森・斯卡费尔的西洋跳棋程序 Chinook 打败了人类冠军马里恩・汀斯雷[54]；2007 年，他在《科学》杂志宣布“Checkers is solved”（西洋跳棋已被攻克）[55]。

（a）Tic-Tac-Toe 游戏

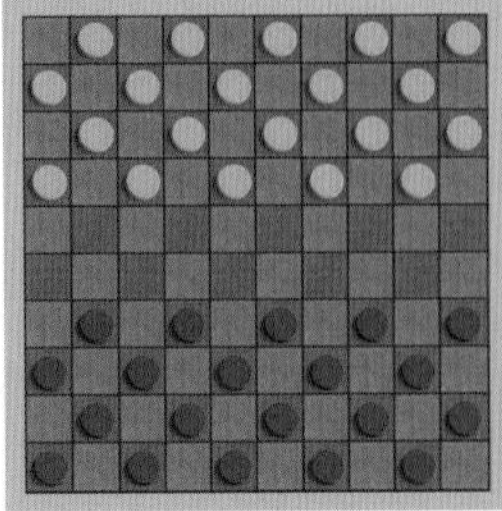

（b）西洋跳棋

（c）西洋双陆棋

图 14.10　各种棋类游戏

长时间以来，国际象棋被公认为 AI 领域的实验用“果蝇”，大量的 AI 新方法被测试于此。直到 1997 年，IBM 的深蓝击败世界级国际象棋大师加里 · 卡斯帕罗夫（见图 14.11），展现出超人般的国际象棋水平，这只“果蝇”终于退休了[56]。当时深蓝运行在一个超级计算机上，现在一台普通的笔记本就能运行深蓝程序。

图 14.11　深蓝击败象棋大师加里 · 卡斯帕罗夫

游戏 AI 的另一个里程碑事件发生在西洋双陆棋上（见图 14.10（c））。1992 年，杰拉尔德 · 特索罗开发的名叫 TD-Gammon 的程序，运用了神经网络和时间差分学习方法，达到了顶尖人类玩家的水准[57]。随着 AI 技术的发展，经历了从高潮到低谷、从低谷到高潮的起起伏伏，时间转移到 2010 年前后，DeepMind、OpenAI 等一批 AI 研究公司的出现，将游戏 AI 推向一个新纪元，下面我们开始一一详述。

从 AlphaGo 到 AlphaGo Zero

面对古老的中国游戏——围棋，AI 研究者们一度认为这一天远未到来。2016 年 1 月，谷歌 DeepMind 的一篇论文《通过深度神经网络与搜索树掌握围棋》（*Mastering the game of go with deep neural networks and tree search*）发表在《自然》杂志上，提到 AI 算法成功运用有监督学习、强化学习、深度学习与蒙特卡洛树搜索算法解决下围棋的难题[58]。2016 年 3 月，谷歌围棋程序 AlphaGo 与世界冠军李世石展开 5 局对战，最终以 4 : 1 获胜（见图 14.12）。2016 年年底，一个名为 Master 的神秘围棋大师在网络围棋对战平台上，通过在线超快棋的方式，以 60 胜 0 负的战绩震惊天下，在第 59 盘和第 60 盘的局间宣布自己就是

AlphaGo。2017 年 5 月，AlphaGo又与被认为世界第一的中国天才棋手柯洁举行三局较量，结果三局全胜。

图 14.12 AlphaGo 击败围棋冠军李世石

从算法上讲，AlphaGo 的成功之处在于完美集成了深度神经网络、有监督学习技术、强化学习技术和蒙特卡洛树搜索算法。虽然人们很早就尝试使用蒙特卡洛树搜索算法来解决棋类 AI 问题，但是 AlphaGo 首先采用强化学习加深度神经网络来指导蒙特卡洛树搜索算法。强化学习提供整个学习框架，设计策略网络和价值网络来引导蒙特卡洛树搜索过程；深度神经网络提供学习两个网络的函数近似工具，而策略网络的初始化权重则通过对人类棋谱的有监督学习获得。与传统蒙特卡洛树搜索算法不同，AlphaGo 提出“异步策略与估值的蒙特卡洛树搜索算法”，也称 APV-MCTS。在扩充搜索树方面，APV-MCTS 根据有监督训练的策略网络来增加新的边；在树节点评估方面，APV-MCTS 结合简单的 rollout 结果与当前值网络的评估结果，得到一个新的评估值。训练 AlphaGo 可分成两个阶段：第一阶段，基于有监督学习的策略网络参数，使用强化学习中的策略梯度方法，进一步优化策略网络；第二阶段，基于大量的自我对弈棋局，使用蒙特卡洛策略评估方法得到新的价值网络。需要指出的是，为了训练有监督版的策略网络，在 50 核的分布式计算平台上要花大约 3 周时间，如图 14.13 所示。

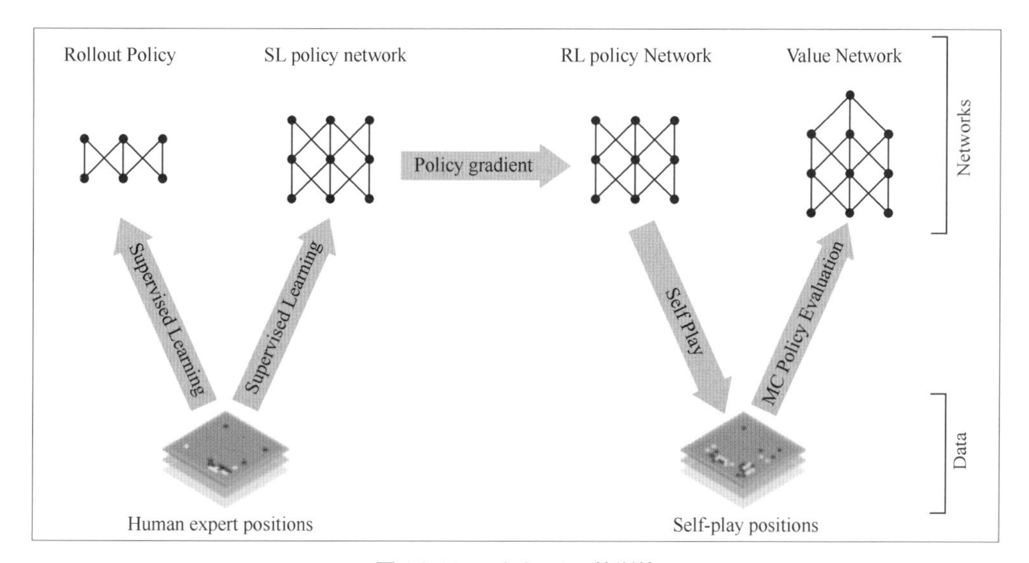

图 14.13 AlphaGo 的训练

就在众人尚未回过神来之际，AlphaGo的后继者AlphaGo Zero横空出世，后者根本不需要人类棋谱做预先训练，完全是自己和自己下[59]。算法上，AlphaGo Zero只凭借一个神经网络，进行千万盘的自我对弈。初始时，由于没有人类知识做铺垫，AlphaGo Zero不知围棋为何物；36小时后，AlphaGo Zero达到2016年与李世石对战期AlphaGo的水平；72小时后，AlphaGo Zero以100：0的战绩绝对碾压李世石版的AlphaGo；40天后，AlphaGo Zero超越所有版本的AlphaGo，如图14.14所示。研究者们评价AlphaGo Zero的意义，认为它揭示出一个长期以来被人们忽视的真相——数据也许并非必要，有游戏规则足够。这恰和人们这几年的观点相左，认为深度学习技术是数据驱动型的人工智能技术，算法的有效性离不开海量规模的训练数据。事实上，深层次探究个中原因，有了游戏的模拟系统，千万盘对弈、千万次试错不也是基于千万个样本数据吗，只是有效数据的定义不一定指人类的知识。

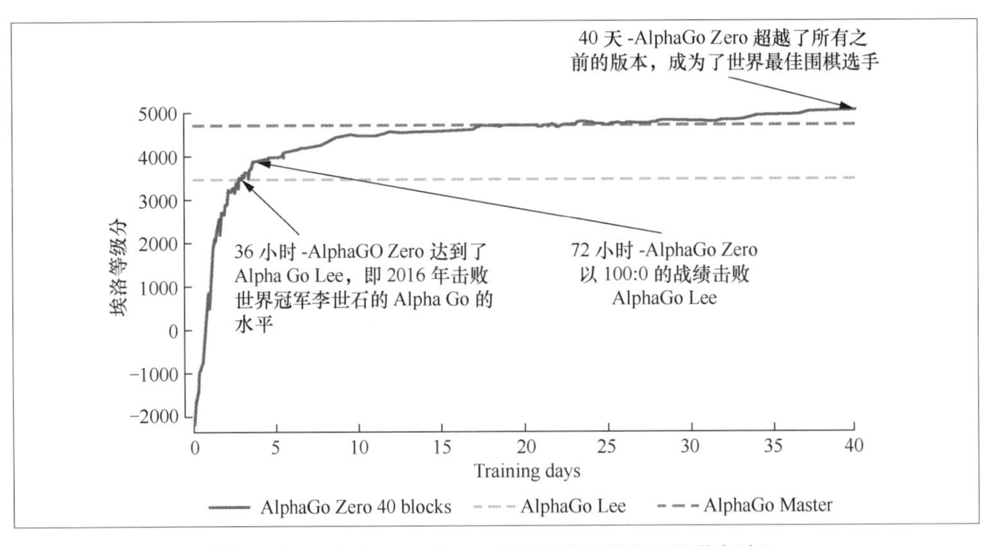

图14.14 AlphaGo Zero超越所有围棋选手的进步过程

纵观其他经典的棋类游戏，如国际象棋、中国象棋等，无一不是基于确定性规则建立的游戏。这类游戏不仅规则明晰，而且博弈的双方均持有对称的信息，即所谓的"完美信息"。游戏AI面对的问题，通常是一个搜索问题，而且是一对一的MiniMax游戏。原理上，记住当前局面并向下进行搜索式推演，可以找到较好的策略。当搜索空间不大时，可以把各种分支情况都遍历到，然后选出最佳方案；当搜索空间太大时，可以用一些剪枝的或概率的办法，减少要搜索的状态数。国际象棋和中国象棋的棋子较少，且不同棋子走子方式固定，用今天的超级计算机穷举不是问题。但是围棋不同，棋盘是19×19，有361个落子点，一盘围棋约有10的170次方个决策点，是所有棋类游戏中最多的，需要的计算量巨大，所以穷举方式是不可能的，这也导致围棋成为最后被计算机攻克的棋类游戏。数学上，中国象棋和国际象棋的空间复杂程度大约是 10 的 48 次幂，而围棋是 10 的 172 次幂，还有打劫的手段可以反复提子，事实上要更复杂。值得一提的是，可观测宇宙的质子数量为 10 的 80 次幂。

德州扑克中的“唬人”AI

德州扑克在欧美十分盛行，大概的规则是每人发两张暗牌，只有自己看到，然后按 3-1-1 的节奏发 5 张明牌，七张牌组成最大的牌型，按照同花顺 > 四条 > 葫芦 > 同花 > 顺子 > 三条 > 两对 > 对子 > 高牌的顺序比大小。这期间，玩家只能看到自己的两张底牌和桌面的公共牌，因此得到的信息不完全。高手可以通过各种策略来干扰对方，比如诈唬、加注骚扰等，无限注德州扑克可以随时全下。

2017 年 1 月，在美国宾夕法尼亚州匹兹堡的河流赌场，一个名为 Libratus 的 AI 程序，在共计 12 万手的一对一无限注德州扑克比赛中，轮流击败四名顶尖人类高手，斩获 20 万美元奖金和约 177 万美元的筹码（见图 14.15）。它的设计者卡耐基梅隆大学博士诺阿·布朗透露，他自己只是一个德州扑克的爱好者，并不十分精通，平时只与朋友打打五美元一盘的小牌，所以从未通过自己或其他人类的经验教 Libratus 怎么玩牌，仅仅给了它德扑的玩法规则，让它通过“左右互搏”来自己摸索这个游戏该怎么玩，如何能更大概率地获胜。也许正因为布朗未传授人类经验给 Libratus，使它玩德扑的风格如此迥异于人类，让人捉摸不透，而这对获胜十分关键，因为在玩德扑的过程中，下注要具备足够的随机性，才会让对手摸不清底细，同时也是成功诈唬住对手的关键。与 Libratus 交手的四位人类职业玩家证实了 Libratus 下注十分大胆，不拘一格。它动不动就押下全部筹码，多次诈唬住人类对手，这让人类玩家在 20 天内只有 4 天是赢钱的，其他日子都输了。

据称，Libratus 自我学习能力非常强，人类头一天发现它的弱点，第二天它就不会再犯。布朗所用的方法称为反事实遗憾最小化算法（Counterfactual Regret Minimization，CFR），可得到一个近似纳什均衡的解，基本原理是：先挑选一个行为 A 予以实施，当隐状态揭开时，计算假设选择其他非 A 行为可获得的奖励，类似计算机会成本，并将非 A 行为中的最佳收益与事实行为 A 的收益之差称为“遗憾”，如果遗憾大于零，意味着当前挑选的行为非最优，整个过程就是在最小化这个遗憾[60]。

DeepStack 是另一个同样达到世界级水准的德扑 AI 程序[61]。与 Libratus 相同，DeepStack 采用自我对战和递归推理的方法学习策略；不同的是，它不是计算一个显式的策略，而是类似 AlphaGo，采用树搜索结合近似值函数的强化学习方法来决定每轮的行为，可看成一个带不完美信息的启发式搜索 AlphaGo。

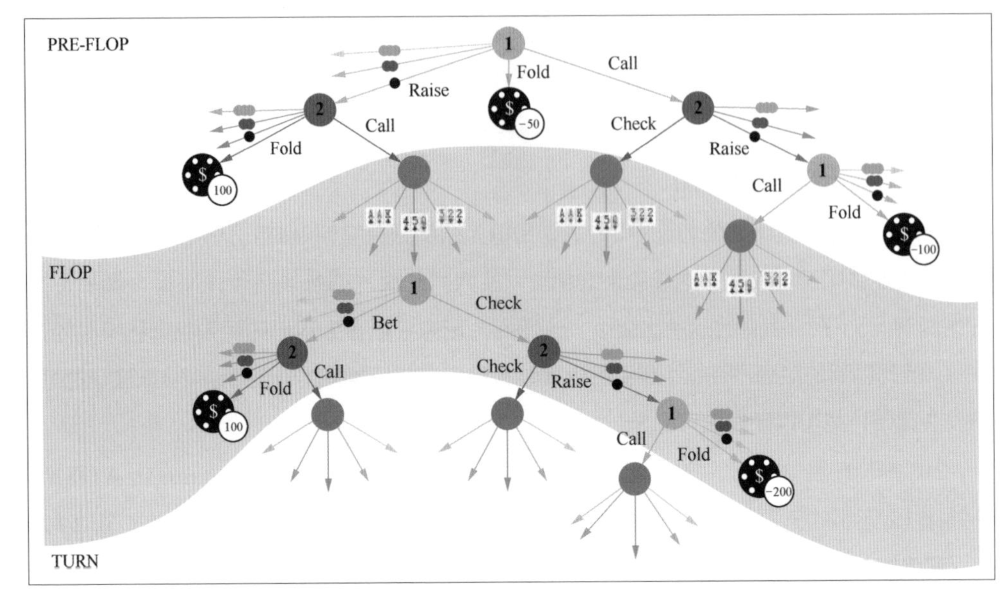

图 14.15　德州扑克 AI Libratus 的决策过程

牌类游戏与棋类游戏不同。国际象棋、中国象棋和围棋等都是“完美信息”游戏，也就是说，所有玩家在游戏中获得的信息是确定的、公开的和对称的。AI 攻克这些游戏的难度，主要取决于游戏过程的决策点数量，这决定了需要的计算量。然而，扑克是一种包含很多隐藏信息的“不完美信息”游戏。玩家掌握不对称信息，只看得到自己手里的牌，却不知道对手手中的牌，更不知道对手如何猜测自己的手牌。因此，虽然一局德扑的决策点数量要少于一盘围棋，但是不确定性的加入，使得每个决策点上，玩家都要全盘进行推理，计算量难以想象。在非对称信息博弈中，对同样的客观状态，由于每个玩家看到的信息不同，这增加了玩家状态空间的数目以及做决策的难度。如果考虑心理层面的博弈，有别于机器，人类可以“诈唬”来虚张声势，这被人类看作是智商和情商的完美结合。

非对称博弈中双方的猜测是彼此的，是相互影响的，故而没有单一的最优打法，AI 必须让自己的移动随机化，这样在它唬骗对方时对方才无法确定真假。举个石头剪子布的例子，如果别人一直用石头剪刀布各 1/3 的混合策略，那自己就会发现好像怎么出招收益都是 0；于是每次都出石头，但是这样的话，对手就可以利用这个策略的弱点提高自己的收益。所以好的算法就要求，基于别人已有策略得到的新策略要尽可能地少被别人利用。这样的研究有很实际的意义，它将来能够应用在金融谈判、拍卖、互联网安全等领域，需要 AI 在“不完美信息”的情景中做出决策，这或许正是 Libratus 擅长的。

AI 电子竞技

2013 年，尚未被谷歌收购的 DeepMind 发表了一篇里程碑式的论文《用深度强化学习玩 Atari》（*Playing Atari with deep reinforcement learning*）[62]。Atari 2600 是 20 世纪 80 年代一款家庭视频游戏机（见图 14.16），相当于以前的小霸王学习机，输出信号接电视机，输入则是一个控制杆。研究者通常在它的模拟器 Arcade Learning Environment（ALE）上做实验[63]。这篇论文试图让 AI 仅凭屏幕上的画面信息及游戏分数，学会打遍所有 Atari 2600 上的游戏。该文充分吸收了近些年深度学习的研究成果——深度卷积神经网络，结合强化学习的已有框架，运用经验回放的采样思路，设计出深度 Q-learning 算法，最后结果出奇地好，在很多游戏上都胜过人类高手。传说正是因为这点，让谷歌看上了 DeepMind。2015 年，谷歌 DeepMind 在《自然》杂志上发表了著名的文章《通过深度强化学习达到人类水平的控制》（*Human-level control through deep reinforcement learning*），提出了著名的深度 Q 网络（DQN），仅训练一个端到端的 DQN，便可在 49 个不同游戏场景下全面超越人类高手[64]。

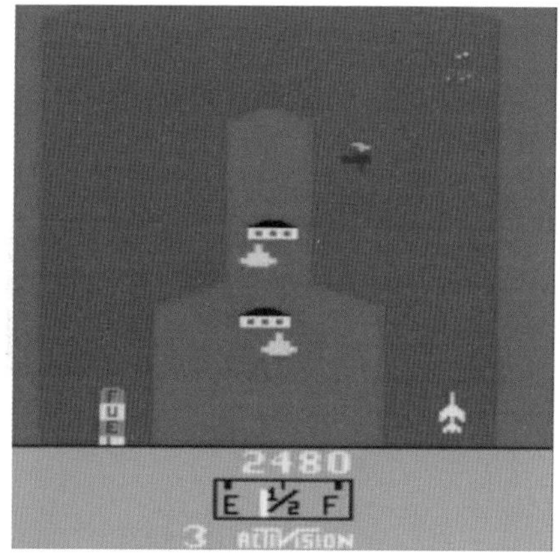

图 14.16 游戏机 Atari 上的游戏

此外，在 2016 年 4 月，另一家 AI 研究公司——OpenAI 对外发布了一款用于研发和评比强化学习算法的工具包 Gym。Gym 包括了各种模拟环境的游戏，如最经典的倒立摆。该平台提供一个通用的交互界面，使开发者可以编写适用不同环境的通用 AI 算法。开发者通过把自己的 AI 算法拿出来训练和展示，获得专家和其他爱好者的点评，大家共同探讨和研究。强化学习有各种各样的开源环境集成，与它们相比，Gym 更为完善，拥有更多种类且不同难度级别的任务，如图 14.17 所示。

- 倒立摆（Cart Pole）：这是一个经典控制问题。一个杆一个小车，杆的一端连接到小车，连接处自由，杆可以摆来摆去。小车前后两个方向移动，移动取决于施加的前后作用力，大小为 1。目标是控制力的方向，进而控制小车，让杆保持站立。注意小车的移动范围是有限制的。
- 月球登陆者（Lunar Lander）：这个游戏构建在 Box2D 模拟器上。Box2D 是一款 2D 游戏世界的物理引擎，可处理二维物体的碰撞、摩擦等力学问题。本游戏的场景是让月球车顺利平稳地着陆在地面上的指定区域，接触地面一瞬间的速度最好为 0，并且消耗的燃料越少越好。
- 双足行走者（Bipedal Walker）：同样基于 Box2D 模拟器，这个游戏中玩家可以控制双足行走者的步进姿态。具体地说，是控制腿部膝关节处的马达扭力，尽量让行走者前进得更远，同时避免摔倒。本环境提供的路面包括台阶、树桩和陷坑，同时给行走者提供 10 个激光测距值。另外，环境的状态信息包括水平速度、垂直速度、整体角速度和关节处角速度等。
- 毁灭战士（Doom： Defend Line）：这是一款仿 3D 的第一人称射击游戏。游戏场景是在一个密闭的空间里，尽可能多地杀死怪物和保全自己，杀死的怪物越多，奖励就越多。AI 玩家所能观察的，同人类玩家一样，只是一个第一人称的视野。

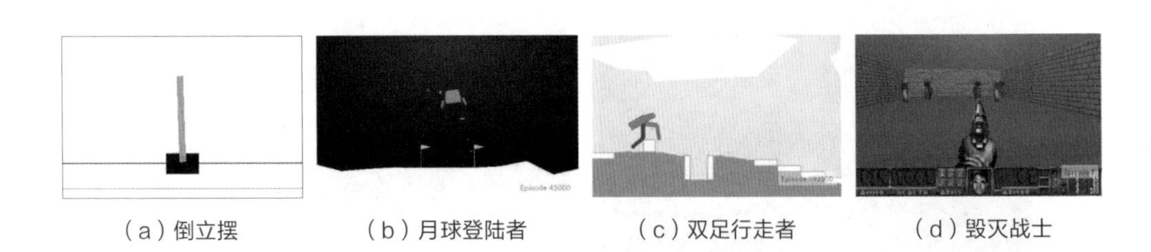
（a）倒立摆　（b）月球登陆者　（c）双足行走者　（d）毁灭战士

图 14.17　Gym 中的各种小游戏

OpenAI 显然不满足于此。2016 年年底，继 4 月发布 Gym 之后，OpenAI 又推出一个新平台——Universe（见图 14.18）。Universe 的目标是评估和训练通用 AI。同 Gym 上的定制游戏不同，Universe 瞄准的环境是世界范围的各种游戏、网页及其他应用，与人类一样面对相同复杂和实时程度的环境，至少在信息世界这个层面上，物理世界还有待传感器和硬件的进步。具体地讲，游戏程序被打包到一个 Docker 容器里，提供给外部的接口，人与机器一样的，谁都不能访问游戏程序的内部，只能接收屏幕上的画面，和发送键盘和鼠标指令。

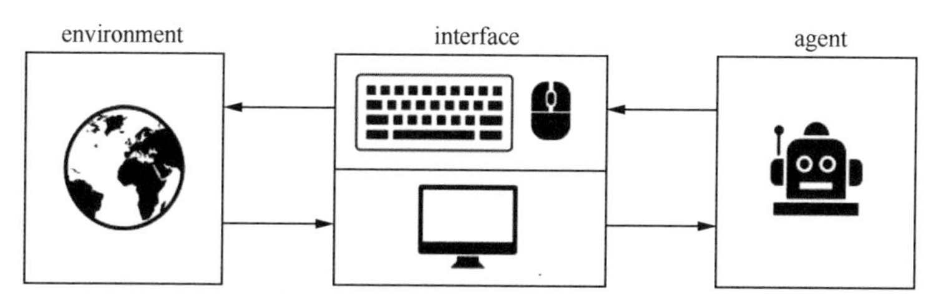

图 14.18 OpenAI 开发的通用 AI 平台 Universe 示意图

Universe 的目标是让设计者开发单一的智能体，去完成 Universe 中的各类游戏和任务。当一个陌生游戏和任务出现时，智能体可以借助过往经验，快速地适应并执行新的游戏和任务。我们都知道，虽然 AlphaGo 击败了人类世界围棋冠军，但是它仍然属于狭义 AI，即可以在特定领域实现超人的表现，但缺乏领域外执行任务的能力，就像 AlphaGo 不能陪你一起玩其他游戏。为了实现具有解决一般问题能力的系统，就要让 AI 拥有人类常识，这样才能够快速解决新的任务。因此，智能体需要携带经验到新任务中，而不能采用传统的训练步骤，初始化为全随机数，然后不断试错，重新学习参数。这或许是迈向通用 AI 的重要一步，所以我们必须让智能体去经历一系列不同的任务，以便它能发展出关于世界的认知以及解决问题的通用策略，并在新任务中得到使用。

最典型的任务就是基于浏览器窗口的各项任务。互联网是一个蕴藏丰富信息的大宝藏。Universe 提供了一个浏览器环境，要求 AI 能浏览网页并在网页间导航，像人类一样使用显示器、键盘和鼠标。当前的主要任务是学习与各类网页元素交互，如点击按钮、下拉菜单等。将来，AI 可以完成更复杂的任务，如搜索、购物、预定航班等。

星际争霸：走向通用 AI

面对策略类电脑游戏，挑战难点不仅仅是像素点阵组成的画面，更在于高级认知水平的表现，考察 AI 能否综合对多种单位、多种要素等的分析，设计复杂的计划，并随时根据情况灵活调整计划，尤其是即时类策略游戏，被视为 AI 最难玩的游戏。星际争霸（StarCraft）就是一款这样的游戏，于 1998 年由暴雪娱乐公司发行（见图 14.19）。它的资料片母巢之战（Brood War）提供了专给 AI 程序使用的 API，激发起很多 AI 研究者的研究热情[65]。

在平台方面，DeepMind 在成功使用深度学习攻克 Atari 游戏后，宣布和暴雪公司合作，将 StarCraft II 作为新一代 AI 测试环境，发布 SC2LE 平台，开放给 AI 研究者测试他们的算法。SC2LE 平台包括暴雪公司开发的 Machine Learning API、匿名化后的比赛录像数据集、DeepMind 开发的 PySC2 工具箱和一系列简单的 RL 迷你游戏[66]。Facebook 也早在 2016 年就宣布开源 TorchCraft，目的是让每个人都能编写星际争霸 AI 程序。TorchCraft 是一个能让深度学习在即时战略类游戏上开展研究的库，使用的计算框架是 Torch[67]。

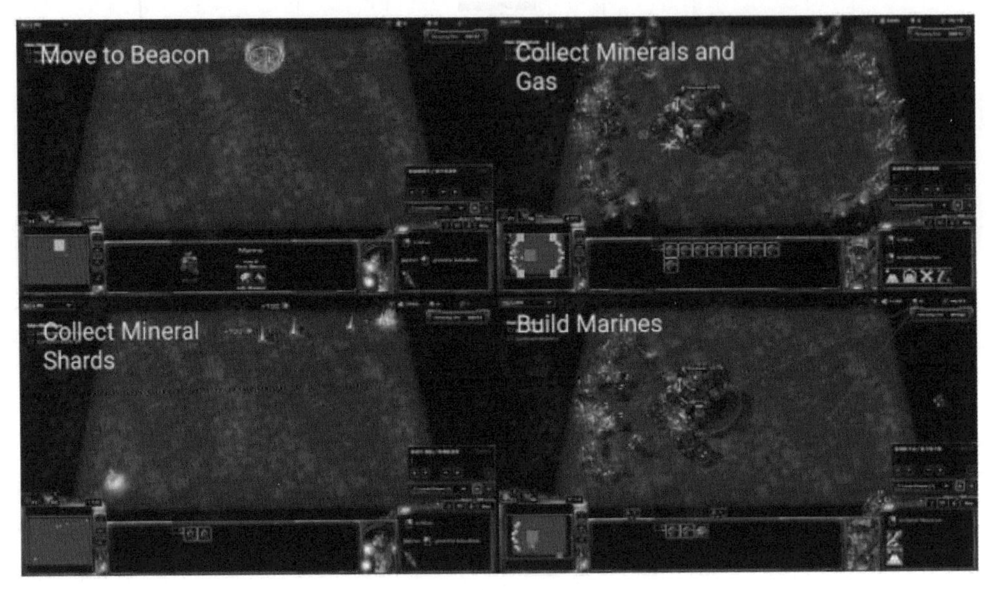

图 14.19　暴雪公司出品的游戏“星际争霸”

在算法方面，Facebook 在 2016 年提出微操作任务，来定义战斗中军事单位的短时、低等级控制问题，称这些场景为微操作场景[68]。为了解决微操作场景下的控制问题，他们运用深度神经网络的控制器和启发式强化学习算法，在策略空间结合使用直接探索和梯度反向传播两种方法来寻找最佳策略。阿里巴巴的一批人也在 2017 年参与到这场 AI 挑战赛中，提出一个多智能体协同学习的框架，通过学习一个多智能体双向协同网络，来维护一个高效的通信协议，实验显示 AI 可以学习并掌握星际争霸中的各类战斗任务[69]。

一般说来，玩星际争霸有三个不同层面的决策：最高层面是战略水平的决策，要求的信息观察强度不高；最低层面是微操作水平的决策，玩家需要考虑每个操控单位的类型、位置及其他动态属性，大量的信息都要通过观察获取；中间层面是战术水平的决策，如兵团的位置及推进方向，如图 14.20 所示。可见，即时战略类游戏对 AI 来讲有着巨大的挑战，代表着智能水平测试的最高点。

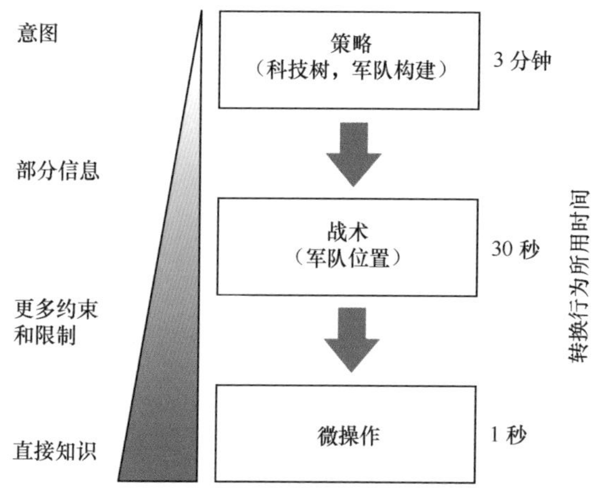

图 14.20 星际争霸的三个决策层次

为什么 AI 需要游戏？

游戏并非只有对弈。自电子游戏诞生起，有了非玩家角色（Non-Player Character）的概念，就有了游戏 AI 的强需求。引入非玩家角色，或对抗，或陪伴，或点缀，提升了游戏的难度，增强了游戏的沉浸感。与不同难度等级 AI 的对抗，也让玩家能够不断燃起挑战的欲望，增强游戏的黏性。另一方面，游戏行业也是 AI 发展最理想的试金石 [70]。

游戏提供了定义和构建复杂 AI 问题的平台。传统学术界的 AI 问题都是单一、纯粹的，每个问题面向一个特定任务，比如图片分类、目标检测、商品推荐等。走向通用 AI，迟早要摆脱单一任务设定，去解决多输入、多场景和多任务下的复杂问题。从这点看，游戏是传统学术问题无法媲美的，即使是规则简单的棋类游戏，状态空间规模也是巨大的，包含各种制胜策略。从计算复杂性角度看，许多游戏都是 NP-hard。在由这些难度铺设的爬山道上，研究者们相继攻克了西洋棋、西洋双陆棋、国际象棋、中国象棋和围棋，以及简单电子游戏 Atari 系列和超级马里奥等。现在，人们正把目光放在更大型、更具挑战性的星际争霸。

游戏提供了丰富的人机交互形式。游戏中人机交互是指人的各种操作行为以及机器呈现给人的各种信息，具有快节奏多模态的特征。一方面，游戏要么是回合制的，人机交互的频率一般都是秒级，有的稍长，比如围棋、大富翁等，要么是实时的，频率更短，比如极品飞车、星际争霸等；另一方面，人们通过键盘、鼠标和触摸板控制游戏中的角色，但不限于此，在一些新出的游戏中，人们还可通过移动身体、改变身体姿态和语音控制的方式参与游戏。如果将交互信息的形态考虑进来，有动作、文本、图片、语音等；如果将交互信息在游戏中的作用考虑进来，可以是以第一人称方式直接控制角色，如各类 RPG 游戏，可以是以角色切换的方式控制一个群体，如实况足球，还可以从上帝视角经营一个部落、一个公司或一个国家，如文明。复杂的人机交互方式，形成了一个认知、行为和情感上的模式闭环——引发（Elicit）、侦测（Detect）和响应（Respond），将玩家置身于一个连续的交互模式下，创造出与真实世界相同的玩家体验。想象一下，AI 算法做的不再是拟合数据间的相关性，而是去学习一种认知、行为和情感上的人类体验。

游戏市场的繁荣提供了海量的游戏内容和用户数据。当前大部分 AI 算法都是数据驱动的，以深度学习为例，欲得到好的实验效果，需要的训练集都在千万级规模以上。在软件应用领域，游戏是内容密集型的。当前游戏市场，每年都会产生很多新游戏，游戏种类五花八门。因此，无论从内容、种类还是数量上，数据都呈爆炸式增长。此外，随着各类游戏社区的壮大，玩家提出了更高的要求，期待获得更好的玩家体验，游戏行业被推向新的纪元。除了游戏内容数据，随着玩家群体延伸到各年龄层、各类职业人群，用户行为数据也爆炸式增长，游戏大数据时代已然来临。

游戏世界向 AI 全领域发出了挑战。很多电子游戏都有一个虚拟的时空世界，各种实时的多模态的时空信号，在人与机器间频繁传送，如何融合这些信号做出更好的预测，是信号处理科学的一个难题。棋类游戏不涉及虚拟世界，规则简单清晰，没有各类复杂信号，但解决这类问题也不是一件简单的事情，因为状态空间庞大，所以要设计高效的搜索方法，如国际象棋、西洋棋依靠 MiniMax 树搜索，围棋用到蒙特卡洛树搜索。此外，解决围棋问题更少不了深度学习和强化学习方法。早年的电视游戏和街机游戏，都是通过二维画面和控制杆的方式实现人机交互，如果让 AI 像人一样在像素级别上操作控制杆玩游戏，就用到深度学习中最火的卷积神经网络，并与强化学习结合为深度强化学习方法。Jeopardy！是美国很流行的一个知识问答类真人秀，AI 要解决知识问答，既要用到自然语言处理技术，也要具备一定的通识知识，掌握知识表征和推理的能力。另外，规划、导航和路径选择，也是游戏中常见的 AI 问题。更大型的游戏如星际争霸，场景更复杂，既是实时的又是策略的，集成了各类 AI 问题。

如果上述几点理论仍无法让你信服，那么当前 DeepMind 和 OpenAI 等公司及一些大学研究机构的强力推动，研究者们产生的各种天马行空的想法，足以让你感到一种震撼，看清游戏对 AI 的巨大推动。事实上，当下越来越多的 AI 研究者，开始将游戏视作构建新型通用 AI 的超级试验场。为什么呢？

- **无进化速度的限制**

与经历上亿年漫长进化的人类相比，游戏提供的虚拟世界没有时间流速的限制，计算流代替了现实世界的时间流，处理器计算频率越快，计算并行度越高，沿时间轴演化的速度越快。一天的时间，已经完成百万次的迭代。

- **无限次场景和无限次重生**

游戏世界可以提供无限次重复的场景，智能体拥有无限次重生的机会，使得进化的试错代价大大降低。这让笔者联想到一部关于人工智能的美剧《西部世界》，里面的机器人经历一次次死亡与重生，终于迎来最后的觉醒，听上去真让人有些害怕。

- **独立的世界**

游戏世界与现实世界独立，既可以模拟现实世界的物理规则，也可以打破物理规则，看智能体的应对策略。前者对现实世界高度仿真，有助于在开展硬件实验前，如无人车、机器人，先期探索适用的 AI 模型和算法，大大降低耗费在硬件上的成本。后者呢？在我们尚未抵达或尚未了解的极端物理世界、网络世界或其他世界，进行假设性试验，先假设一些未知的规则，再看智能体的进化轨迹，为人类的未来作打算。

当然，游戏也需要 AI，升级的 AI 会大大增加游戏的玩家体验。以前游戏中的 AI 大都是写死的，资深玩家很容易发现其中的漏洞。刚开始时，玩家找到这些漏洞并借以闯关升级，这带来很大乐趣；慢慢地，玩家厌倦了一成不变的难度和重复出现的漏洞。如果 AI 是伴随玩家逐步进化的，这就有意思了。还有一点，传统游戏 AI 属于游戏系统自身，获取的是程序内部数据，和玩家比有不对称优势。现在的 AI 要在玩家视角下，采用屏幕画面作为 AI 系统的输入，像一个人类玩家来玩游戏。智能体与人类玩家，不仅存在对抗，还存在协作。我们甚至可以建立一个协作平台，用自然语言的方式，向 AI 传达指令，或接收来自 AI 的报告。总之，在游戏这个超级 AI 试验场上，一切皆有可能。

03 AI 在自动驾驶中的应用

“自动驾驶”自 20 世纪初被雄心勃勃的汽车工业巨头提出以来，就一直是人们梦寐以求的出行技术。从 2005 年 DARPA 挑战赛以来，基于车辆智能化的自动驾驶，进入快速发展期。从互联网巨头到传统汽车企业纷纷投入巨资，试图引领这场出行技术的革命。而这场革命的核心便是人工智能。本节将概述自动驾驶这一方兴未艾的应用领域，并介绍人工智能在其中发挥的作用。

■ 为什么要做无人驾驶？

安全：根据统计，仅在美国平均每天就有 103 人死于交通事故。超过 94% 的碰撞事故都是由于驾驶员的失误而造成的。从理论上说，一个完美的自动驾驶方案，每年可以挽救 120 万人的生命。当然，目前自动驾驶还远远没有达到完美。但是随着算法和传感器技术的进步，人们相信在不久的将来，自动驾驶将超过人类司机的驾驶安全率。

方便：自动驾驶可以将驾驶员从方向盘后面解放出来，在乘车时进行工作和娱乐。美国有近 1.4 亿上班族，除去节假日平均每天花近一小时在上下班的路上。如果把所有上班族一年中的这些时间加起来，将有三百多万年，足以完成 300 部维基百科全书，或者 26 座埃及金字塔。

高效共享：Uber、Lyft和滴滴等共享出行的巨头，都在积极研究自动驾驶，因为共享出行最大的成本来自于司机的时间。如果能够实现自动驾驶，那么人们可以不再买车和养车，完全依赖于共享出行，这将为每个美国家庭节约 5600 美元，约合他们平均年收入的 10%。

减少拥堵：如果说前面这些优点还有赖于自动驾驶的大范围普及的话，那么减少拥堵这个优点，就可以说是立竿见影了。根据伊利诺伊大学的沃克教授的一项研究，在一个人工驾驶的车队中，只要加入一辆自动驾驶汽车，就可以将车队行驶车速的标准差减少 50%，使得行驶更加稳定和省油。如果大家在路上看到车顶安装着雷达的自动驾驶汽车，请感谢它，因为它正在帮你减少你面前的拥堵。

为了更加直观地衡量以上这些好处，我们不妨把这些益处能给美国出行市场带来的价值做一个预估，总共节约的成本约合每年 5.3 万亿美元，为美国 GDP 的 29%，如图 14.21 所示。

A financial perspective on personal mobility (US Market)

- Safety:
  - "Cost of a statistical life": $9.1M
  - 2014 NHTSA report:
    - Economic cost of road accidents: ~ $277B/year.
    - Societal harm of road accidents: ~ $594B/year
- Cost of congestion:
  - Texas Transportation Institute, 2012: ~ $100B/year
- Health costs of congestion:
  - Harvard School of Public Health, 2010: ~ $50B/year
- Increased productivity/leisure:
  - Estimate $1.2T/year
- Car sharing:
  - Assuming a "sharing factor" of 4, estimate $1.8T/year of benefits to individuals.
  - Other studies [Burns et al., '13, Fagnant, Kockelman '14] suggest higher sharing factors, up to ~10.

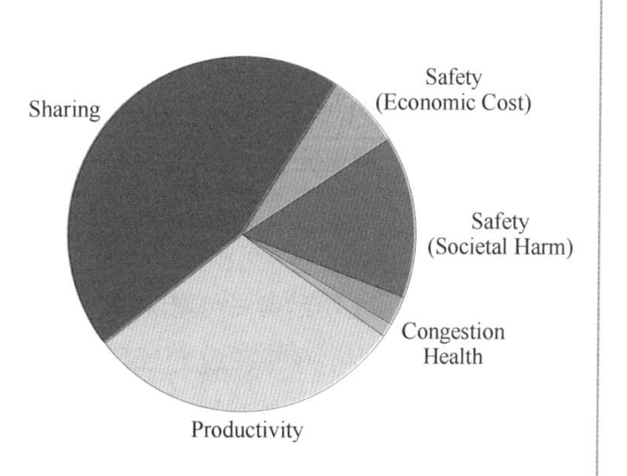

图 14.21 个人出行的财政角度分析（美国市场）

自动驾驶的定义

自动驾驶这个词最早来自于飞机、列车、航运领域的辅助驾驶系统。它的广义的定义为：自动驾驶是无须人工的持续干预下，用于自动控制交通工具行驶轨迹的系统。按照自动化程度和驾驶员的参与度，国际汽车工程师协会将自动驾驶分为 5 级，如表 14.1 所示。以现在已经发布的量产车为例，奥迪 A8 处于 L3，特斯拉处于 L2.5，沃尔沃、尼桑、宝马、奔驰的高端新款车都处于 L2。如果一个车辆能同时做到自适应巡航和车道保持辅助，那这款车就跨进了 L2 的门槛。2018 版的凯迪拉克 CT6 的半自动驾驶系统“Super Cruise”就是典型的 L2 级别。

表 14.1 国际汽车工程师协会将自动驾驶分为 5 级

等级	叫法	转向、加减速控制	对环境的观察	激烈驾驶的应对	应对工况
L0	人工驾驶	驾驶员	驾驶员	驾驶员	—
L1	辅助驾驶	驾驶员 + 系统	驾驶员	驾驶员	部分
L2	半自动驾驶	系统	驾驶员	驾驶员	部分
L3	高度自动驾驶	系统	系统	驾驶员	部分
L4	超高度自动驾驶	系统	系统	系统	部分
L5	全自动驾驶	系统	系统	系统	全部

自动驾驶技术路线的演进

从自动驾驶这个概念提出之日起，就有两种截然不同的技术路线（见图 14.22）。一是基于路面上的基础设施，帮助车辆定位，导航和决策；另一个是在不改变现有路面的情况下，车辆通过自带的传感器和智能计算来独立完成驾驶。

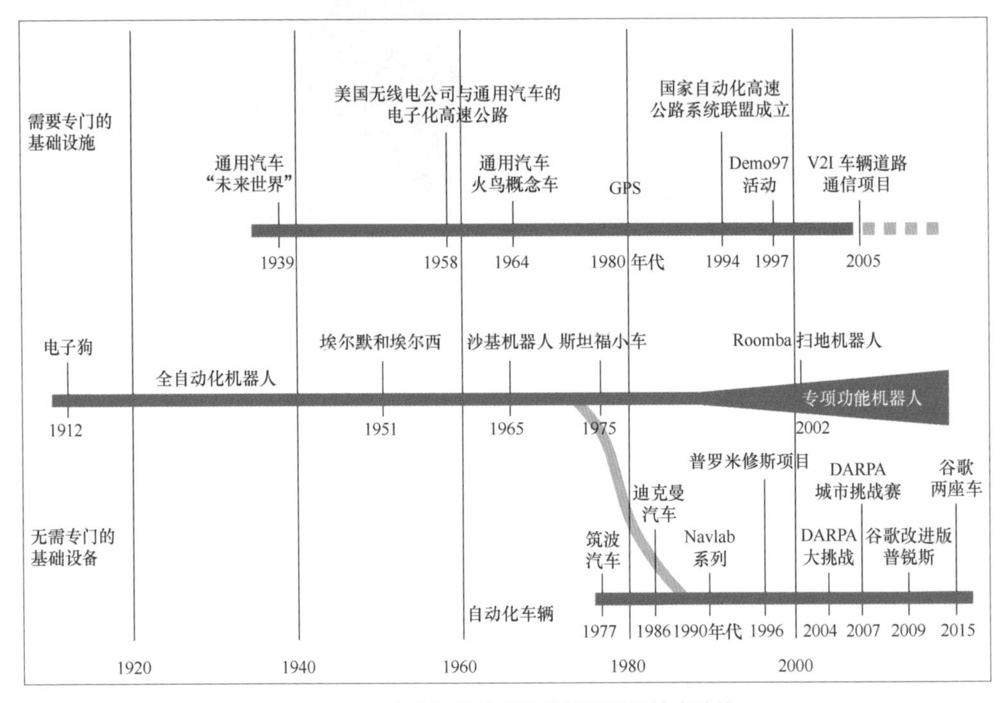

图 14.22　自动驾驶的两种截然不同的技术路线

第一条技术路径最早的里程碑是通用汽车公司在 1939 年纽约举行的世界博览会上，展示的“未来世界”（Futurama），如图 14.23 所示。随着美国在 20 世纪五六十年代铺设高速公路网络的热潮，美国无线电公司与通用汽车合作研发了电子化高速公路的原型，在一条改造过的高速公路上，利用电磁线圈引导两辆通用雪弗莱汽车在车道内行驶，并保持与前后车的距离，如图 14.24 所示。然而电子化高速公路受制于高昂的基础设施费用，和美国各州之间的法规标准的不统一，至今仍在政府支持的车联网（V2X）研究项目之中。

相比之下，自动驾驶的第二条技术路径：由自动机器人研究分支而来的自动化车辆，在过去 10 年获得了长足的发展。给这一方向带来突破性进展的是 2001 年美国国会通过的一项财政预算案：它资助美国军方的研究机构 DARPA 以实现 2015 年前有三分之一的军用车辆使用自动化驾驶的目标。DARPA 在 2001 ~ 2007 年间，赞助了三场自动驾驶挑战赛。

在 2005 年的挑战赛上，5 辆无人驾驶汽车使用人工智能系统，成功完成了约 212 千米的越野赛道。其中获得冠军的斯坦福大学的“史丹利”车队（见图 14.25），摒弃基于人工规则的方法，采用数据驱动的机器学习技术，来训练车辆识别障碍物和做出反应。2007 年 DARPA 赛中 CMU 车队的负责人克里斯·厄姆森（Chris Urmson），后来成为谷歌无人驾驶项目的技术负责人。到 2014 年，他领导开发的谷歌无人驾驶汽车的行驶里程达到了 112 万千米。厄姆森感慨到：“两年前，我们绝对应付不来城市街道的上千种复杂路况，而现在自动驾驶却可以处理得游刃有余。”

图 14.23 “未来世界”，由工业设计师贝尔 . 盖迪斯（Bel Geddes）设计

图 14.24 RCA 与通用汽车合作研发的电子化高速公路测试

图 14.25 2005 年 DARPA 挑战赛的冠军“史丹利”（左一）

自动驾驶与人工智能

自动驾驶的支撑技术可以分为以下 3 层。

上层控制：路线规划，交通分析，交通安排。

中层控制：物体识别，路障监测，遵守交规。

底层控制：巡航控制，防抱死，电子系统控制牵引力，燃油喷射系统，引擎调谐。

其中每一层都可以用到人工智能技术。图 14.26 将人工智能的算法与其在自动驾驶中的应用场景做了一个映射。

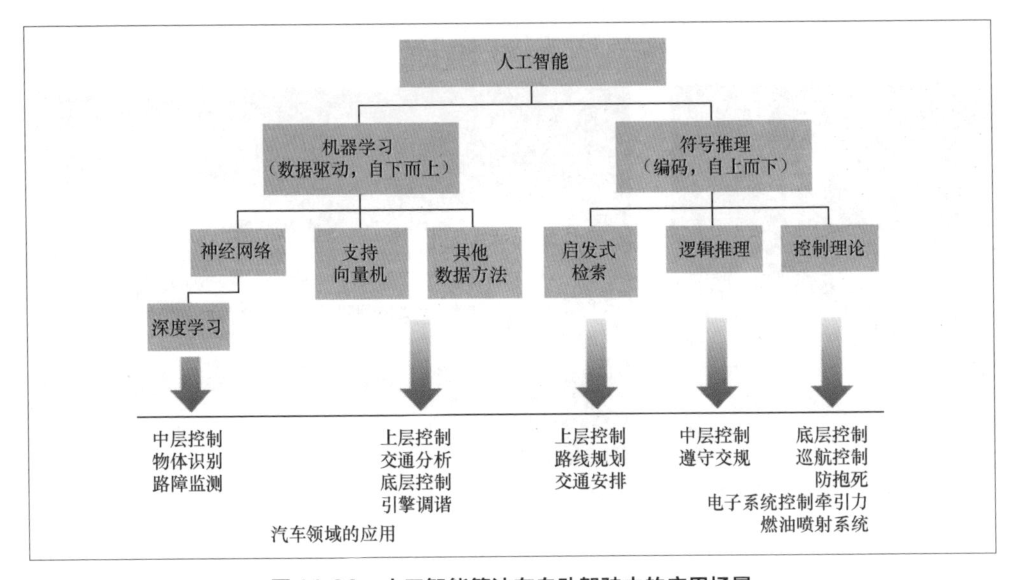

图 14.26　人工智能算法在自动驾驶中的应用场景

以下简要介绍中层控制中，路障监测用到两个重要的工具“占据栅格”和“不确定性锥”。

占据栅格是一个存储了汽车周围实体对象信息的数字存储库。占据栅格中的实体，一些是源于已经存储的高清地图的静止物体，另一些是汽车根据传感器的实时信号识别出的移动物体。通常使用彩色编码和图标，来可视化那些经常出现的物体所对应的占据栅格。图 14.27 是谷歌无人车在一个十字路口，根据传感器数据进行物体识别所得到的占据栅格，叠加显示在高精度地图上。

有了占据栅格就知道物体当前时刻的位置。显然这还不够，自动驾驶汽车还需要知道物体在未来 t 时间可能出现在哪些位置。

不确定性锥就是用来预测汽车附近物体的位置和移动速度的工具。一旦基于深度学习的物体识别模块标记了一个物体，占据栅格就会显示出它的存在，不确定性锥就会预测物体下一步的运动方向。

图 14.27 谷歌无人车根据传感器数据进行物体识别所得到的占据栅格

不确定性锥为无人驾驶汽车提供了人工智能版的场景理解能力。当人类司机看到行人站得离汽车太近，他就会在脑海中思考要转向避开；在无人驾驶汽车中，利用不确定性锥技术也会进行类似的“脑海思考”。像是消防栓这样静止的物体，会用一个瘦小的圆锥体表示，因为它基本不大可能会移动。相比之下，快速移动的物体会用一个宽大的圆锥体表示，因为它可能运动到的地方比较多，所以它将来的位置是不确定的。人类驾驶员并不会在脑海中将附近的每一个物体清晰地标记成椭圆锥体。然而，不确定性锥与人类潜意识中的处理过程是大致相同的。我们的大脑不断记录更新着周围出现的人和物体，结合以往的经验和眼前事物的状态，我们能猜测出这些周边事物的意图并预测出它们下一步会做什么。

中层控制软件按照如下方法创建不确定性锥：首先，在平面上画出一个物体，在物体周围画一个小圆圈，我们称它为“当前活动圈”；然后，再画一个大圆圈，标记出未来 10 秒后物体可能会到达的所有位置，被称为“未来活动圈”。最后，用两条线把小圆和大圆的边缘连接起来。这就是不确定性锥。

不确定性锥替代了人类驾驶员与行人之间的眼神交流作用。从无人驾驶汽车的视角来看，一个站在路边面向街道的行人会用稍微向前倾斜的锥体表示，表明她随时可能穿过街道。如果她的眼睛不是盯着前方，而是盯着手机，她的锥体图标则是另一种形状，或许更加窄小，因为她并没有准备好继续前进。如果她扫视了一眼无人驾驶汽车，她的锥体图标将进一步缩小，因为汽车的软件会识别到她看见了这辆车，也就不太可能挡在汽车的前进路线上。越不可预知的行人，锥体的形状就越大。摇摆不定的自行车骑行者比静止的行人有更大的不确定性，相应的锥体也就更大。四处乱撞的小狗或追着球跑的孩子，则会用更大的锥体表示。

有时，即使一个静态的目标也可能会用一个大号锥体表示其不确定性，比如具有遮蔽性的建筑，虽然它们本身不大可能移动，但是可能会遮蔽一些移动的物体。对于死胡同、转弯处，或随时可能会有乘客下车的一辆停在路边敞开车门的汽车，无人驾驶汽车的中层软件系统都会标记一个大号的不确定性锥。静止的校车也可能会产生不确定的大圆锥，虽然校车本身或许不动，但是随时都可能有孩子从车后跑出来。

当汽车附近的物体都被标记并表示成了大小不一的不确定性锥，一个称为"轨迹规划器"的模块，就能据此计算出最佳行进路线（见图 14.28），并保证遵守交通规则，减少行程时间和碰撞风险。

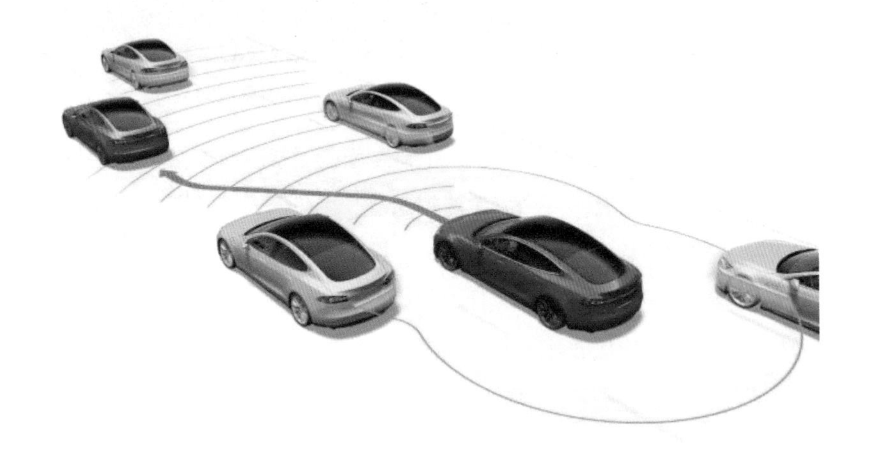

图 14.28　根据周围物体的不确定性锥，轨迹规划器能计算出最佳行进路线

■ 自动驾驶的商业化

人工智能的很多应用场景有较宽松的容错性，例如扫地机器人撞到障碍物，可以退后再找路径；Siri 的语音识别错了，用户多说几遍就行了。然而自动驾驶应用，则要求更加严苛的安全标准。因为汽车中的人工智能算法出错，带来的损失是无法挽回的。例如，在时速 100 公里每小时的车上，把路边一个穿越马路的行人误判为静止的柱子，将会直接导致伤亡，后果不堪设想。

基于这个原因，现有的自动驾驶商业部署，主要在封闭的园区和有严格管控的固定线路。例如，伦敦的希思罗国际机场用自动驾驶摆渡车在停车场和 T5 航站楼之间接送乘客，如

图 14.29 所示。这一运输服务叫希思罗 Pod，从 2011 年起投入运营。任何乘客都可以从希思罗 T5 航站楼免费搭乘。

图 14.29　伦敦的希思罗国际机场的自动驾驶摆渡车

类似的适合（半）封闭路段的车型还有 Induct Navia（见图 14.30）和 Arma（见图 14.31），它们的出现也一步步引领自动驾驶走向商业化的道路。

图 14.30　售价 25 万美元的 Induct Navia，可载 8 人，行驶速度 20km/h

图 14.31　Navya 公司推出的 Arma 自动车，可以载 15 人，行驶速度 45km/h

此外，由于自动驾驶中的关键传感器部件激光雷达的成本居高不下，货车的单价和驾驶员成本更高，而且货车的使用场景在高速或封闭的港口等，所以它可能比家用轿车更早的实现自动驾驶的商用。

■ 自动驾驶算法工程师需要具备的技能

看完以上的介绍，读者或许已经跃跃欲试要投身这场即将到来的技术革命。如能在以下三个领域之一有比较扎实的基础，就可以比较容易地拿到自动驾驶相关领域的 offer，成为自动驾驶算法工程师了。

计算机视觉：深度学习，道路标牌识别，车道线检测，车辆跟踪，物体分割，物体识别。

传感和控制：信号处理，Kalman 滤波，自动定位，控制理论（PID 控制），路径规划。

系统集成：机器人操作系统，嵌入式系统。

现在已有不少专门的自动驾驶培训班或慕课，可以帮助大家更加深入地、系统地学习以上技术，也预祝读者们在相关领域有所建树，在通向 offer 的道路上一路绿灯。

04 机器翻译

机器翻译是什么?

机器翻译是计算语言学的一个分支，也是人工智能领域的一个重要应用，其最早的相关研究可以追溯到 20 世纪 50 年代。

随着互联网的飞速发展，人们对语言翻译的需求与日俱增。根据维基百科的数据，目前互联网上存在数百种不同的语言，其中英语内容占互联网全部内容的一半左右，而以英语为母语的互联网用户只占全部互联网用户的四分之一。跨域语言屏障，获取互联网上更多的内容是持续增长的需求。

机器翻译，即通过计算机将一种语言的文本翻译成另一种语言，已成为目前解决语言屏障的重要方法之一。早在 2013 年，谷歌翻译每天提供翻译服务就达十亿次之多，相当于全球一年的人工翻译量，处理的文字数量相当于一百万册图书。

机器翻译技术的发展

机器翻译的研究经历了基于规则的方法、基于统计的方法、基于神经网络的方法三个阶段的发展。在机器翻译研究的早期，主要使用基于规则的方法。机器翻译系统根据语言专家编写的翻译规则进行翻译，这是一个机械式的过程。基于规则的方法受限于人工编写的规则的质量和数量，编写规则非常费时费力，且翻译规则无法用于不同的语言对之间。同时，规则数量增多，互相冲突的规则也随之增多，难以覆盖人类语言的全部情况，这也是机器翻译系统的瓶颈。

20 世纪 90 年代，基于统计的机器翻译方法被提出，随后迅速成了机器翻译研究的主流方法。统计机器翻译使用双语平行语料库（即同时包含源语言和与其互为译文的目标语言文本的语料库，作为训练数据。世人熟知的罗塞塔石碑（见图 14.32）可以认为是古老的平行语料库，石碑上用圣书体、世俗体、古希腊语三种文字记录了相同的内容。

图 14.32 罗塞塔石碑

正是罗塞塔石碑的发现才使得语言学家们获得了破译圣书体的钥匙。

统计机器翻译模型从平行语料中挖掘出不同语言的词语间的对齐关系，基于对齐关系自动抽取翻译规则。一个经典的统计机器翻译模型通常包含翻译模型、调序模型和语言模型三部分。翻译模型负责估算单词、短语间互相翻译的概率，调序模型对翻译后的语言片段排序进行建模，而语言模型则用于计算生成的译文是否符合目标语言的表达习惯。统计翻译模型减少了人工参与，模型本身和训练过程具有语言无关性，大大提升了机器翻译的性能和使用范围。

近年来随着基于神经网络的方法被引入机器翻译领域，机器翻译的性能得到了大幅提高。根据谷歌机器翻译团队发布的信息，谷歌翻译于 2016 年 9 月上线中英神经网络模型，截至 2017 年 5 月，已经支持 41 对双语翻译模块，超过 50% 的翻译流量已经由神经网络模型提供。

神经网络模型同样需要使用平行语料库作为训练数据，但和统计机器翻译将模型拆解成多个部分不同，神经网络模型通常是一个整体的序列到序列模型。以常见的循环神经网络为例，神经网络模型首先需要将源语言和目标语言的词语转化为向量表达，随后用循环神经网络对翻译过程进行建模，如图 14.33 所示。通常会先使用一个循环神经网络作为编码器，将输入序列（源语言句子的词序列）编码成为一个向量表示，然后再使用一个循环神经网络作为解码器，从编码器得到的向量表示里解码得到输出序列（目标语言句子的词序列）。

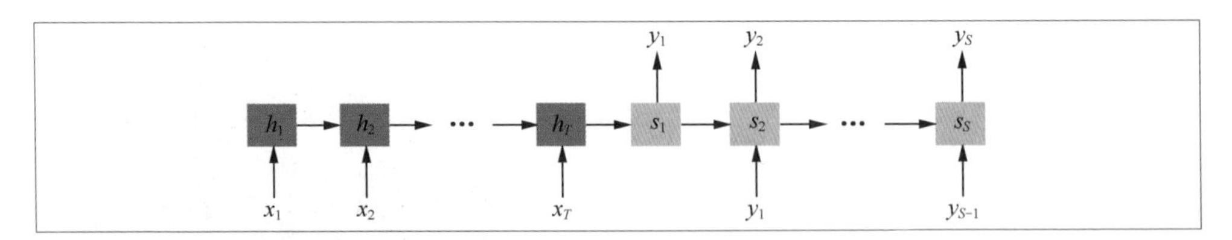

图 14.33　循环神经网络

神经网络模型近年来已经成为机器翻译领域研究和应用的热点，对于神经网络翻译模型有很多新的改进，例如 LSTM、注意力机制、训练目标改进、无平行语料训练等，机器翻译系统的性能正如日方升，一步步接近人类水平。

机器翻译的应用

目前来说，机器翻译的效果还难以达到人类翻译的水平，但是随着机器翻译性能的提升，其应用场景也越来越多样化。谷歌 2006 年推出的谷歌翻译（Google Translate）已经走过十几个年头，目前已经支持上百种不同语言，提供了网页、手机客户端、程序 API 等多种访问方式。2017 年 5 月的数据显示，谷歌翻译每天为 5 亿人次提供翻译服务。微软、百度、搜狗、网易等国内外公司也不断优化着自己的机器翻译服务，供大众使用。各种类型的机器翻译服务虽然暂时还无法直接用于书面翻译，但人们理解其他语言的壁垒已经大大降低，在很多场景下机器翻译都起到了很好的辅助作用。

出国旅游时，语言不通是很多人的一大痛点。各种手机 App 的拍图翻译使人们可以方便快捷地看懂异国他乡的路标或菜单等，如图 14.34 所示。百度、网易等公司将机器翻译成果用于旅游领域，推出专门的便携式翻译机（见图 14.35），只要对着翻译机说出中文，就能自动帮用户翻译成其他语言，可谓是出国旅游神器。

图 14.34　谷歌翻译的拍图翻译

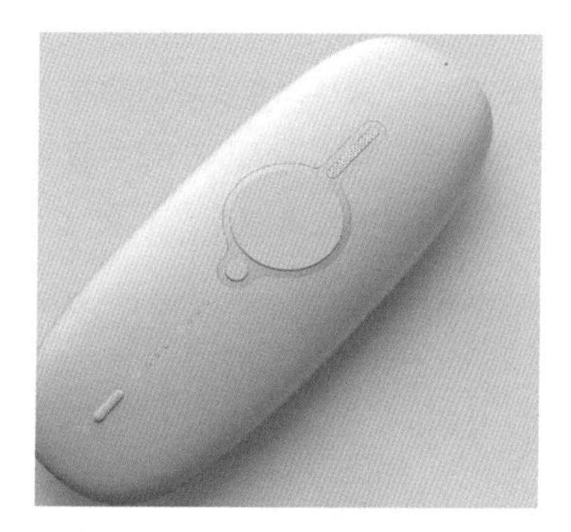

图 14.35　百度的便携翻译机

伴随着机器翻译性能的提升，各大公司的目标也逐渐放到了同传领域。在 2016 年的乌镇互联网大会上，搜狗 CEO 在演讲中使用了实时机器翻译技术，能够实时地将演讲语音转换成文字并同步翻译成英文，2018 年的博鳌论坛引入了腾讯提供的机器翻译同传技术，然而实际效果并不尽如人意。可见，目前的机器翻译模型虽然已有很大的进步，但距离替代人类，在同传领域大展拳脚还有很长的一段路要走。

机器翻译领域吸引了越来越多的关注，同时也面临着巨大的挑战。如何克服现有的缺陷（例如神经网络模型可解释性差的问题），实现翻译性能的进一步提高仍是一个待解决的问题。现阶段机器翻译的应用仍处于简单理解其他语言、辅助翻译等方面，离大规模替代人工翻译还有不小的差距。但随着业界的广泛关注，人才的不断涌入，机器翻译领域将持续蓬勃发展，人类世界的巴别塔也终会得以重建。

05 人机交互中的智能计算

人机交互（Human computer interaction），顾名思义，是研究人（用户）和计算机之间交互方式的学科，是人通过交互界面的一系列输入和计算机提供的输出反馈来完成一项任务或者达到一个目标的过程（见图 14.36）。人机交互是一门交叉学科，与计算机科学、人机工程学、行为科学、认知学、心理学、媒体研究、设计等多门学科都有密切关联。

人机交互也可谓人工智能集大成的方向。在人机交互的过程中，语音识别、图像识别让机器能够理解人类的输入信号；各类预测模型、增强学习模型帮助机器做出有效且理性的判断，并使其具备学习的能力；智能控制类方法让机器完成人类指定的动作或者进行有效的反馈。可以说人机交互中蕴含着人工智能的方方面面，人机交互的高速发展意味着人工智能水平的整体进步。

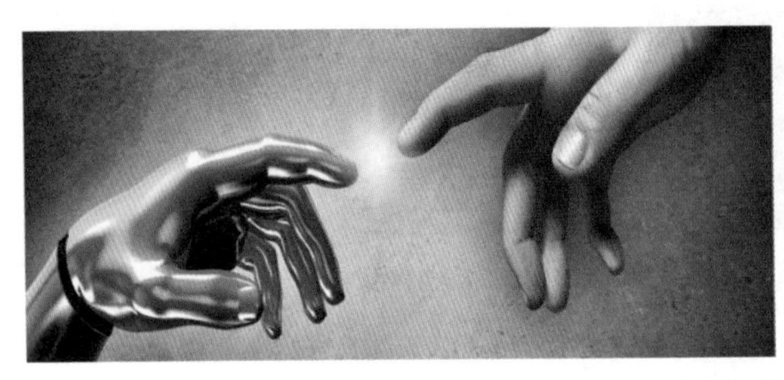

图 14.36　人机交互示意图

在过去的几十年中，人机交互领域的研究取得了长足的发展，其中经历了三次重要的飞跃：一是 20 世纪 70 年代初，**人机界面**的概念被正式提出，第一次人机系统国际大会召开，第一个相关专业杂志（IJMMS）创刊，多家研究机构和公司相继成立了人机交互界面研究中心，这个时期是人机交互领域的奠基时期；二是 20 世纪 80 年代初期，人机交互学科逐渐形成了自己的理论体系和实践架构，在理论体系上更加强调认知心理学以及行为学和社会学等某些人文科学的理论指导，在实践架构中则更加强调计算机对于人的反馈交互作用，人机界面 / 接口一词也被**人机交互**所取代；三是 20 世纪 90 年代后期，随着高速处理芯片、多媒体技术和 Internet Web 技术的迅速发展和普及，人机交互的研究重点放在了人机协同交互、多模态（多通道）与多媒体交互、虚拟交互以及智能交互等方面，强调环境和以人为中心的多通道交互技术。

2010 年之后，伴随着计算资源、网络带宽和智能设备的进一步发展，以及机器学习在大数据领域的应用和深度神经网络的崛起，多项人机交互领域的核心技术取得质的突破。计算机设备开始具备一定的智能化，可以大致听懂人说的话，看懂周围的环境，并理解用户的动作和行为。人机交互领域也进入第四个发展阶段，即智能交互时代。

随着智能交互时代的到来，人机交互领域与人工智能领域之间不再有任何间隙，人机交互的终极形态似乎就是让机器也具有高度的智能，能与人顺畅地沟通交流，能够自主、高效地完成人类赋予的任务。但类似自然人交互的人机交互方式真的是最合理、最高效的方式吗？我们需要关心机器在想什么，它是如何完成我们的任务的吗？真的存在一种终极的、统一的人机交互方式吗？这是我们对未来的疑问，接下来就让我们一起面向未来探讨一下这些问题。

人机交互将回归自然?

有人简单地把交互的发展方向定位为自然人机交互，但这是不科学或者说不准确的。计算机设备从诞生的那天起，它就是非自然的产物。人和设备的交互方式主要以人适应设备为主，例如人们使用的 QWERT 键盘、鼠标、触摸板等，或者在方方正正的显示屏上查阅输出反馈信号等交互方式均非自然的交互方式。

在智能交互时代，智能化和小型化的设备可以嵌入到衣服、鞋、戴的眼镜、手上的腕表，抑或周围环境中的桌子、椅子、镜子、音箱等，如图 14.37 所示。人在与这些自然环境中被赋予智能的设备交互时，通常需要设备提供一定的辅助信号来实现人机交互，而非沿用其“自然”属性的交互方法，例如智能腕表上的敲击、智能眼镜的手势交互、智能桌面上的手掌归拢手势等。

图 14.37　人机交互的方式从键盘鼠标演变成智能手表等可穿戴设备

准确地说，智能交互最终将在人性化方面回归。这主要是因为，尽管人与智能设备的交互方式可能各不相同，千变万化，但智能交互设计通常会遵循以下两条路径进行优化：

一个是理性路径，人通过观察、阅读或理解，看懂了交互或者反馈提供的信息，例如按钮上的文字或者屏幕上的数字，用“理性脑”的思考打通意识环节，整理信息并触发交互的下一步；另一个是感性路径，人通过视觉、听觉、触觉等感官感受到的物体属性，如可旋转的圆形旋钮、亮着绿灯的开关和燃气炉火焰的大小，通过感性思考触发交互的下一步。显而易见，采用这两条路径的交互设计方案也一定是人性化的。

但“人性化”不完全等同于“拟人化”，自然人之间的交互方式也不一定是最高效的。从人的角度出发，针对特定功能和智能设备本身的特点制定特定的交互方式才应该是最合适的人机交互方式。

■ 人机交互会黑盒化吗?

人机交互是一个人输入信息、计算机输出反馈的序列过程。在过去多年的发展中，即时地输出反馈一直是人机交互必不可少的重要环节之一。人不仅可以通过即时反馈修订交互策略，还可以获取对设备的控制感，人和设备是主从关系。在智能交互时代，设备的智能化程度越来越高，自主判决能力也越来越强。尽管智能算法中的参数数量随之水涨船高，但显然人对结果更感兴趣而不关心其中的逻辑和过程，例如识别并运算复杂的手写公式、呼叫 Alexa（亚马逊推出的智能语音助手）播放最新的科幻电影、解放双手让计算机完成自动驾驶等。智能交互时代，人和设备更像是一个代理关系，人布置任务，计算机完成复杂的任务后反馈结果。智能运算的过程日趋黑盒化。

近年来越来越多的学者和研究人员发现，智能算法可能会产生偏见。引起智能算法偏见的原因有多种，例如“互动偏见”，当机器被设定向周围环境学习时，环境输入好坏混杂的信息将引起智能设备带有偏见，例如学会说脏话或者带有种族歧视的聊天机器人，是由于训练数据本身因素带来的“数据偏见”。再比如搜索医生照片，结果可能会先呈现男性照片，而搜索护士照片时则反之，又或者反馈处女座更易有洁癖，7 月出生的人更聪明等奇怪的结论。而“模型偏见”是指因数据缺失导致算法模型可能会放大某类决策从而做出不公平的判决，例如快递服务绕开黑人社区、为女性推荐低薪工作等。

同时，人们还发现，在一些领域，智能设备如果具有过高的自主决策权，决策错误可能引发严重后果，例如 2018 年 3 月 Uber 的无人驾驶汽车在车道线错误和缺失的情况下撞向护栏，智能音箱 Alexa 会在半夜偶尔发出奇怪的笑声等。

事实上黑盒化已经开始引起人对智能设备的不信任，越来越多的研究工作开始侧重增加智能设备的决策透明性。提供更多的即时反馈信息是一种缓解担忧的方法，例如在观看影视剧时，显示推荐的理由会让用户增强使用服务的信心。在出错代价高昂的交互领域，智能设备则需要采取更加保守的智能策略，交出部分决策权并提供更多辅助信息来优化最终的决策。考虑到智能设备可能处理的海量数据和人所能承受的交互负荷，智能交互最终一定会在黑盒化和透明化之间达成某种程度的妥协。

会有一种普遍适用的交互方式吗?

在智能交互时代，越来越多形态各异的设备嵌入小型化的智能芯片成为智能交互体，给人类工作和生活带来极大的便利。那么是否会存在一种普遍适用的交互方式，可以应用到各种各样的设备形态呢?

答案可能是否定的。智能交互方式的多样化使得智能设备具有较大的差异性，主要体现在环境感知能力、交互展示能力、链接能力和嵌入能力等，这些差异决定了交互的形态的不同。

环境感知能力，贴身的可穿戴设备有能力检测心跳、肌肉变化，智能桌面需要感知放置的物体、分辨多个操作人，而 Microsoft Kinect 设备（见图 14.38）则具备重建操作环境的能力，不同的感知能力自然需要不同的交互方式。例如与 40mm 显示屏的腕表主要通过敲击、单指滑动进行交互；而 8 英寸的平板电脑则主要通过单指或者多指交互；在 50 英寸的智能桌面上交互则更倾向于用双手多指、手掌或手掌侧进行交互，而且可以借助物品与设备进行虚实交互；在 100+ 英寸的投影和 Kinect 设备下，人们则更倾向于使用整个身体姿势，甚至借助一些控制器进行交互。

图 14.38 微软推出的体感外设 Kinect

智能交互的未来

在人工智能的浪潮之巅，我们应该为身处这样一个伟大的时代感到庆幸。对于致力于下一代智能交互技术革新的工程师们来说，这更是一个创新迸发、日新月异的时代，你的每一份贡献都可能会改变人们的生活，成为这个崭新的智能世界中的一段基因。

在未来的某一天，也许所有人都可以不再纠结于茫然费解的各色产品说明书，只需要对智能管家说一句话，甚至只需要意念的控制，就能让家中的所有电器和设备为你服务；也许我们的 AI 助手会在我们情绪失落的时候送上一首舒缓的歌，在即将下雨的时候放一把雨伞在门口，在你想款待朋友的时候提前为你预定合适的餐厅；也许我们可以像“钢铁侠”一样，在一个虚拟的空间中挥舞下手臂，便能完成一件伟大工业品的设计；也许我们已经打破了现实和虚拟的界限，正自由穿梭于不同世界间的“结界”，获得与众不同的体验。

这些都还遥远吗？其实我们已在路上。

后　　记

作者随笔
参考文献

hulu

诸葛越

现任 Hulu 公司全球研发副总裁，中国研发中心总经理。曾任 Landscape Mobile 公司联合创始人兼 CEO、雅虎北京全球研发中心产品总监，微软北京研发中心项目总经理、雅虎美国高级软件架构师。
诸葛越获美国斯坦福大学的计算机硕士与博士、纽约州立大学石溪分校的应用数学硕士，曾就读于清华大学计算机科学与技术系。诸葛越的研究结果获多项专利，2005 年获美国计算机学会数据库专业委员会十年最佳论文奖。

2017 年年底我的亲子教育书《魔鬼老大，天使老二》出版，发布的时候被称为"跨界"。那么这本书代表我彻彻底底地跨了回来，回到上大学第一天就学的专业：人工智能。

这本书的核心内容，都是由公司的同事们撰写的。我只是个发起者和组织者。本书从策划到完成在半年左右，是一个完美执行的项目。回看这个历程，我来总结几点。

首先，Hulu 北京已经聚集了大批人工智能和机器学习方面的专家。我们有非常浓厚的学习气氛：每两周的技术沙龙和科研讲座，内部还开设了深度学习的课程。有丰沃的土壤，才有可能有丰硕的花果。本书涵盖大量的内容，是由 15 个同事分工协作完成，每个人都贡献了关键的章节，也都参与了审阅他人的内容。这是集体的成果，是高效合作的成果。

其次，这个项目开始就有比较好的规划，在第一次讨论后就基本定下了全书结构，安排了分工，定下了初稿完成日期。虽然在许多细节上不断地改进，但是大的方向上基本没有改动。如我在编者序中提到，我们使用了敏捷开发的方法，先用 Hulu 的微信公众号推出了 30 篇文章，然后再不断地补充、丰富、完善。 这里还要感谢在其中一段时间帮助管理进度的项目经理何飞。

最后，在所有内容大致成型的情况下，需要感谢几位花了比常人多一倍时间的"主编"，包括王喆、李凡丁、汪瑜婧、江云胜、陈拉明等。他们把收集来的原始内容加以整理、检查细节、统一风格、填补空白。开始做一件事不难，难的是完成，而且是高质量的完成，而这些同事是把这本书"扛过终点线前最后一千米"的关键成员。

感谢人民邮电出版社的编辑俞彬和任芮池一路给我们的支持和专业建议。最后，感谢另一位 Hulu 同事董西成。这本书源于我俩之间的一次谈话。当时我说："我们有很多人工智能和机器学习背景的优秀人才，他们能在一起做件什么有意义的事呢？"董西成说："让他们一起写本书吧！"

王喆

毕业于清华大学计算机科学与技术系，现任 Hulu 资深算法工程师、品友互动效果广告算法负责人、蓝色光标广告集团算法技术经理。申请计算广告相关专利两项，发表机器学习领域论文 6 篇。

我与机器学习的初次接触是在 2007 年，当时清华大学鼓励所有本科生申请学生科研项目，我凭着一种“直觉”的兴趣选择了知识工程实验室唐杰老师的项目“语义 Web”。我人生中第一次感受到算法的神奇与魅力，神经网络能够识别图片中的字符，话题模型能够挖掘出文章的潜在主题，社交网络模型甚至能够识别人与人之间的社会关系类型。虽然我当时参加的都是比较 native 的项目，但由此激发的兴趣让我受益终身，从此立志成为一名机器学习领域的从业者。

2013 年我研究生毕业，如愿以偿地成为了一名计算广告领域的算法工程师。而机器学习的思维似乎也从那时起贯穿了我生活和工作的日常。

我清楚地记得在我女儿 3 个月的时候，她会一次又一次地重复翻身的动作，不断地失败 100 次、101 次，但当她成功一次之后，就再也不会失败了。我惊叹于人类“探索与利用”的本能，也惊叹于人类“增强学习”的能力。如果机器在试错 100 次之后就能完全掌握一项技能，那得是多么伟大的一个“增强学习”模型啊。

几年前我读了一本哲学类书籍叫《欧洲哲学史上的经验主义和理性主义》，经验派认为一切正确的科学知识都必须起源于经验；而理性派认为“天赋观念”，只有经过人的理性检验、清楚明白的观念才被认为是“真理”。我发现哲学领域的纷争与机器学习领域的纷争出奇的一致，或者可以说机器学习的纷争是哲学领域的衍生。自然语言处理的统计学派和语言学派，机器学习理论的频率学派和贝叶斯学派不是正好对应了经验主义和理性主义的基本思想吗?

当你用机器学习的思维思考问题的时候，似乎生活中的一切知识都能够与机器学习的理论产生联系。我们在写作的过程中也试图用生活化的例子解释算法的思路，在掌握方法的同时能够认识到算法的本质。希望本书能够成为大家走上算法工程师之路的起点，也希望为大家增添一份对机器学习世界的激情。

江云胜

2016年毕业于北京大学数学科学学院，获应用数学博士学位。毕业后加入 Hulu 北京研发中心的 Content Intelligence 组，负责图像 / 视频内容理解相关的研究工作。

2017年秋，在越姐和人民邮电出版社俞彬编辑的提议下，我们着手写一本机器学习和人工智能方面的书籍。当时，人工智能正处于一波新浪潮中，各行各业都在关注，市面上相关书籍也很多，有科普类、教程类、应用讲解类等。经过头脑风暴，大家决定写一本更加接地气的、关于面试题类的书籍，以知识点问答的形式，帮助从业人员梳理相关知识，也让更多人了解这个行业的算法工程师、研究人员们日常工作中要解决的问题和要掌握的技能。

本书的创作大致分两个阶段: 第一个阶段是内容采集，十几个作者根据各自擅长的方向，贡献一些题目和对应的解答；第二个阶段是对问题和解答的交叉检验、对全书结构的重组、对写作风格的统一等后期工作。这两个阶段我都参与了，也有着完全不同的感受和收获。在写问题和解答时，因为是自己熟悉的知识点，要写的内容比较清晰，但是如何把自己的想法转化为文字，让别人愿意看并且能看明白，并不是一件容易事，需要交代清楚问题背景、明确解题思路和写作逻辑等。在交叉检验阶段，经常会遇到自己不太熟悉的领域，读到不确定的知识点时，就需要停下来查阅资料、文献等，确保无误。这种合作创作、交叉检验的方式，让我也学到了很多自己以前没有注意到的知识点，有时候在针对一个问题的讨论过程中还会衍生出一些新问题。

在编写本书的这段时间内，我在 Hulu 参与了几十场面试，书中不少题目被直接用于实际面试，部分题目根据面试者的回答进行了调整，有些题目还据此添加了一些扩展或总结之类的评论。在这里也特别感谢这些作为第一批测试用户的面试者。

虽然这是一本面试题类书籍，但并不是鼓励大家去刷题，只是想通过这样一种知识点问答的方式，督促大家自我检查、启发思考，对所学的知识点查重补漏。在通往机器学习和人工智能的道路上，并没有什么捷径，扎实地学好基础知识、培养起探索求知的思维习惯才是最重要的。

李凡丁

本科和研究生均毕业于北京大学信息科学技术学院智能科学系。
现任 Hulu 研究开发工程师，从事自然语言处理相关工作，做了一点微小的贡献。

终于到了一本书收尾之时，我曾对“烂尾”有过“灿烂的结尾”这一诠释，不知道本书后记中的这段文字能对我在每个问题字里行间流露出的那些感悟和思考做怎样的总结和升华。刚收到编辑的消息要在后记中加入自我介绍的时候，内心是激动的，想着终于要在这本书中留下属于自己的浓墨重彩的一笔。后来想想，或许只有那些认识我的、或是喜欢从后往前看书的读者会真正看到这里吧。

当然，如果大家仔细学习了本书的第 13 章，一定会对生成式对抗网络的思路心生敬畏。书中对于很多问题的思考也正是在这种“对抗”的背景下产生的，云胜和我曾就书中某一小问题下看似不起眼的一步推导讨论至深夜，最后发现，我们“显而易见”的结论竟然是错误的。生活中，这样的“对抗”碰撞出的火花则将思维的灵光一现，掺之以对机器学习的热爱，酿就了一次次耐人寻味的思考。 这些思考或是体现在书中的点点滴滴，或是化为茶余饭后的谈资，都将成为人生中最宝贵的一笔财富。

回想研究生涯的起点，或许要追溯到十年前，彼时的自己正在通往职业围棋的道路上求索。虽然不能说为了学业“因噎废食”，但最终还是没能坚持住从五岁开始追寻的那个围棋少年的梦。当 AlphaGo 一鸣惊人，以压倒性优势击败自己的偶像——李世石时，我的内心五味杂陈。不仅是机器学习从业人员对背后技术的探讨，圈外大众对人工智能发展的感慨，又或是棋坛对这项游戏起源、变化的奥秘之反思，而是，一个人的工作、生活、以及理想中的某个部分，在某一瞬间，被莫名地连接在了一起。那一刻，无关悲喜，只无悔于十年前那个改变人生的决定。不知十年后，是否亦能无悔于今日踏上机器学习、人工智能之旅的选择。

汪瑜婧

本科与研究生分别毕业于北京大学计算机系和智能科学系。曾任微软亚洲研究院机器学习组副研究员、品友互动算法优化组负责人。现任 Hulu 高级研发工程师，负责广告投放优化和知识图谱等项目。
自小喜爱数学建模，高中时获得明天小小科学家二等奖、英特尔国际科学与工程大赛数学类四等奖，并获北京大学保送资格。

时光飞逝，我在人工智能领域中已经耕耘有 10 个年头了。2007 年，读大二的我参加了学校组织的创新实验计划，在崔斌老师课题组做机器学习和搜索相关的课题。彼时的我对计算机领域还没有特别全面的学习和了解，仅依靠满腔热情和对研究的热爱完成了人生的第一篇论文，现在回想起来实属幸运。那时，深度神经网络还没有今天这样火热，所读的论文被 SVM、LDA 等词汇统治，但是自幼参加数学建模竞赛的我一下就喜欢上了这个领域。人工智能是一门交叉学科，这个领域的研究员需要懂得数学、计算机，有时甚至需要涉猎心理学和哲学，并合理地运用这些知识去解决实际的问题。如今，人工智能不断刷新着人们的想象，从人脸识别到智能语音助手，再到打败世界冠军的围棋程序 AlphaGo，让这门学科具有了愈发迷人的魅力，吸引着我们不断去追寻更加智能的未来。

人工智能领域的算法门类众多。数十年来，众多研究员倾注了无数心血，给出了许多在实践中行之有效的方案。但是，繁多的内容也使得最初进入这个领域的学生和研究员们无所适从。在最初开始人工智能的学习和研究时，我也是一样，经常读了很多篇论文，却无法在短时间内理解这些论文背后的哲学。这样的理解对人工智能从业人员来讲是非常必要的，然而在论文和教科书中却甚少提及。记得研究生时初读吴军的《浪潮之巅》和《数学之美》时非常欣喜，很多自己没有完全想明白的问题在作者深入浅出的讲解之后变得清晰而简单。经过了十年的经验积累，如今我仍然会经常思考，那些隐藏在精妙解法背后的人工智能的本质究竟是什么。能够借这个机会跟大家分享，我感到非常开心。另外，每个人理解同一个问题的角度都会有所不同，能够在一本书中将这些观点汇聚起来，是一件令人兴奋的事情。在 Hulu，我们会有定期的 Research Workshop 的活动；不同背景和研究方向的研究员们各抒己见，丰富了彼此对不同研究领域的认识。在本书的创作过程中，同事之间经常相互讨论和审阅，也使得我们对人工智能的理解获得了进一步升华。这本书浓缩了我们思维碰撞的成果，衷心希望广大读者也能从中有所收获。

周涵宁

现任 Hulu 北京研发中心推荐算法研究的负责人，具有 15 年的研发创新和管理经验，专注于应用数据和算法实现产品落地。在数据分析和机器学习方面，有丰富的实践经验。本科毕业于清华大学自动化系，在伊利诺伊大学香槟分校获计算机视觉领域的博士学位。历任施乐硅谷研究中心研究员，亚马逊美国总部高级技术经理，盛大创新院资深研究员兼产品总监，智谷公司技术副总裁和宝宝树 CTO。在图像处理和人工智能方面拥有十多项国际专利授权，发表学术论文二十余篇。

从 1999 年在微软中国研究院实习到今天，我一直专注于机器学习的研究和成果的产业化。近 10 年来计算能力的提升和数据采集渠道的扩大，让机器学习的商业应用越来越成熟。搜索、推荐、机器翻译等应用产品的推广，给研究团队提供了面向大规模真实用户的实验环境，给机器学习的研究范式带来了根本性的变化。从原来基于静态离线数据的评估，升级到基于真实用户反馈的在线实验的评估。研究者不再满足于调参刷榜，而是要在生产环境的 A/B 对比实验中取得统计显著的效果。

机器学习的商业化应用带来的另一个巨变，是对工程师的技能提出了更高的要求。算法工程师不但要懂得基于确定性规则的编程，还有懂得基于统计学习的算法实现。本书恰逢其时地给工程师提供了一个快速入门机器学习的通道。未来最有价值的技术人才，是在某个领域有深度，同时对各个主要技术领域有广度的 T 型人才，所以即使在近期没有机会直接从事机器学习相关的项目，了解机器学习的基本理论和概念，也能提高自己的竞争力。

本书是 Hulu 北京众多同事合作的结晶，我有幸给其中的两章提供了一些内容，希望对读者有所帮助。

谢晓辉

现任 Hulu 首席研究主管。本科毕业于西安交通大学，在北京邮电大学取得博士学位，先后在松下电器研发中心、诺基亚研究院和联想研究院有多年的研究经历，专注于模式识别、图像视频文本等多媒体信息处理，对人工智能、人机交互以及研究成果的产品化有丰富经验。

近几年来，随着存储和计算能力的发展、神经网络在多项典型模式识别问题上的突破，人工智能的浪潮又一次席卷神州大地。远胜人类的围棋弈手 Alpha Zero、匹敌人眼的人脸辨识摄像头、可以准确听懂人话语的 Alexa 音箱、自动驾驶的汽车 Waymo，等等，层出不穷的人工智能杰作不仅吸引着人们的注意力，还开始走进人们的生活，展示着人工智能独特的吸引力。我相信一定有很多的同学会被人工智能的魅力折服，期望投身其中并贡献自己的才华。

事实上，这次人工智能的发展还和一个原因密不可分，那就是共享精神。越来越多的文章、数据、算法模型和开发平台被公开，同时还伴随各种讲解、论坛和课程面向公众，学术圈、工业界、教育界都在为人工智能的发展添砖加瓦，期望人工智能可以更加健康的发展。所以 Hulu 北京老大诸葛越提出“Hulu 可以做些什么”这一问题，就引起了大家的深深思考，大家坚信 Hulu 应该也一定可以回馈社区，并为人工智能的蓬勃发展添砖加瓦。

能有这种信心与情怀正是因为人工智能的浪潮也一样深深地影响着 Hulu，人工智能在 Hulu 业务中的应用遍及方方面面，比如个性化推荐系统、视频内容理解、智能广告推送、用户 personal 等。Hulu 优秀的算法研究员在人工智能和机器学习方面积累了丰厚的实战经验，对算法、模型以及优化技巧也有着深入的理解和心得。因此，当“写一本书”的想法被提出来的时候，得到了大多数同事的认可。我相信从参与此书诸多的同事名单中，大家一定可以看到 Hulu 对于这一前沿研究领域的热忱。事实上，由于拥有独特的视频内容资源，Hulu 还借助 ICIP 和 ACM MM 等平台，通过组织竞赛的方式开放了部分 Hulu 的视频数据和有挑战性的研究问题。

创作是一件非常辛苦的事，很多同事为了这本书投入了巨大的精力，他们身负项目的研发压力，只是利用业余时间来整理算法和心得，例如我知道的几个同事就天天奋战到凌晨两三点。我相信大家一定可以从书中读到 Hulu 研究员满满的诚意，也期望看到此书的同学、朋友们多提宝贵意见，多推广，让此书发挥更大的价值。

陈拉明

1988 年生，江西鹰潭人。2010 年毕业于清华大学电子工程系，获工学学士学位。2016 年毕业于清华大学电子工程系，获工学博士学位，主要研究压缩感知中的稀疏重建算法。毕业后就职于 Hulu，从事推荐算法的研究工作。

在求职的高峰期，我一周之内大概会安排 2 ～ 3 个面试。在每次面试前，我都会仔细阅读求职者的简历，根据求职者的项目和经验准备一些有针对性的问题。这些问题可能是机器学习的基本概念、求职者接触过的算法模型，或者是参与项目的技术细节。很多时候，求职者在回答问题的过程中能够给出自己独到的理解和思考，这对于我来说是非常喜闻乐见的，说明求职者在学习和实践的过程中有独立思考的能力。

机器学习是优美的。它的发展既源于生物学上的启发，也根植于严谨的数理推导；既得益于研究员的灵光一闪，也离不开众多一线工作者的持之以恒。由于社区的开放、公开课的普及、软硬件框架的发展等，掌握机器学习技能对大多数人来说只是决心的问题了。

有很多事情想着容易，真正上手做起来却发现没那么简单，机器学习实践是一个，写书是另一个。从此更加钦佩那些能够写出大部头的大师们，这背后需要炉火纯青的学术造诣和坚持不懈的投入。本书的初衷是希望能带领读者一窥机器学习的美妙之处。若读者在看过本书之后能坚定从事该领域的决心，那更是再好不过了。

柳春洋

2016 年毕业于清华大学计算机系智能技术与系统国家重点实验室，获工学硕士学位，主要研究方向为自然语言处理，在 ACL、EMNLP 等国际会议上发表论文数篇。毕业后加入 Hulu 北京研发中心，现就职于 Hulu 用户科学团队，通过大数据技术及机器学习算法处理、分析用户数据，构建用户级别数据仓库，支持 Hulu 的产品、市场、广告的运营及决策。

当这本书临近完成时，我和同事聊天说，很多自己觉得完全理解了的东西，当你想把它写出来时，却不像想象中那么简单。成为这本书的其中一位作者，对我来说是一种荣幸，更是一次自我磨砺和提升。

我们出生在最幸运的年代，过去短短数年里共同见证了人工智能领域的飞速发展。我们看到了 AlphaGo 击败李世石的那一瞬间，看到了图像识别、自然语言处理等领域机器正在追赶甚至超越人类，看到了自动驾驶、智能语音机器人等人工智能应用的诞生、发展和成熟。想从事人工智能相关工作，想成为时代的弄潮儿，想伴随这个领域共同成长已经是很多人共同的心愿。

两年前我还是一个求职者，我能够体会到渴望从事人工智能相关岗位的求职者的心情，当我得知 Hulu 准备编写一本人工智能面试指南类书籍的时候，我心里大声叫好。机缘巧合下，我也加入了作者团队。为了确保书中内容的可靠性，我和同事们查阅了大量相关资料，进行了大量的审查和校对。“温故而知新”，编写这本书的过程中，我重新学习了很多知识，站在面试出题者的角度上也获得了很多不一样的体验和感悟。

我们希望无论你是人工智能大牛，还是对机器学习一无所知的小白，都能够从这本书中收获一些东西。愿读完这本书能让你更加热爱人工智能，能为你接下来的求职提供一点点的帮助。

刘晨昊

毕业于北京大学，之后加入 Hulu，从事机器学习算法视频流上的应用。

当我面对屏幕开始准备最后的介绍时，我不由想起 Hulu 创新实验室的诸君最初聚在一起的那个午后。那个我们聚在一起，想着这本书应该写些什么，从何写起，甚至于是不是该写一本书的午后。一本面向机器学习的习题集并不是最初就决定好的，从关注实践的《深度学习实战》到深入浅出的《为什么 AI 这么火》都一度进入过我们的视野。当时习题集的主意是我提的，雏形时的名字还叫作《深度学习面试宝典》，我当然知道这个名字最后不会被采用，其实这个主意本身被采纳也令人始料未及。

创意来源其实很朴素，你在高考前会做《五年高考，三年模拟》，毕业时准备面试会刷 LeetCode，那么准备做算法工程师的你该怎么办？有书读也应该有题做，似乎应该有一本书来帮你巩固知识点、加深理解、拓展视野，甚至于分享一些业内经验，但是目前并没有。既然市场上没有，那么我们自己来。读者们如果能通过本书更好地理解机器学习，了解业界进展，那我们的目的也就达成了。

写作不论是在速度还是质量上都称得上是令人惊喜的。大家集思广益，碰撞出了许多之前未曾设想到的火花。书中的题目不论是背景知识还是思路解法也都在我们的一次次讨论中不断充实丰富。看着一本书从无到有，慢慢真实起来，我不由开始激动地盼望着它和读者朋友们见面时的样子。

这本书对我个人有着非常特殊的意义，既是知识的总结与回馈，也是工作的努力与回报，更是同事朋友间的合作与记忆。感谢 Hulu 有这样一个项目，能让我拥有这些人生中极为珍贵、不可多得的体验。

囿于作者水平，书中错漏之处在所难免，我们也殷切地期望读者们的指正与反馈，大家一起为机器学习领域添一份力。

徐潇然

2005年考入北京大学信息科学技术学院，成为第二届智能科学系本科及研究生。2013年进入加州大学洛杉矶分校攻读人工智能专业。2015年夏做出人生重大抉择，弃学回国创业，几经辗转，先后任创业公司大数据项目负责人、360人工智能研究院深度学习算法工程师，现任Hulu Reco Research组深度学习研究员。

"When I heard the learn' d astronomer,
When the proofs, the figures, were ranged in columns before me,
When I was shown the charts and diagrams, to add, divide, and measure them,
When I sitting heard the astronomer where he lectured with much applause in the lecture-room,
How soon unaccountable I became tired and sick,
Till rising and gliding out I wander' d off by myself,
In the mystical moist night-air, and from time to time,
Look' d up in perfect silence at the stars."

出自沃尔特·惠特曼的《草叶集》（见《绝命毒师》第3季）

人工智能不是数学家笔下的公式，也不是工程师敲出的代码。在未知世界的炫丽星空中，智能的奥秘吸引了几个世纪的哲学家和科学家。如果不是对未知的好奇和对真理的渴望，仅出于功利的驱使或是炫技的考量，那么你很快就会感到疲倦。

智能是上帝赐予人类的礼物，但是我们却无法打开一窥究竟。纵然这样，21世纪的今天，没有哪项科幻级黑科技比AI离我们更近。数据规模、运算速度和各种软硬件平台，都在帮助我们打开通向AI的大门。历史上人工智能几起几落，究其原因，并非是数据不够、计算资源不足，还有学术研究中的偏见和固有套路限制了我们想象力的自由。

了解智能，我们会更了解人类自己；解决智能，就能解决任何相关问题。正如DeepMind创始人德米斯·哈撒比斯（Demis Hassabis）所说："Solve Intelligence. Then and then use that to solve everything else."因此，在写生成式对抗网络一章时，在复杂繁琐的数学推导之外，我尽可能从直觉上去理解和阐述模型背后的意义，这也给我带来很大的创作乐趣。当你需要将一个模型清楚地讲给别人时，你不是原封不动地将你所学知识和盘托出，而是一个再审视再创造的过程，你总会发现曾经未曾发现的，你总会涌现出一些新想法。

参与写此书不是一场轻松的旅程，写下的每句话都要反复斟酌，并尽量不是死板的叙述；但是，这是一场奇妙的旅程，总能发现一些新的角度去审视原有模型，获得新的启发。希望与你共同分享这场奇妙的旅程。

冯伟

清华大学计算机系博士，研究方向为社交网络、推荐系统。现任 Hulu 数据科学团队资深研究员，主要负责智能用户运营，包括用户拉新、转化、留存和召回。也参与构建了 Hulu 内容价值预估系统，辅助 Hulu 进行美剧采购、续约等决策。平常喜欢广泛涉猎 AI 的最新进展，也喜欢八卦 AI 落地背后的种种趣闻。在数据挖掘和机器学习的国际知名会议 KDD、IJCAI、WWW、WSDM、ICDE 上均有论文发表。

在参与编写本书的过程中，我致力于用最为简单的语言和例子来让 AI 变得通俗易懂。同时也深深地体会到写作对帮助理解算法的重要性。对于日新月异的 AI 技术，我既兴奋又焦虑。兴奋是因为 AI 同行们每天都在突破自己，达到新的高度。焦虑是因为作为个体，我们只有有限的时间与精力掌握其中一二。希望这本书能给 AI 初学者乃至同行带来帮助，提供不同的视角。作为一名在工业界实践探索的 PhD，最有成就感的莫过于看到算法驱动核心指标的增长，背后伴随着一次又一次的试错与纠正。在反反复复的实践中，深知好的算法能落地发挥作用是多么的不易。在不断理解新的模型与思想的时候，慢慢地发现最大的收益其实来自于不断地写作，不断地试图以更加清晰的条理把深奥的模型简简单单地解释出来。本书汇集了我对于机器学习，特别是特征工程、强化学习等方向的思考，希望能帮助到大家。

董建强

本硕毕业于清华大学自动化系，从大三开始接触机器学习，并且从此立志在该领域深耕。

2014 年开始在 Hulu 工作，现任研究员。在 Hulu 的四年间，从一个许多小事都要向 lead 请教的菜鸟，成长为独当一面，带过 8 位实习生、还算称职的 mentor。

工作之余，喜欢健身、奶娃、抱毛绒玩具、逛公园。

刚开始追随越姐写《百面机器学习》的时候，我们都觉得这是一个很简单的任务，每个人找十来道题，写写答案，攒在一起，不就完事了。然而很快发现这是一种幻觉，当写循环神经网络的某一节时，为了更好地回答问题，我翻遍了市面图书和重要论文，依然只能如履薄冰地写出我的一点见解。在写趣闻轶事的时候，看似轻松，然而字斟句酌也不可或缺。

最近有了孩子，在观察孩子成长的过程中，我发现深度学习的一些算法，和一个半岁的孩子学习的过程很像。例如，孩子会经常抓着一块布，把它拉平，再合起来，大家都会觉得挺简单的。但我曾经在面试中遇到一位候选人，就是用深度学习让机器人能像孩子一样，通过不断的实验，预测布这类可形变物体的变化的，进而能够帮助我们叠衣服。

人们往往会高估新技术的短期影响，认为人工智能无所不能，人类都要大规模失业云云。其实如果人工智能能帮我们处理好叠衣服、开车、做饭等日常工作，让人类去从事有创造、能带来快乐和成就感的事情，就很伟大了。就像截至目前，最解放生产力的发明应该像千家万户习以为常的洗衣机一样。

近来正值美国对中兴芯片制裁，我们看似在机器学习领域的论文数量不比美国少，但重要的方法、框架很多都是美国掌控或者专利保护的。我非常希望有读者能够在读了这本书后，为我国在该领域的建设添砖加瓦。

刘梦怡

博士就读于中国科学院计算技术研究所，研究方向为计算机视觉与模式识别。2017年7月毕业后加入 Hulu，从事视频内容理解相关算法研究。

经过大半年时间的努力，我们创作的“面试书”终于要出版了，我有幸成为作者之一，也算圆了自己童年时的一个梦想。

就在 2017 年，我自己也还是一个校园招聘的亲历者，在准备面试的过程中很希望有几本“面试宝典”能“抱抱佛脚”，尤其近两年机器学习领域愈发火热，了解一些经典或前沿的问题总归会为自己增添筹码，这个想法也成为了我参与编写本书的最原始初衷，也希望为之后应聘的同学们提供一些素材或思路。

真正开始写稿却发现困难重重。从内容的架构到章节的分布，每一步都需要团队成员们不断讨论、修正；好不容易确定好分工，具体实施也并不那么顺利。很多以为自己很“懂”的问题，动笔写起来却总是觉得难以描述清楚。问题背景、解决动机、理论依据、实现方案等，每一步都需要条理清晰、逻辑连贯。同时为了确保内容的正确性，从各种信息源头查阅资料、反复校验也必不可少，整个写作过程下来，虽然耗费了大量的时间，但是自己却从中获益颇多，对问题也有了更深刻的认识和理解。当看到书中内容一天天丰满起来，每个人心中的成就感与满足感也在慢慢增强。整个过程给予了我们从发现问题到克服困难达成目标的完整体验，值得每个人去回味与相互分享。

除了知识和技能的提高，写作过程中更大的收获是与同事们一起合作、共同成长的经历。大家在反复的讨论与修改中，不断学习完善并产生新的灵感，以期给读者带来最大的启发。希望本书面世后，各位读者能不吝反馈，帮助我们不断改进！

张国鑫

2012 年博士毕业于清华大学计算机系。博士期间的研究方向包括计算机图形学、视觉、机器学习等，发表论文多篇。同年加入 Hulu，先后从事自然语言处理、推荐算法等方面的研究工作。

通过这本书的写作，我也提高了很多。原以为把自己会的东西写出来是一个很容易的事情，可是真正开始写作，才知道自己的学识是多么肤浅。通过一遍遍翻阅各种文献资料，一遍遍推敲每一个定义和公式，我也获得了之前从未有过的清晰理解。

人工智能正改变着这个世界的方方面面，改变着人类历史的进程，也会成为每一个有为青年的必修课。很高兴能成为本书的作者，和大家一起去探索这个充满着朝气和活力的领域。

· 参考文献 ·

[1] He X, Pan J, Jin O, et al. Practical lessons from predicting clicks on ads at facebook[J]. 2014(12): 1-9.

[2] Friedman J H. Greedy function approximation: a gradient boosting machine[J]. Annals of Statistics, 2001, 29(5): 1189-1232.

[3] Mikolov T, Chen K, Corrado G, et al. Efficient estimation of word representations in vector space[J]. Computer Science, 2013.

[4] Turk M, Pentland A. Eigenfaces for recognition.[J]. Journal of Cognitive Neuroscience, 1991, 3(1): 71-86.

[5] Tibshirani R, Walther G, Hastie T. Estimating the number of clusters in a data set via the gap statistic[J]. Journal of the Royal Statistical Society, 2001, 63(2): 411-423.

[6] Dhillon I S, Guan Y, Kulis B. Kernel k-means: spectral clustering and normalized cuts[C]//Tenth ACM SIGKDD International Conference on Knowledge Discovery and Data Mining. ACM, 2004: 551-556.

[7] Banerjee A, Dave R N. Validating clusters using the Hopkins statistic[C]// IEEE International Conference on Fuzzy Systems, 2004. Proceedings. IEEE, 2004: 149-153 vol.1.

[8] Liu Y, Li Z, Xiong H, et al. Understanding of internal clustering validation measures[C]//IEEE, International Conference on Data Mining. IEEE, 2011: 911-916.

[9] Boyd S, Vandenberghe L. Convex optimization[M]. Cambridge University Press, 2004.

[10] Nesterov Y. A method of solving a convex programming problem with convergence rate $O(1/k^2)$[C]// Soviet Mathematics Doklady. 1983: 372-376.

[11] Broyden C G. The convergence of a class of double rank minimization algorithms II. The new algorithm[C]// 1970: 222-231.

[12] Fletcher R. A new approach to variable metric algorithms[J]. Computer Journal,1970, 13(3): 317-322.

[13] Goldfarb D. A family of variable-metric methods derived by variational means[J]. Mathematics of Computing, 1970, 24(109): 23-26.

[14] Shanno D F. Conditioning of quasi-Newton methods for function minimization[J]. Mathematics of Computation, 1970, 24(111): 647-656.

[15] Liu D C, Nocedal J. On the limited memory BFGS method for large scale optimization[J]. Mathematical Programming, 1989, 45(1-3): 503-528.

[16] Abramson N, Braverman D, Sebestyen G. Pattern recognition and machine learning[M]. Academic Press, 1963.

[17] He H, Garcia E A. Learning from imbalanced data[J]. IEEE Transactions on Knowledge and Data Engineering, 2009, 21(9): 1263-1284.

[18] Xu B, Wang N, Chen T, et al. Empirical evaluation of rectified activations in convolutional network[J]. Computer Science, 2015.

[19] Srivastava N, Hinton G, Krizhevsky A, et al. Dropout: a simple way to prevent neural networks from overfitting[J]. Journal of Machine Learning Research, 2014, 15(1): 1929-1958.

[20] Kim Y. Convolutional neural networks for sentence classification[J]. Eprint Arxiv, 2014.

[21] He K, Zhang X, Ren S, et al. Deep residual learning for image recognition[C]// Computer Vision and Pattern Recognition. IEEE, 2016: 770-778.

[22] Liu P, Qiu X, Huang X. Recurrent neural network for text classification with multi-task learning[J]. 2016: 2873-2879.

[23] Hochreiter S, Schmidhuber J. Long short-term memory[J]. Neural Computation, 1997, 9(8): 1735-1780.

[24] Chung J, Gulcehre C, Cho K H, et al. Empirical evaluation of gated recurrent neural networks on sequence modeling[J]. Eprint Arxiv, 2014.

[25] Le Q V, Jaitly N, Hinton G E. A simple way to initialize recurrent networks of rectified linear units[J]. Computer Science, 2015.

[26] Gers F A, Schmidhuber J, Cummins F. Learning to forget: continual prediction with LSTM[M]. Istituto Dalle Molle Di Studi Sull Intelligenza Artificiale, 1999: 850-855.

[27] Gers F A, Schmidhuber J. Recurrent nets that time and count[C]// Ieee-Inns-Enns International Joint Conference on Neural Networks. IEEE, 2000: 189-194 vol.3.

[28] Weston J, Chopra S, Bordes A. Memory Networks[J]. Eprint Arxiv, 2014.

[29] Bahdanau D, Cho K, Bengio Y. Neural machine translation by jointly learning to align and translate[J]. Computer Science, 2014.

[30] Xu K, Ba J, Kiros R, et al. Show, attend and tell: neural image caption generation with visual attention[J]. Computer Science, 2015: 2048-2057.

[31] Mnih V, Kavukcuoglu K, Silver D, et al. Playing atari with deep reinforcement learning[J]. Computer Science, 2013.

[32] Goodfellow I J, Pouget-Abadie J, Mirza M, et al. Generative adversarial networks[J]. Advances in Neural Information Processing Systems, 2014, 3: 2672-2680.

[33] Goodfellow I. NIPS 2016 Tutorial: generative adversarial networks[J]. 2016.

[34] Arjovsky M, Chintala S, Bottou L. Wasserstein GAN[J]. 2017.

[35] Arjovsky M, Bottou L. Towards principled methods for training generative adversarial networks[J]. 2017.

[36] Denton E L, Chintala S, Fergus R. Deep generative image models using a Laplacian pyramid of adversarial networks[C]//International Conference on Neural Information Processing Systems. MIT Press, 2015: 1486-1494.

[37] Radford A, Metz L, Chintala S. Unsupervised representation learning with deep convolutional generative adversarial networks[J]. Computer Science, 2015.

[38] Springenberg J T, Dosovitskiy A, Brox T, et al. Striving for simplicity: the all convolutional net[J]. Eprint Arxiv, 2014.

[39] Ioffe S, Szegedy C. Batch Normalization: accelerating deep network training by reducing internal covariate shift[J]. 2015: 448-456.

[40] Dumoulin V, Belghazi I, Poole B, et al. Adversarially learned inference[J]. 2016.

[41] Wang J, Yu L, Zhang W, et al. Irgan: a minimax game for unifying generative and discriminative information retrieval models[J]. 2017.

[42] Sutton R S, McAllester D A, Singh S P, et al. Policy gradient methods for reinforcement learning with function approximation[C]//Advances in neural information processing systems. 2000: 1057-1063.

[43] Yu L, Zhang W, Wang J, et al. Seqgan: sequence generative adversarial nets with policy gradient[C]//AAAI Conference on Artificial Intelligence, 4-9 February 2017, San Francisco, California, Usa. 2017.

[44] Bahdanau D, Brakel P, Xu K, et al. An actor-critic algorithm for sequence prediction[J]. 2016.

[45] Hu J, Zeng H J, Li H, et al. Demographic prediction based on user's browsing behavior[C]//International Conference on World Wide Web, WWW 2007, Banff, Alberta, Canada, May. DBLP, 2007: 151-160.

[46] Peng B, Wang Y, Sun J T. Mining mobile users' activities based on search query text and context[C]//Pacific-Asia Conference on Advances in Knowledge Discovery and Data Mining. Springer-Verlag, 2012: 109-120.

[47] Wang J, Zhang W, Yuan S. Display advertising with real-time bidding (RTB) and behavioural targeting[J]. Foundations & Trends® in Information Retrieval, 2017, 11(4-5).

[48] He X, Pan J, Jin O, et al. Practical lessons from predicting clicks on ads at

facebook[M]. ACM, 2014.

[49] Zhang W, Du T, Wang J. Deep learning over multi-field categorical data[C]// European Conference on Information Retrieval. Springer, Cham, 2016: 45-57.

[50] Azad H K, Deepak A. Query expansion techniques for information retrieval: a survey[J]. 2017.

[51] Chen P, Ma W, Mandalapu S, et al. Ad serving using a compact allocation plan[C]// ACM, 2012: 319-336.

[52] Ren K, Zhang W, Chang K, et al. Bidding machine: learning to bid for directly optimizing profits in display advertising[J]. IEEE Transactions on Knowledge & Data Engineering, 2018, 30(4): 645-659.

[53] Turing A M. Digital computers applied to games[J]. Faster Than Thought, 1953: 623-650.

[54] Schaeffer J, Lake R, Lu P, et al. Chinook: the world man-machine checkers champion[J]. 1996, 17(1): 21-29.

[55] Schaeffer J, Burch N, Björnsson Y, et al. Checkers is solved[J]. Science, 2007, 317(5844): 1518-1522.

[56] Campbell M, Hoane A J, Hsu F. Deep blue[J]. Artificial Intelligence, 2002, 134(1): 57-83.

[57] Tesauro G. Temporal difference learning and TD-gammon[J]. Communications of the Acm, 1995, 38(3): 58-68.

[58] Silver D, Huang A, Maddison C J, et al. Mastering the game of go with deep neural networks and tree search[J]. Nature, 2016, 529(7587): 484-489.

[59] Silver D, Schrittwieser J, Simonyan K, et al. Mastering the game of go without human knowledge[J]. Nature, 2017, 550(7676): 354-359.

[60] Zinkevich M, Johanson M, Bowling M, et al. Regret minimization in games with incomplete information[C]//International Conference on Neural Information Processing Systems. Curran Associates Inc. 2007: 1729-1736

[61] Moravčík M, Schmid M, Burch N, et al. Deepstack: expert-level artificial intelligence in heads-up no-limit poker[J]. Science, 2017, 356(6337): 508.

[62] Mnih V, Kavukcuoglu K, Silver D, et al. Playing Atari with deep reinforcement learning[J]. Computer Science, 2013.

[63] Naddaf Y, Naddaf Y, Veness J, et al. The arcade learning environment: an evaluation platform for general agents[J]. Journal of Artificial Intelligence Research, 2013, 47(1): 253-279.

[64] Mnih V, Kavukcuoglu K, Silver D, et al. Human-level control through deep reinforcement learning[J]. Nature, 2015, 518(7540): 529.

[65] Ontanon S, Synnaeve G, Uriarte A, et al. A survey of real-time strategy game AI research and competition in StarCraft [J]. Computational Intelligence & Ai in Games, 2013, 5(4): 293-311.

[66] Vinyals O, Ewalds T, Bartunov S, et al. StarCraft II: a new challenge for reinforcement learning[J]. 2017.

[67] Synnaeve G, Nardelli N, Auvolat A, et al. TorchCraft: a library for machine learning research on real-time strategy games[J]. 2017.

[68] Usunier N, Synnaeve G, Lin Z, et al. Episodic exploration for deep deterministic policies: an application to StarCraft micromanagement tasks[J]. 2016.

[69] Peng P, Wen Y, Yang Y, et al. Multiagent bidirectionally-coordinated nets for learning to play StarCraft combat games[J]. 2017.

[70] Yannakakis G N, Togelius J. Artificial Intelligence and Games[M]. 2018.